# Versuch

eines vollkommen consequenten

# Systems der Mathematik.

Von

Dr. Martin Ohm.

Zweiter Theil.

Arithmetik, Algebra und Analysis.

Berlin, 1822.
Gedruckt und verlegt
bei G. Reimer.

# Lehrbuch

der

# Arithmetik, Algebra und Analysis.

Nach eigenen Prinzipien.

Zunächst

für seine Vorlesungen bearbeitet

von

Dr. Martin Ohm,

Mitglied mehrerer gelehrten Gesellschaften.

## Zweiter Theil.

Berlin, 1822.

Gedruckt und verlegt

bei G. Reimer.

# Vorwort.

Der Verfasser macht auch in diesem zweyten Theile bloß auf wissenschaftliche Consequenz Anspruch. — Die Frucht einer solchen Consequenz ergiebt sich aber zuletzt von selbst, in so ferne durch sie das sogenannte Transcendente aus der Wissenschaft verbannt, das Höhere elementar, das Unbestimmte und Dunkle, bestimmt und klar hervortreten und das Paradoxe gänzlich vermieden werden wird. — Es würde dem Verfasser sehr freuen, wenn schon dieser Theil, und namentlich was er über Potenzen und Logarithmen hier mitgetheilt hat, diese Wahrheit bestätigen sollte, obgleich die Folgen der Consequenz im Allgemeinen nur dann desto sichtbarer werden können, je weiter man selbst in dieser Consequenz fortgeschritten ist.

Wer übrigens über irgend eine Sache richtig denken will, muß sich der Gesetze des Denkens bedienen. Es hat daher der Verfasser gar nichts mit Metaphysik zu thun; denn Metaphysik mit der Mathematik zu vermengen haßt er über alles, weil ihm solches dem Wesen der Mathematik geradezu entgegen zu seyn scheint; dagegen glaubt er freilich nur von einem solchen Leser gehörig verstanden zu werden, welcher im Zusammenhange liegt, und welcher entweder an ein richtiges Denken praktisch gewöhnt, oder sich der Denkgesetze selbst, wenn auch nur durch empirische Abstraktion bewußt worden ist. — In seinen Vorlesungen aber, für welche der Verfasser dieses Werk zunächst bestimmt hat, setzt er bloß gewöhnliche Bildung und guten Willen voraus, in so ferne er an den wenigen einzelnen Stellen, wo ihm solches nöthig zu seyn scheint, die erwähnten Denkgesetze auf dem empirischen Wege noch besonders in's Bewußtseyn treten zu lassen pflegt.

Ueber die Mathematik, wenn sie einmal als selbstständige Wissenschaft dasteht, aus einem höhern Standpunkt zu philosophiren, wird übrigens dem Menschen als Menschen immer noch Bedürfniß bleiben. Eine solche Metaphysik der Mathematik kann daher gar nicht verpönt seyn, wenn man sich nur klar bewußt ist, daß man nun nicht mehr Mathematik treibe, sondern daß man sich im Gebiete der transcendentalen Philosophie befinde.

In seinen mathematischen Schriften eine solche Metaphysik einzumischen, wird sich daher der Verfasser nie erlauben.

Nachstehende Verbesserungen bittet der Verfasser noch vor dem Lesen vorzunehmen.

Berlin an der K. Universität im Mai 1822.

Dr. M. Ohm.

# Verbesserungen.

Vorrede. S. XIV. Z. 3. ist einzuschalten: „oder irrationale"

S. 28. Z. 16. lies $\sqrt[mn]{(a^n : b^m)}$ statt $\sqrt[n]{(a^n : b^m)}$

„ 28. „ 18. lies $\sqrt[n]{(a^n : b)}$ statt $\sqrt[mn]{(a^n : b)}$

„ 32. „ 2. lies $\sqrt[d'a]{c} = \sqrt[d'c]{a}$ statt $\sqrt[d'a]{a} = \sqrt[d'c]{c}$

„ 40. „ 8. lies „der dasselbe" statt „dasselbe

„ 44. „ 12. lies „ergiebt sich" statt „ergiebt.

„ 89. „ 11. lies p statt q

„ 181. „ 13. lies 24aql statt 24agt;

„ 189. „ 13. lies $-n$ statt $+n$

„ 189. „ 15. lies $+n$ statt $-n$

„ 200. „ 11. lies $Dz^3$ statt $Dz^2$

„ 204. „ 1. ist einzuschalten „hat"

„ 225. „ 1. lies chq statt ckq

„ 226. „ 2. v. u. lies $\frac{cp - bq}{ap - bm}$ statt $\frac{cp - bq}{cp - bm}$.

„ 276. „ 2. lies bp statt bq

„ 312. „ 6. v. u. lies $A::B = \frac{p}{q}$ statt $A:: = B\frac{p}{q}$

„ 313 „ 1. lies $A::B = \frac{p}{q}$ und $B::M = q$

## Im zweyten Theile.

„ 45. „ 2. v. u. muß in dem Aggregat am weitesten zur rechten $2a + 1$ statt $2a$ stehen.

„ 54. „ 6. v. u. lies $a+b+c+d+\ldots = m$ st. $a+b+c+d = n$

„ 55. „ 11. lies $a+b = m$ statt $a+d = m$

„ 94. „ 13. lies $\partial^2 \varphi x$ statt $\partial^3 \varphi x$

„ 102. „ 11. lies $\alpha x - \beta$ statt $\alpha x - b$

„ 137. „ 10. lies $\Sigma_r$, statt $\Sigma$,

„ 194. „ 11. lies $-'\nu$ statt $'\nu$

„ 205. „ 3. muß der 5te Werth seyn: $-\frac{1-\sqrt{5}-i\sqrt{10+2\sqrt{5}}}{2}$

„ 212. „ 6. lies $\frac{1}{27}p^3$ statt $\frac{1}{27}q^3$

„ 213. „ 16. muß zweymal $\sqrt[3]{\ }$ statt $\sqrt{\ }$ stehen.

„ 220. „ 17. lies $C = 0$ statt $B = 0$

„ 291. „ 8. füge die Bedingungsgl. $b + c = 2a + 1$ noch hinzu.

„ 319. „ 5. lies Sec. $0 = 1$ statt Sec. $0 = 0$

„ 383. „ 11. lies $[(a\|\alpha)^x \| \alpha x]^y$ statt $[(a\|\alpha)^x \| \alpha x]_y$

„ 388. „ 10. lies $-\frac{1}{4}x^4$ statt $+\frac{1}{4}x^4$

# Inhalts-Verzeichniß des zweyten Theils.

# Erste Fortsetzung

der

# Zahlenlehre.

# An den Leser.

Man bittet wiederholt, nicht zu übersehen, daß die allgemeine Grössenlehre, obgleich sie bereits im ersten Theile abgedruckt steht, ihre Stelle doch erst nach völlig beendigter Zahlenlehre einnehmen kann, daß daher bey dem Vortrag der gesammten Zahlenlehre, also auch in diesem zweyten Theile, nie der Begriff der Größe vorausgesetzt werden kann, und deshalb auch nicht vorausgesetzt wird.

# Zahlenlehre.

## Sechszehntes Kapitel.

## Von den Fakultäten oder Faktoriellen, und von den figurirten Zahlen.

### §. 229. Erklärung.

Das Produkt

$$a(a+d)(a+2d)(a+3d)\ldots[a+(n-1)d],$$

dessen Faktoren die n ersten Glieder einer arithmetischen Reihe sind, bezeichnet man durch das Zeichen

$$a^{n|d}$$

und nennt dieses Zeichen eine Fakultät oder Faktorielle, deren Basis a, Exponent n und Differenz oder Unterschied d ist.

Anmerkung. Dieser Definition zu Folge, muß der Exponent n immer eine absolute ganze Zahl und $>1$ seyn, wenn die Fakultät $a^{n|d}$ eine Bedeutung haben soll. — Auch wird die Fakultät der Null gleich, so bald einer der Faktoren der Null gleich wird.

## §. 330. Lehrsätze.

Es ist

I. $a^{n|d} = [a + (n - 1)d]^{n|-d}$

II. $a^{m+n|d} = a^{m|d} . (a + md)^{n|d}$

$= a^{n|d} . (a + nd)^{m|d}$

III. $a^{m-n|d} = \dfrac{a^{m|d}}{[a + (m - n)d]^{n|d}}$

IV. $h^m . a^{m|d} = (ha)^{m|hd}$

Beweise folgen unmittelbar aus (§. 329.), wenn nur alle Exponenten ganze absolute Zahlen und $> 1$ sind.

## §. 331. Lehrsatz.

Sind m, n, p, q absolute ganze Zahlen und $> 1$, dabey aber $m - n = p - q$ übrigens m größer, gleich oder kleiner als n, so ist auch:

$$\frac{a^{m|d}}{[a + (m - n)d]^{n|d}} = \frac{a^{p|d}}{[a + (p - q)d]^{q|d}}.$$

Beweis. Ist $m = p$, so ist auch $n = q$, und dann fällt der Satz in die Augen. Ist aber $m = p + x$, so ist auch $n = q + x$; da ferner $m - n = p - q$, so haben beyde Dividenden einerley Basis und auch beyde Divisoren, und weil auch die Differenz d überall dieselbe bleibt, so ist $a^{m|d}$ ein Produkt, welches x Faktoren mehr hat, als das Produkt $a^{p|d}$, nehmlich die Faktoren $(a + pd) \ldots . [a + (m - 1)d]$; aus demselben Grunde ist aber auch $[a + (m - n)d]^{n|d}$ ein Produkt, welches x Faktoren mehr hat, als $[a + (p - q)]^{q|d}$, und zwar die Faktoren

$$(a + pd) \ldots . [a + (m - 1)d].$$

Es entsteht also der Quotient links, indem man Zähler und Nenner des Quotienten rechts mit einem und denselben Ausdruck

$$(a+pd) \ldots [a+(m-1)d]$$

multiplizirt; folglich der Quotient links, dem andern rechts gleich.

## §. 332. Erklärung.

Differenz-Fakultät nenne man jedes Zeichen von der Form

$$a^{m|d}$$

wo m einer Differenz $p-q$ ganzer Zahlen gleich ist, die größer als 1 sind; und man bezeichne damit jeden Ausdruck, der dem Quotienten

$$\frac{a^{p|d}}{(a+(p-q)d)^{q|d}}$$

im allgemeinen gleich ist.

Was vorher Fakultät hieß, mag jetzt ganze Fakultät heißen.

Anmerkung. Wegen (§. 331.) ist dieser Begriff der Differenz-Fakultät ein völlig bestimmter, und wegen (§. 330. III.) ist die ganze Fakultät ein besonderer Fall der Differenz-Fakultät.

## §. 333. Zusatz.

Hieraus folgt sogleich:

1) $a^{1|d} = a$

2) $a^{0|d} = 1$

und 3) $a^{-n|d} = \frac{1}{(a-nd)^{n|d}} = \frac{1}{(a-d)^{n|-d}}$,

wo a und d ganz beliebige Zeichen sind, wenn nur n eine absolute ganze Zahl bezeichnet.

## §. 334. Zusatz.

Die Formeln des (§. 330.), gelten auch noch für diese Differenz-Fakultäten; wie man sich leicht überzeugen kann, wenn man statt der Differenz-Fakultäten die Quotienten setzt, die sie bezeichnen. In diesen Quotienten kommen dann nur noch ganze Fakultäten vor, für welche dieselben Sätze (§. 330.) statt finden, so daß man dann mittelst derselben Formeln sich überzeugen kann, ob diese neu entstehenden Gleichungen richtig sind oder nicht.

## §. 335. Zusatz.

Aus der Formel (IV. §. 330.) folgt auch noch:

1) $a^{m|d} = (-1)^m \cdot (d - a - md)^{m|d}$

2) $a^{m|d} = a^m \cdot 1^{m|(d:a)}$

3) $\left(\frac{a}{A}\right)^{m|d} = \frac{a^m}{A^m} \cdot 1^{m|(dA:a)}$

4) $a^{m|d} = d^m \cdot \left(\frac{a}{d}\right)^{m|1}$

5) $a^{m|d} = \frac{d^m}{D^m} \cdot \left(\frac{aD}{d}\right)^{m|D}$

wenn nur die Fakultäten alle, Differenz-Fakultäten sind; d. h., wenn nur die Exponenten der Fakultäten alle, Null oder positive oder negative ganze Zahlen sind.*)

## §. 336. Zusatz.

Unter der Voraussetzung, daß die Fakultäten Differenz-Fakultäten sind, folgt ferner aus (§. 33. II. u. III.) in Verbindung mit (§. 334.)

---

*) Eine Fakultät mit einem beliebigen Exponenten kann, eben so wie eine Potenz mit beliebigem Exponenten, nicht eher vorkommen, als bis, was sie seyn oder bedeuten soll, genau und bestimmt erklärt ist.

1) $a \,.\, (a + d)^{m-1|d} = a^{m|d}$

weil $a = a^{1|d}$ ist, (§. 333.);

2) $a^{m-1|d} \,.\, (a + (m-1)d) = a^{m|d}$

weil $(a + (m-1)\,d) = [a + (m-1)d]^{1|d}$

3) $(a + md)^{n|d} = \dfrac{a^{m+n|d}}{a^{m|d}}$

## §. 337. Lehrsätze.

Ferner ist:

I. 1) $a^{2m|d} = a^{m|2d} \,.\, (a + d)^{m|2d}$

2) $a^{2m+1|d} = a^{m+1|2d} \,.\, (a + d)^{m|2d}$

II. 1) $a^{3m|d} = a^{m|3d} \,.\, (a + d)^{m|3d} \,.\, (a + 2d)^{m|3d}$

2) $a^{3m+1|d} = a^{m+1|3d} \,.\, (a+d)^{m|3d} \,.\, (a+2d)^{m|3d}$

3) $a^{3m+2|d} = a^{m+1|3d} \,.\, (a+d)^{m+1|3d} \,.\, (a+2d)^{m|3d}$

u. s. w. f.

**Beweise.** Ist m eine absolute ganze Zahl so folgen diese Sätze unmittelbar aus der Definition der ganzen Fakultäten (§. 329.). Ist aber m einer Differenz $p - q$ ganzer Zahlen gleich, so können sie sehr leicht nach Art der Formeln des (§. 334.) erwiesen werden.

Anmerkung. Da aber eine Fakultät in besondern Fällen auch $= 0$ werden kann, so muß man immer darauf sehen, daß man bey dem Operiren mit Fakultäten, in solchen besondern Fällen, nicht durch Null dividirt.

## §. 338. Erklärung.

Durch das Zeichen

$$m$$

sey die Fakultät $1^{m|1}$ oder $m^{m|-1}$ bezeichnet, wenn nur m einer Differenz ganzer Zahlen gleich ist.

## §. 339. Zusatz.

Dahero ist:

$0' = 1$; $1' = 1$; $2' = 1$; $3' = 6$; $4' = 24$; u. s. w.; dagegen *)

$$(-1)' = \infty,\ (-2)' = \infty,\ (-3)' = \infty, \text{ etc. etc.}$$

Soll man daher mit $m'$ operiren können, so darf m nie einer negativen Zahl gleich seyn, muß also entweder der Null oder einer ganzen absoluten Zahl gleich genommen werden.

## §. 340. Zusatz.

Ferner folgt nach den vorstehenden Lehrsätzen der Fakultäten, wenn m und n absolute ganze Zahlen sind:

1) $$\frac{(m+n)'}{n'} = (m+n)^{m|-1} = (n+1)^{m|1}$$

2) $$\frac{(m+n)'}{m'.n'} = \frac{(m+n)^{m|-1}}{m'} = \frac{(m+n)^{n|-1}}{n'}$$

3) $$\frac{(n+1)'}{n'} = n+1$$

4) $$(n-1)' = \frac{n'}{n},$$

wo m und n absolute ganze Zahlen sind. Auch können in den 3 ersten Formeln m und n der Null gleich seyn.

## §. 341. Erklärung.

Den Quotienten:

$\frac{x^{n|-1}}{n'}$, wo n Null oder eine absolute ganze Zahl ist, bezeichne man, der Kürze wegen, immer durch

---

*) Man bittet, das Zeichen $\infty$ in keiner andern als in der (§. 259.) angegebenen Bedeutung zu nehmen.

das Zeichen $x_n$, und nenne dieses Zeichen einen Binomial-Koefficienten, und zwar den nten Binomial-Koefficienten der xten Potenz.*)

§. 342. Zusatz.

Sind daher m und n Null oder absolute ganze Zahlen, so hat man:

1) $\frac{(m+n)'}{m' \cdot n'} = (m+n)_m = (m+n)_n$

2) $m_m = 1 = m_0$

3) $m_{(m+n+1)} = 0$; d. h. es ist $m_p = 0$, sobald $p > m$

4) $(-1)^n (-m-1)_n = (m+n)_n = (m+n)_m$

$= (-1)^m (-n-1)_m$.

§. 343. Zusatz.

Ist aber x ein ganz beliebiges Zahlzeichen, so ist noch, wenn m und n Null oder absolute ganze Zahlen sind:

1) $(m+n)_n \cdot x_{(m+n)} = x_m \cdot (x-m)_n$

$= x_n \cdot (x-n)_m$

2) $(x+1)_{n+1} = x_{(n+1)} + x_n$

3) $(-1)^n \cdot x_n = (-x+n-1)_n$

4) $x_0 = 1$,

5) $x_1 = x$,

6) $0_m = 0$, wenn m nicht Null ist (aber eine absolute ganze Zahl).

§. 344. Erklärung.

Nimmt man die arithmetische Reihe

1, 2, 3, 4, ......

*) Der Grund dieser Benenung, für die hier nicht gern eine andre gesetzt wird, soll weiter unten vorkommen. Die Benennung selbst ist immer willkührlich.

und bildet man daraus neue Reihen, so daß ihr erstes Glied immer 1, und jedes $n$te Glied einer neuen Reihe, gleich ist der Summe der ersten $n$ Glieder der nächstvorhergehenden Reihe, so erhält man unbegränzt viele neue Zahlenreihen, die man Reihen der figurirten Zahlen, oder auch figurirte Reihen nennt, und zwar beziehlich figurirte Reihen der zweyten, dritten, vierten, etc. etc. $m$ten Ordnung. Die erste angenommene Reihe 1, 2, 3, 4, 5, 6, etc. etc. aus welcher alle abgeleitet sind, nennt man dann auch eine figurirte Reihe der ersten Ordnung, so wie sie auch die Reihe der natürlichen Zahlen genannt wird.

Die Reihen selbst sind in nachstehendem Schema enthalten:

| | | | | | | | | | |
|---|---|---|---|---|---|---|---|---|---|
| I. | 1, | 2, | 3, | 4, | 5, | 6, | 7, | 8, | .... |
| II. | 1, | 3, | 6, | 10, | 15, | 21, | 28, | 36, | .... |
| III. | 1, | 4, | 10, | 20, | 35, | 56, | 84, | 120, | .... |
| IV. | 1, | 5, | 15, | 35, | 70, | 126, | 210, | 330, | .... |
| V. | 1, | 6, | 21, | 56, | 126, | 252, | 462, | 792, | .... |
| VI. | 1, | 7, | 28, | 84, | 210, | 462, | 924, | 1716, | .... |
| VII. | 1, | 8, | 36, | 120, | 330, | 792, | 1716, | 3432, | .... |

u. s. w. f.

## §. 345. Zusatz.

Bezeichnet man durch

$$S^n_m$$

die Summe von $n$ Gliedern der figurirten Reihe der $m$ten Ordnung, so wie das $n$te Glied derselben Reihe durch $T^n_m$,

so folgt aus dieser Definition, wenn $n > 1$:

$$1)\ T^n_m = S^n_{m-1},\ \text{wo}\ m > 1,$$

und dabey $$2)\ T^n_m = S^n_m - S^{n-1}_m.$$

Anmerkung. Bezeichnet man durch $S^1_m$ das erste Glied der Reihe der mten Ordnung allein; denkt man sich ferner noch vor den Reihen im Schema (§. 344.), eine Reihe lauter 1, in welcher $T^n_0$ wiederum das nte Glied (also 1), und $S^n_0$ die Summe von n Gliedern (also n selbst) bezeichnet, so gelten diese letztern Formeln auch noch für n = 1 und für m = 1.

## §. 346. Lehrsätze.

Man hat allemal:

$$\text{I.}\quad S^n_1 = \frac{n^{2|1}}{2'}$$

$$\text{II.}\quad S^n_2 = \frac{n^{3|1}}{3'}$$

$$\text{III.}\quad S^n_3 = \frac{n^{4|1}}{4'}$$

$$\text{IV.}\quad S^n_4 = \frac{n^{5|1}}{5'}$$

u. s. w. f.

und allgemein

$$\text{V.}\quad S^n_m = \frac{n^{m+1|1}}{(m+1)'}$$

Beweise. Die Formel (I.) folgt unmittelbar aus (§. 319.). Für (II.) beweise man erstlich, daß wenn die Formel für n = h gilt, sie dann auch nothwendig für n = h + 1 gelten müsse.

Es ist aber (§. 345.)

$$S^{h+1}_2 = S^h_2 + T^{h+1}_2 = S^h_2 + S^{h+1}_1$$
$$= \frac{h(h+1)(h+2)}{2 \cdot 3} + \frac{(h+1)(h+2)}{2}$$

folglich in der That

$$S_2^{h+1} = \frac{(h+1)(h+2)(h+3)}{2.3}, \text{ wenn } S_2^h = \frac{h.(h+1)(h+2)}{2.3}.$$

Nunmehro zeigt man, daß der Satz gilt, wenn $n = 2$ ist, folglich gilt er dann auch, wenn $n = 3$; und weil er dann für $n = 3$ gilt, so gilt er auch, wenn $n = 4$ u. s. w. f., so daß erhellet, daß er für jede ganze absolute Zahl $n$ gelten müsse.

Daß er aber für $n = 2$ gilt, ergiebt sich aus der Ansicht des Schema (§. 344.). Man findet nehmlich aus der Formel (II.):

$$S_2^2 = \frac{2.3.4}{2.3} = 4;$$

und im Schema ist die Summe der beyden ersten Glieder der Reihe (II.) ebenfalls $= 4$.

Ganz auf dieselbe Weise kann man sich aber auch von der Richtigkeit der übrigen Formeln überzeugen.

Auf dieselbe Art wird auch die allgemeine Formel (V.) erwiesen, und zwar, wie folgt. Man beweist nehmlich zuerst folgenden Satz:

„Gilt die allgemeine Formel (V.) für „$S_k^n$, so muß sie auch gelten für $S_{k+1}^n$."

Denn gesetzt, sie gelte wenn $n=h$, also für $S_{k+1}^h$, so hat man für $n=h+1$

$$S_{k+1}^{h+1} = S_{k+1}^h + S_k^{h+1}$$

Es ist aber nach der Annahme, aus (V.):

$$S_{k+1}^h = \frac{h^{k+2|1}}{(k+2)'}$$

$$S_k^{h+1} = \frac{(h+1)^{k+1|1}}{(k+1)'};$$

folglich, wenn man beyde Brüche auf gleiche Benennung bringt (dadurch, daß man Zähler und Nenner des letztern mit $(k+2)$ multiplizirt) und sie nachher addirt:

$$S^{h+1}_{k+1} = \frac{(h+1)^{k+2|1}}{(k+2)'};$$

woraus erhellet, daß die Formel (V.) für $S^{h+1}_{k+1}$ wirklich gilt, sobald sie für $S^{h}_{k+1}$ und $S^{n}_{k}$ statt findet. Nun ist aber $S^{2}_{k+1} = k+2$, wie aus der bloßen Ansicht des Schema (§. 344.) hervorgeht; und weil dasselbe Resultat auch aus der Formel (V.) sich ergiebt, wenn man dort $n=2$ und $m=k+1$ setzt, so folgt, daß die Formel (V.) gilt, für $S^{2}_{k+1}$; folglich gilt sie auch dann für $S^{3}_{k+1}$ und nachher wieder für $S^{4}_{k+1}$ und sonach allgemein für $S^{n}_{k+1}$, wo n jede beliebige absolute ganze Zahl vorstellt; wenn nur die Bedingung statt findet, daß sie für $S^{n}_{k}$ gilt.

Ist nun bewiesen, daß die Formel (V.) für $S^{n}_{k+1}$ gelten muß, unter der Voraussetzung, daß sie für $S^{n}_{k}$ gilt, so folgt nun wiederum, daß, weil sie für $S^{n}_{2}$ gilt (wie oben bewiesen wurde), sie nun auch für $S^{n}_{3}$, und dann auch für $S^{n}_{4}$, so wie dann allgemein für $S^{n}_{m}$ gelten müsse, wo n und m beliebige absolute ganze Zahlen repräsentiren.

Anmerkung. Nach (§. 345. Anmerk.) gilt die Formel (V.) auch noch, wenn $n=1$, so wie auch noch, wenn $m=0$.

## §. 347. Zusatz.

Man hat daher auch, nach (§. 345.) in Verbindung mit (§. §. 340—342.):

$$1)\ T^n_0 = 1 = \frac{n^{0|1}}{0'}$$

$$2)\ T^n_1 = S^n_0 = n = \frac{n^{1|1}}{1'} = \frac{n^{1|-1}}{1'} = n_1 = n_{n-1} = \frac{n^{n-1|-1}}{(n-1)'} = \frac{2^{n-1|1}}{(n-1)'}$$

$$3)\ T^n_2 = S^n_1 = \frac{n^{2|1}}{2'} = \frac{(n+1)^{2|-1}}{2'} = (n+1)_2 = (n+1)_{n-1} = \frac{(n+1)^{n-1|-1}}{(n-1)'} = \frac{3^{n-1|1}}{(n-1)'}$$

$$4)\ T^n_3 = S^n_2 = \frac{n^{3|1}}{3'} = \frac{(n+2)^{3|-1}}{3'} = (n+2)_3 = (n+2)_{n-1} = \frac{(n+2)^{n-1|-1}}{(n-1)'} = \frac{4^{n-1|1}}{(n-1)'}$$

$$5)\ T^n_4 = S^n_3 = \frac{n^{4|1}}{4'} = \frac{(n+3)^{4|-1}}{4'} = (n+3)_4 = (n+3)_{n-1} = \frac{(n+3)^{n-1|-1}}{(n-1)'} = \frac{5^{n-1|1}}{(n-1)'}$$

und allgemein:

$$6)\ T^n_m = S^n_{m-1} = \frac{n^{m|1}}{m'} = \frac{(n+m-1)^{m|-1}}{m'} = (n+m-1)_m$$

$$= (n+m-1)_{n-1} = \frac{(n+m-1)^{n-1|-1}}{(n-1)'} = \frac{(m+1)^{n-1|1}}{(n-1)'}.$$

# Zahlenlehre.

## Siebenzehntes Kapitel.

## Von den Permutationen, Variationen und Combinationen, und von den combinatorischen Aggregaten.

### §. 348. Erklärung.

Jede logische Verbindung mehrerer durch Buchstaben oder andere Zeichen repräsentirten Dinge z. B. ab, aab, abcd, bab, etc. nennt man eine Complexion; die einzelnen Buchstaben, die zur Complexion verbunden sind, die Elemente der Complexion. Die Complexion ist ohne Wiederholungen (z. B. abcd), wenn dasselbe Element nicht zwey oder mehreremale in ihr vorkommt; außerdem aber ist sie eine Complexion mit Wiederholungen (z. B. aab oder bab). Die gegebenen Elemente in einer bestimmten Ordnung neben einander geschrieben bilden den Zeiger oder Index, und eine Complexion heißt wohlgeordnet, wenn in ihr kein im Zeiger später folgendes Element, einem frühern vorangeht; (z. B. adef oder addg, aber nicht daef, oder dadg, u. s. w.; wenn nehmlich a, b, c, d, e, f, g etc. der Zeiger ist).

Anmerkung. 1. Die Verbindungen gegebener Elemente zu bilden, gehört übrigens nicht der Mathematik, sondern der Logik zu. — Wohl aber ist es eine Anwendung der Zahlenlehre, die Anzahl der Complexionen à priori zu bestimmen, welche aus gegebenen Elementen, die auf eine bestimmte Weise mit einander verbunden werden sollen, hervorgehen.

Anmerkung. 2. Ist kein Zeiger bemerkt, sind dagegen die Elemente durch Buchstaben oder durch numerische ganze Zahlen dargestellt, so setzt man immer voraus, daß der Zeiger die Buchstaben in der Ordnung des Alphabets, die Zahlen dagegen in ihrer natürlichen Folge anzugeben hat.

## §. 349. Zusatz.

Auch jedes einzelne Element nennt man wohl schon Complexion. — Die Complexionen selbst heißen dann auch beziehlich: Unionen, Binionen oder Amben, Ternionen oder Ternen, Quaternionen oder Quaternen, Quinternen oder Quinen u. s. w. f., je nachdem sie aus einem, zwey, drei, vier, fünf, oder mehr Elementen bestehen.

## §. 350. Erklärung.

Eine gegebene Complexion z. B. abc oder aabccd heißt permutirt oder versetzt, wenn man dieselben Elemente in allen möglichen Anordnungen zu neuen Complexionen verbunden hat. Das Schema aller solchen entstandenen Complexionen heißt dann eine zweyte dritte, vierte rc. rc. oder $m^{te}$ Permutations-Klasse, je nachdem die gegebene Complexion aus 2, 3, 4, oder m Elementen besteht. Eine solche Permutations-Klasse endlich wird bezeichnet durch

$\overset{3}{P}$ (a b c) oder $\overset{6}{P}$ (a a b c c d);

indem man über den Buchstaben P die Klassenzahl schreibt, d. h. die Anzahl der Elemente, die permutirt werden sollen.

Beispiele. Man findet:

| $\overset{3}{P}$ (a b c) | $\overset{5}{P}$ (a a b b b) | $\overset{4}{P}$ (a b c d) | |
|---|---|---|---|
| a b c | a a b b b | a b c d | c a b d |
| a c b | a b a b b | a b d c | c a d b |
| b a c | a b b a b | a c b d | c b a d |
| b c a | a b b b a | a c d b | c b d a |
| c a b | b a a b b | a d b c | c d a b |
| c b a | b a b a b | a d c b | c d b a |
| | b a b b a | b a c d | d a b c |
| | b b a a b | b a d c | d a c b |
| | b b a b a | b c a d | d b a c |
| | b b b a a | b c d a | d b c a |
| | | b d a c | d c a b |
| | | d d c a | d c b a |

## §. 351. Erklärung.

Ist eine Anzahl z. B. m von Elementen

a, b, c, d, e, etc. etc.

gegeben, und denkt man sich diese Elemente erst paarweise, dann zu dreien, zu vieren u. s. w. auf alle mögliche Weise und in jeder möglichen Anordnung der Elemente mit einander verbunden, so erhält man durch Aufzählen aller dieser Verbindungen die Variationen aus diesen m Elementen, und zwar die zweyte, dritte, vierte, ꝛc. ꝛc. nte Klasse derselben, je nachdem die Komplexionen aus 2, 3, 4, rc. rc. oder n Elementen bestehen.

Die Variationen sind mit oder ohne Wiederholungen, je nachdem die Komplexionen zu der erstern oder zu der andern Art gehören.

Die Variationen bezeichnet man mit dem Buchstaben des größern lateinischen Alphabets V, mit untergesetztem Zeiger, und, wenn eine bestimmte Klasse ausgedrückt werden soll, mit übergeschriebener Klassenzahl.

Dabey bezeichnet dasselbe V mit einem Strich, nehmlich V', Variationen mit Wiederholungen, dagegen das bloße V, ohne Strich, auch allemal Variationen ohne Wiederholungen.

Diesem nach wird die Bedeutung der Zeichen

$$\overset{n}{V'}_{(a, b, c, \ldots)} \quad \text{und} \quad \overset{n}{V}_{(1, 2, 3, 4, \ldots)}$$

unmittelbar erkannt.

Nach (§. 349.) kann man sich auch eine erste Klasse denken.

## §. 352. Aufgabe.

Aus gegebenen m Elementen a, b, c, ... die Variationen mit Wiederholungen zu entwickeln.

### Auflösung.

1) Man schreibe die gegebenen Elemente, durch Kommata getrennt, hin, so hat man die erste Klasse.
2) Jedem dieser Elemente setze man jedes Element vor, so hat man die zweyte Klasse.

3) Jeder Complexion dieser zweyten Klasse setze man jedes Element vor, so giebt dies die dritte Klasse.

4) So fahre man fort einer jeden Complexion irgend einer Klasse jedes Element vorzusetzen und allemal erhält man die nächstfolgende Klasse; und zwar in's Unendliche fort.

### §. 353. Zusatz.

Durch dasselbe Verfahren erhält man auch die Variationen ohne Wiederholungen, wenn bey dem jedesmaligen Vorsetzen der einzelnen Elemente, jede Komplexion übergangen wird, welche dieses Element schon enthält. Hier erhält man aber nur so viele Klassen als Elemente gegeben sind, und die letztere Klasse muß nothwendig allemal eine reine Permutations-Klasse seyn.

**Beispiele.**

| | | | |
|---|---|---|---|
| $\overset{1}{V}'$ (a, b, c) | a, b, c | $\overset{1}{V}$ (a, b, c) | a, b, c |
| $\overset{2}{V}'$ (a, b, c) | aa, ab, ac<br>ba, bb, bc<br>ca, cb, cc | $\overset{2}{V}$ (a, b, c) | ab, ac<br>ba, bc<br>ca, cb |
| $\overset{3}{V}'$ (a, b, c) | aaa, aab, aac<br>aba, abb, abc<br>aca, acb, acc<br>baa, bab, bac<br>bba, bbb, bbc<br>bca, bcb, bcc<br>caa, cab, cac<br>cba, cbb, cbc<br>cca, ccb, ccc | $\overset{3}{V}$ (a, b, c) | abc, acb<br>bac, bca<br>cab, cba |
| $\overset{4}{V}'$ (a, b, c) | aaaa, aaab, aaac<br>aaba, etc. etc.<br>etc. etc. etc. | | |

## §. 354. Erklärung.

Da die Variationen alle möglichen Verbindungen mit allen möglichen Anordnungen der Elemente enthalten, so muß in ihnen jede wohlgeordnete Komplexion zugleich mit allen ihren Permutationen oder Versetzungen vorkommen. — Sondert man nun diese wohlgeordneten Complexionen ab, und wirft alle übrigen weg, so erhält man durch Aufzählung aller dieser Verbindungen, die Combinationen der gegebenen Elemente und zwar ebenfalls mit oder ohne Wiederholungen, die dann auch wieder in Klassen und zwar in die erste, zweyte, dritte, vierte u. s. w., nte Klasse getheilt werden.

Die Combinationen bezeichnet man durch den Buchstaben des größern lateinischen Alphabets

$$C$$

mit übergesetzter Klassenzahl, untergesetztem Zeiger, und fügt noch überdies einen Strich zur rechten bey, wenn man Combinationen mit Wiederholungen bezeichnen will, während das bloße C (ohne Strich), allemal Combinationen ohne Wiederholungen ausdrückt.

Die Zeichen

$$\overset{n}{C'}(a, b, c, d, \ldots) \quad \text{und} \quad \overset{n}{C}(a, b, c, d, \ldots)$$

haben dann eine völlig bestimmte Bedeutung.

## §. 355. Zusatz.

Es erhellet sogleich aus dieser Erklärung, daß man durch das (§. 352.) gelehrte Verfahren für Variationen, auch alle Combinationen aus gegebenen

Elementen erhalten wird, wenn man bey dem jedesmaligen Vorsetzen der Elemente darauf sieht, einer Complexion kein späteres Element vorzusetzen, als das Anfangs-Element dieser Complexion ist. — Zugleich erhält man die Complexionen mit Wiederholungen ohne weitere Vorsicht, dagegen diejenigen ohne Wiederholungen, wenn man bey dem Vorsetzen der einzelnen Elemente auch noch diejenigen Complexionen übergeht, welche dasselbe Anfangs-Element haben, als das vorzusetzende ist.

## Beyspiele.

Combinationen mit Wiederholungen aus den Elementen a, b, c, d.

| | | | | |
|---|---|---|---|---|
| $\overset{1}{C}'$ (a, b, c, d,) | a, | b, | c, | d |
| $\overset{2}{C}'$ (a, b, c, d,) | aa, | ab, | ac, | ad |
| | | bb, | bc, | bd |
| | | | cc, | cd |
| | | | | dd |
| $\overset{3}{C}'$ (a, b, c, d) | aaa, | aab, | aac, | aad |
| | | abb, | abc, | abd |
| | | | acc, | acd |
| | | | | add |
| | | bbb, | bbc, | bbd |
| | | | bcc, | bcd |
| | | | | bdd |
| | | | ccc, | ccd |
| | | | | cdd |
| | | | | ddd |
| $\overset{4}{C}'$ (a, b, c, d) | aaaa, | aaab, | aaac, | aaad |
| | | aabb, | etc. | etc. |
| | | | etc. | etc. |
| | | | | etc. |
| | | bbbb, | bbbc, | etc. |
| | | | etc. | etc. |

Combinationen ohne Wiederholungen aus den Elementen a, b, c, d, e,

| | | | | | |
|---|---|---|---|---|---|
| $\overset{1}{C}(a, b, c, d, e)$ | a, | b, | c, | d, | e |
| $\overset{2}{C}(a, b, c, d, e)$ | | ab, | ac,<br>bc, | ad,<br>bd,<br>cd, | ae<br>be<br>ce<br>de |
| $\overset{3}{C}(a, b, c, d, e)$ | | | abc, | abd,<br>acd,<br><br>bcd, | abe<br>ace<br>ade<br>bce<br>bde<br>cde |
| $\overset{4}{C}(a, b, c, d, e)$ | | | | abcd, | abce<br>abde<br>acde<br>bcde |
| $\overset{5}{C}(a, b, c, d, e)$ | | | | abcde | |

## §. 356. Zusatz.

Bey den Combinationen mit Wiederholungen geht die Zahl der Klassen in's unendliche fort; dagegen giebt es bey denen ohne Wiederholungen, nie mehr Klassen als Elemente gegeben sind, und die höchste Klasse enthält nur eine einzige Komplexion, welche aus der wohlgeordneten Verbindung aller gegebenen Elemente besteht.

## §. 357. Lehrsätze.

Bezeichnet man die Anzahl der Komplexionen einer Permutations-, Variations-, oder Combinations-Klasse, durch ein dem Zeichen der Klasse vorgesetztes No. (numerus specierum)

und drücken Zeichen, wie $a^\alpha$, $b^\beta$ und dergl., wenn sie im Zeiger vorkommen (nicht Potenzen, sondern) bloß aus, daß das Element a, $\alpha$ mal und das Element b, $\beta$ mal ꝛc. ꝛc. wiederholt seyn soll, so gelten folgende Formeln:

I. $\text{Ns.}\ \overset{m}{P'}\,(a, b, c, d, \ldots) = m'$

II. $\text{Ns.}\ \overset{m}{P'}\,(a^\alpha, b^\beta, c^\gamma, \ldots) = \dfrac{m'}{\alpha' \cdot \beta' \cdot \gamma' \cdot \ldots}$

III. $\text{Ns.}\ \underset{(a, b, c \ldots)}{\overset{n}{V}} = m^{n|-1} = [m-(n-1)]^{n|1}$

IV. $\text{Ns.}\ \underset{(a, b, c \ldots)}{\overset{n}{V'}} = m^n$

V. $\text{Ns.}\ \underset{(a, b, c \ldots)}{\overset{n}{C}} = \dfrac{m^{n|-1}}{n'} = m_n$

VI. $\text{Ns.}\ \underset{(a, b, c \ldots)}{\overset{n}{C'}} = \dfrac{m^{n|1}}{n'} = \dfrac{[m+(n-1)]^{n|-1}}{n'}$

$= [m+(n-1)]_n$

wo überall m die Anzahl der Elemente des Zeigers ausdrückt.

## Beweise.

### I.

1) Zwey Elemente a und b lassen zwey Versetzungen zu; ab und ba.

2) Bey drey Elementen kann jedes das erste seyn, und weil dann die beyden andern immer noch zwey Versetzungen zulassen, so erhält man 2 . 3 Versetzungen oder 3' Versetzungen für 3 Elemente.

3) Bey m + 1 Elementen kann jedes das erste seyn; lassen dann die m übrigen Elemente immer

m' Versetzungen zu, so erhält man für alle $(m+1)$ Elemente $(m+1)'$ Versetzungen.

4) Die Formel (I) gilt also allemal für die nächstfolgende Zahl, sobald sie für irgend eine bestimmte Zahl gilt; und da sie für $m = 2$ und $m = 3$ Statt hat, so hat sie dann nothwendig auch für jede absolute ganze Zahl Statt, die für m genommen werden kann.

Beweis von II.

1) Man denke sich alle m Elemente verschieden, so lassen sie m' Versetzungen zu, welche man sich als wirklich entwickelt vorstellen kann.

2) Von diesen Komplexionen, die aus m von einander verschiedenen Elementen bestehen, nehme man eine beliebige heraus, und in ihr wieder beliebige Elemente in beliebigen Stellen, deren Anzahl $\alpha$ seyn mag; nehme dann von diesen $\alpha$ Elementen alle Versetzungen (deren Anzahl $= \alpha'$), und denke sich dabey die übrigen Elemente der herausgehobenen Komplexion in ihren Stellen verbleibend, so entstehen aus der herausgehobenen Komplexion eine Zahl $\alpha'$ von Komplexionen, welche nothwendig alle, unter allen Komplexionen in (n. 1.) enthalten seyn müssen.

3) Es läßt sich daher die ganze mte Klasse in (n. 1.), in Parthien abtheilen, so daß jede Parthie aus $\alpha'$ Komplexionen besteht, welche sich bloß durch Versetzung der $\alpha$ herausgehobenen Elemente von einander unterscheiden, und daher in eine einzige Komplexion zusammenfallen, sobald diese $\alpha$ Elemente

nicht mehr als verschieden, sondern als dieselben gedacht werden.

4) Die Anzahl dieser Parthien ist nun ohnstreitig $= \frac{m'}{\alpha'}$, und so groß also auch die Anzahl der Komplexionen, die man erhält, wenn unter den m Elementen eine Anzahl $\alpha$ derselben, bloße Wiederholungen sind, weil dann jede Parthie in eine einzige Komplexion zusammenfällt.

5) Diese $\frac{m'}{\alpha'}$ Komplexionen kann man nun aber wiederum in Parthien abtheilen, so daß die Komplexionen in jeder Parthie sich nur durch Versetzung von $\beta$ ihrer Elemente, während die übrigen in ihren Stellen verbleiben, von einander unterscheiden; welche daher, sobald diese $\beta$ Elemente bloße Wiederholungen werden, in eine einzige zusammenfallen.

6) Sobald daher $\beta$ dieser Elemente auch bloße Wiederholungen sind, dagegen von den vorigen verschieden, so giebt es wieder nur so viele Komplexionen, als es in (n. 5.) Parthien von Komplexionen gab, nehmlich $\frac{m'}{\alpha'} : \beta'$ oder $\frac{m'}{\alpha' . \beta'}$.

7) So fortfahrend fällt die Richtigkeit des Lehrsatzes in die Augen.

### Beweis von III.

1) Die Anzahl der Komplexionen der ersten Klasse ist ohnstreitig $= m$, also auch $= m^{1 I - 1}$.

2) Um die zweyte Klasse zu erhalten, wird jedes Element, den übrigen $m - 1$ Elementen vorgesetzt

(weil keine Wiederholungen vorkommen sollen) und daher die Anzahl der Komplexionen der zweyten Klasse $= m(m-1) = m^{2|-1}$.

3) Um die dritte Klasse zu erhalten, werden allen Komplexionen der zweyten Klasse die $m-2$ übrigen Elemente vorgesetzt, die sie nicht schon hat; folglich die Anzahl aller Komplexionen der dritten Klasse $= m(m-1)(m-2) = m^{3|-1}$.

4) Gesetzt es sey die Anzahl aller Komplexionen der $p$ten Klasse $= m^{p|-1}$, so wird man daraus alle Komplexionen der $p+1$ten Klasse erhalten, wenn man jeder der $p$ten Klasse, die übrigen $m-p$ Elemente vorsetzt, die sie nicht schon enthält (damit keine Wiederholungen entstehen); folglich ist dann die Anzahl der Komplexionen der $p+1$ten Klasse $= m^{p|-1}.(m-p) = m^{p+1|-1}$.

5) Gilt also die Formel (III.) für $n=p$, so gilt sie auch allemal für die nächstgrößere Zahl $p+1$, die statt $n$ gesetzt wird. Da sie nun gilt für $n=2$ und auch für $n=3$, so gilt sie auch für $n=4$, $n=5$, u. s. w. überhaupt für jede absolute ganze Zahl, die statt $n$ gesetzt werden mag.

### Beweis von IV.

fällt unmittelbar in die Augen.

### Beweis von V.

Weil die Kombinationen ohne Wiederholungen lauter Komplexionen ohne Wiederholungen haben, und jede Komplexion der $n$ten Klasse demnach aus $n$ verschiedenen Elementen besteht, so läßt jede Komplexion der $n$ten Klasse, $n'$ Versetzungen zu. Weil nun die $n$te

Klasse der Variationen erhalten wird, wenn man dieselbe Klasse der Kombinationen zugleich mit allen Versetzungen ihrer Complexionen nimmt, so muß man die Anzahl der Komplexionen der $n$ten Kombinations-Klasse erhalten, wenn man die Anzahl derer der Variations-Klasse noch durch die Versetzungszahl d. h. durch $n'$ dividirt; weshalb sich diese gesuchte Zahl $= \frac{m^{n|-1}}{n'}$ ergiebt.

Beweis von VI.

Um diesen Beweis anschaulicher zu machen, bemerke man zuvörderst folgendes:

Stellt $f(m)$ die Anzahl der Komplexionen vor einer $n$ten Klasse der Variationen oder Combinationen mit oder ohne Wiederholungen aus den $m$ Elementen $a, b, c, d \ldots$ entwickelt, und will man wissen, wie viele darunter sind, welche das Element $a$ nicht enthalten, so darf man nur $m - 1$ statt $m$ setzen; d. h. $f(m-1)$ drückt die Zahl der Komplexionen derselben Klasse aus, die das Element $a$ gar nicht enthalten. — Denkt man sich nehmlich das Element $a$ ganz weg, so bleiben $m - 1$ Elemente, und die $n$te Klasse aus diesen, welche $f(m-1)$ Komplexionen haben wird, muß dann nothwendig alle diejenigen Komplexionen enthalten, welche in derselben $n$ten Klasse aus allen $m$ Elementen entwickelt, vorkommen und das Element $a$ nicht enthalten.

Auf dieselbe Weise erhält man $f(m-2)$ für die Anzahl der Komplexionen in der $n$ten Klasse aus allen $m$ Elementen, die weder $a$ noch $b$ enthalten. Nicht minder erhält man für die Anzahl der Komplexionen in derselben Klasse, die weder a, noch b, noch c, enthalten die Zahl $f(m-3)$ u. s. w. f.

Dies vorausgesetzt, kann man nun schließen:

1) Die erste Klasse hat m Elemente, also m oder $\frac{m^{1|1}}{1'}$ Komplexionen, die auch durch $T_1^m$ ausgedrückt ist (§. 347.).

2) Aus der Art wie diese Klassen entwickelt werden, folgt aber ferner, daß die Zahl der Komplexionen der 2ten Klasse seyn muß =

$$T_1^m + T_1^{m-1} + T_1^{m-2} + \ldots + T_1^1$$

oder $S_1^m$ oder $\frac{m^{2|1}}{2'}$ oder $T_2^m$ (§. 344. u. §. 347.).

3) Aus demselben Grunde muß dann die Zahl der Komplexionen der dritten Klasse seyn =

$T_2^m + T_2^{m-1} + T_2^{m-2} + \ldots + T_2^1$ oder $S_2^m$

oder $\frac{m^{3|1}}{3'}$ oder $T_3^m$.

4) Nicht weniger ist dann die Anzahl der Komplexionen der vierten Klasse =

$$T_3^m + T_3^{m-1} + T_3^{m-2} + \ldots + T_3^1 = S_3^m = m^{4|1} = T_4^m$$

5) Ist endlich die Anzahl der Komplexionen in der pten Klasse $= S_{p-1}^m = T_p^m$, so ist die Anzahl der Komplexionen der p+1ten Klasse =

$$T_p^m + T_p^{m-1} + T_p^{m-2} + \ldots + T_p^1 = S_p^m = T_{p+1}^m$$

oder $= \frac{m^{p+1|1}}{(p+1)'}$ (wie aus der Art der Entwicklung der Klassen hervorgeht. (§. 355.))

6) Gilt also die Formel (VI.) für irgend eine bestimmte Zahl, die statt n gesetzt wird, so gilt sie dann nothwendig auch für die nächstgrößere Zahl; und da sie gilt für n = 2, n = 3, so gilt sie nothwendig auch für n = 4, n = 5, überhaupt für jede absolute ganze Zahl, die statt n gesetzt werden mag.

§. 358. Zusatz.

1) Die Buchstaben $\alpha$, $\beta$, $\gamma$, etc. in (§. 357. II.) nennt man auch Wiederholungs-Exponenten.

2) Die Formel (II. §. 357.) gilt auch dann noch, wenn einer der Wiederholungs-Exponenten Null oder 1 ist, wenn man nur annimmt, daß das Element (der Buchstabe), auf den sich der Wiederholungs-Exponent bezieht, im ersten Fall gar nicht, im andern Fall aber nur einmal vorkommt.

§. 359. Erklärung.

Nimmt man zu Elementen die Null oder beliebige numerische ganze Zahlen und zählt man alle Komplexionen aus zwey, drei, vier ꝛc. oder n der gegebenen Elemente auf, so aber, daß in jeder Komplexion die Summe aller Elemente = m ist, so hat man die Variationen oder die Kombinationen zur bestimmten Summe m, je nachdem alle Komplexionen zugleich mit allen Anordnungen ihrer Elemente, oder bloß die wohlgeordneten Komplexionen genommen werden.

Auch diese Variationen und Combinationen theilt man noch in Klassen, nach der Zahl der Elemente, die in den Komplexionen vorkommen, und die Bezeichnung dieser Variationen und Combinationen unterscheidet sich dadurch nur von der (§. §. 351. u. 354.) angegebenen, daß zur linken noch die bestimmte Summe beygeschrieben wird.

Auch werden wir bey diesen Variationen und Combinationen zur bestimmten Summe, hier bloß solche mit Wiederholungen näher betrachten, daher immer nur solche verstehen.

Die Bedeutung der Zeichen

$${}_{m}\overset{n}{V}' \quad {}_{m}\overset{n}{V}' \quad {}_{m}\overset{n}{C}' \quad {}_{m}\overset{n}{C}'$$

ist dem zu Folge nicht zu verkennen.

## §. 360. Zusatz.

Man erhält daher die $n$te Klasse der Variationen zur bestimmten Summe $m$, wenn man in der $n$ten Combinations-Klasse zur Summe $m$ aus denselben Elementen, jede Komplexion mit allen ihren Versetzungen nimmt. — Umgekehrt, ist es auch nicht schwer die letztere aus der erstern abzuleiten.

## §. 361. Aufgabe.

Die $n$te Klasse der Variationen zur Summe $m$ zu entwickeln, aus den Elementen $0, 1, 2, 3, \ldots$

### Auflösung.

1) Man schreibe $n - 1$ Nullen neben einander und in die $n$te Stelle die Zahl $m$; so hat man die erste Komplexion.

2) Aus jeder gefundenen Komplexion wird die nächstfolgende so abgeleitet:

α) Ist das letzte Element $> 0$, so vermindere man es um 1, und vermehre dagegen die nächstvorhergehende um eben so viel; z. B. auf 0004 folgt 0013.

β) Ist dies letzte Element oder sind vom Ende ab, mehrere Elemente = 0, so erhöhe man von der letzten Null zur linken ab, das nächstzweyte Element um 1, lasse die Ziffern neben der erhöheten linker Hand unverändert, in die Stellen rechter Hand aber setze man durchgehends 0, bis auf die letzte Stelle, in welche die Ergänzung zur bestimmten Summe m kommt; z. B. nach 12200 kommt unmittelbar 13001; auf 3100 folgt 4000.

γ) Giebt es keine zweyte Ziffer zur linken der in β) gedachten Null, welche noch erhöht werden könnte, so ist diese Komplexion die letzte in ihrer Klasse.

## §. 362. Zusatz.

Wollte man dieselbe Klasse zu derselben Summe aus den Elementen (1, 2, 3, ...) entwickeln, so würde man, um die erste Komplexion zu erhalten, die 1 neben einander hinschreiben n — 1 mal, und als n^te^ Stelle die Ergänzung m — (n — 1). — Die Komplexionen aus einander werden dann gerade so abgeleitet, wie im vorhergehenden Paragraphen gelehrt wurde, nur daß man, wo dort Null steht, hier immer 1 zu setzen hat.

Man könnte auch die n^te^ Klasse zu Summe m — n aus den Elementen 0, 1, 2, 3, ... entwickeln, und dann jedes Element um 1 erhöhen, und man würde wiederum die $n^{te}$ Klasse zur Summe m aus den Elementen 1, 2, 3, ... haben.

### Beyspiele.

| ${}_5\overset{4}{V}'(0, 1, 2, \ldots)$ | ${}_7\overset{4}{V}'(1, 2, 3, \ldots)$ |
|---|---|
| 0003 | 1114 |
| 0012 | 1123 |
| 0021 | 1132 |
| 0030 | 1141 |
| 0102 | 1213 |
| 0111 | 1222 |
| 0120 | 1231 |
| 0201 | 1312 |
| 0210 | 1321 |
| 0300 | 1411 |
| 1002 | 2113 |
| 1011 | 2122 |
| 1020 | 2131 |
| 1101 | 2212 |
| 1110 | 2221 |
| 1200 | 2311 |
| 2001 | 3112 |
| 2010 | 3121 |
| 2100 | 3211 |
| 3000 | 4111 |

### §. 363. Zusatz.

1) Setzt man in der $n^{ten}$ Variations-Klasse zur Summe m, statt des Zeigers 1, 2, 3, ... beziehlich den Zeiger a, a + d, a + 2d, ... so erhält man die $n^{te}$ Variations-Klasse zur Summe $na + (m - n)d$ aus den Elementen,

$a, a + d, a + 2d, \ldots$

2) Setzt man dagegen in der $n^{ten}$ Variations-Klasse zur Summe m aus den Elementen 0, 1, 2, 3, ... statt dieses Zeigers den andern

$a, a + d, a + 2d, a + 3d, \ldots$

so

so erhält man die $n^{te}$ Variations-Klasse aus den Elementen $a$, $a+d$, $a+2d$ ... zur Summe $na+md$.

3) Wäre daher die $n^{te}$ Klasse der Variationen zur Summe $p$ aus den Elementen $a, a+d, a+2d, a+3d \ldots$ zu entwickeln, so setze man:

$na+(m-1.)\,d=p$ oder $na+md=p$,

bestimme daraus:

$m=\frac{p+n\,(d-a)}{d}$ oder $m=\frac{p-na}{d}$,

entwickele die $n^{te}$ Klasse der Variationen zur Summe $\frac{p+n\,(d-a)}{d}$ aus den Elementen $1, 2, 3$, ꝛc., oder zur Summe $\frac{p-na}{d}$ aus den Elementen $0, 1, 2, 3, \ldots$, und setze zuletzt überall

statt $1,\ 2,\ 3,\ 4\ \ldots$ im erstern Fall, oder

statt $0,\ 1,\ 2,\ 3\ \ldots$ im andern,

beziehlich $a, a+d, a+2d, a+3d \ldots$

Anmerkung. Man sieht auch sogleich, daß diese letztere Aufgabe nicht immer möglich ist, und nur für solche Werthe von $a$, $d$ und $p$ möglich wird, für welche $\frac{p-na}{d}$ eine absolute ganze Zahl ist.

## §. 364. Aufgabe.

Die $n^{te}$ Klasse der Kombinationen zur Summe $m$ aus den Elementen $0, 1, 2, 3 \ldots$ zu entwickeln.

### Auflösung.

1) Die erste Komplexion findet man genau wie in (§. 361. n. 1.).

2) Aus jeder Komplexion leitet man die nächstfolgende so ab:

α) Ist die letzte Ziffer um mehr als 1 größer, als

die vorletzte, so vermindere man diese um 1, und vermehre dagegen die vorletzte um eben so viel.

β) Ist die letzte Ziffer der vorletzten gleich oder nur um 1 größer, so gehe man zu der zur Linken folgenden fort, und suche die nächste Ziffer, die um mehr als 1 kleiner ist, als die letzte. Diese erhöhe man um 1, die Ziffern linker Hand lasse man unverändert, und in die Stellen rechter Hand setze man lauter der erhöheten gleiche Ziffern, bis auf die letzte Stelle, in welche die Ergänzung zur bestimmten Summe gesetzt wird, die aber nie kleiner als die vorhergehende Ziffer werden darf; z. B. auf 0122 folgt 1112.

γ) Hat die Komplexion keine Ziffer, die um mehr als 1 kleiner ist, als die letzte, so ist diese die End-Komplexion der Klasse.

## §. 365. Zusatz.

Wollte man die nte Klasse der Kombinationen zur Summe m aus den Elementen 1, 2, 3, ... oder aus den Elementen a, a+d, a+2d ... entwickeln, so müßte man das hier angegebene Verfahren auf dieselbe Weise modificiren, wie das (§. 361.) angegebene durch die (§. §. 362. u. 363.) modificirt wurde.

### Beyspiele.

| | | | |
|---|---|---|---|
| 0007 | | 1118 | |
| 0016 | | 1127 | |
| 0025 | | 1136 | |
| 0034 | | 1145 | |
| 0115 | | 1226 | |
| 0124 | $\overset{4}{{}^{7}C}$ | 1235 | $\overset{4}{{}^{11}C}$ |
| 0133 | $(0, 1, 2, 3 \ldots)$ | 1244 | $(1, 2, 3 \ldots)$ |
| 0223 | | 1334 | |
| 1114 | | 2225 | |
| 1123 | | 2234 | |
| 1222 | | 2333 | |

## §. 366. Aufgabe.

Man hat eine Gleichung

$$\alpha + \beta + \gamma + \ldots + \mu = m,$$

wo $\alpha, \beta, \gamma \ldots \mu$ lauter Unbekannte sind, deren Anzahl n ist; man soll alle möglichen Systeme von Werthen dieser Unbekannten $\alpha, \beta, \gamma \ldots \mu$ finden, die Null oder absolute ganze Zahlen sind, und welche der gegebenen Gleichung unter der Voraussetzung Genüge leisten, daß m entweder Null oder eine absolute ganze Zahl ist.

### Auflösung und Beweis.

Man entwickle die $n^{te}$ Klasse der Variationen zur Summe m aus den Elementen (0, 1, 2, 3 . . .) und nehme die Elemente jeder dieser Komplexionen beziehlich statt $\alpha, \beta, \gamma \ldots \mu$, so hat man die gesuchten Werthe.

### Beyspiel.

Hat man z. B.

$$\alpha + \beta + \gamma = 3,$$

so erhält man

| | |
|---|---|
| $\alpha$ | 0, 0, 0, 0, 1, 1, 1, 2, |
| $\beta$ | 0, 1, 2, 3, 0, 1, 2, 0, |
| $\gamma$ | 3, 2, 1, 0, 2, 1, 0, 0, |

so daß je 3 in einer und derselben Vertikal-Reihe stehende Werthe von $\alpha, \beta, \gamma$, der gegebenen Gleichung genügen.

## §. 367. Aufgabe.

Alle möglichen Systeme von Werthen der Unbekannten $\beta, \gamma \ldots \mu$ zu finden, welche Null oder absolute ganze Zahlen sind, und welche der Gleichung

$$1 . \beta + 2 . \gamma + 3 . \delta + \ldots + m . \mu = p$$

ein Genüge leisten, unter der Voraussetzung, daß p entweder Null oder eine absolute ganze Zahl ist.

Auflösung.

1) Man bilde den Zeiger

$$\begin{Bmatrix} 1, & 2, & 3, & \ldots & m \\ \beta, & \gamma, & \delta, & \ldots & \mu \end{Bmatrix}.$$

2) Man entwickle alle Klassen der Kombinationen zur Summe p aus den Elementen 1, 2, 3 ... n. (Ein höheres Element als n darf nicht vorkommen, weshalb man bey dem Entwickeln dieser Kombinationen aus einem unbegrenzten Zeiger (1, 2, 3 ....) nach (§. 364. und §. 365.) sogleich diejenigen Komplexionen weglassen muß, welche höhere Elemente als n enthalten.)

3) Die Zahl, die anzeigt, wie vielmal in einer jeden Komplexion (einer jeden Klasse) ein jedes Element vorkommt, ist allemal ein Werth des unter demselben Element im Zeiger stehenden Unbekannten, wenn man nur statt derjenigen Unbekannten, deren im Zeiger übergesetztes Element in der Komplexion gar nicht vorkommt, Null setzt.

Beyspiel.

Sey gegeben die Gleichung

$$1.\beta + 2.\gamma + 3.\delta + 4.\varepsilon = 9.$$

Der Zeiger ist hier:

$$\begin{Bmatrix} 1, & 2, & 3, & 4 \\ \beta, & \gamma, & \delta, & \varepsilon \end{Bmatrix}$$

Die Kombinationen aus den Elementen 1, 2, 3, 4 stehen links, die aus jeder Komplexion hervorgehenden Systeme von Werthen der Unbekannten aber rechts:

| | | $\beta,\gamma,\delta,\varepsilon$ |
|---|---|---|
| 144 | ... | 1,0,0,2 |
| 1134 | ... | 2,0,1,1 |
| 1224 | ... | 1,2,0,1 |
| 1233 | ... | 1,1,2,0 |
| 2223 | ... | 0,3,1,0 |
| 11124 | ... | 3,1,0,1 |
| 11223 | ... | 2,2,1,0 |
| 12222 | ... | 1,4,0,0 |
| 111114 | ... | 5,0,0,1 |
| 111123 | ... | 4,1,1,0 |
| 111222 | ... | 3,3,0,0 |
| 1111113 | ... | 6,0,1,0 |
| 1111122 | ... | 5,2,0,0 |
| 11111112 | ... | 7,1,0,0 |
| 111111111 | ... | 9,0,0,0 |

Je 4 in einer Reihe rechts stehender Zahlen beziehlich statt $\beta$, $\gamma$, $\delta$, $\varepsilon$ gesetzt, thun der Gleichung $1.\beta + 2.\gamma + 3.\delta + 4.\varepsilon = 9$ ein Genüge.

## §. 368. Zusatz.

Sollte den beyden Gleichungen

$$\alpha + \beta + \gamma + \dots + \mu = m \quad \text{und}$$
$$1.\beta + 2.\gamma + \dots + n.\mu = p$$

zugleich Genüge geleistet werden, so würde das Verfahren dasselbe bleiben, nur müßte man statt alle Klassen der Kombinationen zu entwickeln aus dem Zeiger 1, 2, 3, ... n, diejenigen Klassen weglassen, deren Klassenzahl größer als m wäre; dabey aber für die übrigen Auflösungen der zweyten Gleichung den zugehörigen Werth von $\alpha$ aus der ersten bestimmen; wie bey dem bloßen Anblick in die Augen fällt.

### Beyspiel.

Seyen gegeben die beyden Gleichungen

$$\alpha + \beta + \gamma + \delta = 5$$
$$1.\beta + 2.\gamma + 3.\delta = 9,$$

so entwickle man zuerst alle Klassen der Kombinationen zur Summe 9 aus den Elementen 1, 2, 3, mit Uebergehung aller der Klassen welche die 5te übersteigen; und daraus die Systeme der Werthe, welche der zweyten Gleichung entsprechen.

Man hat dann:

| | $\beta, \gamma, \delta$ |
|---|---|
| 333 | 0,0,3 |
| 1233 | 1,1,2 |
| 2223 | 0,3,1 |
| 11133 | 3,0,2 |
| 11223 | 2,2,1 |
| 12222 | 1,4,0 |

und hieraus die Auflösungen

| $\alpha, \beta, \gamma, \delta$ |
|---|
| 2,0,0,3 |
| 1,1,1,2 |
| 1,0,3,1 |
| 0,3,0,2 |
| 0,2,2,1 |
| 0,1,4,0 |

welche alle den beyden gegebenen Gleichungen entsprechen.

Anmerkung. Haben zwey gegebene Gleichungen z. B. $\alpha + \beta + \gamma + \ldots = p$ und $\mu + \nu + \pi + \ldots = q$, denen unter derselben Voraussetzung genügt werden soll, gar keinen Unbekannten gemeinschaftlich, so erhält man ihre Auflösungen alle, wenn man jede einzelne Auflösung der einen, mit jeder einzelnen Auflösung der zweyten verbindet.

Seyen z. B. gegeben die beyden Gleichungen

$$\alpha + \beta = 2 \quad \text{und} \quad \mu + \nu = 3$$

so sind die Auflösungen

der ersten

| | | | |
|---|---|---|---|
| $\alpha$ | 0, | 1, | 2, |
| $\beta$ | 2, | 1, | 0, |

der zweyten

| | | | | |
|---|---|---|---|---|
| $\mu$ | 0, | 1, | 2, | 3, |
| $\nu$ | 3, | 2, | 1, | 0, |

und die Auflösungen beyder Gleichungen

| | |
|---|---|
| $\alpha$ | 0, 0, 0, 0, 1, 1, 1, 1, 2, 2, 2, 2, |
| $\beta$ | 2, 2, 2, 2, 1, 1, 1, 1, 0, 0, 0, 0, |
| $\mu$ | 0, 1, 2, 3, 0, 1, 2, 3, 0, 1, 2, 3, |
| $\nu$ | 3, 2, 1, 0, 3, 2, 1, 0, 3, 2, 1, 0. |

Beyde Gleichungen in Verbindung haben daher 12 Auflösungen.

Man kann dies auch leicht für den Fall erweitern, wo drei und mehr solche Gleichungen gegeben wären, die keinen der Unbekannten gemeinschaftlich haben.

## §. 369. Lehrsatz.

Der Ausdruck

$$a^\alpha \quad b^\beta \quad c^\gamma \quad d^\delta \ldots m^\mu$$

giebt die nte Klasse der Kombinationen mit Wiederholungen aus den Elementen a, b, c, d, ... m, wenn man statt $\alpha, \beta, \gamma, \ldots \mu$ alle aus der Gleichung

$$\alpha + \beta + \gamma + \ldots + \mu = n$$

nach (§. 366.) erhaltenen Werthe setzt, dabey aber, so oft ein Wiederholungs-Exponent z. B. $\beta$ den Werth 0 hat, seinen zugehörigen Buchstaben b ganz und gar wegläßt.

Beweis ist sehr leicht zu führen.

### Beyspiele.

So giebt

$$a^\alpha \quad b^\beta$$

$$\alpha + \beta = m$$

die mte Klasse der Kombinationen mit Wiederholungen aus den beyden Elementen a und b. Die Gleichung

$$\alpha + \beta = m$$

giebt nehmlich zu Auflösungen, nach (§. 366.)

| | |
|---|---|
| $\alpha$ | m, m — 1, m — 2, ... 2, 1, 0, |
| $\beta$ | 0, 1, 2, ... m — 2, m — 1, m, |

und daher die Komplexionen der bezeichneten Kombinations-Klasse

$$a^m,\ a^{m-1}b,\ a^{m-2}b^2,\ a^{m-3}b^3,\ \ldots\ldots$$
$$\ldots\ldots,\ a^2 b^{m-2},\ a b^{m-1},\ b^m.$$

Eben so giebt

$$a^\alpha \quad b^\beta \quad c^\gamma$$
$$\alpha+\beta+\gamma=4$$

die 4te Klasse der Combinationen mit Wiederholungen aus den Elementen a, b, c. — Die Gleichung

$$\alpha+\beta+\gamma=4$$

giebt nehmlich zu Auflösungen

| | |
|---|---|
| $\alpha$ | 4, 3, 3, 2, 2, 2, 1, 1, 1, 1, 0, 0, 0, 0, 0, |
| $\beta$ | 0, 1, 0, 2, 1, 0, 3, 2, 1, 0, 4, 3, 2, 1, 0, |
| $\gamma$ | 0, 0, 1, 0, 1, 2, 0, 1, 2, 3, 0, 1, 2, 3, 4, |

und daher die fragliche Combinations-Klasse

$$a^4,\ a^3 b,\ a^3 c,\ a^2 b^2,\ a^2 bc,\ a^2 c^2,\ ab^3,$$
$$ab^2 c,\ abc^2,\ ac^3,\ b^4,\ b^3 c,\ b^2 c^2,\ bc^3,\ c^4.$$

## §. 370. Zusatz.

Der Ausdruck

$$(a x^0)^\alpha \quad (b x^1)^\beta \quad (c x^2)^\gamma \ \ldots\ (m x^n)^\mu$$

wo $\alpha, \beta, \gamma \ldots \mu$ wiederum, wie vorher, Wiederholungs-Exponenten sind, giebt von der $\nu$ten Combinations-Klasse mit Wiederholungen aus den Elementen

$a x^0,\quad b x^1,\quad c x^2,\quad d x^3,\ \ldots\ m x^n$ oder

$a,\quad b x,\quad c x^2,\quad d x^3,\ \ldots\ m x^n$

bloß diejenigen Komplexionen, in welchen die Summe der Exponenten von x, gerade der Zahl p gleich ist, wenn man statt der Wiederholungs-Exponenten $\alpha, \beta, \gamma \ldots \mu$, alle Werthe setzt, welche sich nach (§. 368.) durch Auflösung der beyden Gleichungen

$$\alpha + \beta + \gamma + \ldots + \mu = \nu \text{ und}$$

$$1 . \beta + 2 . \gamma + \ldots + n . \mu = p$$

ergeben, dabey aber im Falle der Wiederholungs-Exponent Null ist, dies für ein Zeichen nimmt, daß das zugehörige Element gar nicht genommen werden darf.

Beyspiel.

So giebt der Ausdruck

$$(a x^0)^\alpha \quad (b x^1)^\beta \quad (c x^2)^\gamma \quad (d x^3)^\delta$$

$$\alpha + \beta + \gamma + \delta = 6$$

$$1 \beta + 2 \gamma + 3 \delta = 10$$

von der 6ten Klasse der Combinationen aus den 4 Elementen $a$, $bx$, $cx^2$, $dx^3$, nur diejenigen Komplexionen, in welchen die Summe der Exponenten von $x$ jedesmal gerade 10 ist.

§. 371. Erklärung.

Das Glied oder die Summe aller Glieder, welche ein Ausdruck $f(a, b, c, \ldots)$ dadurch giebt, daß man nach und nach statt $a, b, c$, rc. rc. alle Auflösungen setzt, welche Null oder absolute ganze Zahlen sind und der gegebenen Gleichung

$$\varphi(a, b, c, \ldots) = p$$

oder zweyen oder mehreren Gleichungen

$$\psi(a, b, c, \ldots) = q, \quad \chi(a, b, c, \ldots) = r \text{ etc.}$$

Genüge leisten (wo $\varphi(a, b, c, \ldots)$, $\psi(a, b, c, \ldots)$ etc. beliebige, aber in jedem Falle gegebene aus $a, b, c, \ldots$ und andern Zahlen zusammengesetzte Ausdrücke vorstellen), bezeichne man, der Kürze wegen, durch

$$S.\left[f(\mathfrak{a},\mathfrak{b},\mathfrak{c},\ldots)\right]$$
$$\varphi(\mathfrak{a},\mathfrak{b},\mathfrak{c},\ldots)=p$$

oder durch

$$S.\left[f(\mathfrak{a},\mathfrak{b},\mathfrak{c},\ldots)\right]$$
$$\psi(\mathfrak{a},\mathfrak{b},\mathfrak{c},\ldots)=q,\quad \chi(\mathfrak{a},\mathfrak{b},\mathfrak{c},\ldots)=r \text{ etc. etc.}$$

und nenne solches Zeichen ein combinatorisches Aggregat oder bloß Aggregat. Die untergesetzten Gleichungen heißen die Bedingungsgleichungen, so wie die Unbekannten derselben, die veränderlichen Buchstaben. In Fällen, wo Zweydeutigkeit entstehen könnte, muß man auch noch die Buchstaben, welche die Veränderlichen seyn sollen, noch besonders (durch Untersetzen etwa) angeben.

Wenn nichts weiter bemerkt ist, so werden die Veränderlichen immer durch die kleinen Buchstaben des deutschen Alphabets bezeichnet werden.

Der Ausdruck selber, der alle Glieder (alle Summanden) repräsentirt, heißt das allgemeine Glied des Aggregats.

Beyspiel. Das combinatorische Aggregat

$$S.\left[\frac{m'}{\mathfrak{a}'\mathfrak{b}'}a^{\mathfrak{a}}b^{\mathfrak{b}}\right]_{\mathfrak{a}+\mathfrak{b}=m,} \text{ oder } S.\left[\frac{(a+b)'}{\mathfrak{a}'\ \mathfrak{b}'}a^{\mathfrak{a}}b^{\mathfrak{b}}\right]_{\mathfrak{a}+\mathfrak{b}=m,} \text{ oder } S.\left[m_{\mathfrak{b}}\,a^{\mathfrak{a}}\,b^{\mathfrak{b}}\right]_{\mathfrak{a}+\mathfrak{b}=m}$$

bezeichnet diesem nach, die Summe:

$$m_0 a^m b^0 + m_1 a^{m-1} b^1 + m_2 a^{m-2} b^2 + m_3 a^{m-3} b^3 + \ldots$$
$$+ m_{m-3} a^3 b^{m-3} + m_{m-2} a^2 b^{m-2} + m_{m-1} a^1 b^{m-1} + m_m a^0 b^m.$$

oder die Summe

$$a^m + m_1 a^{m-1} b + m_2 a^{m-2} b^2 + m_3 a^{m-3} b^3 + \ldots$$
$$+ m_3 a^3 b^{m-3} + m_2 a^2 b^{m-2} + m_1 a^1 b^{m-1} + b^m$$

deren Summanden-Anzahl $m+1$ ist, weil die Gleichung $a + b = m$, eben so viel Auflösungen zuläßt, nehmlich:

$$\begin{array}{c|l} a & m,\ m-1,\ m-2,\ \ldots,\ 2,\ 1,\ 0, \\ b & 0,\ 1,\ 2,\ \ldots,\ m-2,\ m-1,\ m. \end{array}$$

§. 372. Zusatz.

1) In jedem combinatorischen Aggregat haben die veränderlichen Buchstaben keine bestimmte Bedeutung, sondern bloß eine von den Bedingungsgleichungen abhängige, und man kann daher statt dieser Buchstaben beliebige neue setzen (d. h. überall, wo sie vorkommen, also im allgemeinen Glied und in den Bedingungsgleichungen.)

2) In zwey combinatorischen Aggregaten haben dieselben veränderlichen Buchstaben nicht dieselbe Bedeutung. Bringt man daher beyde in Verbindung so muß die Verschiedenheit der Bedeutung auch durch verschiedene Buchstaben ausgedrückt werden (nach 1.).

3) Da die Bedingungsgleichungen bloß dazu dienen, alle möglichen Werthe der veränderlichen Buchstaben zu liefern, so kann man statt der gegebenen Bedingungsgleichungen auch andere setzen, wenn diese anderen nur dieselben Werthe geben für die veränderlichen Buchstaben, wie sie die gegebenen Gleichungen lieferten.

4) Man kann auch ein oder einige Glieder des Aggregats als Summanden absondern, wenn man nur das allgemeine Glied oder die Bedingungsgleichungen dergestalt abändert, daß das neue Aggregat, welches in Verbindung mit den abge-

sonderten Summanden, dem gegebenen gleich seyn soll, gerade die Summe der übrigen Glieder vorstellt.

5) Desgleichen kann man ein combinatorisches Aggregat in eine Summe zweyer andern verwandelt denken von denen z. B. das erste, die Summe aller ungeraden Glieder, das andere aber die Summe aller geraden Glieder des gegebenen enthält.

6) Auf dieselbe Weise kann auch ein combinatorisches Aggregat, als eine Summe dreier andern gedacht werden, von denen das erste die Summe des 1, 4, 7ten, ꝛc., das zweyte die Summe des 2, 5, 8ten, ꝛc., endlich das dritte die Summe des 3, 6, 9ten ꝛc. Gliedes des gegebenen Aggregats, vorstellt.

7) Sind die Bedingungsgleichungen von der Art, daß sie für die Veränderlichen nichts weiter bestimmen, als daß solche nach und nach alle Werthe 0, 1, 2, 3, 4 ... haben können und müssen, so kann man diese Bedingungsgleichungen ganz weglassen und annehmen, daß, um alle Glieder des combinatorischen Aggregats zu haben, man statt eines jeden der Veränderlichen nach und nach alle Werthe 0, 1, 2, 3, 4 .... in's unendliche fort, setzen müsse.

8) Umgekehrt also: wenn in einem Aggregat Buchstaben als Veränderliche bemerkt sind, ohne daß deren verschiedenen Werthe durch die Bedingungsgleichungen bestimmt sind, so ist allemal voraus-

gesetzt, daß man statt ihrer nach und nach alle Werthe 0, 1, 2, 3, ... in's unendliche fort, zu setzen habe.

## §. 373. Zusatz.

Aus (§. 31.) folgt sogleich:

1) $A . S . [f(a, b, c \ldots)] = S . [A \times f(a, b, c \ldots)]$ wenn die Bedingungsgleichungen dieselben bleiben und A keinen der Veränderlichen enthält.

Ferner aus (§. 104. III. §. 368. Anmerkung und §. 372.)

$$2)\ \underset{\varphi(a,b,c\ldots)=p}{S . [f(a, b, c \ldots)]} \times \underset{\psi(a,b,c\ldots)=q}{S . [F(a, b, c \ldots)]}$$
$$= \underset{\varphi(a,b,c\ldots)=p,\quad \psi(m,n,p\ldots)=q}{S . [f(a, b, c \ldots) \times F(m, n, p, \ldots)]}$$

Nicht weniger nach (§. 14. u. §. 25.)

$$3)\ S [f(a, b, c \ldots)] \pm S . [F(a, b, c \ldots)]$$
$$= S . [f(a, b, c, \ldots) \pm F(a, b, c \ldots)]$$

wenn nur in diesen 3 Aggregaten die Bedingungsgleichungen und die Veränderlichen dieselben sind.

Endlich folgt noch, nach (§. 368. Anmerk. 14. u. §. 371.):

$$4)\ S . \left[\begin{matrix} S . [f(a, b, c \ldots, m, n, p \ldots)] \\ a, b, c \ldots \\ \varphi(a, b, c \ldots) = p \end{matrix}\right]_{\psi(m,n,p\ldots)=q} = \underset{\varphi(a,b,c\ldots)=p,\ \psi(m,n,p\ldots)=q}{S . [f(a, b, c \ldots, m, n, p \ldots)]}$$

## §. 374. Zusatz.

Eben so leicht läßt sich aber noch ableiten, aus (§. 372. n. 4—6.):

$$\underset{\varphi(a,b,c\ldots)=p}{S . [f(a, b, c \ldots)]} = \underset{\substack{\varphi(a,b,c\ldots)=p \\ a = 2k}}{S [f(a, b, c \ldots)]} + \underset{\substack{\varphi(a,b,c\ldots)=p \\ a = 2k+1}}{S [f(a, b, c \ldots)]}$$

oder

$$1)\ \underset{\varphi(a,b,c\ldots)=p}{S . [f(a, b, c \ldots)]} = \underset{\varphi(2a,b,c\ldots)=p}{S . [f(2a, b, c \ldots)]} + \underset{\varphi(2a+1,b,c\ldots)=p}{S . [f(2a, b, c \ldots)]}$$

wenn nur in der ersten Darstellung k unter den Veränderlichen a, b, c ... nicht verkommt.

Eben so

$$2)\ \underset{\varphi(a,b,c\ldots)=p}{S.[f(a,b,c\ldots)]} = \underset{\varphi(3a,b,c\ldots)=p}{S.[f(3a,b,c\ldots)]}$$
$$+ \underset{\varphi(3a+1,b,c\ldots)=p}{S.[f(3a+1,b,c\ldots)]} + \underset{\varphi(3a+2,b,c\ldots)=p}{S.[f(3a+2,b,c\ldots)]}$$

endlich *)

$$3)\ \underset{\varphi(a,b,c\ldots)=p}{S.[f(a,b,c\ldots)]} = \underset{\varphi(0,b,c\ldots)=p}{S.[f(0,b,c\ldots)]} + \underset{\varphi(a+1,b,c\ldots)=q}{S.[f(a+1,b,c\ldots)]}$$

wo zuerst o statt a, dann a + 1 statt a gesetzt wurde.

Daraus folgt aber dann umgekehrt auch

$$4)\ \underset{\varphi(a+1,b,c\ldots)=q}{S.[f(a+1,b,c\ldots)]} = \underset{\varphi(a,b,c\ldots)=p}{S.[f(a,b,c\ldots)]} - \underset{\varphi(0,b,c\ldots)=p}{S[f(0,b,c\ldots)]}$$

wo rechts der Minuend entsteht, wenn man in dem gegebenen Aggregat links a — 1 statt a setzt, während dann rechts der Subtrahend sich ergiebt, wenn man in dem Minuenden o statt a schreibt.

Anmerkung 1. In den Fällen wo dieser Subtrahend selbst = o wird, ist daher das gegebene Aggregat gleich dem andern, welches aus ihm entsteht, wenn a — 1 statt a gesetzt wird.

Anmerkung 2. Um die Richtigkeit dieser Formeln ohne Mühe einzusehen, darf man nur bemerken:

1) daß die veränderlichen Buchstaben bloß Null oder absolute ganze Zahlen vorstellen;

2) daß der Werth eines combinatorischen Aggregats bloß von der Zahl der Auflösungen der Bedingungsgleichungen und von diesen Auflösungen selber abhängt; so lange das allgemeine Glied dasselbe bleibt;

3) daß in den Aggregaten zur rechten der vorstehenden Gleichungen durch die hinzugefügten Bedingungsgleichungen, die

*) Vollständiger findet man diese Lehren der comb. Aggregate vorgetragen in Rothe's Theorie der combinat. Integrale. Nürnberg 1820.

Gesammtauflösungen nur zertheilt werden, also die Summe aller Summanden, in eine Summe zweyer oder dreier Summanden zerlegt wird, während diese letztern selbst wieder Summen mehrerer Summanden repräsentiren und combinatorische Aggregate sind.

## §. 375. Zusatz.

Wir haben in den vorstehenden Zusätzen angenommen, daß den Aggregaten nur eine einzige Bedingungsgleichung zu Grunde liege. Es ist aber sehr leicht einzusehen, wie die Formeln dieselben bleiben müssen, wenn statt dieser Aggregate links, andere mit beliebig viel Bedingungsgleichungen gesetzt werden, wenn man nur die übrigen Bedingungen gehörig beobachtet. — Auch lassen sich einige dieser Sätze außerdem noch erweitern; namentlich (§. 373. n. 2.) für 3 und mehr Faktoren; und (§. 373. n. 3.) für 3 und mehr Summanden.

# Zahlenlehre.

## Achtzehntes Kapitel.

## Von dem binomischen und polynomischen Lehrsatz für Potenzen und Fakultäten mit ganzen Exponenten. Von den Binomial-Produkten.

### §. 376. Lehrsatz.

Sind a und b ganz willkührliche Zeichen (Ausdrücke), m dagegen eine absolute ganze Zahl, so ist allemal

$$\text{I. } (a+b)^m = \underset{\mathfrak{a}+\mathfrak{b}=m}{S.}[m_{\mathfrak{b}}\, a^{\mathfrak{a}}\, b^{\mathfrak{b}}] = \underset{\mathfrak{a}+\mathfrak{b}=m}{S.}[m_{\mathfrak{b}}\, a^{m-\mathfrak{b}}\, b^{\mathfrak{b}}]$$

oder welches dasselbe ist (§. 371.):

$$(a+b)^m = a^m + m\, a^{m-1}\, b + \frac{m(m-1)}{2}\, a^{m-2}\, b^2 + \ldots$$
$$+ \frac{m(m-1)\ldots(m-(m-2))}{2\ldots(m-1)}\, ab^{m-1} + \frac{m(m-1)\ldots[m-(m-1)]}{2\ldots m}\, b^m$$

oder weil $m_n = m_{m-n}$ (§. 342.)

$$(a+b)^m = a^m + m_1 . a^{m-1}b + m_2 . a^{m-2}b^2 + \ldots$$
$$+ m_n a^{m-n} b^n + \ldots + m_2 . a^2 b^{m-2} + m_1 . ab^{m-1} + b^m.$$

Beweis.

Beweis. 1) Denn nach (§. 43. u. §. 104. III.) in Verbindung mit (§. 351.) bezeichnet $(a+b)^m$ die Summe die man erhält, wenn man die mte Klasse der Variationen mit Wiederholungen aus den beyden Elementen a und b entwickelt, die Komplexionen als Produkte betrachtet, und diese Produkte addirt.

2) Weil aber die mte Klasse der Variationen aus der mten Klasse der Combinationen erhalten wird, wenn man die Komplexionen der letztern zugleich mit allen ihren Versetzungen nimmt, weil ferner alle Komplexionen, die aus denselben Elementen bestehen, wenn sie als Produkte betrachtet werden, einander gleich sind (§. 33.), die Summe aller dieser daher erhalten wird, wenn man die eine davon mit der Anzahl aller, d. h. mit der Versetzungszahl multiplizirt, so erhält man eine gleiche Summe, wenn man die mte Klasse der Combinationen mit Wiederholungen aus den beyden Elementen a und b entwickelt, die Komplexionen als Produkte betrachtet, ihnen ihre Versetzungszahl als Faktor vorsetzt und dann diese Produkte zu einander addirt.

3) Nun stellt aber

$$a^\alpha \,.\, b^\beta$$
$$\alpha + \beta = m$$

eine jede Komplexion dieser erwähnten mten Klasse der Combinationen vor (§. 369.). Die Versetzungszahl dieser Komplexion ist dagegen nach (§. 357. II.)

$$= \frac{m^{\prime}}{\alpha^{\prime}.\beta^{\prime}} \text{ oder } = \frac{(\alpha+\beta)^{\prime}}{\alpha^{\prime}.\beta^{\prime}}$$

$$= (\alpha+\beta)_{\beta} = m_{\beta} \quad (\text{§. } 342.).$$

Folglich ist das Produkt einer jeden Komplexion in ihre Versetzungszahl

$$= m_{\beta} \,.\, a^{\alpha} \,.\, b^{\beta}$$

wo $\alpha + \beta = m$ ist.

4) Und da endlich das Aggregat:

$$S\,[m_{\beta}\; a^{a}\, b^{b}]$$
$$a + b = m$$

die Summe aller dieser Produkte vorstellt, so ist nach (2) dieses Aggregat $= (a+b)^{m}$.

§. 377. Zusatz.

Man kann auch schreiben

$$(a+b)^{m} = S.[m_{b}\; a^{m-b}\, b^{b}]$$

indem man die Bedingungsgleichung wegläßt und statt des veränderlichen Buchstaben b nach und nach 0, 1, 2, 3, ꝛc. in's unendliche fort gesetzt denkt, weil, wenn $b > m$, sogleich

$m_{b} = 0$, daher die folgenden Glieder selber $= 0$ werden. (§. 342.)

§. 378. Zusatz.

Auch findet man noch, wenn $(-b)$ statt b gesetzt wird:

$$(a-b)^{m} = S.[m_{b}(-1)^{b}\, a^{a}\, b^{b}] = S.[m_{b}(-1)^{b}\, a^{m-b}\, b^{b}]$$
$$a + b = m$$

oder

$$(a-b)^{m} = a^{m} - m a^{m-1} b + m_{2} a^{m-2} b^{2} - m_{3} a^{m-3} b^{3} + \ldots$$
$$\pm m_{3} a^{3} b^{m-3} \mp m_{2} a^{2} b^{m-2} \pm m_{1} a b^{m-1} \mp b^{m}$$

wo die obern Zeichen gelten, wenn m eine ungerade

Zahl, die untern dagegen, wenn m eine gerade Zahl ist.

Anmerkung. Der Satz (§. 376.) heißt gewöhnlich der binomische Lehrsatz. Man hätte ihn auch dadurch erweisen können, daß man seine Gültigkeit für $m = h$ angenommen und dann bewiesen hätte, daß er auch für $m = h + 1$ gelten müsse. Daß er für $m = 2$ gilt, läßt sich leicht nachweisen, folglich gilt er dann auch für $m = 3$, $m = 4$, u. s. w. f. in's unendliche. — Es muß aber dabey die Formel für $m = h$ noch mit $a + b$ multiplizirt, und der Satz (§. 143. n. 2.) angewandt werden; und dieser Beweis wird dann ebenfalls sehr einfach.

## §. 379. Lehrsatz.

Ist m eine absolute ganze Zahl, so hat man

$$\text{II. } (a+b+c)^m = S.\left[\frac{m'}{\mathfrak{a}'.\mathfrak{b}'.\mathfrak{c}'}\, a^{\mathfrak{a}}\,.\, b^{\mathfrak{b}}\,.\, c^{\mathfrak{c}}\right]_{\mathfrak{a}+\mathfrak{b}+\mathfrak{c}=m}$$

Beweis ist ganz derselbe wie der (§. 376.) geführte, der also nur mit sehr geringen Modifikationen hier wiederholt werden darf.

## §. 380. Zusatz.

Man kann aber diesen Satz auch sehr leicht unmittelbar aus dem binomischen Lehrsatz (§. 376.) selbst ableiten. Es ist nehmlich

$$(a+b+c)^m = [(a+(b+c)]^m = S.\left[\frac{(\mathfrak{a}+\mathfrak{e})'}{\mathfrak{a}'.\mathfrak{e}'}\, a^{\mathfrak{a}}.(b+c)^{\mathfrak{e}}\right]_{\mathfrak{a}+\mathfrak{e}=m}$$

Aber

$$(b+c)^{\mathfrak{e}} = S\left[\frac{\mathfrak{e}'}{\mathfrak{b}'.\mathfrak{c}'}\, b^{\mathfrak{b}}.c^{\mathfrak{c}}\right]$$

wo b und c allein als veränderlich anzusehen sind; folglich nach (§. 373. n. 1. u. n. 4.):

$$(a+b+c)^m = S.\left[\frac{(\mathfrak{a}+\mathfrak{e})'.\mathfrak{e}'}{\mathfrak{a}'.\mathfrak{e}'.\mathfrak{b}'.\mathfrak{c}'}\, a^{\mathfrak{a}}.\, b^{\mathfrak{b}}\,.\, c^{\mathfrak{c}}\right]_{\mathfrak{a}+\mathfrak{e}=m,\ \mathfrak{b}+\mathfrak{c}=\mathfrak{e}}$$

$$= S.\left[\frac{(\mathfrak{a}+\mathfrak{b}+\mathfrak{c})'}{\mathfrak{a}'.\mathfrak{b}'.\mathfrak{c}'} a^{\mathfrak{a}}.b^{\mathfrak{b}}.c^{\mathfrak{c}}\right] \text{ (§. 372. n. 3)}$$

$$\mathfrak{a}+\mathfrak{b}+\mathfrak{c} = m$$

## §. 381. Zusatz.

Ist ferner m eine absolute ganze Zahl, so ist noch:

$$\text{III. } (a+b+c+d)^m = S.\left[\frac{m'}{\mathfrak{a}'.\mathfrak{b}'.\mathfrak{c}'.\mathfrak{d}'} a^{\mathfrak{a}}.b^{\mathfrak{b}}.c^{\mathfrak{c}}.d^{\mathfrak{d}}\right]$$

$$\mathfrak{a}+\mathfrak{b}+\mathfrak{c}+\mathfrak{d}=m$$

und allgemein:

$$\text{IV. } (a+b+c+d+\ldots)^m = S.\left[\frac{m'}{\mathfrak{a}'.\mathfrak{b}'.\mathfrak{c}'.\mathfrak{d}'\ldots} a^{\mathfrak{a}}.b^{\mathfrak{b}}.c^{\mathfrak{c}}.d^{\mathfrak{d}}\ldots\right]$$

$$\mathfrak{a}+\mathfrak{b}+\mathfrak{c}+\mathfrak{d}+\ldots=m$$

welches sowohl nach Art des (§. 376.) geführten Beweises, als auch nach (§. 380.) abgeleitet werden kann.

Auch könnten (II. III. und IV.) nach (Anmerk. §. 378.) bewiesen werden.

Anmerkung. Der Satz (II.) heißt gewöhnlich der trinomische, (III.) dagegen der quatrinomische; so wie allgemein (IV.) der polynomische Lehrsatz genannt wird.

## §. 382. Lehrsatz.

Ist m eine absolute ganze Zahl, so hat man noch, für Fakultäten:

$$\text{I. } (a+b)^{m|r} = S.[m_{\mathfrak{b}}.a^{\mathfrak{a}|r}.b^{\mathfrak{b}|r}]$$

$$\mathfrak{a}+\mathfrak{b}=m$$

oder welches dasselbe ist

$$(a+b)^{m|r} = a^{m|r} + m.a^{m-1|r}.b^{1|r} + m_2.a^{m-2|r}.b^{2|r} + \ldots$$

$$+ m_{(m-2)}a^{2|r}.b^{m-2|r} + m_{(m-1)}.a^{1|r}.b^{m-1|r} + b^{m|r}.$$

oder auch, welches noch dasselbe ist:

$$(a+b)^{m|r} = S.[m_{\mathfrak{b}}.a^{m-\mathfrak{b}|r}.b^{\mathfrak{b}|r}]$$

Beweis. 1) Man nehme an, der Satz gelte für m = h, wo h eine bestimmte Zahl ist, und beweise nun, daß er dann auch für die nächstfolgende Zahl $m = h + 1$ gelten müsse. Man beweise also daß, wenn

$$(☾)\quad (a+b)^{h|r} = S.[h_{\mathfrak{b}}\, a^{h-\mathfrak{b}|r} . b^{\mathfrak{b}|r}]$$

dann auch seyn müsse:

$$(☉)\quad (a+b)^{h+1|r} = S.[(h+1)_{\mathfrak{b}}\, a^{h+1-\mathfrak{b}|r} . b^{\mathfrak{b}|r}]$$

2) Dies geschieht aber auf folgende Art:

Es ist allemal:

$$a+b+hr = (a+(h-p)\, r)+(b+pr)$$

wo p jede beliebige Zahl bedeutet, oder auch Null. Multiplizirt man damit die Gleichung (☾), so erhält man nach (§. 336. n. 2. u. §. 373. n. 1.)

$$(a+b)^{h+1|r} = S.[(h_{\mathfrak{b}} a^{h-\mathfrak{b}|r} b^{\mathfrak{b}|r})([a+(h-\mathfrak{b})r]+(b+\mathfrak{b}r))]$$

$$= S.[(h_{\mathfrak{b}} a^{h-\mathfrak{b}|r} b^{\mathfrak{b}|r})(a+(h-\mathfrak{b})r)+(h_{\mathfrak{b}} a^{h-\mathfrak{b}|r} b^{\mathfrak{b}|r})(b+\mathfrak{b}r)]$$

und daher nach (§. 336. n. 2.):

$$= S.[h_{\mathfrak{b}}\, a^{h+1-\mathfrak{b}|r}\, b^{\mathfrak{b}|r} + h_{\mathfrak{b}}\, a^{h-\mathfrak{b}|r}\, b^{\mathfrak{b}+1|r}]$$

oder nach (§. 373. n. 3.)

$$= S.[h_{\mathfrak{b}}\, a^{h+1-\mathfrak{b}|r}\, b^{\mathfrak{b}|r}] + S.[h_{\mathfrak{b}}\, a^{h-\mathfrak{b}|r} . b^{\mathfrak{b}+1|r}]$$

Von dieser Summe ist aber, nach (§. 374. n. 3.) der Summand:

$$S.[h_{\mathfrak{b}}\, a^{h+1-\mathfrak{b}|r}\, b^{\mathfrak{b}|r}] = a^{h+1|r} + S.[h_{\mathfrak{b}+1}\, a^{h-\mathfrak{b}|r}\, b^{\mathfrak{b}+1|r}];$$

folglich, wenn man dies in obiger Summe substituirt:

$$(a+b)^{h+1|r} = a^{h+1|r} + S.[(h_{\mathfrak{b}+1}+h_{\mathfrak{b}})\, a^{h-\mathfrak{b}|r} . b^{\mathfrak{b}+1|r}]$$

oder nach (§. 343. n. 2.):

$$= a^{h+1|r} + S.[(h+1)_{\mathfrak{b}+1}\, a^{h-\mathfrak{b}|r} . b^{\mathfrak{b}+1|r}]$$

und daher endlich nach (§. 374. n. 4.):

$$(a+b)^{h+1|r} = S.[(h+1)_{\mathfrak{b}}\, a^{h+1-\mathfrak{b}|r}\,.\, b^{\mathfrak{b}|r}]\text{*)}$$

wo die deutschen kleinen Buchstaben immer Veränderliche seyn sollen.

3) Nun kann man sich aber sehr leicht überzeugen daß der zu erweisende Lehrsatz für $m = 2$ gilt; denn er wird dann:

$$(a+b)^{2|r} = a^{2|r} + 2\,.\,a^{1|r}\,.\,b^{1|r} + b^{2|r} \text{ oder}$$

$$(a+b)(a+b+r) = a(a+r) + 2ab + b(b+r)$$

welche Gleichung ohnstreitig richtig ist; folglich muß er dann auch gelten (nach 2.), wenn $m = 3$ und dann auch wenn $m = 4$, folglich für $m = 5$ u. s. f. für jede absolute ganze Zahl, die statt $m$ gesetzt werden mag.

## §. 383. Zusatz.

Hieraus folgt noch, wenn $m$ eine absolute ganze Zahl,

$$\text{II. } (a+b+c)^{m|r} = S.\left[\frac{m'}{\mathfrak{a}'.\mathfrak{b}'.\mathfrak{c}'}\,.\,a^{\mathfrak{a}|r}\,.\,b^{\mathfrak{b}|r}\,.\,c^{\mathfrak{c}|r}\right]$$
$$\mathfrak{a}+\mathfrak{b}+\mathfrak{c} = m$$

$$\text{III. } (a+b+c+d)^{m|r} = S.\left[\frac{m'}{\mathfrak{a}'.\mathfrak{b}'.\mathfrak{c}'.\mathfrak{d}'}\,.\,a^{\mathfrak{a}|r}.\,b^{\mathfrak{b}|r}.\,c^{\mathfrak{c}|r}.\,d^{\mathfrak{d}|r}\right]$$
$$\mathfrak{a}+\mathfrak{b}+\mathfrak{c}+\mathfrak{d} = m$$

endlich allgemein:

$$\text{IV. } (a+b+c+d+\ldots)^{m|r} = S.\left[\frac{m'}{\mathfrak{a}'.\mathfrak{b}'.\mathfrak{c}'.\mathfrak{d}'\ldots}\,a^{\mathfrak{a}|r}.\,b^{\mathfrak{b}|r}.\,c^{\mathfrak{c}|r}.\,d^{\mathfrak{d}|r}\ldots\right]$$
$$\mathfrak{a}+\mathfrak{b}+\mathfrak{c}+\mathfrak{d} = m.$$

*) Um die nöthige Fertigkeit in der Behandlung der combinatorischen Aggregate zu verschaffen, thut man wohl (besonders bey dem Unterricht), jede solche Arbeit zu wiederholen, dabey aber die Aggregate wegzulassen und ihre Werthe dafür zu setzen.

welche Formeln aus (§. 382. I.) genau so abgeleitet werden, wie (§. 380.) für ähnliche Sätze gezeigt ist.

Anmerkung. Die Formeln (I. II. III. u. IV.) heißen beziehlich: der binomische, der trinomische, der quatrinomische und allgemein der polynomische Lehrsatz für ganze Fakultäten.

### §. 384. Zusatz.

Setzt man hier $r = -1$, und dividirt man dabey durch $m'$ nach (§. 373. n. 1.), so erhält man:

$$1)\ \frac{(a+b)^{m|-1}}{m'} = S.\left[\frac{a^{\mathfrak{a}|-1} . b^{\mathfrak{b}|-1}}{\mathfrak{a}' . \mathfrak{b}'}\right]_{\mathfrak{a}+\mathfrak{b}=m} = S.\left[\frac{a^{\mathfrak{a}|-1}}{\mathfrak{a}'} . \frac{b^{\mathfrak{b}|-1}}{\mathfrak{b}'}\right]_{\mathfrak{a}+\mathfrak{b}=m}$$

$$2)\ \frac{(a+b+c)^{m|-1}}{m'} = S.\left[\frac{a^{\mathfrak{a}|-1}}{\mathfrak{a}'} . \frac{b^{\mathfrak{b}|-1}}{\mathfrak{b}'} . \frac{c^{\mathfrak{c}|-1}}{\mathfrak{c}'}\right]_{\mathfrak{a}+\mathfrak{b}+\mathfrak{c}=m}$$

$$3)\ \frac{(a+b+c+d)^{m|-1}}{m'} = S.\left[\frac{a^{\mathfrak{a}|-1}}{\mathfrak{a}'} . \frac{b^{\mathfrak{b}|-1}}{\mathfrak{b}'} . \frac{c^{\mathfrak{c}|-1}}{\mathfrak{c}'} . \frac{d^{\mathfrak{d}|-1}}{\mathfrak{d}'}\right]_{\mathfrak{a}+\mathfrak{b}+\mathfrak{c}+\mathfrak{d}=m}$$

$$4)\ \frac{(a+b+c+d\ldots)^{m|-1}}{m'} = S.\left[\frac{a^{\mathfrak{a}|-1}}{\mathfrak{a}'} . \frac{b^{\mathfrak{b}|-1}}{\mathfrak{b}'} . \frac{c^{\mathfrak{c}|-1}}{\mathfrak{c}'} . \frac{b^{\mathfrak{d}|-1}}{\mathfrak{d}'} \ldots\right]_{\mathfrak{a}+\mathfrak{b}+\mathfrak{c}+\mathfrak{d}+\ldots=m}$$

### §. 385. Zusatz.

Daher auch nach (§. 341.):

$$\text{I. } (a+b)_m = S.[a_{\mathfrak{a}} . b_{\mathfrak{b}}]_{\mathfrak{a}+\mathfrak{b}=m}$$

oder:

$$(a+b)_m = a_m + a_{m-1} . b + a_{m-2} . b_2 + a_{m-3} . b_3 + \ldots$$
$$+ a_3 b_{m-3} + a_2 b_{m-2} + a b_{m-1} + b_m.$$

$$\text{II. } (a+b+c)_m = S.[a_{\mathfrak{a}} . b_{\mathfrak{b}} . c_{\mathfrak{c}}]_{\mathfrak{a}+\mathfrak{b}+\mathfrak{c}=m}$$

$$\text{III. } (a+b+c+d)_m = S.[a_{\mathfrak{a}} . b_{\mathfrak{b}} . c_{\mathfrak{c}} . d_{\mathfrak{d}}]_{\mathfrak{a}+\mathfrak{b}+\mathfrak{c}+\mathfrak{d}=m}$$

und allgemein

$$\text{IV. } (a+b+c+d+\ldots)_m = S.[a_{\mathfrak{a}}.b_{\mathfrak{b}}.c_{\mathfrak{c}}.d_{\mathfrak{d}}\ldots]$$
$$\mathfrak{a}+\mathfrak{b}+\mathfrak{c}+\mathfrak{d}+\ldots=m$$

alles unter der Voraussetzung, daß m eine absolute ganze Zahl, a, b, c, d, etc. etc. aber ganz beliebige Ausdrücke sind.

§. 386. Zusatz.

Setzt man in (§. 385. I.) — a statt b, so hat man nach (§. 343. n. 6.), wenn m eine absolute ganze Zahl ist:

$$o = S.[a_{\mathfrak{a}}.(-a)_{\mathfrak{b}}] \quad \text{oder}$$
$$\mathfrak{a}+\mathfrak{b}=m$$

$$o = a_m + a_{m-1}(-a) + a_{m-2}.(-a)_2 + a_{m-3}.(-a)_3 + \ldots$$
$$+ a_3.(-a)_{m-3} + a_2.(-a)_{m-2} + a.(-a)_{m-1} + (-a)_m$$

§. 387. Lehrsatz.

Hat man eine Anzahl $\mu$ von Faktoren von der Form

$$x+a,\ x+b,\ x+c,\ \ldots\ (x+m)$$

so ist ihr Produkt:

$$(x+a)\ (x+b)\ (x+c)\ (x+d)\ \ldots\ (x+m)$$
$$= x^{\mu} + \overset{1}{C}.x^{\mu-1} + \overset{2}{C}.x^{\mu-2} + \overset{3}{C}.x^{\mu-3} + \ldots + \overset{\mu-2}{C}.x^2 + \overset{\mu-1}{C}.x + \overset{\mu}{C}$$

wenn die Combinationen aus den Elementen (a, b, c, d, ... m) genommen, die einzelnen Komplexionen als Produkte betrachtet, und diese Produkte zu einander addirt werden.

Beweis 1) Man nehme an, daß der Satz für eine bestimmte Zahl $\nu$ von Faktoren gilt, daß z. B. wirklich sey:

$$(\mathfrak{C})\quad (x+a)\ (x+b)\ (x+c)\ \ldots\ (x+g)$$

$$= x^{\nu} + \overset{1}{C}x^{\nu-1} + \overset{2}{C}x^{\nu-2} + \overset{3}{C}x^{\nu-3} + \ldots + \overset{\nu-2}{C}x^{2} + \overset{\nu-1}{C}.x + \overset{\nu}{C}$$

für den Zeiger (a, b, c, d, . . . g),

und beweise nun, daß der Satz auch gelten müsse für die nächstgrößere Anzahl $\nu + 1$ von Faktoren.

2) Zu dem Ende multiplizire man mit $x + h$ die Gleichung (C), so erhält man:

$$(x+a)\,(x+b)\,(x+c)\;\ldots\;(x+g)\,(x+h)$$

$$= x^{\nu+1} + \left\{\begin{matrix}\overset{1}{C}\\ +h\end{matrix}\right\} x^{\nu} + \left\{\begin{matrix}\overset{2}{C}\\ +h\overset{1}{C}\end{matrix}\right\} x^{\nu-1} + \left\{\begin{matrix}\overset{3}{C}\\ +h\overset{2}{C}\end{matrix}\right\} x^{\nu-2} + \ldots + \left\{\begin{matrix}\overset{\nu}{C}\\ +\ldots+h\overset{\nu-1}{C}\end{matrix}\right\} x + h\overset{\nu}{C}$$

für den Zeiger (a, b, c, d . . . g).

3) Nun ist aber für Combinationen ohne Wiederholungen, aus (§. 355.):

$$\overset{1}{C} + h = \overset{1}{C}$$
$$\overset{2}{C} + h\overset{1}{C} = \overset{2}{C}$$
$$\overset{3}{C} + h\overset{2}{C} = \overset{3}{C}$$
$$\overset{4}{C} + h\overset{3}{C} = \overset{4}{C}$$
$$\vdots \qquad \vdots$$
$$\overset{p+1}{C} + h\overset{p}{C} = \overset{p+1}{C}$$

wenn die Combinationen zur linken des (=) Zeichens aus den $\nu$ Elementen a, b, c, d . . . g, die zur rechten dagegen aus den $\nu + 1$ Elementen a, b, c, d . . . g, h entwickelt werden.

4) Diese Werthe zur rechten, statt der zur linken in (n. 2.) gesetzt, giebt

$$(x+a)\,(x+b)\,(x+c)\,\ldots\,(x+g)\,(x+h)$$

$$=x^{\nu+1}+\overset{1}{C}x^{\nu}+\overset{2}{C}x^{\nu-1}+\overset{3}{C}x^{\nu-2}+\ldots+\overset{\nu-1}{C}x^2+\overset{\nu}{C}x+\overset{\nu+1}{C}$$

für den Zeiger (a, b, c, d ... g, h.);

folglich gilt der Lehrsatz für $\mu=\nu+1$, wenn er für $\mu=\nu$ gilt.

5) Nun ist aber:

$$(x+a)\,(x+b)=x^2+(a+b)\,x+ab$$

$$(x+a)(x+b)(x+c)=x^3+(a+b+c)x^2+(ab+ac+bc)x+abc$$

u. s. w. f.

Der Lehrsatz gilt also, wenn m = 2; folglich auch für m = 3 und dann auch für m = 4, m = 5, u. s. w.; also auch allgemein wenn m jede beliebige absolute ganze Zahl repräsentirt.

§. 388. Zusatz.

Auch ist noch unter denselben Voraussetzungen wie (§. 386.):

$$(x-a)\,(x-b)\,(x-c)\,\ldots\,(x-m)$$

$$=x^{\mu}-\overset{1}{C}x^{\mu-1}+\overset{2}{C}x^{\mu-2}-\overset{3}{C}x^{\mu-3}+\ldots\pm\overset{\mu-2}{C}x^2\mp\overset{\mu-1}{C}x\pm\overset{\mu}{C}$$

wo die obern (+) oder (—) Zeichen gelten, wenn $\mu$ eine gerade Zahl, die untern dagegen, wenn $\mu$ ungerade ist.

§. 389. Zusatz.

Setzt man in (§. 387.) a = b = c = ... = m, so erhält man den binomischen Lehrsatz nochmals.

§. 390. Aufgabe.

Den Ausdruck

$$x^2+ax+b$$

in ein Produkt von der Form

$$(x-\alpha)\,(x-\beta)$$

zu verwandeln.

### Auflösung und Beweis I.

Weil $x^2+ax+b=(x-\alpha)(x-\beta)$ seyn soll, so folgt daß wenn man die Werthe sucht, welche statt x gesetzt $x^2+ax+b$, zu Null machen, solche auch entweder $x-\alpha$ oder $x-\beta$ zu Null machen müssen, so daß also von den beyden Werthen welche aus der Gleichung

$$x^2+ax+b=0$$

für x sich ergeben, der eine $=\alpha$, der andere aber $=\beta$ seyn muß. Die quadratische Gleichung

$$x^2+ax+b=0$$

giebt aber

$x=-\frac{1}{2}a+\sqrt{\frac{1}{4}a^2-b}$ oder $x=-\frac{1}{2}a-\sqrt{\frac{1}{4}a^2-b}$

und die beyden gesuchten Faktoren sind daher

$x-(-\frac{1}{2}a+\sqrt{\frac{1}{4}a^2-b})$ und $x-(-\frac{1}{2}a-\sqrt{\frac{1}{4}a^2-b})$

so daß man hat

$$x^2+ax+b \text{ identisch mit}$$

$$[x-(-\tfrac{1}{2}a+\sqrt{\tfrac{1}{4}a^2-b})].[x-(-\tfrac{1}{2}a-\sqrt{\tfrac{1}{4}a^2-b})]$$

oder identisch mit

$$[x+\tfrac{1}{2}a-\sqrt{\tfrac{1}{4}a^2-b}].[x+\tfrac{1}{2}a+\sqrt{\tfrac{1}{4}a^2-b}]$$

### Auflösung und Beweis II.

Man findet $(x-\alpha)(x-\beta)=x^2-(\alpha+\beta)x+\alpha\beta$. Soll nun dieses mit $x^2+ax+b$ identisch seyn, so müssen $\alpha$ und $\beta$ solche Ausdrücke repräsentiren, daß: 1) $\alpha+\beta=-a$ und 2) $\alpha\beta=b$ ist. — Löst man daher diese beyden Gleichungen nach $\alpha$ und $\beta$ auf, so findet man für $\alpha$ und $\beta$ die gesuchten Werthe.

Aus (1) wird nehmlich $\alpha=-a-\beta=-(a+\beta)$; dieser Werth in (2) substituirt giebt

$-a\beta-\beta^2=b$ oder $\beta^2+a\beta+b=0$, welches

dieselbe Gleichung in $\beta$ ist, wie die (in I.) in x war, welche daher

$\beta = -\frac{1}{2}a + \sqrt{(\frac{1}{4}a^2 - b)}$ und $\beta = -\frac{1}{2}a - \sqrt{(\frac{1}{4}a^2 - b)}$

giebt.

Dazu findet man dann

$\alpha = -\frac{1}{2}a - \sqrt{\frac{1}{4}a^2 - b}$ und $\alpha = -\frac{1}{2}a + \sqrt{\frac{1}{4}a^2 - b}$

## §. 391. Zusatz.

Der Ausdruck

$$x^2 + ax + b$$

läßt sich daher allemal in zwey Faktoren zerlegen, von der Form $x - \alpha$, $x - \beta$; nehmlich in

$$(x + \tfrac{1}{2}a - \tfrac{1}{2}\sqrt{\tfrac{1}{4}a^2 - b}) \cdot (x + \tfrac{1}{2}a + \tfrac{1}{2}\sqrt{\tfrac{1}{4}a^2 - b}),$$

aber dies auch jedesmal nur auf eine einzige Art, wie unmittelbar aus der (Auflösung I. §. 390.) hervorgeht.

## §. 392. Zusatz.

Weil $ax^2 + bx + c = a\left(x^2 + \frac{b}{a}x + \frac{c}{a}\right)$, so lassen sich auch immer 2 von a, b, c, abhängige Ausdrücke $\alpha$ und $\beta$ finden, so daß $ax^2 + bx + c = a(x-\alpha)(x-\beta)$ ist. Dabey sind die beyden Werthe $\alpha$ und $\beta$ reel und ungleich, wenn $b^2 > 4ac$, reel und gleich, wenn $b^2 = 4ac$, und imaginair, wenn $b^2 < 4ac$, ist; vorausgesetzt, daß a und b und c selbst reel sind, und a nicht o ist.

## §. 393. Lehrsatz.

Ferner hat man, wenn x und a ganz beliebig, m dagegen einer absoluten ganzen Zahl gleich ist:

$$\frac{x^m - a^m}{x - a} = \underset{\mathfrak{a} + \mathfrak{b} = m - 1}{S \cdot [x^{\mathfrak{a}} \cdot a^{\mathfrak{b}}]} \qquad \text{oder}$$

$$\frac{x^m - a^m}{x - a} = x^{m-1} + a x^{m-2} + a^2 x^{m-3} + a^3 x^{m-4} + \ldots$$
$$+ a^{m-3} x^2 + a^{m-2} x + a^{m-1}$$

Beweis ergiebt sich unmittelbar, wenn man auf beyden Seiten mit $x - a$ multiplizirt.

## §. 394. Zusatz.

Es folgt aber hieraus noch

1) $x^2 - a^2 = (x - a)(x + a)$

2) $x^3 - a^3 = (x - a)(x^2 + a x + a^2)$

oder

$x^3 - a^3 = (x - a)\,[x + \frac{1}{2} a (1 + i\sqrt{3})]\,[x + \frac{1}{2} a (1 - i\sqrt{3})]$

wobey $\sqrt{3}$ allemal ihren absoluten Werth repräsentirt.

3) $x^4 - a^4 = (x - a)(x^3 + a x^2 + a^2 x + a^3)$
$= (x^2 - a^2)(x^2 + a^2)$
$= (x - a)(x + a)(x - ai)(x + ai)$

4) $(x^5 - a^5) = (x - a)(x^4 + a x^3 + a^2 x^2 + a^3 x + a^4)$

u. s. w. f.

## §. 395. Zusatz.

Durch die gewöhnliche algebraische Multiplikation kann man sich überzeugen, daß auch ist

$$x^4 + a x^3 + a^2 x^2 + a^3 x + a^4 =$$
$$(x^2 + \tfrac{1}{2} a (1 + \sqrt{5}) x + a^2) . (x^2 + \tfrac{1}{2} a (1 - \sqrt{5}) x + a^2).$$

Der erste dieser beyden Faktoren ist aber wieder

$= [x + \frac{1}{4} a (1 + \sqrt{5} + i\sqrt{10 - 2\sqrt{5}})]\,[x + \frac{1}{4} a (1 + \sqrt{5} - i\sqrt{10 - 2\sqrt{5}}$

so wie der andere

$= [x + \frac{1}{4} a (1 - \sqrt{5} + i\sqrt{10 + 2\sqrt{5}})]\,[x + \frac{1}{4} a (1 - \sqrt{5} - i\sqrt{10 + 2\sqrt{5}})]$

wo alle Wurzeln ihre absoluten Werthe bezeichnen.

Und es läßt sich also der Ausdruck

$x^5 - a^5$, (nach §. 394. n. 4.)

in 5 Faktoren von der Form $x - \alpha$ zerlegen, und diese Faktoren selber sind:

$$x - a$$
$$x + \tfrac{1}{4}a\,(1 + \sqrt{5} + i\sqrt{10 - 2\sqrt{5}})$$
$$x + \tfrac{1}{4}a\,(1 + \sqrt{5} - i\sqrt{10 - 2\sqrt{5}})$$
$$x + \tfrac{1}{4}a\,(1 - \sqrt{5} + i\sqrt{10 + 2\sqrt{5}})$$
$$x + \tfrac{1}{4}a\,(1 - \sqrt{5} - i\sqrt{10 + 2\sqrt{5}})$$

wo die Wurzeln alle ihre absoluten Werthe bedeuten. Von diesen Faktoren ist einer reel, die übrigen aber imaginär und von der Form

$x - (p + q\,i)$, wenn a reel ist.

# Zahlenlehre.

## Neunzehntes Kapitel.

## Von den ganzen und den gebrochenen Funktionen und von ihren Ableitungen.

### §. 396. Erklärung.

Ein Ausdruck y heißt eine Funktion eines andern x, oder mehrerer andern x, 'x, ''x etc., wenn er auf irgend eine (bekannte oder unbekannte) Weise aus x und andern, oder aus x, 'x, ''x, etc. und andern Ausdrücken zusammengesetzt ist. Dabey heißt x oder heißen x, 'x, ''x, etc. die absolut Veränderlichen, y selbst aber der abhängig Veränderliche; und die übrigen Ausdrücke, aus denen y in Verbindung mit den absolut Veränderlichen zusammengesetzt gedacht wird, heißen die beständigen Ausdrücke oder die Constanten.

### §. 397. Erklärung.

Die Funktion y heißt gegeben, wenn die Gleichung gegeben ist, die zwischen diesem y und den absolut Veränderlichen und den Constanten allemal statt finden muß. — Die Funktion y ist ferner **entwickelt** oder **verwickelt** gegeben je nachdem diese Gleichung nach y aufgelößt ist, oder nicht. — Die Funktion y heißt eine algebraische oder eine transcendente, je nachdem diese Gleichung in Bezug auf **alle** Veränderlichen eine algebraische ist, oder nicht (§. 238.).

Anmerkung. Von transcendenten Funktionen kann hier noch so wenig die Rede seyn als von transcendenten Gleichungen.

### §. 398. Erklärung.

Jeder Ausdruck von der Form

$$A + Bx + Cx^2 + Dx^3 + \ldots + Mx^m$$

wo M nicht Null ist, während A, B, C, D.... Null oder beliebige andere von x unabhängige Ausdrücke sind, heißt eine **ganze Funktion** von x, und zwar **vom** $m^{ten}$ **Grade**; während die (von x unabhängigen) Ausdrücke A, B, C ... M, die **Koefficienten** genannt werden. Diese ganze Funktion von x heißt **steigend geordnet**, wenn sie wie die obige, **fallend** dagegen, wenn ihre Glieder in umgekehrter Ordnung geschrieben sind. — Ist $M = 1$, so mag sie eine **reducirte**, außerdem eine **vollständige** Funktion genannt werden.

Anmerkung. Werden die Koefficienten B, C, ... und auch M der Null gleich gedacht, so geht die ganze Funktion von x über in einen Ausdruck

$$A,$$

der x gar nicht mehr enthält. Ein solcher wird dann zuweilen auch eine ganze Funktion von x **vom nullten Grade** genannt.

## §. 399. Zusatz.

Denkt man sich, daß in einer ganzen Funktion von x vom $m^{ten}$ Grade, dieses x einen solchen Ausdruck repräsentire, welcher die ganze Funktion der Null gleich macht, so hat man eine höhere Gleichung von $m^{ten}$ Grade (§. 243.).

## §. 400. Zusatz.

Bezeichnet man die ganze Funktion vom $m^{ten}$ Grade

$$A + Bx + Cx^2 + Dx^3 + \ldots + Mx^m$$

durch P, und den Koefficienten irgend einer Potenz $x^\nu$ durch $P\varkappa(\nu + 1)$, so ist diese ganze Funktion ausgedrückt durch

$$\underset{a+b=m}{S.}[P\varkappa(a+1)x^a] \text{ oder durch } S.[P\varkappa(a+1)x^a]$$

in so ferne $Pk(m + \mu + 1)$ der Null gleich gedacht werden muß, welche ganze Zahl auch $\mu$ seyn mag.

## §. 401. Erklärung.

Eine ganze Funktion zweyer Veränderlichen x und y der $m^{ten}$ Ordnung hat die Form

$$a + (bx + cy) + (dx^2 + exy + fy^2) + (gx^3 + hx^2y + lxy^2 + py^3)$$
$$+ \ldots + ('a x^m + 'b x^{m-1} y + \ldots + 'p x y^{m-1} + 'q y^m)$$

wo wenigstens einer der Koefficienten 'a, 'b, … 'p, 'q nicht Null seyn darf. — Die in Klammern eingeschlossenen Ausdrücke heißen dabey beziehlich Glieder der 1sten, 2ten, 3ten … $m^{ten}$ Dimension. Das Glied a heißt zuweilen auch das Glied der nullten Dimension.

§. 402. Zusatz.

Von der ganzen Funktion zweyer Veränderlichen der $m^{ten}$ Ordnung gilt sogleich folgendes:

1) Sie hat m + 1 Glieder der verschiedenen Dimensionen die alle, bis auf das Glied der höchsten Dimension, Null werden können.

2) Jedes Glied der $\nu^{ten}$ Dimension hat wieder $\nu + 1$ Glieder, die aber ebenfalls der Null gleich werden können.

3) Ist gar keiner der Koefficienten der Null gleich, so hat die ganze Funktion nach (§. 347. n. 5.)

$$\frac{(m+1)\ (m+2)}{2} \text{ oder } (m+2)_2$$

Glieder.

§. 403. Zusatz.

1) Jede solche ganze Funktion von x und y, ist als eine Funktion einer Veränderlichen x vom $m^{ten}$ Grade anzusehen, deren Koefficienten wiederum ganze Funktionen von y sind. — Dabey kann aber der Koefficient von $x^n$ höchstens vom Grade m — n nach y seyn.

3) Denkt man sich, daß x und y solche Werthe repräsentiren, welche die ganze Funktion von x und y zu Null machen, so hat man eine höhere Gleichung zweyer Unbekannten von der $m^{ten}$ Ordnung.

§. 404. Zusatz.

Bezeichnet man die vorige ganze Funktion zweyer Veränderlichen x und y durch P, und den Koefficienten von $x^\mu\ y^\nu$ durch $P\varkappa(\mu+1,\ \nu+1)$, so ist gedachte ganze Funktion ausgedrückt durch

$$S.[P\varkappa(a+1, b+1)\, x^a . y^b] \text{ oder durch } \underset{a+b+c=m}{S}.[P\varkappa(a+1, b+1) x^a . y^b]$$

indem $P\varkappa(a+1, b+1)$ der Null gleich gedacht werden muß, sobald $a+b>m$.

## §. 405. Erklärung

der ganzen Funktionen der $m^{ten}$ Ordnung, mit 3, 4 und mehr Veränderlichen.

## §. 406. Zusatz.

Die combinatorischen Aggregate

$$\underset{a+b+c+d=m}{S}[P\varkappa(a+1, b+1, c+1)\, x^a . y^b . z^c]$$

$$\underset{a+b+c+d+e=m}{S}[P\varkappa(a+1, b+1, c+1, d+1)\, x^a . y^b . z^c . u^d];\ \text{u. s. w.}$$

stellen solche ganze Funktionen vor. — Geht man nicht über die $m$te Ordnung hinaus, so können auch noch die Bedingungsgleichungen $a+b+c+d=m$, $a+b+c+d+e=m$, u. s. w. ganz weggelassen werden.

## §. 407. Erklärung.

Jede Funktion, welche dem Quotienten $\frac{P}{Q}$ zweyer ganzen Funktionen P und Q gleich ist, heißt eine gebrochene Funktion; eine ächt gebrochene, wie $\frac{x^2-5x+4}{x^3+7x^2-x-3}$, wenn der Grad von P niedriger ist, als der von Q; eine unächt gebrochene dagegen, wie z. B.

$$\frac{x^4-7}{x^2-5},\quad \frac{x^3-2x+8}{2x^3-7x^2+4x-7},\quad \frac{x^3-2x^2-x+a}{4x^2-7x+b},$$

wenn der Grad von P gleich oder größer ist, als der von Q.

§. 408. Erklärung.

Jede algebraische Funktion, welche weder eine ganze noch eine gebrochene ist, wie z. B.

$$\sqrt{x},\quad \sqrt{A+Bx+Cx^2},\quad \frac{\sqrt{1+x}}{\sqrt{1-x}},\quad \sqrt{\frac{1+x}{1-x}}+\sqrt{\frac{1-x}{1+x}}$$

oder $\frac{A+Bx+Cy}{\sqrt{1+x}}$, $\frac{\sqrt{A-By}}{C+Dx}$ u. s. w.

heißt eine irrationale Funktion. Die ganzen und gebrochenen Funktionen selbst heißen dann im Gegensatz auch rationale.

Anmerkung. In diesem Kapitel soll nur von den rationalen Funktionen die Rede seyn.

## Von den ganzen und den gebrochenen Funktionen im Allgemeinen.

§. 409. Lehrsatz.

Ist

$$a+bx+cx^2+dx^3+\ldots+px^m=\alpha+\beta x+\gamma x^2+\delta x^3+\ldots+\pi x^m$$

für jeden Werth von x, so müssen auch die einzelnen Koefficienten beyder ganzen Funktionen, welche dieselbe Potenz von x afficiren, einander gleich seyn; d. h. es muß seyn $a=\alpha$, $b=\beta$, $c=\gamma$, u. s. w.

Beweis. Denn die Koefficienten a, b, c, ..., $\alpha$, $\beta$, $\gamma$, ... sind von x unabhängig, bleiben also unverändert dieselben, wenn man auch statt x nach und nach immer andere und ganz beliebige Werthe, also auch wenn man Null statt x setzt.

Für $x=0$ geht aber die gegebene Gleichung über in $a=\alpha$, und es muß daher auch

$$x(b+cx+dx^2+\ldots+px^{m-1})=x(\beta+\gamma x+\delta x^2+\ldots+\pi x^{m-1})$$

seyn, für jeden Werth von x, d. h. unabhängig von x. Weil nun in diesen beyden identischen Produkten der erste Faktor x identisch derselbe ist, so muß auch der beziehlich zweyte Faktor identisch derselbe seyn. Es ist daher

$$b+cx+dx^2+\ldots+px^{m-1}=\beta+\gamma x+\delta x^2+\ldots+\pi x^{m-1}$$

für jeden Werth von x; und weil diese Gleichung mit der gegebenen Gleichung in der Form völlig übereinstimmt, so folgt nun auch auf dieselbe Weise

$$b=\beta \qquad \text{und}$$

$$c+dx+\ldots+px^{m-2}=\gamma+\delta x+\ldots+\pi x^{m-2};$$ u. s. w.

§. 410. Zusatz.

Ist daher

$$a+bx+cx^2+dx^3+\ldots+px^m=0$$

für jeden Werth von x, so sind auch die Koefficienten, a, b, c, ... p einzeln der Null gleich; d. h. es ist dann $a=0$, $b=0$, $c=0$, ... $p=0$.

§. 411. Zusatz.

1) Sind zwey ganze Funktionen zweyer Veränderlichen x und y einander gleich, für jeden Werth von x und y, so ist auch in beyden der Koefficient von $x^m . y^n$ derselbe, welche absolute ganze Zahlen oder die Null m und n auch vorstellen mögen.

2) Ist eine solche ganze Funktion zweyer Veränderlichen x und y der Null gleich, für jeden Werth von x, so ist auch jedesmal der Koefficient von $x^m . y^n$ der Null gleich, man mag statt m und n setzen Null oder irgend eine absolute ganze Zahl.

Anmerkung. Es ist leicht, ähnliche Sätze für ganze Funktionen von drei und mehr Veränderlichen aufzustellen und zu erweisen.

### §. 412. Erklärung

des Addirens, Subtrahirens, Multiplicirens, Dividirens zweyer ganzen Funktionen, und des Potenzirens einer ganzen Funktion mit einer ganzen absoluten Zahl m.

### §. 413. Zusatz.

Es geschieht aber das Addiren, Subtrahiren und Multiplizircn zweyer ganzen Funktionen von x nach folgenden Formeln:

1) $S[P\varkappa(a+1)x^a] \pm S[Q\varkappa(b+1)x^b] = S[[P\varkappa(a+1)+Q\varkappa(a+1)]x^a]$

2) $S[P\varkappa(a+1)x^a] . S.[Q\varkappa(b+1)x^b] = S[P\varkappa(a+1).Q\varkappa(b+1)x^{a+b}]$

$$= S.[P\varkappa(a+1)\,Q\varkappa(b+1)\,x^c]$$

$$a+b=c$$

### §. 414. Zusatz.

1) Die Addition, Subtraktion, und die Multiplikation zweyer ganzen Funktionen von x ist immer möglich.

2) Ist der eine Faktor eine Funktion von x vom $n$ ten Grade, und der andere Faktor eine dergleichen vom $n$ ten Grade, so ist das Produkt nothwendig vom $(m+n)$ ten Grade.

3) Ist daher für zwey ganze Funktionen von x, P und Q, wo P vom $m$ ten Grade, und Q vom $n$ ten Grade ist, die Division von P durch Q möglich (§. 412.), so ist die dem Quotienten $\frac{P}{Q}$ gleiche ganze Funktion doch nothwendig vom $(m-n)$ ten Grade.

### §. 415. Aufgabe.

Eine gegebene ganze Funktion vom x, vom $m$ ten Grade (A), durch eine andere solche Funktion vom $r$ ten Grade (B), zu dividiren (§. 412.).

### Auflösung I.

1) Man ordne beyde Funktionen fallend.

2) Man wende den Satz (§. 106. IV. und §. 110.) dergestalt an, daß man zum ersten Summanden jedesmal nimmt, den Quotienten der höchsten Glieder der beyden ganzen Funktionen, die als Dividend und Divisor vorkommen.

3) Man wiederhole dieses Verfahren nach (§. 110.) so lange, bis man einen Summanden erhält ohne x.

4) Ist dann der letzte Rest = 0 geworden, so hat man den gesuchten Quotienten. Im andern Falle, wenn dieser letzte Rest nicht der Null gleich ist, ist solches ein Zeichen, daß keine Auflösung möglich ist, d. h. daß es keine ganze Funktion giebt, welche dem Quotienten der beyden gegebenen, gleich seyn könnte.

### Auflösung II.

1) Man ordne beyde gegebenen ganzen Funktionen steigend.

2) Man wende dasselbe Verfahren wie in (Auflösung I. n. 2—3) an, jedoch mit der Abänderung, daß man zum ersten Summanden immer den Quotienten nimmt der niedrigsten Glieder der Funktionen (die jedesmal im Dividenden und Divisor vorkommen) und daß man das Verfahren so lange fortsetzt, bis man einen Summanden als letzten erhalten hat, vom Grade m — n.

3) Ist dann der letzte Rest = 0, so ist die Aufgabe gelößt. Im entgegengesetzten Falle, wenn nehmlich dieser letzte Rest nicht der Null gleich wäre,

hätte man einen Beweis, daß die Aufgabe nicht möglich ist.

### Auflösung III.

1) Man nehme eine ganze Funktion (C) an, vom Grade ($m - n$) mit unbestimmten (d. h. einstweilen durch beliebige Zeichen (Buchstaben) z. B. $\alpha, \beta, \gamma, \delta, \ldots$ bezeichneten) Koefficienten; welche den Quotienten $\frac{\mathfrak{A}}{\mathfrak{B}}$ gleich seyn soll.

2) Die Gleichung $\mathfrak{A} = \mathfrak{B} . \mathfrak{C}$ liefert dann nach (§. 409.) $m + 1$ Gleichungen, zwischen den Koefficienten von $\mathfrak{A}$, von $\mathfrak{B}$, und den $m - n + 1$ Koefficienten von $\mathfrak{C}$, welche Gleichungen alle in Bezug auf diese letztern, $\alpha, \beta, \gamma, \delta$, etc. nothwendig einfache Gleichungen seyn müssen. (§. 413. n. 2.).

3) Aus diesen $m + 1$ Gleichungen bestimme man durch Auflösung die $m - n + 1$ Unbekannten $\alpha, \beta, \gamma, \delta, \ldots$; und genügen diese für $\alpha, \beta, \gamma, \ldots$ gefundenen Werthe allen $m + 1$ Gleichungen, so ist die Aufgabe wiederum gelößt.

4) Würden aber diese Gleichungen gar nicht zur Bestimmung von $\alpha, \beta, \gamma, \delta, \ldots$ taugen, in so ferne sie sich widersprechen, oder genügten die aus einigen dieser Gleichungen gefundenen Werthe von $\alpha, \beta, \gamma, \delta, \ldots$ nicht allen $m + 1$ Gleichungen, so wäre die Aufgabe wiederum nicht möglich.

### Beispiel.

Man soll die ganze Funktion

$$10x^5 + 15x^4 - 24x^3 + 17x - 12$$

durch die ganze Funktion $2x^2 + 3x - 4$ dividiren.

Nach der ersten Auflösung erhält man:

| Divisor | Dividend | Quotient |
|---|---|---|
| $2x^2+3x-4$ | $10x^5+15x^4-24x^3+17x-12$ | $5x^3-2x+3$ |
| | $10x^5+15x^4-20x^3$ | |
| | $-4x^3+17x-12$ | |
| | $-4x^3-6x^2+8x$ | |
| | $6x^2+9x-12$ | |
| | $6x^2+9x-12$ | |
| | $0 \quad 0 \quad 0$ | |

Nach der Auflösung (II.) hat man dagegen:

| Divisor | Dividend | Quotient |
|---|---|---|
| $-4+3x+2x^2$ | $-12+17x-24x^3+15x^4+10x^5$ | $3-2x+5x^3$ |
| | $-12+9x+6x^2$ | |
| | $8x-6x^2-24x^3+15x^4+10x^5$ | |
| | $8x-6x^2-4x^3$ | |
| | $-20x^3+15x^4+10x^5$ | |
| | $-20x^3+15x^4+10x^5$ | |
| | $0 \quad 0 \quad 0$ | |

Nach der Auflösung (III.) aber nimmt man die Reihe

$$\alpha+\beta x+\gamma x^2+\delta x^3$$

für den gesuchten Quotienten an, und hat dann

$$-12+17x-24x^3+15x^4+10x^5 =$$
$$(\alpha+\beta x+\gamma x^2+\delta x^3)(-4+3x+2x^2)$$

$$\begin{aligned} =-4\alpha-4\beta x-4\gamma x^2-4\delta x^3 & \\ +3\alpha x+3\beta x^2+3\gamma x^3+3\delta x^4 & \\ +2\alpha x^2+2\beta x^3+2\gamma x^4+2\delta x^5 & \end{aligned}$$

$$=-4\alpha+\left\{\begin{matrix}3\alpha\\-4\beta\\ \end{matrix}\right\}x+\left\{\begin{matrix}2\alpha\\+3\beta\\-4\gamma\end{matrix}\right\}x^2+\left\{\begin{matrix}2\beta\\+3\gamma\\-4\delta\end{matrix}\right\}x^3+\left\{\begin{matrix}2\gamma\\+3\delta\\ \end{matrix}\right\}x^4+2\delta x^5$$

folglich nach (§. 409.):

$$-4\alpha = -12 \text{ oder } \alpha = 3$$

$$3\alpha - 4\beta = 17 \text{ oder } \beta = \frac{3\alpha - 17}{4} = -2$$

$$2\alpha + 3\beta - 4\gamma = 0 \text{ oder } \gamma = \frac{2\alpha + 3\beta}{4} = 0.$$

$$2\beta + 3\gamma - 4\delta = -24 \text{ oder } \delta = \frac{2\beta + 3\gamma + 24}{4} = 5;$$

endlich noch:

$$2\gamma + 3\delta = 15 \text{ und } 2\delta = 10;$$

und weil diese beyden letztern Gleichungen von den aus den ersten 4 Gleichungen gefundenen Werthen von $\gamma$ und $\delta$ wirklich genügt werden, die Annahme daß der gegebene Quotient, der Funktion

$$\alpha + \beta x + \gamma x^2 + \delta x^3$$

gleich sey, also auf keinen Widerspruch führt, so erhält man für die gesuchte ganze Funktion, indem man statt $\alpha$, $\beta$, $\gamma$, $\delta$ die so eben gefundenen Werthe setzt:

$$3 + (-2)x + 0x^2 + 5x^3$$

oder $3 - 2x + 5x^3$; wie vorher auch.

Anmerkung 1. Wir glauben auf dieses Verfahren in der dritten Auflösung, welches man gewöhnlich die Methode der unbestimmten Koefficienten nennt, noch ein besonderes Licht werfen zu müssen. — Man schließt nehmlich dabey so:

„Wenn es eine ganze Funktion

$$\alpha + \beta x + \gamma x^2 + \delta x^3$$

„giebt, welche dem Quotienten der beyden gegebenen ganzen „Funktionen gleich ist, so müssen die 6 Gleichungen:

$-4\alpha = -12$, $3\alpha - 4\beta = 17$, $2\alpha + 3\beta - 4\gamma = 0$,
$2\beta + 3\gamma - 4\delta = -24$, $2\gamma + 3\delta = 15$, $2\delta = 10$

„statt finden." — Würden also die aus 4 dieser Gleichungen gefundenen Werthe der Unbekannten $\alpha$, $\beta$, $\gamma$, $\delta$, den beyden übrigen Gleichungen nicht genügen, so enthielten die 6 Gleichungen einen Widerspruch, in so ferne sie nicht alle 6 zugleich statt finden könnten, und es müßte daher auch die Annahme, aus der sie gefolgert sind, nothwendig einen Widerspruch enthalten, d. h. nicht statt finden; daher würde es dann keine ganze Funktion $\alpha + \beta x + \gamma x^2 + \delta x^3$ geben, der die verlangte Eigenschaft zukäme. — Dasselbe wäre der Fall, wenn je 4 der Gleichungen sich dergestalt widersprechen, daß sie gar nicht zur Bestimmung von $\alpha$, $\beta$, $\gamma$, $\delta$ tauglich wären; weil jeder Widerspruch in den Gleichungen, sogleich die Voraussetzung aufhebt (d. h. als unstatthaft anzeigt), unter der diese Gleichungen erhalten worden sind.

Anmerkung 2. Sollte z. B. eine dem Quotienten

$$\frac{A + Bx + Cx^2 + Dx^3 + \ldots Px^m}{a + bx + cx^2 + dx^3 + \ldots px^n}$$

gleiche ganze Function

$$\alpha + \beta x + \gamma x + \delta x \ldots + \pi x^{m-n}$$

gefunden werden, so erhielte man die Gleichungen

| | | | |
|---|---|---|---|
| $a\alpha$ | $= A$ | daraus | $\alpha = A : a$ |
| $b\alpha + a\beta$ | $= B$ | daraus | $\beta = (B - b\alpha) : a$ |
| $c\alpha + b\beta + a\gamma$ | $= C$ | daraus | $\gamma = (C - b\beta - c\alpha) : a$ |
| $d\alpha + c\beta + b\gamma + a\delta$ | $= D$ | | u. s. w. f. |
| u. s. w. f. | | | |

Wäre nun $a = o$, so diente die erste Gleichung $a\alpha = A$ nicht mehr zur Bestimmung von $\alpha$, enthielte überdies einen Widerspruch, wenn nicht auch $A = o$ wäre, und zeigte also im letztern Falle an (d. h. wenn nicht $A = o$ ist), daß es keine ganze Funktion giebt, welche dem Quotienten

$$\frac{A + Bx + Cx^2 + \ldots + Px^m}{bx + cx^2 + \ldots + px^n}$$

gleich seyn könnte.

Ist ausser $a = o$, auch $A = o$, so taugt zwar die erste Gleichung $a\alpha = A$ nicht mehr zur Bestimmung von $\alpha$, enthält aber auch keinen Widerspruch, und es hängt also noch von den übrigen Gleichungen ab, ob die Aufgabe möglich seyn soll oder nicht.

Die zweyte der Gleichungen giebt aber für $a = o$,

$$b\alpha = B \text{ oder } \alpha = B : b$$

dient also zur Bestimmung von $\alpha$, wenn nicht $b = o$, und die Aufgabe kann in diesem Falle noch möglich seyn. — Ist aber auch noch $b = o$ und nicht zugleich $B = o$, so enthält diese zweite Gleichung $b\alpha = B$ einen Widerspruch, und die Aufgabe ist unbedingt unmöglich. — Ist aber wieder außer $b = o$, auch noch $B = o$, so dient die Gleichung $b\alpha = B$ zwar nicht mehr zur Bestimmung von $\alpha$, enthält aber auch keinen Widerspruch, und es hängt daher die Möglichkeit der Aufgabe wieder von den noch übrigen Gleichungen ab; u. s. w. f.

Anmerk. 3. Man beliebe hiermit die Sätze (§§. 255—259.) zu vergleichen.

## §. 416. Zusatz.

Im allgemeinen können aus den $m+1$ Gleichungen (§. 415. III.) die $m-n+1$ Unbestimmten eliminirt werden, und es bleiben dann $n$ Gleichungen zwischen den Koefficienten der gegebenen Funktionen übrig. — Sind diese Gleichungen von den Koefficienten $A, B, C$, etc., $a, b, c$, etc. nicht erfüllt, so ist die Aufgabe (§. 415.) selbst unbedingt unmöglich; sind sie aber erfüllt, so kann die Aufgabe möglich seyn, obgleich sie noch nicht möglich seyn muß.

## §. 417. Erklärung.

Eine ganze Funktion $\mathfrak{A}$ ist durch eine andere ganze Funktion $\mathfrak{B}$ theilbar, und $\mathfrak{B}$ ist dann ein Theiler oder Faktor von $\mathfrak{A}$, wenn es eine dritte ganze Funktion $\mathfrak{C}$ giebt, so daß $\mathfrak{A} = \mathfrak{B} \cdot \mathfrak{C}$ ist. Dabey ist der Theiler $\mathfrak{B}$ ein einfacher, doppelter, dreifacher u. s. w. f., je nachdem er vom Grade 1, 2, 3. u. s. w.

*) Wenn nichts besonderes bemerkt ist, so sind immer ganze Funktionen einer Veränderlichen x verstanden.

ist. Der doppelte Faktor $ax^2 + bx + c$ heißt ein **quadratischer**, wenn $b^2 = 4ac$ ist (§. 392.). — Die ganze Funktion C heiße die **Maaßfunktion**, während B die **Gemäßfunktion** von A genannt werden kann. Die Funktion A selbst mag dann auch eine **Vielfache-Funktion** von B heißen.

Ferner heiße die ganze Funktion P der **größte gemeinschaftliche Theiler** mehrerer andern ganzen Funktionen A, B, C, ꝛc. ꝛc. wenn es keine ganze Funktion eines **höhern Grades** giebt, durch welche alle diese ganzen Funktionen A, B, C, ꝛc. ꝛc. zugleich getheilt werden könnten.

Dagegen heiße eine ganze Funktion V die **kleinste gemeinschaftliche Vielfache-Funktion** mehrerer andern A, B, C, ꝛc., wenn es keine andere ganze Funktion von einem niedrigen Grade giebt, welche durch jede der Funktionen A, B, C, ꝛc., getheilt werden könnte.

Eine ganze Funktion heißt eine absolute **Primfunktion**, oder schlechthin eine **Prim-Funktion**, wenn sie durch keine andere ganze Funktion getheilt werden kann (so daß der Quotient wiederum eine ganze Funktion wird).

Zwey oder mehr ganze Funktionen heißen dagegen **Primfunktionen unter sich**, oder **relative Primfunktionen**, wenn sie keinen gemeinschaftlichen Theiler mehr haben.

**Anmerkung.** Jede ganze Funktion vom ersten Grade ist allemal eine (absolute) **Primfunktion**. Ob eine Primfunktion, aber auch allemal vom ersten Grade seyn müsse, kann erst weiter unten bewiesen werden.

§. 418. Zusatz.

Sind $\mathfrak{A}$ und $\mathfrak{B}$ ganze Funktionen von x und ist $\mathfrak{A}$ durch $\mathfrak{B}$ theilbar, so ist auch $P\mathfrak{A}$ durch $Q\mathfrak{B}$ theilbar, wenn nur P und Q nicht x enthalten und nicht Null sind. — Denn es ist:

$$P\mathfrak{A} : Q\mathfrak{B} = (P : Q) \cdot (\mathfrak{A} : \mathfrak{B}) = (P : Q) \cdot \mathfrak{C}$$

§. 419. Lehrsatz.

Ist die ganze Funktion $\mathfrak{A}$ vom $m^{ten}$ Grade durch die ganze Funktion $\mathfrak{B}$ vom $n^{ten}$ Grade nicht theilbar, aber dabey $m \geqq n$, so giebt es immer eine ganze Funktion $\mathfrak{C}$ vom $m-n^{ten}$ Grade und noch eine ganze Funktion $\mathfrak{D}$ von einem Grade der niedriger ist als der $n^{te}$, und so daß:

$$\frac{\mathfrak{A}}{\mathfrak{B}} = \mathfrak{C} + \frac{\mathfrak{D}}{\mathfrak{B}}.$$

Beweis ergiebt sich unmittelbar aus (§. 415. Aufl. I.).

§. 420. Zusatz.

Jede unächt gebrochene Funktion ist daher einer Summe gleich aus einer ganzen Funktion (die auch vom nullten Grade werden kann) und einer ächt gebrochenen. Dabey erhellet aus (§. 106. IV. und §. 110.) wie diese Summe selbst gefunden wird.

Beyspiel. So findet man, wenn $4x^5-2x^3+3x-5$ durch $2x^2-3x+4$ nach (§. 415. I.) dividirt wird, die ganze Funktion $2x^3+3x^2-\frac{1}{2}x-\frac{27}{4}$ und dann bleibt noch ein Rest $-\frac{61}{4}x+22$. — Folglich ist

$$\frac{4x^5-2x^3+3x-5}{2x^2-3x+4} = \left(2x^3+3x^2-\frac{1}{2}x-\frac{27}{4}\right) + \frac{-\frac{61}{4}x+22}{2x^2-3x+4}$$

### §. 421. Erklärung.

Die ganze Funktion C des (§. 419.) nenne man den nächstniedrigsten Quotienten von A durch B, und die ganze Funktion D heiße dann der zugehörige Rest. — Die Summe $C + \frac{D}{B}$ kann dann auch eine gemischte Funktion genannt werden. (Vergl. §. 133. und §. 169.)

### §. 422. Zusatz.

Vergleicht man diese Erklärungen (§. 421. u. §. 417.) mit denen (§. §. 133. 135.) gegebenen, so erhellet, daß die meisten der dortigen abgeleiteten Zusätze mutatis mutandis*) auch hier Platz finden müssen, weil sie auf dieselbe Art erwiesen werden können; besonders wenn man sich, um den Einwand, der aus (§. 418.) hervorgehen könnte, zu vermeiden, lauter reducirte Funktionen (die zum Koefficienten der höchsten Potenz die Einheit haben) denkt.

Namentlich gelten hier von den Sätzen des (§. 134.) die Nummern (1), (2)**), (3), (4), (5), (6), (7), (8), (9), (10), wenn statt des dortigen 1, hier eine beliebige Constante gesetzt wird; endlich auch (11) und (12).

Ferner gelten von den Sätzen (§. 136.) hier die

---

*) Wo nehmlich dort kleinere oder größere Zahl steht, muß hier „Funktion vom niedrigern oder höheren Grade" zu stehen kommen. Die übrigen Veränderungen fallen in die Augen. Nur bemerke man noch, daß in den Sätzen, wo dort 1 vorkommt (§. 134. n. 8. §. 136. n. 5. etc.) hier „eine beliebige Constante" gesetzt werden muß.

**) in so ferne hier statt $r < b$ geschrieben wird, daß r von einem niedrigern Grade ist, als b.

Nummern (1), (2), (3), (4), (5), wenn statt 1 eine „beliebige Constante" gesetzt wird; (6), (7), (8), (9), (10), (11), (12), (13), (14), wenn β, b, m auch hier beliebige absolute ganze Zahlen sind, (15) wenn a, b, c, etc. p, r, s, etc. auch hier beliebige absolute ganze Zahlen sind, (16) wenn a, b, c, d, etc., und A, B, C, D, etc., auch hier absolute ganze Zahlen sind. Die Nummer (17) gilt ferner nicht minder und lautet hier so:

Jede Funktion, die keine absolute Primfunktion ist, läßt sich in Faktoren zerlegen, die absolute Primfunktionen sind. (Daß diese Primfunktionen zugleich solche vom ersten Grade seyn müssen, folgt daraus noch nicht, und muß daher später noch besonders erwiesen werden.)

Ferner gilt auch noch (18), und bekommt hier folgende Gestalt: Jede Funktion, welche keine Primfunktion ist, besteht aus an sich und ihrer Zahl nach, völlig bestimmten Primfunktionen, deren Produkt ihr gleich ist, so daß jedes andere Produkt, welches nicht genau dieselben Primfunktionen zu Faktoren hat, dieser ganzen Funktion nicht gleich seyn kann.

## §. 423. Zusatz.

Nennt man daher diese bestimmten Primfunktionen, deren Produkt einer gegebenen ganzen Funktion gleich ist, die einfachen Faktoren dieser letztern, so gelten auch noch von dem (§. 138.) die Nummern (1), (2), (3), (4), (5), (6), (7), (8), (9) wenn statt 1 „jede beliebige Constante" geschrieben wird, (10), (11), (12), und (13).

Anmerkung 1. Ein leichtes ist es, auch den (§. 139.) auf ganze Funktionen zu erweitern.

Anmer-

Anmerkung 2. Wie aber das für die hier überall vorausgesetzten reducirten Funktionen so eben nachgewiesene, auch für vollständige ganze Funktionen geltend gemacht werden könne, fällt in die Augen.

## §. 424. Zusatz.

Soll daher zwischen zwey ganzen Funktionen A und B der größte gemeinschaftliche Theiler gefunden werden, so darf man nur das (Kap. X. I. 12.) für die ähnliche Aufgabe bey ganzen Zahlen, gelehrte praktische Verfahren unverändert anwenden; weil es aus denselben Sätzen abgeleitet werden kann.

## §. 425. Zusatz.

Man kann aber auch bey jeder der einzelnen Divisionen, welche dieses praktische Verfahren erfordert, den Dividenden oder den Divisor, oder beyde, mit Ausdrücken P, Q, multipliziren, die nicht Null sind, und zugleich unabhängig von dem Veränderlichen x, ohne daß dadurch dem Auffinden des größten gemeinschaftlichen Theilers ein Hinderniß erwüchse. Höchstens erhält man, wenn P der nach (§. 424.) gefundene größte gemeinschaftliche Theiler ist, jetzt R . P zum größten gemeinschaftlichen Theiler, wo R constant und nicht Null ist, der also noch von demselben Grade seyn muß (§. 418.).

Man bedient sich aber dieses Vortheils, um bey dem praktischen Auffinden des größten gemeinschaftlichen Theilers, jeden gebrochenen Ausdruck der Koefficienten zu vermeiden. Ist nehmlich D der Divisor vom $p^{ten}$ Grade, und 'D der Dividend vom Grade q, und sind die Koefficienten der höchsten Potenzen von D und 'D, beziehlich A und 'A, so ist der Quotient vom Grade q—p, und in ihm $\frac{'A}{A}$ der Koefficient von $x^{q-p}$. Die Koefficienten der folgenden Glieder können dann gebrochene Ausdrücke werden, die in der Reihe $A^2, A^3, \ldots A^{q-p+1}$ im Nenner haben. Diese gebrochenen Ausdrücke vermeidet man nun allemal, wenn man statt 'D durch D zu dividiren, vorher 'D mit $A^{q-p+1}$ multiplizirt, also $A^{q-p+1}.{}'D$ durch D dividirt, weil dann, wenn der vorhergehende Quotient Q war, der jetzige $A^{q-p+1}.Q$ seyn muß.

Anmerkung. In besondern Fällen kann dann auch derselbe Zweck durch einen Faktor erreicht werden, welcher einfacher noch ist, als $A^{q-p+1}$.

Beyspiel. Sey der den beyden ganzen Funktionen $x^5-3x^4-3x^3+7x^2-10x-8$ und $x^4+x^3-17x^2+x+6$ größte gemeinschaftliche Theiler zu finden.

Man erhält zuerst:

$$\begin{array}{r|l|l}
x^4+x^3-17x^2+x+6 & x^5-3x^4-3x^3+7x^2-10x-8 & x-4 \\
 & x^5+x^4-17x^3+x^2+6x & \\
\hline
 & -4x^4+14x^3+6x^2-16x-8 & \\
 & -4x^4-4x^3+68x^2-4x-24 & \\
\hline
\text{Erster Rest} & 18x^3-62x^2-12x+16 &
\end{array}$$

$$\begin{array}{r|l|l}
18x^3-62x^2-12x+16 & x^4+x^3-17x^2+x+6 & \frac{1}{18}x+\frac{20}{81} \\
 & x^4-\frac{31}{9}x^3-\frac{2}{3}x^2+\frac{8}{9}x & \\
\hline
 & \frac{40}{9}x^3-\frac{49}{3}x^2+\frac{1}{9}x+6 & \\
 & \frac{40}{9}x^3-\frac{1240}{81}x^2-\frac{80}{27}x+\frac{320}{81} & \\
\hline
\text{Zweyter Rest} & -\frac{83}{81}x^2+\frac{249}{81}x+\frac{166}{81} &
\end{array}$$

Multiplizirt man diesen Rest mit $-\frac{81}{83}$, so erhält man $x^2 - 3x - 2$, und das Geschäft wird weiter, wenn man den vorhergehenden Rest, als Dividenden, durch 2 dividirt (oder mit $\frac{1}{2}$ multiplizirt),

$$\begin{array}{r|l|l} x^2 - 3x - 2 & 9x^3 - 31x^2 - 6x + 8 & 9x - 4 \\ & \underline{9x^3 - 27x^2 - 18x} & \\ & \quad - 4x^2 + 12x + 8 & \\ & \quad \underline{- 4x^2 + 12x + 8} & \\ & \quad\quad 0 \quad\quad 0 \quad\quad 0 & \end{array}$$

folglich ist $x^2 - 3x - 2$ und dann auch $P(x^2 - 3x - 2)$ der gesuchte größte gemeinschaftliche Theiler der beyden gegebenen Funktionen, wenn nur P nicht Null ist, und unabhängig von x.

Wollte man aber die gebrochenen Ausdrücke ganz vermeiden, so mußte schon bey der zweyten Division (des ersten Divisors durch den ersten Rest) der Dividend $x^4 + x^3 - 17x^2 + x + 6$ mit $(18)^2$ multiplizirt werden.

## §. 426. Zusatz.

Haben die beyden ganzen Funktionen 𝔄 und 𝔅 nicht lauter bestimmte Ziffern-Ausdrücke zu Koefficienten, sondern sind diese Koefficienten zum Theil oder alle noch allgemein, und bleibt, wenn man zwischen 𝔄 und 𝔅 (nach §. 424. oder §. 425.) den größten gemeinschaftlichen Theiler sucht, ein letzter von x unabhängiger Rest, so giebt dieser Rest, wenn er gleich Null gesetzt wird, eine Bedingungsgleichung zwischen den Koefficienten der gegebenen ganzen Funktionen. Ist diese Gleichung in einem besondern gegebenen Fall nicht erfüllt, so haben die beyden gegebenen ganzen Funktionen keinen gemeinschaftlichen Theiler, der von einem höhern als vom nullten Grade wäre. Ist aber diese Gleichung von den Koefficienten wirklich erfüllt, so muß nur dann nothwendig ein gemeinschaftlicher Theiler existiren, und durch den letzten Divisor (oder vorletzten Rest) ausgedrückt seyn, wenn dieselbe End-Gleichung nicht zugleich bewirkt, daß in irgend einem der Divisoren der Koefficient der höchsten Potenz von x, der Null gleich wird. Denn so wie dies letztere wirklich der Fall ist, erhält man sogleich Quotienten von einem höhern, und Reste von einem niedrigern Grade, als diejenigen sind, welche bey dem Verfahren mit den allgemeinen Koefficienten sich ergeben haben; so daß diese Quotienten und Reste dieses besondern Falles, nicht mehr in den beziehlichen Quotienten und Resten des allgemeinen Schema enthalten seyn können; weshalb dann auch der letzte Rest dieses besondern Falles, nicht nothwendig in dem letzten Rest des allgemeinen Schema enthalten, daher auch nicht nothwendig mit diesem letztern zugleich, Null seyn muß.

Nichts desto weniger kann aber doch für diesen Fall ein gemeinschaftlicher Faktor oder Theiler existiren der aber auf's neue für diese besondern Funktionen auf dem (§. 424. oder §. 425.) beschriebenen Wege gesucht werden muß.

## §. 427. Lehrsatz.

Ist eine ganze Funktion von x, z. B.

$$x^m + Ax^{m-1} + Bx^{m-2} + \ldots + Qx^2 + Rx + S,$$

die durch Fx bezeichnet seyn mag, für $x = \alpha$, der Null gleich; so ist solche durch $x - \alpha$ theilbar, und der Quotient ist

$$= x^{m-1} + \left|\begin{matrix} \alpha \\ +A \end{matrix}\right| x^{m-2} + \left|\begin{matrix} \alpha^2 \\ +\alpha A \\ +B \end{matrix}\right| x^{m-3} + \ldots + \left|\begin{matrix} \alpha^{m-2} \\ +\alpha^{m-1} A \\ +\alpha^{m-2} B \\ + \quad \vdots \\ + \quad Q \end{matrix}\right| x + \left|\begin{matrix} \alpha^{m-1} \\ +\alpha^{m-2} A \\ +\alpha^{m-3} B \\ + \quad \vdots \\ + \quad \alpha Q \\ + \quad R \end{matrix}\right|$$

**Beweis.** Denn da $F\alpha = 0$, so ist $Fx = Fx - F\alpha$

$$= (x^m - \alpha^m) + A(x^{m-1} - \alpha^{m-1}) + B(x^{m-2} - \alpha^{m-2}) + \ldots + Q(x^2 - \alpha^2) + R(x - \alpha)$$

und der Satz fällt nach (§. 393.) in die Augen.

### §. 428. Erklärung.

Eine ganze Funktion Fx heißt eine reele, wenn alle ihre Koefficienten reel sind; sie heiße eine imaginäre, wenn ihre Koefficienten zum Theil oder alle imaginär und von der Form $p + qi$ sind.

### §. 429. Zusatz.

Jede imaginäre Funktion Fx läßt sich immer auf die Form $fx + i\varphi x$ bringen, wo $fx$ und $\varphi x$ reele ganze Funktionen von $x$ (wenn auch zuweilen vom nullten Grade) sind.

### §. 430. Lehrsatz.

Ist die reele ganze Funktion Fx durch die imaginäre ganze Funktion $fx + i\varphi x$ theilbar, so ist sie nothwendig auch durch die andere imaginäre Funktion $fx - i\varphi x$ theilbar, wo $fx$ und $\varphi x$ reele ganze Funktionen sind, und eine davon auch vom nullten Grade seyn kann.

**Beweis.** Denn da der Quotient $\frac{Fx}{fx + i\varphi x}$ nicht reel seyn kann, so ist er etwa $= \psi x + i\pi x$; folglich

$Fx = (fx + i\varphi x)(\psi x + i\pi x) = (fx.\psi x - \varphi x\pi x) + i(fx\pi x + \varphi x.\psi x)$; also auch, weil Fx reel ist, $fx.\pi x + \varphi x.\psi x = 0$; dahero auch $Fx = (fx.\psi x - \varphi x.\pi x) - i(fx\pi x + \varphi x.\psi x)$

$$= (fx - i\varphi x)(\psi x - i\pi x)$$ W. Z. E. W.

### Bemerkung.

Jedes Produkt von m Faktoren von der Form

$$(x-a)(x-b)(x-c)\ldots(x-q)$$

ist einer ganzen Funktion von x gleich vom $m^{ten}$ Grade nach (§. 387.). Betrachtet man aber die umgekehrte

### §. 431. Aufgabe.

Jede ganze Funktion vom $m^{ten}$ Grade,

$$x^m + Ax^{m-1} + Bx^{m-2} + Cx^{m-3} + \ldots + Tx + U = 0$$

in ein Produkt von m solchen Faktoren von der Form

$$(x-a)(x-b)(x-c)\ldots(x-q)$$

zu zerlegen,

so findet man in der Auflösung,

daß wenn a, b, c ... q unbestimmt angenommen werden, man nach (§. 409.) m Gleichungen erhält, zwischen den Koefficienten A, B, C, ... U und den m Unbestimmten a, b, c ... q; daß wir aber durch das bisher Vorgetrage nicht nur nicht im Stande sind, diese Unbestimmten a, b, c ... q jedesmal zu finden, sondern sogar nicht einmal behaupten können, daß es jedesmal Werthe von a, b, c ... q geben müsse, welche diesen m Gleichungen zugleich ein Genüge leisten.

### §. 432. Lehrsatz.

Das Produkt von m Faktoren von der Form

$$y + \alpha x + \beta$$

giebt allemal eine ganze Funktion der $m^{ten}$ Ordnung zweyer Veränderlichen y und x.

Beweis. Nach (§. 387.) ist dieses Produkt der m Faktoren

$$y+\alpha x+\beta, \quad y+\gamma x+\delta, \quad y+\varepsilon x+\zeta, \text{ etc. etc.}$$

$$= y^m + \overset{1}{C}y^{m-1} + \overset{2}{C}y^{m-2} + \overset{3}{C}y^{m-3} + \ldots + \overset{m-2}{C}y^2 + \overset{m-1}{C}y + \overset{m}{C}$$

wenn diese Combinations-Klassen aus den m Elementen

$$\alpha x+\beta, \quad \gamma x+\delta, \quad \varepsilon x+\zeta, \text{ etc. etc.}$$

entwickelt werden, so daß $\overset{n}{C}$ im allgemeinen eine Funktion von x vom nten Grade werden muß. Folglich 2c.

### §. 433. Aufgabe.

Jede ganze Funktion zweyer Veränderlichen x und y von der mten Ordnung, in welcher $y^m$ ohne Koefficienten vorkommt, in ein Produkt von m Faktoren zu zerlegen, von der Form $y+\alpha x+\beta$.

### Auflösung.

Man nehme die einzelnen Faktoren mit den 2m unbestimmten Koefficienten

$$\alpha, \beta, \gamma, \delta, \varepsilon, \zeta, \text{ etc. etc.}$$

an; so erhält man nach (§. 432. und §. 411.) $\frac{(m+1)(m+2)}{2} - 1$ oder $\frac{m(m+3)}{2}$ Gleichungen, zwischen den Koefficienten der gegebenen ganzen Funktion und den 2m Unbestimmten $\alpha, \beta, \gamma, \delta, \varepsilon, \zeta$, etc. etc. Eliminirt man nun aus diesen Gleichungen die 2m Unbekannten $\alpha, \beta, \gamma, \ldots$, so bleiben $\frac{m(m-1)}{2}$ Gleichungen, welche, wenn sie von den Koefficienten der gegebenen ganzen Funktion nicht erfüllt sind, allemal die Unmöglichkeit der Aufgabe anzeigen.

Daß die Aufgabe in besondern Fällen möglich ist, erhellet aus (§. 432.).

## §. 434. Zusatz.

Wollte man mittelst der Methode der unbestimmten Koefficienten dieselbe ganze Funktion von x und y in ein Produkt von zwey solchen ganzen Funktionen von der $p^{ten}$ Ordnung und von der $(m-p)^{ten}$ zerlegen, so würde man $\frac{p \cdot (p+3)}{2} + \frac{(m-p)(m-p+3)}{2}$ Unbestimmte haben und $\frac{m(m+3)}{2}$ Gleichungen; folglich erhielte man durch Elimination der Unbestimmten noch $p(m-p)$ Gleichungen, welche, wenn sie von den Koefficienten der gegebenen Funktion nicht erfüllt sind allemal anzeigen, daß auch diese Aufgabe nicht möglich ist.

Daß sie in besondern Fällen möglich ist, fällt auch hier in die Augen.

## §. 435. Erklärung.

Multiplizirt man in einer ganzen Funktion von x nehmlich in

$$Ax^m + Bx^{m-1} + Cx^{m-2} + \ldots + Px^3 + Qx^2 + Rx + S,$$

in welcher statt Rx und statt S vorher $Rx^1$ und $Sx^0$ gesetzt wird, und die dann durch Fx bezeichnet seyn mag, jedes Glied mit dem ihm zugehörigen Exponenten von x, während man nachher denselben Exponenten von x um 1 vermindert, so entsteht eine neue ganze Funktion von x, nehmlich

1) $mAx^{m-1} + (m-1)Bx^{m-2} + (m-2)Cx^{m-3} + \ldots + 3Px^2 + 2Qx^1 + Rx^0$,

und diese werde die erste Ableitung von Fx oder auch die Ableitung von Fx schlechthin genannt und immer durch

$\partial Fx$

bezeichnet. — Verfährt man dann mit dieser ganzen Funktion $\partial F x$ auf gleiche Art, so erhält man

$$2)\; m^{2|-1} A x^{m-2} + (m-1)^{2|-1} B x^{m-3} + (m-2)^{2|-1} B x^{m-4} + \ldots + 3^{2|-1} . P x^{1} + 2^{2|-1} Q x^{0}$$

und diese ganze Funktion heiße die zweyte Ableitung von $Fx$ und werde durch $\partial^2 Fx$ bezeichnet. Eben so sollen die Zeichen $\partial^3 Fx$, $\partial^4 Fx$, ... $\partial^n Fx$ beziehlich die dritten, vierten, .... nten Ableitungen bezeichnen, diese letztern aber aus einander eben so, wie $\partial Fx$ aus $Fx$ abgeleitet seyn, so daß

$$3)\; \partial^3 Fx = m^{3|-1} A x^{m-3} + (m-1)^{3|-1} B x^{m-4} + (m-2)^{3|-1} C x^{m-5} + \ldots$$

$$4)\; \partial^4 Fx = m^{4|-1} A x^{m-4} + (m-1)^{4|-1} B x^{m-5} + (m-2)^{4|-1} C x^{m-6} + \ldots$$

$$\vdots \qquad \vdots$$

$$5)\; \partial^n Fx = m^{n|-1} A x^{m-n} + (m-1)^{n|-1} B x^{m-n-1} + (m-2)^{n|-1} C x^{m-n-2} + \ldots$$

endlich 6) $\partial^m Fx = m^{m|-1} . A x^0 = m' . A$,

und $\partial^{m+1} Fx = \partial^{m+2} Fx =$ etc. etc. $= 0$.

Anmerkung. Setzt man in (5), $n = 1$, so erhält man $\partial^1 Fx = \partial Fx$, und für $n = 0$, auch $\partial^0 Fx = Fx$. Will man diese Bezeichnungen beybehalten, so gilt dann die Formel (5), wenn n Null oder jede beliebige absolute ganze Zahl vorstellt.

## §. 436. Zusatz.

Dem zu Folge hat man

$$\partial^{n+1} Fx = \partial(\partial^n Fx),$$

wo n Null oder jede absolute ganze Zahl bezeichnet.

## §. 437. Zusatz.

Auch folgt sogleich:

1) $\partial . A x^m = m A x^{m-1}$ 2) $\partial . x^m = m x^{m-1}$

3) $\partial . A x = A$ 4) $\partial . x = 1$

endlich 5) $\partial . A = 0$.

d. h. die in diesen Gleichungen zur Linken stehenden Ableitungen bezeichnen die rechts stehenden Ausdrücke; obiger Definition zu Folge.

### §. 438. Lehrsatz.

Ist $Fx$ eine ganze Funktion vom $m^{ten}$ Grade, so ist allemal

$$F(x+h) = Fx + \partial Fx \cdot \frac{h}{1} + \partial^2 Fx \cdot \frac{h^2}{2'} + \partial^3 Fx \cdot \frac{h^3}{3'} + \ldots$$

$$+ \partial^{m-1} Fx \cdot \frac{h^{m-1}}{(m-1)'} + \partial^m Fx \cdot \frac{h^m}{m'}.$$

**Beweis.** Denn es sey $Px^p$ ein Glied von $Fx$, so geht solches über nach (§. 376.) und (§. 341.), in

$$P(x+h)^p \text{ oder } Px^p + pPx^{p-1} \cdot h + p^{2|-1} Px^{p-2} \frac{h^2}{2'} + p^{3|-1} Px^{p-3} \frac{h^3}{3'} + \ldots$$

$$+ p^{p-1|-1} Px^1 \frac{h^{p-1}}{(p-1)'} + p^{p|-1} Px^0 \cdot \frac{h^p}{p'}$$

und daraus ergiebt sich der Lehrsatz unmittelbar.

### §. 439. Zusatz.

Man erhält daher auch die Ableitung $\partial Fx$, wenn man in $\frac{F(x+h) - Fx}{h}$, $h = 0$ setzt, vorausgesetzt, daß solcher Ausdruck vorher in einen andern verwandelt ist, der für $h = 0$ nicht Null als Divisor erhält.

### §. 440. Zusatz.

Sind daher $fx$ und $\varphi x$ ganze Funktionen von $x$, so ist noch:

I. $\partial.(fx \pm \varphi x) = \partial fx \pm \partial \varphi x$

II. $\partial.(fx \cdot \varphi x) = \varphi x . \partial fx + fx . \partial \varphi x.$

### §. 441. Lehrsatz.

Sind $fx$ und $\varphi x$ ganze Funktionen von $x$ und ist $Fx = \frac{fx}{\varphi x}$, so ist es immer möglich den Ausdruck

$$\frac{F(x+h) - Fx}{h}$$

in einem andern zu verwandeln, der für $h = o$ nicht Null im Divisor bekommt; wenn nur nicht $\varphi x$ selbst der Null gleich ist.

Beweis. Denn es ist

$F(x+h) - Fx = \frac{f(x+h).\varphi x - \varphi(x+h).fx}{\varphi(x+h)\varphi.x}$, daher nach (§. 438.)

$$= \frac{(\varphi x.\partial fx - fx.\partial\varphi x)h + (\varphi x\partial^2 fx - fx\partial^2\varphi x)\frac{h^2}{2} + \ldots}{\varphi(x+h).\varphi x}$$

Dividirt man nun diesen Ausdruck durch $h$, und setzt nachher $h = o$, so erhält man

$$\frac{\varphi x.\partial fx - fx.\partial\varphi x}{(\varphi x)^2}$$ W. Z. E. W.

§. 442. Erklärung.

Man erweitere nun den Begriff der ersten Ableitung, und nenne so daß Zeichen

$$\partial Fx$$

wo $Fx$ eine beliebige ganze oder gebrochene Funktion von $x$ vorstellt, und bezeichne damit diejenige ganze oder gebrochene Funktion von $x$, die aus dem Ausdruck

$$\frac{F(x+h) - Fx}{h}$$

hervorgeht, wenn man $h = o$ setzt, nachdem solcher vorher in einen andern verwandelt ist, der für $h = o$ nicht Null im Divisor erhält.

Auf dieselbe Weise seyen auch die Begriffe der zweyten, dritten, ... nten Ableitung erweitert.

443. Zusatz.

Sind also $fx$ und $\varphi x$ ganze Funktionen, so ist auch

$$\text{III. } \partial \cdot \frac{fx}{\varphi x} = \frac{\varphi x \cdot \partial fx - fx \cdot \partial \varphi x}{(\varphi x)^2} \quad (\S.\ 441.).$$

Dahero auch, wenn $fx = 1$, also $\partial fx = 0$

$$\text{IV. } \partial \cdot \frac{1}{\varphi x} = - \frac{\partial \varphi x}{(\varphi x)^2}$$

§. 444. Zusatz.

1) Sind zwey ganze oder gebrochene Funktionen $Fx$ und $\psi x$ einander gleich, für jeden Werth von $x$, so sind auch ihre Ableitungen einander gleich.

2) Die Ableitung einer jeden ganzen oder gebrochenen Funktion ist immer selber wieder eine ganze (wenn auch zuweilen vom nullten Grade) oder gebrochene Funktion, daher die Ableitung in's unendliche fort zu bestimmen.

§. 445. Zusatz.

Es gelten aber die Formeln (I — IV. §. §. 440. 443.) auch für beliebige ganze und gebrochene Funktionen. Um sich davon zu überzeugen, darf man nur statt $fx$, $\varphi x$, die Quotienten der ganzen Funktionen setzen, die sie vorstellen sollen; von diesen Quotienten die Ableitungen nach (§. 443.) entwickeln, und diese Ausdrücke dafür setzen, und man wird dann nie Mühe haben, sich mittelst derselben Formeln (I — IV.) (in so ferne sie für ganze Funktionen $fx$ und $\varphi x$ schon gelten, von solchen ganzen Funktionen aber nur die Ableitungen vorkommen) zu überzeugen, daß die so entstandenen Gleichungen richtig sind.

§. 446. Lehrsatz.

Ist $Fx$ eine beliebige ganze oder gebrochene Funktion und $m$ einer Differenz ganzer Zahlen gleich, so ist

$$\text{V. } \partial \cdot (Fx)^m = m \cdot (Fx)^{m-1} \cdot \partial Fx.$$

Beweis. Sey 1) m eine absolute ganze Zahl und Fx eine ganze Funktion, so erhält man $\partial.(Fx)^m$ aus dem Ausdruck $\frac{F(x+h)^m-(Fx)^m}{h}$, wenn $h=0$ gesetzt wird. Weil aber nach (§. 438.)

$F(x+h)=Fx+\partial Fx.h+\varphi(x,h).h^2=Fx+[\partial Fx+\varphi(x,h).h]h$,

so wird

$F(x+h)^m=Fx^m+mFx^{m-1}[\partial Fx+\varphi(x,h)h]h+\ldots$

und der Lehrsatz geht für diesen Fall unmittelbar hervor.

Ist aber 2) Fx eine gebrochene Funktion und $=\frac{fx}{\varphi x}$, aber m noch eine absolute ganze Zahl, so ist

$$(Fx)^m=\frac{(fx)^m}{(\varphi x)^m}$$

und der Satz ergiebt sich dann aus (§. 443. III.).

Ist endlich 3) Fx eine ganze oder gebrochene Funktion aber $m=-n$ eine negative ganze Zahl, so ist

$(Fx)^m=\frac{1}{(Fx)^n}$ und es folgt dann der Satz wieder aus (§. 443. IV.) in Verbindung mit (§. 445.).

Anmerkung. Es lehren aber die Formeln (I—V.), wie aus den Ableitungen gegebener ganzen oder gebrochenen Funktionen, die Ableitungen der aus ihnen durch Addition, Subtraktion, Multiplikation und Division, und auch durch Potenzirung (mit einer Differenz ganzer Zahlen) hervorgegangenen ganzen und gebrochenen Funktionen gefunden werden können.

## §. 447. Zusatz.

Aus diesen Formeln folgt aber noch, weil $\partial(x-a)=1$ ist,

1) $\partial . (x-a)^m = m.(x-a)^{m-1}$; 2) $\partial^2 .(x-a)^m = m^{2|-1}(x-a)^{m-2}$

3) $\partial^n . (x-a)^m = m^{n|-1}(x-a)^{m-n}$, wo n eine absolute ganze Zahl;

4) $\partial^m . (x-a)^m = m'$, wo m eine absolute ganze Zahl

5) $\partial^{m+n}.(x-a)^m = 0$, wo m und n absolute ganze Zahlen;

6) $\partial[(x-a)^m.fx] = (x-a)^{m-1}.[mfx + (x-a)\partial fx]$

## §. 448. Lehrsatz.

Sind fx und $\varphi x$ beliebige ganze oder gebrochene Funktionen, und ist $Fx = fx . \varphi x$, so ist

$$\partial^n . Fx = S\left[\frac{(a+b)'}{a'.b'} . \partial^a fx . \partial^b \varphi x\right] = S[n_a \partial^{n-a} fx . \partial^a \varphi x]$$
$$a+b=n$$

oder

$$\partial^n Fx = fx.\partial^n\varphi x + n_1.\partial fx.\partial^{n-1}\varphi x + n_2.\partial^2 fx.\partial^{n-2}\varphi x + n_3.\partial^3 fx.\partial^{n-3}\varphi x + \ldots + n_2.\partial^{n-2}fx.\partial^2\varphi x + n_1.\partial^{n-1}fx.\partial\varphi x + \partial^n fx \times \varphi x.$$

**Beweis.** Man zeigt, daß der Satz gilt für $n = 2$. Man beweißt dann, daß wenn er für $m = p$ gilt, er dann auch immer für $m = p + 1$ gelten müsse.

## §. 449. Zusatz.

Daher ist auch, nach (§. 448. und §. 447. n. 3.):

$$\partial^n[(x-a)^m.fx) = (x-a)^m.\partial^n fx + n_1.m(x-a)^{m-1}.\partial^{n-1}.fx + n_2.m^{2|-1}.(x-a)^{m-2}.\partial^{n-2}fx + n_3.m^{3|-1}.(x-a)^{m-3}.\partial^{n-3}fx + \ldots + n_1.m^{n-1|-1}(x-a)^{m-n+1}.\partial fx + m^{n|-1}.(x-a)^{m-n}.fx;$$

wobey noch bemerkt werden kann, daß wenn n und m absolute ganze Zahlen, und $n = m$, das letzte Glied $= m'.fx$ ist; daß aber, wenn $n > m$, $n - m$ der letzten Glieder der Null gleich werden, so daß das letzte Glied, welches nicht $= 0$ ist, $= n^{m|-1}.\partial^{n-m}fx$ seyn muß (wenn m eine absolute ganze Zahl ist).

### §. 450. Zusatz.

Es folgt aber hieraus

1) Ist $Fx$ eine ganze Funktion von $x$ und durch $(x-a)^m$ theilbar, dabey $m$ eine absolute ganze Zahl; so ist ihre Ableitung $\partial Fx$ durch $(x-a)^{m-1}$ und die Ableitung $\partial^n Fx$ durch $(x-a)^{m-n}$ theilbar. Und ist $Fx$ durch keine höhere Potenz von $x-a$ theilbar als durch die $m^{te}$, so ist auch $\partial^n Fx$ durch keine höhere Potenz von $x-a$ theilbar als durch die $m-n^{te}$. — Daher ist dann $\partial^m Fx$ gar nicht mehr durch $x-a$ theilbar.

2) Ist daher $Fx$ durch $(x-a)^m$ und $(x-b)^n$ und $(x-c)^p$ u. s. w. theilbar, aber nicht durch höhere Potenzen von $x-a$ und $x-b$ und $x-c$, u. s. w; so ist auch $\partial^\mu Fx$ durch

$(x-a)^{m-\mu} . (x-b)^{n-\mu} . (x-c)^{p-\mu}$ etc. etc. theilbar, aber durch kein ähnliches Produkt, welches höhere Potenzen von $x-a$, $x-b$ oder $x-c$ u. s. w. enthielte.

3) Umgekehrt; ist $\partial^\mu Fx$ durch $(x-a)^n . (x-b)^p . (x-c)^q \ldots$ theilbar, aber durch kein Produkt, welches beziehlich höhere Potenzen von $x-a$, $x-b$, oder $x-c$, u. s. w. als Faktoren enthielte, so ist auch die vorhergehende Ableitung $\partial^{\mu-1} Fx$ durch $(x-a)^{n+1} . (x-b)^{p+1} . (x-c)^{q+1}$ etc. etc., und $Fx$ selbst durch $(x-a)^{n+\mu} . (x-b)^{p+\mu} . (x-c)^{q+\mu}$ etc. theilbar, aber ebenfalls durch kein ähnliches Produkt, welches beziehlich höhere Potenzen von $x-a$, $x-b$, $x-c$, etc. zu Faktoren hat.

### §. 451. Zusatz.

Aus (§. 450.) und aus (§. 447.) folgt aber noch weiter unter der Voraussetzung, daß m eine absolute ganze Zahl ist:

1) Die Ableitung $\partial^n.(x-a)^m$ wird, wenn man in ihr a statt x setzt, $=0$, so oft $n \lessgtr m$; sie ist dagegen $=m'$, wenn $n=m$ ist.

2) Die Ableitung $\partial^n.[(x-a)^m fx]$ wird, wenn man in ihr a statt x setzt, $=0$ wenn $n<m$; sie wird $=m'.fa$, wenn $n=m$; und sie wird $=n^{m|-1}\partial^{n-m}fa$, wenn $n>m$ ist.

3) Die Ableitung $\partial^n[C(x-a)^m]$ wird für $x=a$, der Null gleich, wenn $n \lessgtr m$; sie wird aber $=C.m'$, wenn $n=m$ ist.

### §. 452. Aufgabe.

Zu bestimmen, was aus der gebrochenen Funktion $Fx = \frac{fx}{\varphi x}$ für $x=a$ wird, wenn fx und $\varphi x$ solche ganze Funktionen sind, die beyde für $x=a$, der Null gleich werden.

### Auflösung.

1) Man finde die Ableitungen von fx und $\varphi x$ so lange fort, bis man zu einer gelangt, die für $x=a$ nicht Null wird.

2) Sind $\partial^m fx$ und $\partial^n \varphi x$ beziehlich diese ersten Ableitungen, die für $x=a$ nicht Null werden, so setze man

$\alpha$) $Fa = 0$, wenn $m > n$,

$\beta$) $Fa = \frac{\partial^n fa}{\partial^n \varphi a}$, wenn $m = n$,

und $\gamma$) $Fa = \infty$ (§. 259.), wenn $m < n$ ist.

Beweis I. Nach (§. 427. u. §. 450. n. 3.) und nach der Annahme in (n. 2. der Auflösung) haben die ganzen Funktionen $fx$ und $\varphi x$, beziehlich die Form $(x-a)^m . \psi x$ und $(x-a)^n . \pi x$, wo $\psi x$ und $\pi x$ für $x = a$, weder $= 0$ noch $= \infty$ (§. 259.) werden. Daraus, und wenn man (§. 451.) zu Hülfe nimmt, ergiebt sich aber die Richtigkeit der Auflösung ohne weiters.

Beweis II. Nach (§. 438.) und nach (n. 2. der Auflösung) ist

$$\frac{f(a+h)}{\varphi(a+h)} = \frac{\partial^m fa . \frac{1}{m'} + \partial^{m+1} fa . \frac{h}{(m+1)'} + \ldots}{\partial^n \varphi a . \frac{1}{n'} + \partial^{n+1} \varphi a . \frac{h}{(n+1)'} + \ldots} . \frac{h^m}{h^n}$$

und weil für $h = 0$, der Ausdruck $\frac{f(a+h)}{\varphi(a+h)}$ in $Fa$ übergehen muß, so folgt die Richtigkeit der Auflösung nochmals.

## Von der Zerlegung der gebrochenen Funktionen in ihre Partialbrüche.

### §. 453. Erklärung.

Ist eine ächt gebrochene Funktion $\frac{M}{N}$ der Summe zweyer oder mehrerer ächt gebrochenen Funktionen $\frac{A}{B}$, $\frac{C}{D}$, $\frac{E}{F}$, u. s. w. gleich, so nennt man diese letztern die Partialbrüche, in welche erstere zerlegt werden kann.

## §. 454. Aufgabe.

Es ist $\frac{M}{N}$ eine ächt gebrochene Funktion, und $N = (ax - b) . P$, dabey N vom Grade n, also P vom Grade $n - 1$; man soll $\frac{M}{N}$ in die beyden Partialbrüche $\frac{A}{ax - b} + \frac{Q}{P}$ zerlegen.

## Auflösung.

Man setze statt Q eine ganze Funktion vom Grade $n - 2$, mit $n - 1$ unbestimmten Koefficienten, während A ebenfalls unbestimmt, aber constant ist, nach (§. 453.). — Aus der Gleichung

$$\frac{M}{N} = \frac{A}{ax - b} + \frac{Q}{P}$$

entwickle man: $M = AP + (ax - b) Q$

und erhält dann nach (§. 409.) n Gleichungen, welche im allgemeinen, da sie in Bezug auf die n Unbestimmten, einfache sind, zur Bestimmung derselben dienen werden; obgleich in besondern Fällen diese n Gleichungen sich auch zum Theil widersprechen und dann die Unmöglichkeit der Aufgabe ausdrücken können.

Die Aufgabe ist daher im allgemeinen möglich, kann dagegen in besondern Fällen unmöglich seyn. *)

---

*) Diese Redensart hier, und so oft sie vorkommt, soll nichts anders sagen, als daß, so lange die Zahlzeichen ganz allgemein sind, ihnen solche Werthe beygelegt werden können, für welche die Aufgabe möglich wird, daß sie aber nicht nothwendig für jeden Werth der allgemeinen Ausdrücke möglich seyn muß.

## §. 455. Lehrsatz.

Sind M und N und P die vorigen ganzen Funktionen von x, so ist allemal eine Summe $\frac{A}{ax-b} + \frac{Q}{P}$ zweyer ächt gebrochenen Funktionen möglich, welche $= \frac{M}{N}$ ist, wenn nur $ax-b$ kein Theiler von P ist.

Und dabey ist allemal $A = (M):(P)$, unter der Voraussetzung, daß (M) und (P) die Werthe von M und von P bedeuten, die solche für $ax-b = o$ oder für $x = b:a$ erhalten.

**Beweis.** Soll nehmlich $\frac{M}{N} = \frac{A}{ax-b} + \frac{Q}{P}$ seyn, so ist auch $Q = \frac{M-AP}{ax-b}$; folglich $M - AP$ durch $ax-b$ theilbar; mithin $(M) - A(P) = o$. — Umgekehrt aber: ist $A = (M):(P)$, so ist auch $(M) - A(P) = o$, und daher nach (§. 427.) $M - AP$ durch $ax-b$ theilbar; folglich Q allemal eine ganze Funktion von einem niedrigern Grade als P und allemal existirend, wenn nur A existirt. Nun ist aber A allemal bestimmt, wenn (P) nicht Null ist; folglich wenn P nicht mehr durch $ax-b$ theilbar ist.

Anmerkung. Weil $N = (ax-b).P = \left(x - \frac{b}{a}\right).aP$, so ist nach (§. 451. n. 2.) $(\partial N) = a.(P)$ *) oder $(P) = \frac{1}{a}.(\partial N)$. Ist daher N gegeben, so braucht man P gar nicht zu kennen, und man kann doch sogleich (P) finden.

*) Die Klammern hier und in der Folge, wo sie ohne andere in die Augen fallende Ursache stehen, sollen immer bedeuten, daß in den von ihnen umschlossenen Funktionen, statt x sein bestimmter Werth $\left(\text{hier } \frac{b}{a}\right)$, gesetzt ist.

§. 456. Zusatz.

Ist $N = (\alpha x - \beta)(\gamma x - \delta)(\varepsilon x - \zeta) \ldots$

so ist $\frac{M}{N} = \frac{A}{\alpha x - \beta} + \frac{B}{\gamma x - \delta} + \frac{C}{\varepsilon x - \zeta} + \ldots$

und dabey werden A und B und C, u. s. w. auf nachstehende Art gefunden. — Zuerst hat man nehmlich

$$A = \frac{(M)}{(P)};\ Q = \frac{M - AP}{\alpha x - \beta} \text{ und } \frac{M}{N} = \frac{A}{\alpha x - \beta} + \frac{Q}{P},$$

wo $N = (\alpha x - \beta) P$. — Dann findet man:

$$B = \frac{(Q)}{('P)},\ 'Q = \frac{Q - B.'P}{\gamma x - \delta} \text{ und } \frac{Q}{P} = \frac{B}{\gamma x - \delta} + \frac{'Q}{'P},$$

wo $P = (\gamma x - \delta).'P$ und wo die Klammern andeuten, daß $\gamma x - \delta = 0$, oder $\delta : \gamma$ statt x gesetzt ist. —

Ferner

$$C = \frac{('Q)}{(''P)},\ ''Q = \frac{'Q - C.''P}{\varepsilon x - \zeta} \text{ und } \frac{'Q}{'P} = \frac{C}{\varepsilon x - \zeta} + \frac{''Q}{''P}$$

wo $'P = (\varepsilon x - \zeta).''P$ und wo die Klammern andeuten, daß $\varepsilon x - \zeta = 0$, oder $\zeta : \varepsilon$ statt x gesetzt ist; u. s. w. f.

Anmerkung. Man kann A, B, C, etc. auch auf folgende Art erhalten, nach (§. 455. Anmerkung.), nehmlich

$A = \frac{\alpha (M)}{(\partial N)}$, wenn $\frac{\beta}{\alpha}$ statt x gesetzt ist;

$B = \frac{\gamma (M)}{(\partial N)}$, wenn $\frac{\delta}{\gamma}$ statt x substituirt worden;

$C = \frac{\varepsilon (M)}{(\partial N)}$, wenn x den Quotienten $\frac{\zeta}{\varepsilon}$ vorstellt;

u. s. w. f.

Beyspiele.

Sey $M = 2x^2 - 3x + 1$ und $N = x(2x - 1)(x + 2) = 2x^3 + 3x^2 - 2x$ und die zu suchenden Partialbrüche seyen:

$$\frac{A}{x} + \frac{B}{2x - 1} + \frac{C}{x + 2},$$

so ist $\partial N = 6x^2 + 6x - 2$

folglich, weil hier $\alpha = 1$, $\beta = 0$, $\gamma = 2$, $\delta = 1$, $\varepsilon = 1$, $\zeta = -2$,

$$A = \frac{(M)}{(\partial N)}, \text{ für } x = 0; \text{ d. h. } A = \frac{1}{-2} = -\tfrac{1}{2};$$

$$B = \frac{2(M)}{(\partial N)}, \text{ für } x = \tfrac{1}{2}; \text{ d. h. } B = 0;$$

und $C = \frac{(M)}{(\partial N)}$, für $x = -2$; d. h. $C = \frac{15}{10} = \frac{3}{2}$;

und die gesuchten Partial-Brüche sind gefunden. — Es ist nehmlich:

$$\frac{-\frac{1}{2}}{x} + \frac{0}{2x-1} + \frac{\frac{3}{2}}{x+2} = \frac{2x^2-3x+1}{2x^3+3x^2-2x}$$

oder $\frac{-1}{2x} + \frac{3}{2(x+2)} = \frac{M}{N} = \frac{2x^2-3x+1}{2x^3+3x^2-2x}$.

Man konnte dieses Resultat noch leichter erhalten, wenn man bedachte, daß hier M und N den gemeinschaftlichen Theiler $2x-1$ haben, daß daher die gegebene gebrochene Funktion

$$\frac{M}{N} = \frac{x-1}{x(x+2)} \text{ ist.}$$

Dann war:

$$M = x-1, \quad N = x^2+2x, \quad \partial N = 2x+2$$

und für die beyden Partial-Brüche $\frac{A}{x} + \frac{B}{x+2}$ fand man:

$$A = \frac{(M)}{(\partial N)}, \text{ für } x = 0; \quad \text{also } A = -\tfrac{1}{2};$$

$$B = \frac{(M)}{(\partial N)}, \text{ für } x = -2; \text{ also } B = \tfrac{3}{2}.$$

Wollte man dieselbe gebrochene Funktion

$$\frac{2x^2-3x+1}{2x^3+3x^2-2x}$$

nach Anleitung des (§. 456.) selbst in ihre Partial-Brüche

$\frac{A}{x} + \frac{B}{2x-1} + \frac{C}{x+2}$ zerlegen, so erhielte man

zuerst $P = 2x^2+3x-2$ und $A = \frac{(M)}{(P)}$ für $x = 0$, d. h. $A = -\frac{1}{2}$.

Dann $M - AP = 3x^2 - \frac{3}{2}x$ und $\frac{M-AP}{x} = Q = 3x - \frac{3}{2}$

und $'P = x + 2$; daraus $B = \frac{(Q)}{('P)}$ für $2x - 1 = 0$ oder für $x = \frac{1}{2}$,

d. h. $B = 0$ und $Q - B.'P = 3x - \frac{3}{2}$; so wie $\frac{Q - B.'P}{2x - 1} = \frac{3}{2} = 'Q$

und $''P = 1$; dann $C = \frac{('Q)}{(''P)}$ für $x + 2 = 0$ oder für $x = -2$,

oder $C = \frac{3}{2}$.

### §. 457. Lehrsatz.

**Hat in einer ächt gebrochenen Funktion $\frac{M}{N}$ der Nenner N vom $n^{ten}$ Grade nicht mehr als $\nu$ gleiche Faktoren $\alpha x - \beta$, so daß $N = (\alpha x - \beta)^\nu . P$ und P durch $\alpha x - \beta$ nicht mehr theilbar ist, so sind allemal zwey Partial-Brüche möglich, so daß**

$$\frac{A}{(\alpha x - b)^\nu} + \frac{Q}{(\alpha x - \beta)^{\nu - 1} . P} = \frac{M}{N}$$

**und A constant ist. — Dabey ist**

$$A = \frac{(M)}{(P)}$$

**unter der Voraussetzung, daß der aus**

$$\alpha x - \beta = 0$$

**gezogene Werth $\frac{\beta}{\alpha}$ statt x in M und in P gesetzt ist.**

Beweis. Denn soll

$$\frac{M}{N} = \frac{A}{(\alpha x - \beta)^\nu} + \frac{Q}{(\alpha x - \beta)^{\nu - 1} . P}$$

seyn, so muß

$$Q = \frac{M - AP}{\alpha x - \beta},$$

also $M - AP$ durch $\alpha x - \beta$ theilbar seyn; folglich $(M) - A(P) = 0$ und $A = \frac{(M)}{(P)}$ werden, sobald

$\alpha x - \beta = 0$ oder $x = \frac{\beta}{\alpha}$ gesetzt wird. Folglich ist A immer constant und wirklich zu bestimmen, so lange (P) nicht o ist, und dies kann vermöge der Voraussetzung nie der Fall seyn, weil, wäre es der Fall, P noch den Faktor $\alpha x - \beta$ haben müßte, (§. 427.).

Weil aber, so bald $A = \frac{(M)}{(P)}$ genommen ist, auch $(M) - A(P) = 0$, und daher nach (§. 427.) dann umgekehrt $M - AP$ nothwendig durch $\alpha x - \beta$ theilbar seyn muß, so ist, weil $Q = \frac{M - AP}{\alpha x - \beta}$, dann Q auch nothwendig jedesmal eine ganze Funktion von einem niedrigern Grade als M, und dabey so, daß

$$\frac{M}{N} = \frac{A}{(\alpha x - \beta)^{\nu}} + \frac{Q}{(\alpha x - \beta)^{\nu - 1} \cdot P}$$

W. Z. E. W.

§. 458. Zusatz.

Man kann daher, unter derselben Voraussetzung wie (§. 457.), die ächt gebrochene Funktion $\frac{M}{N}$ in folgende Summe zerlegen:

$$\frac{A}{(\alpha x - \beta)^{\nu}} + \frac{B}{(\alpha x - \beta)^{\nu - 1}} + \frac{C}{(\alpha x - \beta)^{\nu - 2}} + \ldots + \frac{G}{(\alpha x - \beta)^{2}} + \frac{H}{\alpha x - \beta} + \frac{R}{P}$$

wo A, B, C . . . H constant, R aber eine ganze Funktion von einem niedrigern Grad, als der von P, also von einem niedrigern Grade als der $n - \nu^{te}$, ist.

Zu dem Ende setzt man erst

$$\frac{M}{N} = \frac{A}{(\alpha x - \beta)^{\nu}} + \frac{Q}{(\alpha x - \beta)^{\nu - 1} P}$$

$$\text{dann } \frac{Q}{(\alpha x-\beta)^{\nu-1}P} = \frac{B}{(\alpha x-\beta)^{\nu-1}} + \frac{'Q}{(\alpha x-\beta)^{\nu-2}P}$$

$$\text{dann } \frac{'Q}{(\alpha x-\beta)^{\nu-2}P} = \frac{C}{(\alpha x-\beta)^{\nu-2}} + \frac{''Q}{(\alpha x-\beta)^{\nu-3}.P}$$

u. s. w. f.

und findet

$$A = \frac{(M)}{(P)} \text{ für } x = \frac{\beta}{\alpha}; \quad Q = \frac{M-AP}{\alpha x-\beta};$$

$$B = \frac{(Q)}{(P)} \text{ für } x = \frac{\beta}{\alpha}; \quad 'Q = \frac{Q-BP}{\alpha x-\beta};$$

$$C = \frac{('Q)}{(P)} \text{ für } x = \frac{\beta}{\alpha}; \quad ''Q = \frac{'Q-CP}{\alpha x-\beta};$$

u. s. w. f.

bis zuletzt, G, H und auch R gefunden sind.

Anmerkung. Nimmt man die Ableitungen zu Hülfe, so kann man auch bey dieser Aufgabe weit leichter zum Ziele gelangen. — Soll nehmlich

$$\frac{M}{N} = \frac{A}{(\alpha x-\beta)^{\nu}} + \frac{B}{(\alpha x-\beta)^{\nu-1}} + \ldots + \frac{H}{\alpha x-\beta} + \frac{R}{P}$$

seyn, so findet sich hieraus:

$$R = \frac{M-AP-B(\alpha x-\beta)P-C(\alpha x-\beta)^2P\ldots-H(\alpha x-\beta)^{\nu-1}P}{(\alpha x-\beta)^{\nu}},$$

so daß der Zähler zur rechten durch $(\alpha x-\beta)^{\nu}$ theilbar seyn, also die Form

$$(\alpha x-\beta)^{\nu}.fx \quad \text{oder} \quad \left(x-\frac{\beta}{\alpha}\right)^{\nu}\varphi x$$

haben muß. — Ist daher dieser Zähler

$M-AP-B(\alpha x-\beta)P-C(\alpha x-\beta)^2.P\ldots-H.(\alpha x-\beta)^{\nu-1}P$

durch Z bezeichnet, so müssen nach (§. 451.) die Ableitungen $\partial Z$, $\partial^2 Z$, $\partial^3 Z$ ... bis $\partial^{\nu-1}Z$, alle so wie Z selbst, der Null gleich werden, so bald man in ihnen $\alpha x-\beta=0$ oder $x=\frac{\beta}{\alpha}$ setzt. Man hat daher die $\nu$ Gleichungen

$\odot$ $(Z) = 0, \quad (\partial Z) = 0, \quad (\partial^2 Z) = 0, \ldots (\partial^{\nu-1} Z) = 0,$

aus denen sich dann die Werthe von A, B, C, ... H, finden lassen. — Erinnert man sich aber des Satzes (§. 451, n. 2.), daß nehmlich, wenn

$$\psi x = (\alpha x - \beta)^n . P = \left(x - \frac{\beta}{\alpha}\right)^n . (\alpha^n . P) \text{ ist,}$$

dann, für $\alpha x - \beta = 0$ oder $x = \frac{\beta}{\alpha}$,

$$(d^\mu \psi x) = 0, \text{ wenn } \mu < n,$$

$$(d^n \psi x) = n' . \alpha^n . (P)$$

und $(d^\mu \psi x) = \mu^{nI-1} . \alpha^n . (d^{\mu-n} P)$, wenn $\mu > n$,

seyn müsse, so werden diese Gleichungen $\odot$ übergehen in

$$\text{I.} \begin{cases} (M) - A(P) = 0 \\ (\partial M) - A(\partial P) - \alpha B(P) = 0 \\ (\partial^2 M) - A(\partial^2 P) - 2^{1I-1} \alpha B(\partial P) - 2^{2I-1} \alpha^2 C(P) = 0 \\ (\partial^3 M) - A(\partial^3 P) - 3^{1I-1} \alpha B(\partial^2 P) - 3^{2I-1} \alpha^2 C(\partial P) - 3^{3I-1} \alpha^3 D(P) = 0 \\ \text{u. s. w.} \end{cases}$$

und diese sind zur Bestimmung der Constanten A, B, C ... H, sehr bequem.

Weil aber P den Faktor $\alpha x - \beta$ nicht mehr enthält, so werden auch die $\nu - 1$ ersten Ableitungen von $\frac{Z}{P}$ für $\alpha x - \beta = 0$, nothwendig der Null gleich, folglich hat man noch die $\nu$ Gleichungen

$$(☾) \left(\frac{Z}{P}\right) = 0, \left(\partial . \frac{Z}{P}\right) = 0, \left(\partial^2 \frac{Z}{P}\right) = 0, \ldots \left(\partial^{\nu-1} \frac{Z}{P}\right) = 0;$$

welche ebenfalls zur Bestimmung der $\nu$ Constanten A, B, C ... H dienen werden. — Weil aber

$$\frac{Z}{P} = \frac{M}{P} - A - B(\alpha x - \beta) - C(\alpha x - \beta)^2 - \ldots H(\alpha x - \beta)^{\nu-1}$$

so werden diese $\nu$ Gleichungen (☾), nach (§. 451.) in folgende übergehen:

$$\text{II.}\left\{\begin{array}{l}\left(\frac{M}{P}\right)-A=0\\ \left(\partial\frac{M}{P}\right)-\alpha B=0\\ \left(\partial^2\frac{M}{P}\right)-2'\alpha^2 C=0\\ \left(\partial^3\frac{M}{P}\right)-3'\alpha^3 D=0\\ \vdots\qquad\qquad\vdots\\ \left(\partial^{\nu-1}\frac{M}{P}\right)-(\nu-1)'.\ \alpha^{\nu-1}H=0\end{array}\right.$$

und so ausgedrückt geben sie unmittelbar die $\nu$ Constanten A, B, C . . . H. *)

## Beyspiel.

Man soll die gebrochene Funktion

$$\frac{2x^3-4x^2-x+2}{2x^4+3x^3-3x^2-7x-3}\quad\text{oder}\quad\frac{2x^3-4x^2-x+2}{(x+1)^3\,(2x-3)}$$

in Partialbrüche zerlegen von der Form

$$\frac{A}{(x+1)^3}+\frac{B}{(x+1)^2}+\frac{C}{(x+1)}+\frac{R}{2x-3}.$$

Hier ist $M=2x^3-4x^2-x+2,\quad P=2x-3;$

folglich $\partial P=2,\quad \partial^2 P=\partial^3 P=\text{etc.}=0;$

$\partial M=6x^2-8x-1,\ \partial^2 M=12x-8,\ \partial^3 M=12,\ \partial^4 M=0,$

ferner $\alpha=1,\quad \beta=-1,$

und die Gleichungen (I.) zur Bestimmung von A, B, C werden daher, weil $(M)=-3$, $(\partial M)=13$, $(\partial^2 M)=-20$, $(P)=-5$, $(\partial P)=2$, $(\partial^2 P)=0$ ist, folgende:

---

*) In allen diesen Gleichungen drücken die Klammern, in welche die Funktionen M, dM, etc., P, dP, etc. $\frac{M}{P}$, $d\frac{M}{P}$ etc. eingeschlossen sind, allemal aus, daß in diesen Funktionen $\frac{\beta}{\alpha}$ statt x gesetzt ist, alle diese Ausdrücke selbst also dadurch constant sind.

$$-3+5A=0$$
$$13-2A+5B=0$$
$$-20-4B+10C=0.$$

Aus diesen erhält man aber:

$$A=\tfrac{3}{5},\quad B=-\tfrac{59}{25},\quad C=\tfrac{132}{125}$$

daher dann:

$$R=\frac{M-AP-(x+1)BP-(x+1)^2CP}{(x+1)^3}=-\tfrac{14}{125}$$

und die gesuchten Partialbrüche sind:

$$\frac{\frac{3}{5}}{(x+1)^3},\quad \frac{-\frac{59}{25}}{(x+1)^2},\quad \frac{\frac{132}{125}}{x+1},\quad \frac{-\frac{14}{125}}{2x-3}$$

so daß $\frac{3}{5(x+1)^3}-\frac{59}{25(x+1)^2}+\frac{132}{125(x+1)}-\frac{14}{125(2x-3)}$ der gegebenen gebrochenen Funktion gleich seyn muß.

Hätte man dieselbe gebrochene Funktion.

$$\frac{2x^3-4x^2-x+2}{(x+1)^3\ (2x-3)}$$

nach dem (§. 458.) selbst zerlegt, so würde man erhalten haben:

$$A=\frac{(M)}{(P)}\text{ für }x+1=0,\text{ d. h. }A=\tfrac{3}{5}$$

$$Q=\frac{M-AP}{x+1}=2x^2-6x+\tfrac{19}{5};\text{ dann}$$

$$B=\frac{(Q)}{(P)}\text{ für }x+1=0,\text{ d. h. }B=-\tfrac{59}{25}\text{ und}$$

$$'Q=\frac{Q-BP}{x+1}=2x-\tfrac{82}{25};\text{ endlich}$$

$$C=\frac{('Q)}{(P)}\text{ für }x+1=0,\text{ d. h. }C=\tfrac{132}{125}\text{ und}$$

$$''Q=\frac{'Q-CP}{x+1}=-\tfrac{14}{125}\quad=R;$$

wie wir oben auch gefunden haben.

## §. 459. Zusatz.

**Sollte in einer ächt gebrochenen Funktion $\frac{M}{N}$, der Nenner $N=(\alpha x-\beta)^\nu\cdot(\gamma x-\delta)^\mu\cdot{}'P$ seyn so würde**

man $\frac{M}{N}$ sehr leicht in die Partialbrüche

$$\frac{A}{(\alpha x-\beta)^\nu}+\frac{B}{(\alpha x-\beta)^{\nu-1}}+\ldots+\frac{H}{\alpha x-\beta}+\frac{'A}{(\gamma x-\delta)^\mu}+\frac{'B}{(\gamma x-\delta)^{\mu-1}}+$$

$$+\ldots+\frac{'H}{\gamma x-\delta}+\frac{'R}{'P} \text{ zerlegen,}$$

indem man $N=(\alpha x-\beta)^\nu . P$ setzen, $\frac{M}{N}$ in die obigen Partialbrüche nach (§. 458.), zerlegen, und dann die letzte ächt gebrochene Funktion $\frac{'R}{P}$, in so ferne $P=(\gamma x-\delta)^\mu . 'P$ ist, auf's neue nach demselben (§. 458.) in Partialbrüche zerlegen kann.

§. 460. Zusatz.

Ist daher in einer ächt gebrochenen Funktion $\frac{M}{N}$ der Nenner N ein Produkt von lauter einfachen Faktoren, die entweder alle von einander verschieden oder theilweise dieselben sind, so läßt sich diese Funktion $\frac{M}{N}$ in Partialbrüche zerlegen, deren Zähler alle Constanten sind, deren Nenner dagegen durch die einfachen verschiedenen Faktoren oder durch die Potenzen der gleichen Faktoren von der höchsten bis zur niedrigsten, gebildet werden.

Beyspiel.

Die gebrochene Funktion

$$\frac{2x^2-3x+1}{x^3(x-1)^2(2x-1)(x+1)}$$

in ihre Partialbrüche zu zerlegen.

Seyen die Partialbrüche vorgestellt durch

$$\frac{A}{x^3}+\frac{B}{x^2}+\frac{C}{x}+\frac{D}{(x-1)^2}+\frac{E}{x-1}+\frac{F}{2x-1}+\frac{G}{x+1}$$

und die Constanten A, B, C, D, E, F u. G, zu finden.

Um A, B, C nach (§. 458. Anmerkung) zu finden hat man:

$$M = 2x^2 - 3x + 1 \quad \text{und} \quad P = 2x^4 - 3x^3 - x^2 + 3x - 1$$

$$\partial M = 4x - 3; \qquad \partial P = 8x^3 - 9x^2 - 2x + 3$$

$$\partial^2 M = 4 \qquad \partial^2 P = 24x^2 - 18x - 2;$$

also für $x = 0$,

$$(M) = 1 \quad \text{und} \quad (P) = -1$$

$$(\partial M) = -3 \qquad (\partial P) = 3$$

$$(\partial^2 M) = 4 \qquad (\partial^2 P) = -2;$$

und die Gleichungen (I.) werden für diesen Fall

$$1 + A = 0$$

$$-3 - 3A + B = 0$$

$$4 + 2A - 6B + 2C = 0;$$

woraus folgt:

$$A = -1, \quad B = 0, \quad C = -1.$$

Um D und E zu finden, hat man:

$$M = 2x^2 - 3x + 1 \quad \text{und} \quad P = 2x^5 + x^4 - x^3$$

$$\partial M = 4x - 3 \qquad \partial P = 10x^4 + 4x^3 - 3x^2$$

folglich für $x = 1$,

$$(M) = 0 \quad \text{und} \quad (P) = 2$$

$$(\partial M) = 1 \qquad (\partial P) = 11,$$

und die Gleichungen (I.) sind für diesen Fall

$$-2D = 0$$

$$1 - 11D - 2E = 0;$$

woraus $D = 0$ und $E = \frac{1}{2}$.

Für F hat man nach (§. 455.)

$$P = x^3 . (x-1)^2 . (x+1) \quad \text{und}$$

$$F = \frac{(M)}{(P)} \quad \text{für} \quad 2x - 1 = 0; \quad \text{d. h.} \quad F = 0.$$

Endlich hat man in Bezug auf G nach (§. 455.)

$$P = x^3 . (x-1)^2 . (2x-1) \quad \text{und dabey:}$$

$$G = \frac{(M)}{(P)} \quad \text{für} \quad x = -1, \quad \text{d. h.} \quad G = \frac{1}{2};$$

und die gesuchten Partialbrüche sind daher:

$$\frac{-1}{x^3}, \quad \frac{-1}{x}, \quad \frac{\frac{1}{2}}{x-1}, \quad \frac{\frac{1}{2}}{x+1},$$

deren Summe der gegebenen gebrochenen Funktion

$$\frac{2x^2 - 3x + 1}{x^3 (x-1)^2 (2x-1)(x+1)}$$

gleich seyn muß.

Man hätte aber dasselbe Resultat, für diesen Fall, viel leichter noch erhalten, wenn man bedacht hätte, daß

$$2x^2 - 3x + 1 = (2x - 1)(x - 1)$$

und daß daher die gegebene gebrochene Funktion, dieser andern

$$\frac{1}{x^3 (x - 1)(x + 1)}$$

gleich ist.

## §. 461. Aufgabe.

**Sey $\frac{M}{N}$ eine ächt gebrochene Funktion von x, und $N = (ax^2 + bx + c) \cdot P$, dabey vom $n^{ten}$ Grade, man soll die Funktion $\frac{M}{N}$ in Partialbrüche zerlegen von der Form**

$$\frac{Q}{ax^2 + bx + c} + \frac{R}{P}$$

## Auflösung.

Da P vom $n - 2^{ten}$ Grade, so ist R im allgemeinen vom $n - 3^{ten}$ Grade, so wie Q vom ersten Grade. Man setze daher $Ax + B$ statt Q, und eben so eine ganze Funktion vom Grade $n - 3$ mit $n - 2$ unbestimmten Koefficienten statt R, entwickle aus der Gleichung:

$$\frac{M}{N} = \frac{Q}{ax^2 + bx + c} + \frac{R}{P}$$

diese andere $M = QP + (ax^2 + bx + c) R$, verwandle in dieser den Ausdruck rechts in eine ganze Funktion, die im allgemeinen vom Grade $n - 1$ seyn muß, und erhält dann nach (§. 409.) n Gleichungen, die zur Bestimmung der n Unbekannten dienen können.

Die Aufgabe ist daher möglich, wenn diese n Gleichungen die Unbekannten wirklich bestimmen; und sie ist nicht möglich, wenn diese Gleichungen in einem besondern Fall einen Widerspruch enthalten.

## §. 462. Zusatz.

Ist der Faktor $ax^2 + bx + c$ ein quadratischer, d. h. sind die beyden einfachen Faktoren, die er selbst wieder hat, nicht verschieden, so daß solcher

$$= (\alpha x + \beta)^2$$

gesetzt werden kann, so ist nach (§. 458.)

$$\frac{M}{N} = \frac{A}{(\alpha x + \beta)^2} + \frac{B}{\alpha x + \beta} + \frac{Q}{P},$$

wo A und B constant sind. Dann ist aber auch

$$\frac{M}{N} = \frac{A + B(\alpha x + \beta)}{(\alpha x + \beta)^2} + \frac{Q}{P}$$

$$= \frac{\alpha B.x + (A + \beta B)}{ax^2 + bx + c} + \frac{Q}{P}$$

und es ist daher die Aufgabe (§. 461.) in diesem Falle immer möglich, wenn nur P den Faktor $\alpha x + \beta$ nicht mehr hat.

## §. 463. Lehrsatz.

Unter denselben Voraussetzungen wie (§. 461.) ist es allemal möglich, die beyden Constanten A und B, so wie die ganze Funktion Q so zu bestimmen, daß

$$\frac{M}{N} = \frac{Ax + B}{ax^2 + bx + c} + \frac{Q}{P} \text{ ist,}$$

wenn nur P für keinen der beyden aus der Gleichung

$$ax^2 + bx + c = 0$$

gezogenen Werthe von x zu Null wird, d. h. wenn nur P nicht den doppelten Faktor $ax^2 + bx + c$, und auch keinen der in diesem doppelten Faktor nach (§. 391.) enthaltenen einfachen Faktoren mehr enthält. — Dabey werden, im Falle $ax^2 + bx + c$ kein quadratischer Faktor ist, die Constanten A und B dadurch gefunden, daß man in

$$M - (Ax + B)P$$

statt x nach einander die beyden aus

$$ax^2 + bx + c = o$$

gezogenen Werthe von x, die durch 'x und ''x bezeichnet seyn mögen, substituirt, die Resultate der Null gleich setzt, und die beyden dadurch hervorgehenden Gleichungen, die

$$'(M) - (A.'x + B)\ '(P) = o$$
$$''(M) - (A.''x + C)\ ''(P) = o$$

seyn mögen, nach A und B auflößt, so daß

$$A = \frac{\frac{'(M)}{'(P)} - \frac{''(M)}{''(P)}}{'x - ''x} \text{ und } B = \frac{\frac{''(M).'x}{''(P)} - \frac{'(M).''x}{'(P)}}{'x - ''x}$$

wird.

**Beweis.** Denn soll:

$$\frac{M}{N} = \frac{Ax + B}{ax^2 + bx + c} + \frac{Q}{P}$$

seyn, so ist auch:

$$Q = \frac{M - (Ax + B)P}{ax^2 + bx + c}$$

und es muß daher $M - (Ax + B)P$ durch $ax^2 + bx + c$ theilbar seyn, folglich für 'x und ''x statt x, der Null gleich werden. — Daher muß

$(M) - (A.'x + B).'(P) = o$ und $''(M) - (A.''x + B).''(P) = o$

seyn; und weil diese beyden Gleichungen allemal nothwendig A und B bestimmen, wenn nicht $'x = ''x$, und nicht '(P) und auch nicht ''(P) der Null gleich ist, d. h. wenn der Faktor

$$ax^2 + bx + c$$

kein quadratischer Faktor ist, und P weder den Faktor $x - 'x$, noch den andern $x - ''x$ mehr enthält, so ist

die

die Aufgabe, unter diesen Voraussetzungen, allemal möglich; wenn für diese Werthe von A und B, Q allemal eine ganze Funktion wird, die dabey von einem niedrigern Grade als P ist.

Weil aber A und B so genommen sind, daß $M-(Ax+B)P$ sowohl für $x='x$, als auch für $x=''x$, jedesmal zu Null wird, so ist nach (§. 427.) $M-(Ax+B)P$ nothwendig durch $x-'x$ und auch durch $x-''x$ theilbar, folglich auch dann, wenn nicht $'x=''x$, durch den doppelten Faktor $(x-'x)(x-''x)$ oder $ax^2+bx+c$ theilbar, woraus das Nöthige hervorgeht.

## Beyspiel.

Seyen die Partialbrüche zu finden, in welche die gebrochene Funktion

$$\frac{x+1}{(x^2+x+1)(x^2+1)}\cdot$$

zerlegt werden kann.

Die gesuchten Partialbrüche haben die Form

$$\frac{Ax+B}{x^2+x+1}+\frac{Q}{x^2+1}.$$

Die Gleichung $x^2+x+1=0$, giebt aufgelößt

$$'x=-\tfrac{1}{2}+\tfrac{1}{2}i\sqrt{3}=\tfrac{1}{2}(-1+i\sqrt{3})$$

und $$''x=-\tfrac{1}{2}-\tfrac{1}{2}i\sqrt{3}=-\tfrac{1}{2}(1+i\sqrt{3}).$$

Ferner ist $M=x+1$, $P=x^2+1$;

daher $'(M)=\tfrac{1}{2}+\tfrac{1}{2}i\sqrt{3}$ und $'(P)=\tfrac{1}{2}-\tfrac{1}{2}i\sqrt{3}$
$''(M)=\tfrac{1}{2}-\tfrac{1}{2}i\sqrt{3}$ $''(P)=\tfrac{1}{2}+\tfrac{1}{2}i\sqrt{3}$,

wo $\sqrt{3}$ jedesmal ihren absoluten Werth vorstellt.

Also ist, weil $'x-''x=i\sqrt{3}$, nach dem Lehrsatz sogleich

$$A=\left(\frac{1+i\sqrt{3}}{1-i\sqrt{3}}-\frac{1-i\sqrt{3}}{1+i\sqrt{3}}\right):i\sqrt{3}=1$$

und $B = \left(\frac{-\frac{1}{4}(1-i\sqrt{3})^2}{\frac{1}{2}(1+i\sqrt{3})} + \frac{\frac{1}{4}(1+i\sqrt{3})^2}{\frac{1}{2}(1-i\sqrt{3})}\right) : i\sqrt{3}$

$$= \left(\tfrac{1}{2}(1+i\sqrt{3})^3 - \tfrac{1}{2}(1-i\sqrt{3})^3\right) : i\sqrt{3} = 0,$$

und $Q = \frac{M-(Ax+B)P}{x^2+x+1} = \frac{-x^3+1}{x^2+x+1} = -x+1;$

folglich die gesuchten Partialbrüche selbst

$$\frac{x}{x^2+x+1} \text{ und } \frac{-x+1}{x^2+1}.$$

Anmerkung. Man kann auch '(P) und "(P) finden, ohne P selbst zu kennen, wenn man die Sätze der Ableitungen anwendet.

Es ist nehmlich

$$N = (ax^2+bx+c)P = (x-'x)(x-''x).(aP);$$

folglich für $x = 'x$

$$'(\partial N) = ('x-''x)a'(P) \text{ und } '(P) = \frac{'(\partial N)}{a('x-''x)}$$

eben so, für $x = ''x$

$$''(\partial N) = (''x-'x)a''(P) \text{ und } ''(P) = -\frac{''(\partial N)}{a('x-''x)}$$

wo $'(\partial N)$ und $''(\partial N)$ das bedeuten, was aus $\partial N$ wird, wenn man beziehlich $'x$ und $''x$ statt $x$ setzt.

## §. 464. Lehrsatz.

**Ist $\frac{M}{N}$ eine ächt gebrochene Funktion, aber**

$$N = (ax^2+bx+c)^\nu . P$$

**wo $ax^2+bx+c$ die beyden einfachen aber verschiedenen Faktoren**

**$x-'x$ und $x-''x$ hat, und $P$ weder durch $x-'x$ noch durch $x-''x$ theilbar ist, so ist es allemal möglich, diese gebrochene Funktion $\frac{M}{N}$, in Partialbrüche zu zerlegen von der Form:**

$$\frac{Ax+B}{(ax^2+bx+c)^\nu} + \frac{Q}{(ax^2+bx+c)^{\nu-1}P}$$

und zwar ist, wie im (§. 463.):

$$A = \frac{\frac{'(M)}{'(P)} - \frac{''(M)}{''(P)}}{'x - ''x} \text{ und } B = \frac{\frac{''(M)'x}{''(P)} - \frac{'(M)''x}{'(P)}}{'x - ''x}$$

$$\text{und } Q = \frac{M - (Ax + B)P}{ax^2 + bx + c}.$$

Beweis ist von dem des vorhergehenden Lehrsatzes wenig verschieden.

Anmerkung. Auch hier kann man '(P) und ''(P) finden ohne P zu kennen.

Es ist nehmlich:

$$N = (ax^2 + bx + c)^\nu . P = (x - 'x)^\nu (x - ''x)^\nu . (a^\nu P);$$

daher für x = x

$$'(\partial^\nu N) = \nu' . ('x - ''x)^\nu . a^\nu . '(P) \text{ und } '(P) = \frac{'(\partial^\nu N)}{\nu' . a^\nu . ('x - ''x)^\nu}$$

eben so, für x = ''x

$$''(\partial^\nu N) = \nu' . (''x - 'x)^\nu . a^\nu . ''(P) \text{ und } ''(P) = \frac{''(\partial^\nu N)}{\nu' . a^\nu . (''x - 'x)^\nu}$$

wo $'(\partial^\nu N)$ und $''(\partial^\nu N)$ das bedeuten, was aus $\partial^\nu N$ wird, wenn man beziehlich 'x und ''x statt x setzt.

### §. 465. Zusatz.

Unter denselben Voraussetzungen wie (§. 464.), kann man daher auch $\frac{M}{N}$ zerlegen in Partialbrüche von der Form:

$$\frac{Ax + B}{(ax^2 + bx + c)^\nu} + \frac{Cx + D}{(ax^2 + bx + c)^{\nu - 1}} + \frac{Ex + F}{(ax^2 + bx + c)^{\nu - 2}} + \ldots$$

$$+ \frac{Gx + H}{ax^2 + bx + c} + \frac{R}{P}.$$

## Beyspiel.

Sey $\frac{x+1}{(x^2+x+1)^3\,(x^2+1)}$ in Partialbrüche von der Form:

$$\frac{Ax+B}{(x^2+x+1)^3}+\frac{Cx+D}{(x^2+x+1)^2}+\frac{Ex+F}{x^2+x+1}+\frac{R}{x^2+1}$$

zu zerlegen.

Man hat hier gerade wie in dem Beyspiel (§. 463.)

$$M=x+1;\qquad P=x^2+1$$
$$'x=-\tfrac{1}{2}+\tfrac{1}{2}i\sqrt{3};\qquad ''x=-\tfrac{1}{2}-\tfrac{1}{2}i\sqrt{3}$$
$$'(P)=\tfrac{1}{2}-\tfrac{1}{2}i\sqrt{3};\qquad ''(P)=\tfrac{1}{2}+\tfrac{1}{2}i\sqrt{3}$$
$$A=1\qquad;\qquad B=0$$

und $Q=-x+1$.

Für C und D hat man nun:

$$Q=-x+1,\qquad 'Q=\tfrac{3}{2}-\tfrac{1}{2}i\sqrt{3},\qquad ''Q=\tfrac{3}{2}+\tfrac{1}{2}i\sqrt{3}$$

$$\text{und } C=\frac{\frac{'(Q)}{'(P)}-\frac{''(Q)}{''(P)}}{'x-''x};\qquad D=\frac{\frac{''(Q)\,'x}{''(P)}-\frac{'(Q)\,''x}{'(P)}}{'x-''x}$$

folglich, weil $'x-''x=i\sqrt{3}$ ist,

$$C=\left(\frac{3-i\sqrt{3}}{1-i\sqrt{3}}-\frac{3+i\sqrt{3}}{1+i\sqrt{3}}\right):i\sqrt{3}=1$$

$$\text{und } D=\left(\frac{3+i\sqrt{3}}{1+i\sqrt{3}}(-\tfrac{1}{2}+\tfrac{1}{2}i\sqrt{3})+\frac{3-i\sqrt{3}}{1-i\sqrt{3}}(\tfrac{1}{2}-\tfrac{1}{2}i\sqrt{3})\right):i\sqrt{3}$$

oder $D=2$; und $q=\frac{Q-(Cx+D)P}{x^2+x+1}=\frac{Q-P(x+2)}{x^2+x+1}$

oder $q=-x-1$;

also $'(q)=-\tfrac{1}{2}-\tfrac{1}{2}i\sqrt{3}$; $''(q)=-\tfrac{1}{2}+\tfrac{1}{2}i\sqrt{3}$

$$\text{und } E=\frac{\frac{'(q)}{'(P)}-\frac{''(q)}{''(P)}}{'x-''x};\qquad F=\frac{\frac{''(q)\,'x}{''(P)}-\frac{'(q)\,''x}{'(P)}}{'x-''x}.$$

folglich

$$E=\left(-\frac{1+i\sqrt{3}}{1-i\sqrt{3}}+\frac{1-i\sqrt{3}}{1+i\sqrt{3}}\right):i\sqrt{3}=-1$$

$$F=\left(-\frac{1+i\sqrt{3}}{1+i\sqrt{3}}+\frac{1-i\sqrt{3}}{1-i\sqrt{3}}\right):i\sqrt{3}=0$$

$$\text{und } R=\frac{q-(Ex+F)P}{x^2+x+1}=\frac{q+Px}{x^2+x+1}=x-1$$

und die gesuchten Partialbrüche sind daher

$$\frac{x}{(x^2+x+1)^3}, \quad \frac{x+2}{(x^2+x+1)^2}, \quad \frac{-x}{x^2+x+1}, \quad \frac{x-1}{x^2+1},$$

deren Summe der gegebenen gebrochenen Funktion

$$\frac{x+1}{(x^2+x+1)^3 \cdot (x^2+1)}$$

gleich seyn muß.

Anmerkung 1. Man kann sich auch hier wieder auf eine der in der (Anmerkung zu §. 458.) angegebenen, vollkommen ähnliche Art, der Ableitungen bedienen, um in manchen Fällen leichter zum Ziele zu kommen.

Da nehmlich:

$$\frac{M}{N} = \frac{Ax+B}{(ax^2+bx+c)^\nu} + \frac{Cx+d}{(ax^2+bx+c)^{\nu-1}} + \ldots + \frac{Gx+H}{ax^2+bx+c} + \frac{R}{P}$$

so ist

$$(ax^2+bx+c)^\nu . R = \begin{bmatrix} M-(Ax+B)P-(Cx+D)(ax^2+bx+c)P-\ldots \\ -(Gx+H)(ax^2+bx+c)^{\nu-1}.P \end{bmatrix}$$

oder

$$a^\nu (x-'x)^\nu . (x-''x)^\nu . R$$

$$= \begin{bmatrix} M-(Ax+B)P-(Cx+D)(x-'x)(x-''x)aP-(Ex+F)(x-'x)^2(x-''x)^2a^2P \\ -\ldots-(Gx+H)(x-'x)^{\nu-1}(x-''x)^{\nu-1}a^{\nu-1}P \end{bmatrix}$$

welcher Ausdruck zur rechten durch Z bezeichnet seyn mag. Da nun Z sowohl durch $(x-'x)^\nu$ als auch durch $(x-''x)^\nu$ theilbar ist, so sind die ersten $\nu-1$ Ableitungen von Z mit Z zugleich $=0$, sowohl für $x='x$, als auch für $x=''x$, und man hat daher die $2\nu$ Gleichungen

$$(\odot) \begin{matrix} '(Z)=0, & '(\partial Z)=0, & '(\partial^2 Z)=0, \ldots, & '(\partial^{\nu-1}Z)=0,^{*)} \\ ''(Z)=0, & ''(\partial Z)=0, & ''(\partial^2 Z)=0, & ,''(\partial^{\nu-1}Z)=0, \end{matrix}$$

welche mit Anwendung der Sätze (§. 451.) entwickelt zur Bestimmung der $2\nu$ Constanten A, B, C, D, . . . G, H, dienen.

---

*) Die Klammern mit einem Strich zur linken bedeuten, daß 'x statt x gesetzt ist; während die Klammern mit zwey Strichen zur linken ausdrücken sollen, daß in den eingeschlossenen Funktionen ''x statt x gesetzt worden ist, so daß alle diese in Klammern eingeschlossenen Funktionen constant geworden sind.

Weil aber auch $\frac{Z}{P}$ eine Funktion seyn muß, deren $\nu - 1$ erste Ableitungen mit ihr zugleich, sowohl für $x = {}'x$, als auch für $x = {}''x$, der Null gleich werden müssen, so hat man auch zur Bestimmung der $2\nu$ Constanten A, B, C, D ... G, H, die $2\nu$ Gleichungen

$$(\mathfrak{C})\ \begin{cases} {}'\left(\frac{Z}{P}\right) = 0, {}'\left(\partial\frac{Z}{P}\right) = 0, {}'\left(\partial^2\frac{Z}{P}\right) = 0, \ldots, {}'\left(\partial^{\nu-1}\frac{Z}{P}\right) = 0 \\ {}''\left(\frac{Z}{P}\right) = 0, {}''\left(\partial.\frac{Z}{P}\right) = 0, {}''\left(\partial^2\frac{Z}{P}\right) = 0, \ , {}''\left(\partial^{\nu-1}\frac{Z}{P}\right) = 0, \end{cases}$$

welche mit Anwendung desselben (§. 451.) ziemlich einfach ausgedrückt werden können.

Man muß nur bey den Entwickelungen der Gleichungen (⊙) sowohl als der andern ($\mathfrak{C}$) nicht unterlassen, überall $a(x-{}'x)(x-{}''x)$ statt $ax^2 + bx + c$ zu schreiben.

Anmerkung 2. In der Anmerkung zu (§. 464.) wurde gezeigt, wie $'(P)$ und $''(P)$ gefunden werden können, ohne P selbst zu kennen. — Man kann aber auch

$$'(\partial P),\ ''(\partial P),\ '(\partial^2 P),\ ''(\partial^2 P), \ldots\ '(\partial^\mu P),\ ''(\partial^\mu P)$$

finden, ohne P, oder $\partial P$, oder $\partial^2 P$ etc. zu kennen.

Da nehmlich

$$N = (x - {}'x)^\nu \,.\, (x - {}''x)^\nu \,.\, a^\nu \,.\, P \text{ ist},$$

so ist nach (§. 451.):

$$1)\ {}'(\partial^{\nu+\mu} N) = (\nu+\mu)^{\nu\text{I}-\text{I}} \,.\, a^\nu \,.\, {}'(\partial^\mu .[(x - {}''x)^\nu . P])$$

wo die Striche links der Klammern andeuten, daß in den eingeschlossenen Funktionen, $'x$ statt x gesetzt ist. — Nun ist aber nach (§. 449.)

$$2)\ \partial^\mu[(x-{}''x)^\nu.P] = \partial^\mu.[(x-{}''x)^\nu] \times P + \mu.\partial^{\mu-1}.(x-{}''x)^\nu.\partial P +$$
$$+ \mu_2\,\partial^{\mu-2}.(x-{}''x)^\nu.\partial^2 P + \mu_3\,\partial^{\mu-3}.(x-{}''x)^\nu.\partial^3 P + \ldots$$
$$+ \mu_2\,\partial^2.(x-{}''x)^\nu.\partial^{\mu-2} P + \mu\partial.(x-{}''x)^\nu.\partial^{\mu-1} P + (x-{}''x)^\nu.\partial^\mu P.$$

Denkt man sich nun hier $'x$ statt x gesetzt und in (1) substituirt, so erhält man eine Gleichung, welche

$$'(\partial^{\nu+\mu} N),\ '(P),\ '(\partial P),\ '(\partial^2 P),\ '(\partial^3 P) \ldots '(\partial^\mu P)$$

und andere Constanten enthält. — Setzt man endlich in dieser letzten Gleichung nach und nach 1, 2, 3, . . . u. s. w. statt $\mu$, so erhält man eine beliebige Anzahl neuer Gleichungen, welche

$'(\partial P)$, $'(\partial^2 P)$, $'(\partial^3 P)$, . . . $'(\partial^\mu P)$ jedesmal durch die vorhergehende ausgedruckt, geben.

Auf dieselbe Weise wird man dann aber auch $''(\partial P)$, $''(\partial^2 P)$, . . . $''(\partial^\mu P)$ erhalten können.

## §. 466. Zusatz.

Den vorhergehenden Paragraphen gemäß, kann man also jede ächt gebrochene Funktion $\frac{M}{N}$, deren Nenner ein Produkt aus beliebig viel einfachen und doppelten, gleichen oder ungleichen Faktoren ist, in Partialbrüche zerlegen, deren Nenner die verschiedenen einfachen oder doppelten Faktoren sind, oder die Potenzen der gleichen doppelten oder einfachen Faktoren, von der höchsten ab, bis zur niedrigsten.

### Beyspiel.

Sey

$$\frac{x^5 - x - 1}{(x^2 - x + 1)^3 . x^3 . (x^2 + x + 1)^2 . (x^2 + 1) . (2x + 1)}$$

in die Partialbrüche

$$\frac{Ax + B}{(x^2 - x + 1)^3} + \frac{Cx + D}{(x^2 - x + 1)^2} + \frac{'Ex + F}{x^2 - x + 1} + \frac{Gx + H}{(x^2 + x + 1)^2}$$

$$+ \frac{Kx + L}{x^2 + x + 1} + \frac{'Ax + 'B}{x^2 + 1} + \frac{'C}{x^3} + \frac{'D}{x^2} + \frac{'E}{x} + \frac{'F}{2x + 1}$$

zu zerlegen.

# Von den Ziffernwerthen der ganzen Funktionen.

## §. 467. Lehrsatz.

In einer reelen ganzen Funktion

$$A + Bx + Cx^2 + Dx^3 + \ldots Px^n + \ldots + Mx^m$$

kann man dem x jedesmal einen solchen absoluten

Werth geben, daß das erste Glied A, absolut genommen, größer ist, als die arithmetische Summe (§. 223.) aller übrigen Glieder; und hat ein Werth von x diese Eigenschaft, so hat jeder (absolut genommen) kleinere, dieselbe Eigenschaft.

Beweis. Denn es sey P der größeste der übrigen Koefficienten, so ist offenbar

$P.(x+x^2+x^3+\ldots+x^m) > Bx+Cx^2+\ldots+Mx^m$, oder

nach (§. 325.) $P.\frac{x-x^{m+1}}{1-x} > Bx+Cx^2+\ldots+Mx^m$ *).

Soll nun A größer seyn, als die arithmetische Summe rechts, so darf man nur nehmen

$$A > P.\frac{x-x^{m+1}}{1-x}, \text{ oder nach (§. 175.)}$$

oder $x<1$ und $A(1-x) > P(x-x^{m+1})$

oder $x<1$ und $A > [A+P(1-x^m)]x$

oder $x<1$ und $\frac{A}{A+P(1-x^m)} > x$; oder $\frac{A}{A+P} > x$.

Umgekehrt nehmlich, nimmt man $x < \frac{A}{A+P}$ **), so ist $x<1$, also auch $x^m<1$ und $1-x^m<1$, also auch $P(1-x^m) < P$, $[A+P(1-x^m)]\,x < (A+P)\,x$; und weil $(A+P)x < A$, so ist um so mehr dann

$$A > [A+P(1-x^m)]x$$

u. s. w. f.

## §. 468. Zusatz.

Ordnet man die reele ganze Funktion fallend,

$Ax^m + Bx^{m-1} + Cx^{m-2} + \ldots + Sx^2 + Tx + U$,

---

*) Wo alle Koefficienten absolut genommen seyn sollen.

**) Immer nur die absolut genommenen Koefficienten verstanden.

so kann man auch immer dem x einen solchen absoluten Werth geben, daß das erste Glied $Ax^m$, absolut genommen, größer wird, als die arithmetische Summe aller übrigen Glieder, und hat ein Werth von x diese Eigenschaft, so hat sie auch jeder absolut größere. —

Denn man setze $\frac{1}{z}$ statt x, so erhält man, indem mit $z^m$ multiplizirt wird,

$$A + Bz + Cz^2 + \ldots + Sz^{m-2} + Tz^{m-1} + Uz^m.$$

Da nun ein Werth $\frac{1}{a}$ für z möglich ist und dann jeder kleinere, für welchen A größer wird, als die arithmetische Summe aller übrigen Glieder, so giebt es wegen $z = \frac{1}{x}$, auch einen Werth a von x, der

$$A > B\frac{1}{x} + C\frac{1}{x^2} + \ldots + U\frac{1}{x^m}$$

also auch $Ax^m > Bx^{m-1} + Cx^{m-2} + \ldots + U$ macht; und so wie für z ein noch kleinerer Werth gesetzt wird, so erhält man für x einen noch größern, der dieselbe Eigenschaft haben muß.

Anmerkung. Ist daher P der größeste aller Koefficienten so darf man nur $x \overset{=}{>} \frac{P}{A} + 1$ machen, wenn das erste Glied $Ax^m$ größer seyn soll als die arithmetische Summe aller übrigen Glieder. — Dabey muß man aber ja nicht unterlassen zu bemerken daß hier immer nur von den absolut Größern und Kleinern (§. 173.) die Rede ist.

## §. 469. Zusatz.

1) Man kann daher in der reelen ganzen Funktion

$$A + Bx + Cx^2 + \ldots + Mx^m,$$

dem x jedesmal einen solchen Werth geben, daß die ganze Funktion, einer positiven oder einer negativen Zahl gleich ist, je nachdem A selbst positiv oder negativ. Und findet dies für einen bestimmten Werth von x statt, so findet dasselbe für jeden absolut kleinern Werth von x ebenfalls statt.

2) Man kann aber auch in der reelen ganzen Funktion

$$x^m + Ax^{m-1} + Bx^{m-2} + \ldots + Sx^2 + Tx + U$$

dem x einen solchen reelen Werth geben, daß die gegebene ganze Funktion selbst, einer positiven oder negativen Zahl gleich wird, je nachdem das erste Glied $x^m$ einer positiven oder einer negativen Zahl gleich ist; und findet dies statt für irgend einen Werth von x, so muß solches auch für jeden absolut größern Werth von x statt finden.

3) Man kann daher immer statt x eine solche absolute (positive) Zahl setzen, daß die reele ganze Funktion

$$x^m + Ax^{m-1} + Bx^{m-2} + \ldots + U$$

einer positiven Zahl gleich wird, und dies ist allemal der Fall, wenn $x \geqq P + 1$ genommen wird, wo P der größeste aller Koefficienten ist. Es ist aber auch allemal der Fall wenn $x \geqq S + 1$ genommen wird, wo S der größeste unter den negativen Koefficienten ist.

4) Man kann aber auch immer statt x eine solche negative Zahl setzen, daß die reele ganze Funktion

$$x^m + Ax^{m-1} + Bx^{m-2} + \ldots + U$$

einer positiven Zahl gleich wird, wenn m gerade ist, und einer negativen Zahl gleich wird, wenn m ungerade ist. (Vergl. §. §. 224. u. 225.)

### §. 470. Erklärung.

Wenn in der Folge gesagt werden wird: eine Funktion Fx von x, ändere sich stetig, mit den stetig sich ändernden Werthen von x, so verstehe man darunter: daß der Unterschied

$$F(x+h)-Fx,$$

welcher die Aenderung von Fx genannt wird, absolut genommen kleiner werde, je kleiner h gedacht wird und daß diese Aenderung kleiner werden könne, als jede noch so kleine aber gegebene Zahl D; und zwar für jeden Werth von x. — Sagt man aber, daß Fx sich für x zwischen $\alpha$ und $\beta$ stetig ändere, so gilt das von dem Unterschied

$$F(x+h)-Fx$$

Gesagte nur, in so ferne x einen zwischen $\alpha$ und $\beta$ liegenden Werth hat. — Die Zahl h heißt dabey die Aenderung von x.

### §. 471. Lehrsatz.

Ist Fx eine ganze und reele Funktion von x so ändert sich solche mit x zugleich stetig, für jeden Werth von x.

Beweis. Denn nach (§. 438.) ist

$$F(x+h)-Fx=h\left(\partial Fx+\frac{\partial^2 Fx}{2'}h+\frac{\partial^3 Fx}{3'}h^2+\ldots+\frac{\partial^m Fx}{m'}h^{m-1}\right)$$

Da nun

$$\partial Fx+\frac{\partial^2 Fx}{2'}h+\ldots+\frac{\partial^m Fx}{m'}h^{m-1}$$

eine ganze Funktion von h ist, so kann man, welchen reelen Werth auch x haben mag, doch immer h klein genug nehmen, daß das erste Glied $\partial Fx$ größer wird, als die Summe der übrigen Glieder, so daß

$$2\partial Fx > \partial Fx + \frac{\partial^2 Fx}{2'} h + \ldots + \frac{\partial^m Fx}{m'} h^{m-1}$$

also auch

$F(x+h) - Fx < 2\partial Fx \,.\, h$ wird; und wenn dies für einen Werth von h gilt, so gilt es nothwendig für jeden absolut kleinern Werth desselben h. Nimmt man also h so, daß es dieser Bedingung entspricht, und zugleich

$$h \overline{\overline{<}} \frac{D}{2\partial Fx}$$

so wird offenbar

$F(x+h) - Fx < D$. W. Z. E. W.

§. 472. Zusatz.

Zugleich ist die Aenderung von Fx, für ein so kleines absolutes h, positiv oder negativ, je nachdem die Ableitung $\partial Fx$ positiv oder negativ ist.

Dagegen ist, wenn die Aenderung h von x negativ, aber absolut so sehr klein ist, die Aenderung von Fx nothwendig negativ oder positiv, je nachdem die Ableitung $\partial Fx$ positiv oder negativ ist.

Anmerkung. Jede ganze Funktion Fx hat daher die Eigenschaft, daß sie sich für auf einander folgende Werthe von x, die alle von einander nur um eine sehr kleine Zahl h verschieden sind, ebenfalls nur unmerklich ändert, und daß man die auf einander folgenden Werthe von x so nahe nehmen kann, daß auch die auf einander folgenden Werthe der Funktion F(x) so nahe werden, als man nur immer will.

Während aber die auf einander folgenden Werthe von x immer größer und größer werden, muß die Funktion Fx nicht nothwendig ebenfalls immer größer und größer werden, sondern sie kann abwechselnd größer und kleiner werden, in so ferne solches, für so klein gedachte h davon abhängt, ob $\partial Fx$ positiv oder negativ ist, während dieses letztere wieder von dem jedesmaligen Werth von x abhängt.

### §. 473. Lehrsatz.

Sind $\alpha$ und $\beta$ zwey beliebige reele Zahlen, und Fx eine beliebige reele ganze Funktion, so daß

$F(\alpha)$ einer positiven Zahl $+ M$ und

$F(\beta)$ einer negativen Zahl $- N$

gleich wird, so giebt es immer einen reelen rationalen oder irrationalen Werth von x zwischen $\alpha$ und $\beta$, (d. h. größer wie die eine und kleiner wie die andere dieser Zahlen $\alpha$ und $\beta$), welcher $F(x)$ der Null gleich macht.

Beweis. Denn man denke sich eine Reihe von Zahlen

$$\overset{0}{\alpha}, \overset{1}{\alpha}, \overset{2}{\alpha}, \overset{3}{\alpha}, \overset{4}{\alpha}, \ldots \overset{n-1}{\alpha}, \overset{n}{\alpha}$$

so daß $\overset{0}{\alpha} = \alpha$, $\overset{n}{\alpha} = \beta$, und

$\overset{1}{\alpha} = \overset{0}{\alpha} + h$, $\overset{2}{\alpha} = \overset{1}{\alpha} + h$, $\overset{3}{\alpha} = \overset{2}{\alpha} + h$, u. s. w. f.

und $\overset{n}{\alpha} = \overset{n-1}{\alpha} + h$ ist; so ist

$$\overset{n}{\alpha} = \beta = \overset{0}{\alpha} + nh = \alpha + nh$$

und $h = \frac{\beta - \alpha}{n}$,

wo h positiv, wenn $\beta > \alpha$; negativ, wenn $\beta < \alpha$.

Wie aber auch die Werthe $\alpha$ und $\beta$ seyn mögen, so kann man sich immer n groß genug, folglich h (absolut genommen) klein genug denken, daß die Werthe der Funktion Fx, nehmlich

$$F(\overset{0}{\alpha}), F(\overset{1}{\alpha}), F(\overset{2}{\alpha}), \ldots, F(\overset{p}{\alpha}), F(\overset{p+1}{\alpha}), \ldots F(\overset{n}{\alpha}),$$

wie sie auf einander folgen die Eigenschaft haben, daß jeder Werth $F(\overset{p+1}{\alpha})$ von seinem nächstvorhergehenden $F(\overset{p}{\alpha})$ um weniger verschieden ist, als jede noch so kleine absolute aber gegebene Zahl D. (§. 471.). — Da nun aber $F(\overset{0}{\alpha})$ oder $F(\alpha) = + M$ und $F(\overset{n}{\alpha})$ oder $F(\beta) = - N$ ist, so müssen die von einander so wenig verschiedenen Funktionen

$$F(\overset{0}{\alpha}),\ F(\overset{1}{\alpha}),\ F(\overset{2}{\alpha}) \ldots F(\overset{p}{\alpha}),\ F(\overset{p+1}{\alpha}) \ldots F(\overset{n}{\alpha})$$

doch irgendwo, wenn auch keine derselben Null seyn sollte, vom positiven zum negativen übergehen, d. h. es muß doch zwey auf einander folgende dieser Werthe z. B. $F(\overset{p}{\alpha})$ und $F(\overset{p+1}{\alpha})$ geben, wo $F(\overset{p}{\alpha})$ noch positiv $F(\overset{p+1}{\alpha})$ aber bereits negativ ist.

Denkt man sich nun dasselbe Verfahren, was für die Zahlen $\alpha$ und $\beta$ statt fand, für die Zahlen $\overset{p}{\alpha}$ und $\overset{p+1}{\alpha}$, die sich in demselben Falle befinden wiederholt, u. s. w. f.; so findet man in's unendliche fort zwey Zahlen $\overset{q}{\alpha}$ und $\overset{q+1}{\alpha}$, die um unendlich wenig und immer unendlich weniger von einander verschieden und so sind, daß die zugehörigen Werthe von $F(x)$, nehmlich $F(\overset{q}{\alpha})$ und $F(\overset{q+1}{\alpha})$, immer unendlich weniger und unendlich weniger, in's Unendliche fort, von einander verschieden werden, während, wenn auch keiner derselben der Null gleich, doch der eine $F(\overset{q}{\alpha})$ immer positiv, der andere $F(\overset{q+1}{\alpha})$ dagegen negativ ist, beyde also in's unendliche fort der Null sich immer mehr und mehr nähern.

Es giebt daher entweder eine rationale Zahl $\overset{r}{\alpha}$ zwischen $\alpha$ und $\beta$, welche die ganze Funktion $Fx$ zu

Null macht, oder doch eine zwischen, sich in's unendliche fort nähernden Grenzen $\overset{q}{\alpha}$ und $\overset{q+1}{\alpha}$ (also auch zwischen $\alpha$ und $\beta$) liegende irrationale Zahl (§. 194.), welche als Fx der Null gleich machend gedacht werden muß, obgleich sie selbst in endlichen Ziffern-Ausdrücken nicht angebbar ist, folglich nur in der Idee in uns lebt.

Anmerkung. Kann diese irrationale Zahl aber auch nicht angegeben werden, so können doch unendlich viele angebbare Näherungswerthe gedacht werden, die von ihr selbst um weniger verschieden sind, als jede noch so kleine aber gegebene Zahl.

## §. 474. Zusatz.

Sind a, b, c, ... p, alle verschiedenen Werthe von x zwischen $\alpha$ und $\beta$, welche Fx zu Null machen, so ist offenbar nach (§. 427.)

$$Fx = (x-a)^{\mu} . (x-b)^{\nu} . (x-c)^{\pi} \ldots (x-p)^{\sigma} . \varphi x,$$

wo $\varphi x$ für keinen Werth von x zwischen $\alpha$ und $\beta$ zu Null wird, weshalb auch $\varphi \alpha$ und $\varphi \beta$ beyde positiv oder beyde negativ seyn müssen (§. 473.).

Nun ist

$$F\alpha = (\alpha-a)^{\mu} . (\alpha-b)^{\nu} . (a-c)^{\pi} \ldots (\alpha-p)^{\sigma} . \varphi \alpha$$

$$F\beta = (\beta-a)^{\mu} . (\beta-b)^{\nu} . (\beta-c)^{\pi} \ldots (\beta-p)^{\sigma} . \varphi \beta$$

Folglich

$$\frac{F\alpha}{F\beta} = \left(\frac{\alpha-a}{\beta-a}\right)^{\mu} . \left(\frac{\alpha-b}{\beta-b}\right)^{\nu} . \left(\frac{\alpha-c}{\beta-c}\right)^{\pi} \ldots \left(\frac{\alpha-p}{\beta-p}\right)^{\sigma} . \frac{\varphi \alpha}{\varphi \beta}$$

Weil aber a, b, c ... p, zwischen $\alpha$ und $\beta$ liegen, so sind die Quotienten

$$\frac{\alpha-a}{\beta-a}, \quad \frac{\alpha-b}{\beta-b}, \quad \frac{\alpha-c}{\beta-c} \ldots \frac{\alpha-p}{\beta-p}$$

nothwendig negativ, während $\frac{\varphi\alpha}{\varphi\beta}$ nothwendig positiv seyn muß.

Ist daher $\mu + \nu + \pi + \ldots + \sigma$ eine gerade Zahl, so ist $\frac{F\alpha}{F\beta}$ positiv und $F\alpha$ und $F\beta$ haben also dann einerlei (+) oder (—) Zeichen. Ist aber $\mu + \nu + \pi + \ldots + \sigma$ eine ungerade Zahl, so haben $F\alpha$ und $F\beta$ verschiedene (+) oder (—) Zeichen, weil dann $\frac{F\alpha}{F\beta}$ negativ ist.

Hieraus folgt aber auch umgekehrt:

Sind $F\alpha$ und $F\beta$ entgegengesetzte Zahlen, so daß die eine negativ ist, während die andere positiv, so ist nothwendig.

$$\mu + \nu + \pi + \ldots + \sigma$$

eine ungerade Zahl; ist aber $F\alpha$ mit $F\beta$ zugleich positiv oder zugleich negativ so ist

$$\mu + \nu + \pi + \ldots + \sigma$$

nothwendig eine gerade Zahl.

Anmerkung. Die Anzahl der verschiedenen Werthe a, b, c ... p, die zwischen $\alpha$ und $\beta$ liegen, während $F\alpha$ positiv, $F\beta$ aber negativ ist, und die statt x gesetzt, Fx zu Null machen, kann daher, wie aus der vorliegenden Untersuchung hervorgeht, eben so gut eine gerade Zahl als auch eine ungerade Zahl seyn, weil die Anzahl dieser verschiedenen Werthe a, b, c ... p von den sich für $F\alpha$ und $F\beta$ ergebenden positiven oder negativen Werthen, ganz unabhängig ist.

# Zahlenlehre.

## Zwanzigstes Kapitel.

## Von den rationalen symmetrischen Funktionen.

### §. 475. Erklärung.

Jede Funktion mehrerer Veränderlichen, die sich nicht ändert, wenn in ihr die Veränderlichen beliebig mit einander verwechselt werden, heißt eine **symmetrische Funktion**. — So sind z. B. die Funktionen

$$a^p b^q + a^p c^q + b^p c^q + a^q b^p + a^q c^p + b^q c^p$$

und $$\frac{a^p + b^p + c^p}{a^2 bc + ab^2 c + abc^2}$$

symmetrische Funktionen der drei Veränderlichen a, b, und c.

Anmerkung. In diesem Kapitel soll nur von den rationalen symmetrischen Funktionen die Rede seyn.

### §. 476. Zusatz.

1) Jede gebrochene symmetrische Funktion, ist dem Quotienten zweyer ganzen symmetrischen Funktionen gleich.

2) Jede ganze symmetrische Funktion der Veränderlichen a, b, c, d, etc. hat nothwendig zu Glie-

dern Ausdrücke von der Form $M \cdot a^n$, $M \cdot a^n b^p$, $M a^n b^p c^q$, etc. wo M beliebig constant ist, und wo n, p, q ... beliebigen absoluten ganzen Zahlen oder der Null gleich sind.

3) Kommt aber eines dieser Glieder vor, so müssen mit ihm zugleich alle diejenigen vorkommen, welche hervorgehen, wenn man in diesem Gliede statt der Veränderlichen alle möglichen Variationen derselben Klasse aus allen Veränderlichen setzt, welche noch verschiedene Glieder geben.

Kommt z. B. in einer symmetrischen Funktion der 4 Veränderlichen a, b, c, und d, das Glied $M \cdot a^n b^p c^q$ vor, so müßten noch vorkommen die Glieder $M a^n c^p b^q$, $M b^n a^p c^q$, $M b^n c^p a^q$, $M c^n a^p b^q$, $M c^n b^p a^q$, $M a^n b^p d^q$, $M a^n d^p b^q$, etc. etc. $M a^n c^p d^q$, $M a^n d^p c^q$, etc. etc. etc.

4) Jede symmetrische ganze Funktion mehrerer Veränderlichen a, b, c, d, etc. ist daher entweder eine solche, die bloß aus einem ersten Gliede durch Verwechslung der Veränderlichen entsteht, oder sie ist eine algebraische Summe aus zwey oder mehr dieser eben erwähnten Funktionen.

5) Jede der Combinationsklassen $\overset{1}{C}$, $\overset{2}{C}$, $\overset{3}{C}$, ... $\overset{n}{C}$ aus beliebigen Elementen a, b, c, d, etc entwikkelt, wenn man sie als Summen von Produkten sich denkt, ist eine symmetrische Funktion dieser Elemente.

### §. 477. Erklärung.

Jede solche aus einem einzigen Gliede z. B. $M a^n b^p c^q$ hervorgegangene symmetrische Funktion, in welcher kein Glied wiederholt vorkommt, nenne man eine einfache symmetrische Funktion, und bezeichne sie immer durch

$$\Sigma(a^n b^p c^q),$$

wobey die Veränderlichen, aus denen die symmetrische Funktion zusammengesetzt seyn soll, noch besonders angegeben werden müssen. — Das Glied $a^n b^p c^q$ heiße das allgemeine Glied.

Die symmetrischen Funktionen

$$a^n + b^n + c^n + d^n + \ldots,$$

welche nichts anders als Summen gleichnamiger Potenzen aller Veränderlichen, und welche dem zu Folge durch $\Sigma(a^n)$ bezeichnet sind, bezeichne man noch kürzer bloß durch $\Sigma_n$ und nenne solche dann in's besondere Potenz-Summen der Veränderlichen*).

Beyspiel. Es bezeichnet also $\Sigma(a^n b^p)$ mit den Veränderlichen a, b, c, d, die Summe $a^n b^p + b^n a^p + a^n c^p + c^n a^p + a^n d^p + d^n a^p + b^n c^p + c^n b^p + b^n d^p + d^n b^p + c^n d^p + d^n c^p$.

## §. 478. Zusatz.

Hieraus folgt:

1) $\Sigma(M a^n b^p c^q \ldots) = M \cdot \Sigma(a^n b^p c^q \ldots)$

2) $\Sigma(a)$, $\Sigma(ab)$, $\Sigma(abc)$, u. s. w. f. bedeuten dasselbe was $\overset{1}{C}$, $\overset{2}{C}$, $\overset{3}{C}$, u. s. w.; wenn diese Kombinationsklassen aus den Veränderlichen allen, entwickelt und als Summen von Produkten gedacht werden.

---

*) Eine Verwechslung dieser Potenzsummen mit Binomial-Koefficienten (§. 341), ist wohl nie zu befürchten.

## §. 479. Lehrsatz.

Ist $\mu$ die Anzahl aller Veränderlichen und $\nu$ die Anzahl der Faktoren in dem allgemeinen Gliede der symmetrischen Funktion $\Sigma(a^n b^p c^q \ldots)$, so ist die Anzahl aller Glieder dieser Funktion

I. $= \mu^{\nu I-1}$, wenn alle Exponenten verschieden sind, und keiner gleich Null ist;

II. $= \frac{\mu^{\nu I-1}}{\alpha' . \beta' \ldots}$, wenn unter den Exponenten, eine Anzahl $\alpha$ gleicher, und noch eine Anzahl $\beta$ gleicher u. s. w. vorkommen, keiner aber der Null gleich ist.

## §. 480. Zusatz.

Sind aber $\pi$ der Exponenten $= 0$, so ist die Anzahl der Glieder

im Falle I. $= \mu^{\nu-\pi I-1}$

im Falle II. $= \frac{\mu^{\nu-\pi I-1}}{\alpha' . \beta' . \text{etc. etc.}}$.

## §. 481. Zusatz.

Wird aber die symmetrische Funktion $\Sigma(a^n b^p c^q \ldots)$ in welcher die Exponenten n, p, q ... alle von einander verschieden sind, und keiner $= 0$ ist, durch A bezeichnet, so ist

1) $A = \alpha' . \beta' \ldots \times \Sigma(a^n b^p c^q \ldots)$; sobald unter den Exponenten n, p, q ... u. s. w., $\alpha$ gleiche, und noch $\beta$ gleiche, u. s. w. gedacht werden.

2) $A = (\mu - \nu + \pi)^{\pi I-1} \times \Sigma(a^n b^p c^q \ldots)$; sobald $\pi$ dieser Exponenten n, p, q ..., der Null gleich werden.

3) $A = (\mu - \nu + \pi)^{n\,I-1} . \alpha' . \beta' \ldots \times \Sigma(a^n b^p c^q \ldots)$; wenn beyde Annahmen (1 und 2) zugleich statt finden.

Anmerkung. Hat man z. B. die symmetrische Funktion $a^n b^p c^q + a^n c^p b^q + b^n a^p c^q + b^n c^p a^q + c^n a^p b^q + c^n b^p a^q = A$, so wird solche durch $\Sigma(a^n b^p c^q)$ bezeichnet, so lange alle Exponenten von einander verschieden sind. Sobald aber z. B. $n = p$ wird, so bezeichnet $\Sigma(a^n b^n c^q)$ nach (§. 477.) bloß noch die Summe der 3 Glieder $a^n b^n c^q + a^n c^n b^q + c^n b^n a^q$ und und es ist daher jetzt $A = 2' . \Sigma(a^n b^p c^q)$, sobald nehmlich $n = p$ ist.

## §. 482. Lehrsatz.

Ist m die Anzahl der Veränderlichen $a, b, c \ldots p, q$ und $n \overline{\overline{<}} m$, so ist allemal

$$\Sigma_n - \overset{1}{C} . \Sigma_{n-1} + \overset{2}{C}\Sigma_{n-2} - \overset{3}{C}\Sigma_{n-3} + \ldots \mp \overset{n-1}{C}\Sigma_1 \pm n\overset{n}{C} = 0$$

wo die obern (+) oder (−) Zeichen gelten, wenn n eine gerade, die untern dagegen, wenn n eine ungerade Zahl ist.

Beweis. Es mag $\underset{(a)}{\overset{h}{C}}$ die hte Klasse der Kombinationen bedeuten, aus allen Elementen, mit Ausnahme des a entwickelt; ähnliche Bedeutungen mögen die Zeichen $\underset{(b)}{\overset{h}{C}}, \underset{(c)}{\overset{h}{C}}$, u. s. w. haben; so folgt aus der Art, wie (§. 355.) die Kombinationen entwickelt werden:

$$\overset{1}{C} = \underset{(a)}{\overset{1}{C}} + a; \quad \overset{2}{C} = \underset{(a)}{\overset{2}{C}} + a . \underset{(a)}{\overset{1}{C}}; \quad \overset{3}{C} = \underset{(a)}{\overset{3}{C}} + a . \underset{(a)}{\overset{2}{C}};$$

u. s. w. f. $\overset{n}{C} = \underset{(a)}{\overset{n}{C}} + a . \underset{(a)}{\overset{n-1}{C}}$; wo im Falle $n = m$, statt $\underset{(a)}{\overset{n}{C}}$ die Null zu setzen ist. — Eliminirt man nun aus diesen n Gleichungen die $n - 1$ Ausdrücke

$\overset{1}{\underset{(a)}{C}}, \overset{2}{\underset{(a)}{C}}, \overset{3}{\underset{(a)}{C}} \ldots \overset{n-1}{\underset{(a)}{C}}$, so erhält man:

$$1)\quad a^n - \overset{1}{C} . a^{n-1} + \overset{2}{C} . a^{n-2} - \overset{3}{C} . a^{n-3} + \ldots \pm \overset{n}{C} = \pm \overset{n}{\underset{(a)}{C}},$$

wo die obern (+) oder (—) Zeichen gelten, wenn n gerade ist; die untern dagegen, wenn n ungerade.

Auf dieselbe Art folgt aber:

$$2)\quad b^n - \overset{1}{C} . b^{n-1} + \overset{2}{C} . b^{n-2} - \overset{3}{C} . b^{n-3} + \ldots \pm \overset{n}{C} = \pm \overset{n}{\underset{(b)}{C}}$$

$$3)\quad c^n - \overset{1}{C} . c^{n-1} + \overset{2}{C} . c^{n-2} - \overset{3}{C} . c^{n-3} + \ldots \pm \overset{n}{C} = \pm \overset{n}{\underset{(c)}{C}}$$

$$\vdots \qquad \vdots \qquad \vdots \qquad \vdots \qquad \vdots \qquad \vdots$$

$$m)\quad q^n - \overset{1}{C} . q^{n-1} + \overset{2}{C} \, q^{n-2} - \overset{3}{C} . q^{n-3} + \ldots \pm \overset{n}{C} = \pm \overset{n}{\underset{(q)}{C}}$$

folglich, wenn diese m Gleichungen addirt werden;

$$(\mathfrak{D})\quad \Sigma_n - \overset{1}{C} . \Sigma_{n-1} + \overset{2}{C} . \Sigma_{n-2} - \overset{3}{C} . \Sigma_{n-3} + \ldots \pm m \overset{n}{C}$$

$$= \pm \left( \overset{n}{\underset{(a)}{C}} + \overset{n}{\underset{(b)}{C}} + \overset{n}{\underset{(c)}{C}} + \ldots + \overset{n}{\underset{(q)}{C}} \right) = \pm (m-n) \overset{n}{C}$$

weil jede Komplexion von $\overset{n}{C}$ in n von den m Ausdrücken $\overset{n}{\underset{(a)}{C}}, \overset{n}{\underset{(b)}{C}}, \overset{n}{\underset{(c)}{C}}, \ldots \overset{n}{\underset{(q)}{C}}$, nicht vorkommen kann, in den $m - n$ übrigen aber vorkommen muß.

Aus $(\mathfrak{D})$ ergiebt sich aber nun der Lehrsatz unmittelbar.

## §. 483. Zusatz.

Unter denselben Voraussetzungen wie (§. 482.) folgt aber noch, wenn $n = 0$, oder n eine absolute ganze Zahl bezeichnet

$$\Sigma_{m+n} - \overset{1}{C} . \Sigma_{m+n-1} + \overset{2}{C} . \Sigma_{m+n-2} - \ldots \pm \overset{m}{C} . \Sigma_n = 0;$$

wo das obere (+) oder (−) Zeichen gilt, wenn m eine gerade Zahl, das untere dagegen, wenn m ungerade ist. — Denn setzt man in (n. 1. des Beweises §. 482.) m statt n, uud multiplizirt dann mit $a^n$, so ist wegen $\underset{(a)}{\overset{m}{C}} = 0$,

$$a^{m+n} - \overset{1}{C} . a^{m+n-1} + \overset{2}{C} . a^{m+n-2} - \ldots \pm \overset{m}{C} . a^n = 0.$$

Setzt man aber hier nach und nach b, c ... q statt a und addirt diese m Gleichungen alle, so ergiebt sich das behauptete.

Dies gilt auch offenbar dann noch, wenn n Null, oder eine negative ganze Zahl bedeutet, wenn man bemerkt daß $\Sigma_0 = m$ seyn muß.

## §. 484. Zusatz.

Ist daher $(x-a)(x-b)(x-c)\ldots(x-p)(x-q) = x^m + Ax^{m-1} + Bx^{m-2} + Cx^{m-3} + \ldots + Px^{m-n} + \ldots + Sx^2 + Tx + U$, so folgt aus (§. §. 388. u. 482. 483.) daß auch wenn $n \overline{\overline{<}} m$

1) $\Sigma_n + A . \Sigma_{n-1} + B . \Sigma_{n-2} + C . \Sigma_{n-3} + \ldots + nP = 0;$

und wenn n einer Differenz ganzer Zahlen gleich ist:

2) $\Sigma_{m+n} + A . \Sigma_{m+n-1} + B . \Sigma_{m+n-2} + C . \Sigma_{m+n-3} + \ldots + U . \Sigma_n = 0.$

Anmerkung. Dieser Lehrsatz ist unter dem Namen des Newton'schen bekannt. Man kann mittelst desselben die Potenz-Summen $\Sigma_1$, $\Sigma_2$, $\Sigma_3$, etc. durch die Combinationsklassen $\overset{1}{C}$, $\overset{2}{C}$, $\overset{3}{C}$, etc., oder unter der Voraussetzung des (§. 484.), durch die Koefficienten A, B, C, ... S, T, U, rational ausdrücken; indem man in den Formeln nach und nach 1, 2, 3, u. s. w. f. statt n setzt.

## §. 485. Lehrsatz.

Sind $\alpha, \beta, \gamma, \delta, \ldots \mu, \nu$ die Veränderlichen, deren Anzahl ganz beliebig ist, so ist allemal:

I. $\Sigma_p . \Sigma_q = \Sigma_{p+q} + \Sigma(\alpha^p . \beta^q)$

II. $\Sigma_p . \Sigma_q . \Sigma_r = \Sigma_{p+q+r} + \Sigma(\alpha^{p+q} . \beta^r) + \Sigma(\alpha^{p+r} . \beta^q)$
$+ \Sigma(\alpha^{q+r} . \beta^p) + \Sigma(\alpha^p . \beta^q . \gamma^r)$.

Beweis. Denn da $\Sigma_p$ bezeichnet die Summe $\alpha^p + \beta^p + \gamma^p + \delta^p + \ldots + \mu^p + \nu^p$, die mit $\Sigma^q$, d. h. mit $\alpha^q + \beta^q + \gamma^q + \delta^q + \ldots + \mu^q + \nu^q$ multiplizirt werden soll, so ist 1) das Produkt eine symmetrische Funktion, und 2) kommen in ihm zwey Gattungen von Gliedern vor, nehmlich von der Form $\alpha^{p+q}$ und $\alpha^p . \beta^q$; folglich der Satz (I.) ausser Zweifel.

Multiplizirt man aber dieses Produkt $\Sigma_p . \Sigma_q$ nochmals mit $\Sigma_r$, d. h. mit $\alpha^r + \beta^r + \gamma^r + \ldots + \nu^r$, so erhält man offenbar 1) eine symmetrische Funktion, und 2) lauter Glieder von der Form $A^p . B^q . C^r$. Weil aber A, B, C alle 3 einander gleich, oder paarweise einander gleich, oder alle 3 von einander verschieden seyn können, so sind alle möglichen verschiedenen Formen dieser Glieder in folgenden fünfen enthalten:

$\alpha^{p+q+r}$; $\alpha^{p+q} . \beta^r$; $\alpha^{p+r} . \beta^q$; $\alpha^{q+r} . \beta^p$; $\alpha^p . \beta^q . \gamma^r$,

weshalb der Lehrsatz (II.) in die Augen fällt.

## §. 486. Zusatz.

Dem Gange dieses Beweises zu Folge ist aber leicht einzusehen, wie man das Produkt von m solchen Faktoren

$$\Sigma_p . \Sigma_q . \Sigma_r . \Sigma_s . \Sigma_t \ldots$$

auf ähnliche Weise ausdrücken könne.

Zu gleicher Zeit ist es auch nicht schwer, aus der Theorie der Kombinationen abzuleiten, wieviel Summanden in dem Ausdruck des gedachten Produkts vorkommen müssen, die zugleich symmetrische Funktionen sind.

### Bemerkung.

Es bleibt nun die umgekehrte Aufgabe übrig, nehmlich die symmetrischen Funktionen

$$\Sigma(\alpha^p \beta^q), \quad \Sigma(\alpha^p \beta^q \gamma^r), \quad \Sigma(\alpha^p \beta^q \gamma^r \delta^s), \text{ etc. etc.}$$

durch lauter solche Potenz-Summen $\Sigma_p$, $\Sigma_q$, $\Sigma$ etc. auszudrücken.

### §. 487. Lehrsatz.

Ist aber wiederum die Anzahl der Veränderlichen $\alpha, \beta, \gamma, \ldots \mu, \nu$, ganz beliebig, so hat man noch:

I. $\Sigma(\alpha^p \beta^q) = \Sigma_p . \Sigma_q - \Sigma_{p+q}$

II. $\Sigma(\alpha^p \beta^q \gamma^r) = \Sigma_p . \Sigma_q . \Sigma_r - \Sigma_{p+q} . \Sigma_r - \Sigma_{p+r} . \Sigma_q$
$- \Sigma_{q+r} . \Sigma_p + 2 \Sigma_{p+q+r}$

III. $\Sigma(\alpha^p \beta^q \gamma^r \delta^s) = \Sigma_p . \Sigma_q . \Sigma_r . \Sigma_s - \Sigma_{p+q} . \Sigma_r . \Sigma_s - \Sigma_{p+r} \Sigma_q . \Sigma_s$
$- \Sigma_{p+s} . \Sigma_q . \Sigma_r - \Sigma_{q+r} . \Sigma_p . \Sigma_s - \Sigma_{q+s} . \Sigma_p . \Sigma_r - \Sigma_{r+s} . \Sigma_p . \Sigma_q$
$+ \Sigma_{p+q} . \Sigma_{r+s} + \Sigma_{p+r} . \Sigma_{q+s} + \Sigma_{p+s} . \Sigma_{q+r} - 2 [\Sigma_{p+q+r} . \Sigma_s$
$+ \Sigma_{p+q+s} . \Sigma_r + \Sigma_{p+r+s} . \Sigma_q + \Sigma_{q+r+s} . \Sigma_p] - 6 . \Sigma_{p+q+r+s}.$

Beweise ergeben sich, wenn man die Gleichungen (§. 485. u. §. 486.) nach $\Sigma(\alpha^p \beta^q)$, $\Sigma(\alpha^p \beta^q \gamma^r)$ etc. auflößt, und bey jeder der folgenden Gleichungen die vorhergehenden sogleich wieder in Anwendung bringt.

### §. 488. Zusatz.

Weil auch diese Lehrsätze beliebig vervielfacht werden können, so folgt, daß sich jede einfache symmetrische Funktion, und daher auch jede zusammengesetzte rationale symmetrische Funktion, durch lauter Potenz-Summen der Veränderlichen rational ausdrücken lasse.

Ist daher $(x-\alpha)(x-\beta)(x-\gamma)\ldots(x-\mu)(x-\nu)$ $= x^m + Ax^{m-1} + Bx^{m-2} + Cx^{m-3} + \ldots + Sx^2 + Tx + U$, so läßt sich jede rationale symmetrische Funktion der Veränderlichen $\alpha, \beta, \gamma, \ldots \mu, \nu$ allemal durch die Koefficienten A, B, C ... S, T, U rational ausdrücken; weil die Potenzsummen dieser Veränderlichen, nach dem Newton'schen Satze (§. 482—484.) ebenfalls rational durch diese Koefficienten A, B, C ... S, T, U ausgedrückt werden können.

Anmerkung. Dieser Satz ist für die folgende Lehre der höhern Gleichungen von der größten Wichtigkeit. —

Zugleich wird aber bey Anwendung der Lehrsätze (§. 485. und §. 487.) nochmals auf den Satz (§. 481.) aufmerksam gemacht, im Falle die Exponenten nicht alle von einander verschieden seyn sollten; weil z. B. $\Sigma(a^n b^n c^q)$ nicht mehr dasjenige bezeichnet, was aus $\Sigma(a^n b^p c^q)$ wird, wenn man in ihr $n = p$ setzt, so daß also für $\Sigma(a^n b^p c^q)$, im Falle $n = p$ würde, nicht $\Sigma(a^n b^n c^q)$, sondern, nach (§. 481.), $2 . \Sigma(a^n b^n c^q)$ gesetzt werden müßte.

Wer sich über die Theorie der symmetrischen Funktionen gründlicher noch belehren will, kann Kramp's Arithmet. universelle. Cologne 1809. und die Mémoires de l'Academ. d. sciences, de Paris. 1771. (von Vandermonde) nachlesen.

# Zahlenlehre.

## Ein und zwanzigstes Kapitel.
## Von den höhern Gleichungen.

### §. 489. Lehrsatz.

Es ist immer möglich, die Begriffe der besondern Zahlzeichen dergestalt zu erweitern, daß jeder höheren Gleichung vom $m^{ten}$ Grade

$$x^m + Ax^{m-1} + Bx^{m-2} + Cx^{m-3} + \ldots + Sx^2 + Tx + U = 0$$

durch m verschiedene Werthe von x genügt werden kann, wenn auch solche in besondern Fällen zum Theil oder alle einander gleich werden, daher in eine geringere Zahl derselben zusammenfallen können.

Beweis. Denn man nehme m beliebige aber verschiedene Ziffern-Ausdrücke $\alpha, \beta, \gamma \ldots \mu, \nu$ und bilde das Produkt

$$(x-\alpha)(x-\beta)(x-\gamma)\ldots(x-\mu)(x-\nu),$$

und verwandle solches durch algebraische Multiplikation in die ganze Funktion

$$x^m + {}'Ax^{m-1} + {}'Bx^{m-2} + {}'Cx^{m-3} + \ldots + {}'Sx^2 + {}'Tx + {}'U,$$

wo $'A, 'B, 'C, \ldots 'U$, Ziffern-Ausdrücke vorstellen, so giebt diese ganze Funktion, $=0$ gesetzt, eine höhere Gleichung vom $m^{ten}$ Grade, welche durch die $m$ verschiedenen Werthe $\alpha, \beta, \gamma, \ldots \mu, \nu$, statt $x$ gesetzt, identisch wird. Nun hängt aber jeder dieser Werthe von $x$ nothwendig von den Koefficienten $'A, 'B, 'C, \ldots 'U$ ab, und wird daher bestimmt, indem diese Koefficienten $'A, 'B, 'C \ldots 'U$, welche Ziffernwerthe sind, auf eine bestimmte Weise mit einander verbunden werden, durch gewisse (entweder bis jetzt schon betrachtete oder noch zu untersuchende) Verbindungs-Arten (oder Operationen). Diese Verbindungen der $m$ Koefficienten $'A, 'B, 'C, \ldots 'U$, wie solche nach und nach vor sich gehen, lassen sich aber durch Zeichen andeuten, so daß man $m$ Zahlzeichen hat, welche die Eigenschaft der durch die Verbindung hervorzubringenden Zahlen ausdrücken. Giebt man daher nachher diesen Zeichen dadurch eine allgemeinere Bedeutung, daß man solche überhaupt als Ausdrücke betrachtet, denen diese Eigenschaft zukommt, indem man zugleich statt der bestimmten Ziffern-Ausdrücke $'A, 'B, 'C, \ldots 'U$, die ganz allgemeinen Zeichen $A, B, C, \ldots U$ schreibt, so hat man jetzt eben so viele allgemeine Ausdrücke, als vorher besondere, welche statt $x$ gesetzt, der gegebenen allgemeinen höhern Gleichung vom $m^{ten}$ Grade

$$x^m + Ax^{m-1} + Bx^{m-2} + Cx^{m-3} + \ldots + U = 0$$

ein Genüge leisten.

Anmerkung. So hat z. B. die Gleichung $x^2 - a = 0$, wenn $a$ eine absolute Zahl und $= \alpha^2$, die beyden Auflösungen $x = \alpha$ und $x = -\alpha$; und sie werden aus dem Koefficienten $a$ gefunden, indem man aus a die Quadratwurzel zieht, und diese bald absolut, bald negativ nimmt. Bezeichnet man nun dieses Verbinden für diesen besondern Fall durch $\sqrt{a}$, und denkt man sich dann unter $\sqrt{a}$ überhaupt ein Zeichen (einen Ausdruck), der diese Eigenschaft hat, mit 2 potenzirt a zu geben, so hat man sogleich für jedes a, die beyden allgemeinen Auflösungen $x = \sqrt{a}$ und $x = -\sqrt{a}$. Man vergleiche (§. §. 287. bis 293.)

### §. 490. Zusatz.

Weil aber jede höhere Gleichung vom $m^{ten}$ Grade m Auflösungen giebt, so läßt sich jede ganze Funktion

$$x^m + Ax^{m-1} + Bx^{m-2} + Cx^{m-3} + \ldots + Tx + U$$

in ein Produkt von m Faktoren von der Form

$$(x-\alpha)(x-\beta)(x-\gamma)\ldots(x-\mu)(x-\nu)$$

zerlegen, nach (§. 427.), wo $\alpha, \beta, \gamma \ldots \mu, \nu$, die Werthe von x vorstellen, welche die gegebene ganze Funktion zu Null machen.

### §. 491. Zusatz.

1) Jede Primfunktion ist daher nothwendig eine Funktion vom ersten Grade.

2) Jede Funktion vom $m^{ten}$ Grade, besteht daher aus denselben m bestimmten Faktoren vom ersten Grade (§. 422.).

3) Sind $\alpha, \beta, \gamma, \ldots \mu, \nu$, alle Wurzelwerthe der Gleichung

$$A + Bx + Cx^2 + Dx^3 + \ldots + Mx^m = 0,$$

so ist auch

$$A + Bx + Cx^2 + Dx^3 + \ldots + Mx^m$$

$$= A\left(1 - \frac{x}{\alpha}\right)\left(1 - \frac{x}{\beta}\right)\left(1 - \frac{x}{\gamma}\right)\ldots\left(1 - \frac{x}{\nu}\right)$$

## §. 492. Zusatz.

1) Eine höhere Gleichung vom $m^{ten}$ Grade kann aber nie mehr Auflösungen zulassen, als gerade diese m Auflösungen $\alpha, \beta, \gamma, \ldots \mu, \nu$. Denn sie läßt sich so schreiben

$$(x-\alpha)(x-\beta)(x-\gamma)\ldots(x-\mu)(x-\nu)=0.$$

Gäbe es nun noch einen Werth a von x, der diese Gleichung identisch machte, und von $\alpha, \beta, \gamma, \ldots \mu$ verschieden wäre, so wären die Faktoren $a-\alpha$, $a-\beta$, $a-\gamma$, ..., $a-\mu$, von Null verschieden, dabey aber

$$(a-\alpha)(a-\beta)(a-\gamma)\ldots(a-\mu)(a-\nu)=0;$$

folglich indem man auf beyden Seiten durch $(a-\alpha)(a-\beta)(a-\gamma)\ldots(a-\mu)$, welches nicht Null ist, dividirt, nothwendig $a-\nu=0$ oder $a=\nu$.

2) Wird daher eine ganze Funktion vom $m^{ten}$ Grade

$$A+Bx+Cx^2+Dx^3+\ldots+Mx^m$$

für mehr als m von einander verschiedener Werthe von x der Null gleich, so müssen nothwendig die einzelnen Koefficienten selbst alle der Null gleich werden, und die Gleichung

$$A+Bx+Cx^2+Dx^3+\ldots+Mx^m=0$$

existirt dann auch für jeden Werth von x.

Anmerkung. Der Satz (n. 1.) folgt auch schon aus (§. 491. n. 2.).

## §. 493. Erklärung.

Ist

$$x^m+Ax^{m-1}+Bx^{m-2}+\ldots+U=(x-\alpha)(x-\beta)(x-\gamma)\ldots(x-\nu),$$

so sollen die m Ausdrücke $\alpha, \beta, \gamma, \ldots \mu, \nu$, welche die Gleichung

$$x^m+Ax^{m-1}+Bx^{m-2}+\ldots+U=0$$

identisch machen, die Wurzelwerthe dieser Gleichung heißen. — Dabey heißt $\alpha$ ein einfacher, doppelter, dreifacher, u. s. w., und allgemein ein n facher Wurzelwerth, wenn $\alpha$ entweder keinem der übrigen gleich ist, oder wenn 2 der Wurzelwerthe $= \alpha$ sind, oder wenn deren 3 u. s. w., oder wenn deren n einander und dem $\alpha$ gleich sind.

### §. 494. Zusatz.

Es ist daher immer:

$$A = -\overset{1}{C}; \quad B = \overset{2}{C}; \quad \ldots \quad U = \pm \overset{m}{C}$$

wenn $\overset{1}{C}, \overset{2}{C}, \ldots \overset{m}{C}$, die Kombinationsklassen aus den Wurzelwerthen $\alpha, \beta, \gamma, \ldots \mu, \nu$, der höhern Gleichung

$$x^m + A x^{m-1} + B x^{m-2} + \ldots + U = 0$$

vorstellen; und wo das obere (+) Zeichen gilt, wenn m gerade, das untere (—) dagegen, wenn m ungerade ist.

Daraus folgt zugleich:

1) Ist $A = 0$, so ist die Summe aller Wurzelwerthe der Null gleich.
2) Ist $U = 0$, so ist das Produkt aller Wurzelwerthe, und mithin wenigstens einer der Wurzelwerthe selbst, der Null gleich.
3) Sind die letzten n Koefficienten der Null gleich, so sind n Wurzelwerthe selbst der Null gleich.

### §. 495. Zusatz.

Auch findet unmittelbar der (§. 484.) aufgestellte Newton'sche Lehrsatz für höhere Gleichungen statt, wenn A, B, C, ... U, die Koefficienten einer höhern

Gleichung vom $m$ten Grade, und $\alpha, \beta, \gamma, \ldots \mu, \nu,$ ihre $m$ Wurzelwerthe vorstellen.

Setzt man in der dortigen Gleichung (1), nach und nach $1, 2, 3, \ldots$ statt $n$, so erhält man noch ins besondere

1) $\Sigma_1 + A = 0$

2) $\Sigma_2 + A\Sigma_1 + 2B = 0$

3) $\Sigma_3 + A\Sigma_2 + B\Sigma_1 + 3C = 0$

4) $\Sigma_4 + A\Sigma_3 + B\Sigma_2 + C\Sigma_1 + 4D = 0$

u. s. w. f.

Setzt man aber in der Gleichung (§. 484. n. 2.) statt $n$ nach und nach $-1, -2, -3, -4,$ u. s. w. so ergiebt sich noch ins besondere

5) $\Sigma_{m-1} + A\Sigma_{m-2} + B\Sigma_{m-3} + \ldots + S\Sigma_1 + T\Sigma_0 + U\Sigma_{-1} = 0$

6) $\Sigma_{m-2} + A\Sigma_{m-3} + B\Sigma_{m-4} + \ldots + S\Sigma_0 + T\Sigma_{-1} + U\Sigma_{-2} = 0$

7) $\Sigma_{m-3} + A\Sigma_{m-4} + B\Sigma_{m-5} + \ldots + S\Sigma_{-1} + T\Sigma_{-2} + U\Sigma_{-3} = 0$

u. s. w. f.

Anmerkung. Mittelst der Gleichungen (1—4 u. s. w.) kann man die Potenz-Summen $\Sigma_1, \Sigma_2, \Sigma_3, \Sigma_4$ u. s. w.; mittelst der Gleichungen (5—7 u. s. w.) aber, die Potenz-Summen $\Sigma_{-1}, \Sigma_{-2}, \Sigma_{-3}$ u. s. w. durch die Koefficienten $A, B, C \ldots U$ rational ausdrücken.

## §. 496. Zusatz.

Daher kann auch jede beliebige ganze oder gebrochene symmetrische Funktion der Wurzelwerthe $\alpha, \beta, \gamma, \ldots \mu, \nu,$ durch die Koefficienten $A, B, C \ldots U$ der zugehörigen höhern Gleichung rational ausgedrückt werden; (nach §. 488.).

## §. 497. Aufgabe.

Es ist gegeben eine Gleichung vom $m$ten Grade

$x^m + Ax^{m-1} + Bx^{m-2} + Cx^{m-3} + \ldots + Tx + U = 0,$

deren

deren m Wurzelwerthe durch $\alpha, \beta, \gamma \ldots \mu, \nu$ vorgestellt seyn mögen. Man soll eine Gleichung in z finden, so daß irgend eine rationale Funktion eines oder mehrerer der Wurzelwerthe $\alpha, \beta, \gamma \ldots \mu, \nu$ jedesmal ein Wurzelwerth dieser neuen Gleichung sey, welche der Wurzelwerthe $\alpha, \beta, \gamma \ldots \mu, \nu$, man auch an die Stelle der erst gesetzten, substituiren möge.

Auflösung.

Man schreibe die gegeben Funktion $\varphi$, (z. B. $\alpha + \beta + \mathrm{M}\alpha\beta$, wo M beliebig aber von den Wurzelwerthen $\alpha, \beta, \gamma, \ldots \mu, \nu$, unabhängig ist) hin; und leite aus ihr alle möglichen verschiedenen Werthe ab, die sie durch Vertauschung der Wurzelwerthe erhalten kann. Diese verschiedenen Werthe (z. B. $\alpha + \gamma + \mathrm{M}\alpha\gamma$, $\alpha + \nu + \mathrm{M}\alpha\nu$, $\mu + \nu + \mathrm{M}\mu\nu$ u. dergl.) deren Anzahl n seyn mag (in dem angenommenen Beyspiel $= \frac{m(m-1)}{2}$, nach (§. 357. V.)) werden durch $\varphi, {}'\varphi, {}''\varphi, {}'''\varphi$, u. s. w. bezeichnet. — Dann bilde man das Produkt

$$(z - \varphi)\,(z - {}'\varphi)\,(z - {}''\varphi)\,(z - {}'''\varphi) \ldots$$

deren Faktoren Anzahl $=$ n ist; verwandle solches in eine ganze Funktion F(z) vom $n^{ten}$ Grade so ist, solche sowohl, als jeder ihrer Koefficienten nothwendig eine rationale symmetrische Funktion der Wurzelwerthe $\alpha, \beta, \gamma, \ldots \mu, \nu$. Diese symmetrischen Funktionen können aber nach (§. 496.) jedesmal durch die Koefficienten A, B, C, ... U der gegebenen höhern Gleichung rational ausgedruckt werden. Folglich hat man, ohne die Wurzelwerthe $\alpha, \beta, \gamma, \ldots \mu, \nu$ zu kennen, die neue Gleichung in $z$, aus der gegebenen Gleichung $x^m + Ax^{m-1} + Bx^{m-2} + \ldots + U = 0$ abgeleitet, wenn man $Fz = 0$ setzt; weil jede der Funktionen $\varphi, '\varphi, ''\varphi$ etc. statt $z$ gesetzt einen Faktor von $Fz$ zu Null macht, folglich ein Wurzelwerth von $Fz = 0$ seyn muß.

### §. 497$^a$. Zusatz.

Unter denselben Voraussetzungen wie (§. 497.), hat man einen besondern Fall dieser allgemeinen Aufgabe, wenn man eine Gleichung in $z$ sucht, deren Wurzelwerthe, die Summe von je zwey der Wurzelwerthe $\alpha, \beta, \gamma, \ldots \mu, \nu$. ist. Auch hier wird, weil $\alpha + \beta = \beta + \alpha$ der Grad der Gleichung in $z$, $= \frac{m(m-1)}{2} = m_2$, nach (§. 357. V.).

Ist z. B. gegeben die Gleichung vom 3ten Grade

$$x^3 + Px^2 + Qx + R = 0,$$

deren 3 Wurzelwerthe $\alpha, \beta$ und $\gamma$ seyn mögen, (so daß $\alpha + \beta + \gamma = -P$, $\alpha\beta + \alpha\gamma + \beta\gamma = Q$ und $\alpha\beta\gamma = -R$ ist), so sind die Wurzelwerthe der gesuchten Gleichung in $z$, $\alpha + \beta$, $\alpha + \gamma$, und $\beta + \gamma$, und die Gleichung in $z$ selbst, folgende:

$$[z - (\alpha + \beta)]\ [z - (\alpha + \gamma)] . [z - (\beta + \gamma)] = 0$$

oder

$$z^3 - 2(\alpha + \beta + \gamma)z^2 + [(\alpha + \beta)(\alpha + \gamma) + (\alpha + \beta)(\beta + \gamma) + (\alpha + \gamma).(\beta + \gamma)].z$$
$$-(\alpha + \beta)(\alpha + \gamma)(\beta + \gamma) = 0.$$

Um nun diese Koefficienten, welche rationale symmetrische Funktionen von $\alpha$, $\beta$ und $\gamma$ sind, durch die gegebenen Koefficienten P, Q, R, rational auszudrücken verfährt man auf die im Kap. (XX.) gelehrte Art. Erstlich ist $-2(\alpha + \beta + \gamma) = 2P$. Dann ist der folgende Koefficient (der von $z$), wenn man algebraisch multiplizirt $= \alpha^2 + \beta^2 + \gamma^2 + 3(\alpha\beta + \alpha\gamma + \beta\gamma) = \Sigma_2 + 3Q$. Endlich ist der letzte Koefficient, wenn man algebraisch multiplizirt $= -(\alpha^2\beta + \alpha\beta^2 + \alpha^2\gamma + \alpha\gamma^2 + \beta^2\gamma + \beta\gamma^2) - 2\alpha\beta\gamma$

$$= -\Sigma(\alpha^2\beta) + 2R.$$

Es bleibt also nur noch übrig $\Sigma_1$ und $\Sigma(\alpha^2\beta)$ ebenfalls durch die Koefficienten P, Q, R der gegebenen Gleichung auszudrücken. Man hat aber nach (§. 495.)

$$\Sigma_1 + P = 0, \quad \Sigma_2 + P\Sigma_1 + 2Q = 0$$

folglich $\Sigma_1 = -P$ und $\Sigma_2 = P^2 - 2Q$.

Ferner hat man aus (§. 487. I.)

$$\Sigma(\alpha^2\beta) = \Sigma_2 . \Sigma_1 - \Sigma_3;$$

und aus (§. 495.). $\Sigma_3 + P\Sigma_2 + Q\Sigma_1 + 3R = 0$;

folglich $\Sigma(\alpha^2\beta) = Q . \Sigma_1 + 3R = -PQ + 3R$.

Daher endlich die gesuchte Gleichung in $z$

$$z^3 + 2Pz^2 + (P^2 + Q)z + (PQ - R) = 0,$$

deren 3 Wurzelwerthe $\alpha + \beta$, $\alpha + \gamma$ und $\beta + \gamma$ sind.

## §. 498. Zusatz.

Ein zweyter besonderer Fall der allgemeinen Aufgabe (§. 497.) wäre es, wenn man eine Gleichung in $z$ suchte, deren Wurzelwerthe die Differenzen je zweyer der Wurzelwerthe $\alpha, \beta, \gamma \ldots \mu, \nu$ wären. — Diese Gleichung in $z$ würde aber, weil $\alpha - \beta$ und $\beta - \alpha$ von einander verschieden sind, weil daher aus den m Wurzelwerthen $\alpha, \beta, \gamma, \ldots \mu, \nu$, nach (§. 357. III.) $m(m-1)$ solche Differenzen gebildet werden können, vom Grade $m(m-1)$.

Weil aber z. B. $\beta - \mu$ und auch $\mu - \beta$ Wurzelwerthe dieser Gleichung in $z$ seyn müssen, so muß solche zu Faktoren haben $[z-(\beta-\mu)].[z-(\mu-\beta)]$ oder $[z-(\beta-\mu)].[z+(\beta-\mu)]$ oder $z^2-(\beta-\mu)^2$. — Diese Gleichung in z enthält daher bloß Potenzen von $z^2$, und setzt man y statt $z^2$, so wird sie wiederum vom Grade $\frac{m(m-1)}{2}$, nach y; und ihre Wurzelwerthe sind dann die Quadrate der Differenzen je zweyer der Wurzelwerthe $\alpha, \beta, \gamma, \ldots \mu, \nu$.

Anmerkung. Diese Gleichung für die Quadrate der Differenzen hat mancherlei merkwürdige Eigenschaften, in Bezug auf ihre Wurzelwerthe. — Es ist natürlich, daß sie nach (§. 497.) auch direkt gefunden werden konnte.

## §. 499. Zusatz.

Es ist ferner ein besonderer Fall der allgemeinen Aufgabe (§. 497.), wenn eine Gleichung in z gesucht wird, so daß die Funktion $\varphi$ bloß $-a+\alpha$ seyn soll, wo a von den Wurzelwerthen $\alpha, \beta, \gamma, \ldots \mu, \nu$, ganz unabhängig ist.

Diese Aufgabe läßt sich aber leichter auf folgende Art behandeln. Repräsentirt nehmlich x jeden der Wurzelwerthe $\alpha, \beta, \gamma \ldots \mu, \nu$, so wird $-a+x$ jeden der Wurzelwerthe der Gleichung in z vorstellen. Bezeichnet man daher die Gleichung in x, nehmlich

$$(\mathfrak{C})\quad x^m + A x^{m-1} + B x^{m-2} + \ldots + P^{m-n} + \ldots + U = 0$$

der Kürze wegen durch $Fx = 0$, so ist

$$F(a+z) = 0$$

die gesuchte Gleichung in z; weil hier $-a+x$ statt z gesetzt, $F(a+z)$ in $Fx$ übergeht, welches nach der Voraussetzung wirklich $=0$ ist.

Entwickelt man diese, indem man in $(\mathfrak{C})$ $a+z$

statt x setzt, so erhält man für die gesuchte Gleichung nach dem binomischen Lehrsatz (§. 376.):

$$\text{I. } o = z^m + \left|\begin{array}{l} ma \\ +A \end{array}\right| z^{m-1} + \left|\begin{array}{c} m_2 \,.\, a^2 \\ +(m-1)aA \\ +B \end{array}\right| z^{m-2} + \ldots\ldots$$

$$+ \left|\begin{array}{l} \quad m_n \,.\, a^n \\ +(m-1)_{n-1} \,.\, a^{n-1} A \\ +(m-2)_{n-2} \,.\, a^{n-2} B \\ +(m-3)_{n-3} \,.\, a^{n-3} C \\ + \quad \vdots \\ + \quad (m-n)_0 \,.\, P \end{array}\right| z^{m-n} + \ldots + \left|\begin{array}{l} a^m \\ +a^{m-1} A \\ +a^{m-2} B \\ +a^{m-3} C \\ + \; \vdots \\ +a^{m-n} P \\ + \; \vdots \\ +U \end{array}\right|$$

Wendet man aber den Satz (§. 438.) an, so erhält man für dieselbe gesuchte Gleichung in z,

$$o = Fa + \frac{\partial Fa}{1} \,.\, z + \frac{\partial^2 Fa}{2'} \,.\, z^2 + \ldots + \frac{\partial^{m-n} Fa}{(m-n)'} \,.\, z^{m-n} + \ldots + \frac{\partial^m Fa}{m'} z^m,$$

oder weil $\partial^m Fa = m'$ ist, nach (§. 435.),

$$\text{II. } o = z^m + \frac{\partial^{m-1} Fa}{(m-1)'} z^{m-1} + \frac{\partial^{m-2} Fa}{(m-2)'} z^{m-2} + \ldots + \frac{\partial^2 Fa}{2'} z^2 + \frac{\partial Fa}{1} z + Fa.$$

Von diesen Gleichungen (I. oder II.) sind aber die Wurzelwerthe nachstehende, nehmlich:

$$\alpha - a, \ \beta - a, \ \gamma - a, \ \delta - a, \ \ldots, \ \mu - a, \ \nu - a.$$

## §. 500. Zusatz.

Ist in (§. 499.) a eine absolute Zahl, so sind die reelen Wurzelwerthe von z alle um a **kleiner** (§. 216.), als die reelen beziehlichen Wurzelwerthe von x. Wollte man aber haben, daß die erstern um die absolute Zahl b größer seyn sollten, als die letztern, so dürfte man nur $-b$ statt a setzen, weil dann die Wurzelwerthe der Gleichung in z seyn müßten

$$\alpha + b,\ \beta + b,\ \gamma + b,\ \delta + b,\ \ldots\ \mu + b,\ \nu + b.$$

## §. 501. Zusatz.

Man kann sich des unbestimmten Ausdruckes a in (§. 499.) bedienen, um in der neuen Gleichung in z einen der Koefficienten zu Null zu machen. Zu dem Ende darf man nur, wenn z. B. der Koefficient von $z^{m-n}$ der Null gleich werden soll, den allgemeinen Ausdruck desselben

$$\frac{\partial^{m-n} Fa}{(m-n)'} \text{ oder } m_n a^n + (m-1)_{n-1} A a^{n-1} + (m-2)_{n-2} B a^{n-2} + \ldots + P$$

der Null gleich setzen. Dadurch erhält man eine Gleichung, die nach a vom Grade n ist; und jeder ihrer n Wurzelwerthe, statt a genommen, leistet das Verlangte.

## §. 502. Zusatz.

Der gewöhnlichste Fall ist der, wo das Glied $z^{m-1}$ weggeschafft wird. Um dies zu bewirken, muß man a so nehmen, daß $A + ma = o$ oder $a = -\frac{A}{m}$ wird, und man erreicht augenblicklich seinen Zweck.

Eine solche Gleichung, deren zweytes Glied fehlt (weggeschafft ist), nennt man eine reducirte höhere Gleichung. *)

---

*) Man bemerke den Unterschied zwischen einer reducirten ganzen Funktion und einer reducirten höhern Gleichung (§. 398).

Die Wurzelwerthe dieser reducirten Gleichung sind dann

$$\alpha + \frac{A}{m},\ \beta + \frac{A}{m},\ \gamma + \frac{A}{m},\ \ldots\ \mu + \frac{A}{m},\ \nu + \frac{A}{m}.$$

## §. 503. Zusatz.

Ein besonderer Fall der allgemeinen Aufgabe (§. 497.) ist es ferner, wenn die Gleichung in z zu Wurzelwerthen haben soll die Funktionen

$$a\alpha,\ a\beta,\ a\gamma,\ a\delta\ \ldots\ a\mu,\ a\nu.$$

Man gelangt aber auch hier sogleich zum Ziel, wenn man $ax = z$ oder $x = \frac{z}{a}$ setzt. Die Gleichung in z wird dann

$$z^m + Aaz^{m-1} + Ba^2z^{m-2} + \ldots + Ta^{m-1}z + Ua^m = 0.$$

## §. 504. Zusatz.

Setzt man hier $\frac{1}{b}$ statt a, so erhält man

$$z^m + \frac{A}{b}.z^{m-1} + \frac{B}{b^2}.z^{m-2} + \ldots + \frac{T}{b^{m-1}}.z + \frac{U}{b^m} = 0,$$

deren Wurzelwerthe folgende sind:

$$\frac{\alpha}{b},\ \frac{\beta}{b},\ \frac{\gamma}{b},\ \ldots\ \frac{\mu}{b},\ \frac{\nu}{b}.$$

## §. 505. Zusatz.

Abermals ist es ein besonderer Fall des (§. 497.), wenn die Gleichung in z zu Wurzelwerthen haben soll

$$\frac{1}{\alpha},\ \frac{1}{\beta},\ \frac{1}{\gamma},\ \ldots\ \frac{1}{\mu},\ \frac{1}{\nu}.$$

Sie wird dann, indem $\frac{1}{x} = z$ und $\frac{1}{z}$ statt x gesetzt wird,

$$z^m + \frac{T}{U}z^{m-1} + \frac{S}{U}z^{m-2} + \ldots + \frac{B}{U}.z^2 + \frac{A}{U}z + \frac{1}{U} = 0.$$

§. 506. Zusatz.

In allen den besondern Fällen der Aufgabe (§. 497.), in welchen die gegebene Funktion $\varphi$ nur einen einzigen der Wurzelwerthe enthält, erhält man die Auflösung jedesmal weit leichter, als nach der (§. 497.) angegebenen Methode, wenn man unmittelbar $\varphi(x) = z$ setzt, diese Gleichung nach x auflößt, etwa $x = \psi z$ findet, und dann in der gegebenen Gleichung

$$(\mathfrak{C})\ x^m + Ax^{m-1} + Bx^{m-2} + \ldots + Tx + U = 0$$

$\psi z$ statt x setzt; oder, welches dasselbe ist, wenn man x zwischen der Gleichung ($\mathfrak{C}$) und der Gleichung $\varphi(x) = z$ eliminirt.

Nach diesem allgemeinen Verfahren, sind die hieher gehörigen Aufgaben (§. 499. §. 503. §. 504. u. §. 505.) aufgelößt worden.

§. 507. Aufgabe.

Es sind gegeben die beyden höhern Gleichungen mit zwey Unbekannten x und y

$$Nx^p + Px^{p-1} + Qx^{p-2} + \ldots + Sx^2 + Tx + U = 0 \text{ oder } \mathfrak{A} = 0$$

und $'Nx^q + 'Px^{q-1} + 'Qx^{q-2} + \ldots + 'Sx^2 + 'Tx + 'U = 0$, oder $\mathfrak{B} = 0$;

wo die erste von der $m$ten Ordnung, also der Koefficient von $x^\mu$ eine ganze Funktion von y, höchstens vom Grade $m - \mu$ ist, wo ferner $p \leqq m$ seyn muß; während die zweyte von der $n$ten Ordnung, also der Koefficient von $x^\nu$ in ihr, eine ganze Funktion von y höchstens vom Grade $n - \nu$, und dabey $q \leqq n$ seyn soll. Man soll x aus beyden Gleichungen eliminiren (ohne die Wurzelwerthe der einen oder der andern, nach x, auffinden zu können).

Auflösung.

1) Man denke sich die erste Gleichung $\mathfrak{A} = 0$, nach x allgemein aufgelößt, und die p Wurzelwerthe, welche im allgemeinen Funktionen von y seyn werden, durch $\alpha, \beta, \gamma \ldots \mu, \nu$, bezeichnet.

2) Jeden dieser p Werthe denke man sich statt x in die zweyte Gleichung gesetzt, so erhält man p neue Gleichungen, nehmlich:

$$'N\alpha^q + 'P\alpha^{q-1} + 'Q\alpha^{q-2} + \ldots + 'U = 0, \text{ oder } S.[\Pi x(a+1)\alpha^a] = 0$$

$$'N\beta^q + 'P\beta^{q-1} + 'Q\beta^{q-2} + \ldots + 'U = 0, \text{ oder } S.[\Pi x(b+1)\beta^b] = 0$$

$$'N\gamma^q + 'P\gamma^{q-1} + 'Q\gamma^{q-2} + \ldots + 'U = 0, \text{ oder } S.[\Pi x(c+1)\gamma^c] = 0$$

$$\vdots \qquad \vdots \qquad \vdots \qquad \qquad \qquad \vdots$$

$$'N\nu^q + 'P\nu^{q-1} + 'Q\nu^{q-2} + \ldots + 'U = 0, \text{ oder } S.[\Pi x(n+1)\nu^n] = 0$$

die alle mit einander multiplizirt, die Eliminations-Gleichung geben müssen (§. 250.); und wo

$$\Pi x1, \; \Pi x2, \; \Pi x3, \; \ldots \; \Pi xq, \; \Pi x(q+1)$$

beziehlich die Koefficienten 'U, 'T, 'S, ... 'P, 'N bedeuten, während $\Pi x(s+1) = 0$ genommen wird, so oft $s > q$ ist.

3) Die gesuchte Eliminationsgleichung ist daher:

$$S.[\Pi x(a+1).\Pi x(b+1).\Pi x(c+1)\ldots\Pi x(n+1)\alpha^a.\beta^b.\gamma^c\ldots\nu^n = 0,$$

wo statt a, b, c, ... n nach und nach 0, 1, 2, 3 ... q in jeder möglichen Verbindung gesetzt werden muß; weswegen auch noch die Bedingungsgleichung

$$a + b + c + d + \ldots n = pq - p,$$

wo statt p nach und nach pq, pq − 1, pq − 2, ... 2, 1, 0, gesetzt werden muß, hinzugefügt werden kann.

4) Dieses combinatorische Aggregat ist aber offenbar eine symmetrische Funktion der Wurzelwerthe

$\alpha, \beta, \gamma, \ldots \mu, \nu$, und ist daher nach (§. 496.), durch die Koefficienten N, P, Q, ... S, T, U, der ersten Gleichung $\mathfrak{A} = 0$, rational auszudrücken. Und ist dieses geschehen, so enthält die Eliminationsgleichung in (n. 3.) die unbekannten Wurzelwerthe $\alpha, \beta, \gamma, \ldots \mu, \nu$ nicht mehr, sondern nur noch diese Koefficienten N, P, Q, ... S, T, U, in Verbindung mit den Koefficienten $\Pi x(q+1)$, $\Pi x q$, $\Pi x(q-1) \ldots \Pi x 2$, $\Pi x 1$, d. h. 'N, 'P, 'Q ... 'T, 'U. Der Ausdruck links in der Eliminationsgleichung (n. 3.) wird also eine rationale und ganze Funktion von y, und giebt daher die Eliminationsgleichung in der gewünschten Form.

§. 508. Zusatz.

Diese Eliminationsgleichung ist höchstens vom Grade mn. — Denn es sey erstlich $p = m$ und $q = n$; so ist offenbar $\Pi x(a+1)$ eine ganze Funktion von y höchstens vom $(n-a)^{ten}$ Grade, dahero das Produkt

$$\Pi x(a+1) \cdot \Pi x(b+1) \ldots \Pi x(n+1)$$

eine ganze Funktion von y höchstes vom Grade

$$[mn - (a+b+c+ \ldots +n)].$$

Ferner folgt aus dem Newton'schen Lehrsatz (§. 495.), daß die symmetrischen Funktionen (Potenz-Summen) $\Sigma_a, \Sigma_b, \Sigma_c, \ldots \Sigma_n$ ganze Funktionen von y, beziehlich höchstens vom Grade a, b, c, ..., n, sind, daß also daß Produkt $\Sigma a . \Sigma b . \Sigma c \ldots \Sigma n$ und daher nach (§. 487.), auch die symmetrische Funktion $\Sigma(\alpha^a . \beta^b . \gamma^c \ldots \nu^n)$ höchstens vom Grade $(a+b+c+ \ldots +n)$ seyn kan. — Folglich ist das Produkt

$\Pi x(a+1) . \Pi x(b+1) \ldots \Pi x(n+1) \alpha^a \beta^b \ldots \nu^n$
höchstens vom Grade:

$$[mn - (a+b+c+ \ldots +n)] + (a+b+c+ \ldots +n)$$

d. h. höchstens vom $m n^{ten}$ Grade, nach y. —

Ist aber $p < m$ und $q < n$, so kann der Grad der Eliminationsgleichung den Grad $mn$ um so weniger übersteigen.

§. 509. Zusatz.

Es kann die Eliminationsgleichung identisch $0 = 0$ werden; dann ist einer, oder sind mehrere der Faktoren $S.[\Pi x(a+1)\alpha^a]$, $S.[\Pi x(b+1)\beta^b]$, u. s. w. f. identisch 0, folglich von den Wurzelwerthen $\alpha, \beta, \ldots \mu, \nu$, als Funktionen von y wenigstens einer oder einige, für jeden Werth von y zugleich Wurzelwerthe der zweyten Gleichung $\mathfrak{B} = 0$; und es haben also dann die beyden Gleichungen $\mathfrak{A} = 0$ und $\mathfrak{B} = 0$, den gemeinschaftlichen Faktor $(x-\alpha)$ oder $(x-\alpha)(x-\beta)$, oder u. s. w., für jeden Werth von y.

Von diesem größten gemeinschaftlichen Theiler, müssen die Gleichungen $\mathfrak{A} = 0$ und $\mathfrak{B} = 0$ erst befreit werden, um zwischen den neuen Gleichungen $'\mathfrak{A} = 0$ und $'\mathfrak{B} = 0$, die Elimination von x statt finden lassen zu können.

Würde man aber für die Eliminationsgleichung erhalten $A = 0$, und A nach y constant; so wäre dies ein Beweis, daß die gegebenen Gleichungen $\mathfrak{A} = 0$ und $\mathfrak{B} = 0$ sich widersprechen, und daß es also nicht ein einziges System von Werthen für x und y giebt, welches beyden zugleich ein Genüge leistete.

### §. 510. Zusatz.

Hat die Gleichung $\mathfrak{B} = 0$, den Faktor $\varphi y$ ohne x, so kann man $\frac{\mathfrak{B}}{\varphi y}$ durch $'\mathfrak{B}$ bezeichnen, und dann x aus $\mathfrak{A} = 0$ und $'\mathfrak{B} = 0$ auf die (§. 507.) angegebene Art eliminiren, die erhaltene Eliminationsgleichung aber mit $(\varphi y)^p$ noch multipliziren, um die Eliminationsgleichung nach y zwischen $\mathfrak{A} = 0$ und $\mathfrak{B} = 0$ zu haben, wie solches unmittelbar aus der Auflösung (§. 507.) hervorgeht, in so ferne $\mathfrak{B} = \varphi y . '\mathfrak{B}$ ist.

Hätten $\mathfrak{A} = 0$ und $\mathfrak{B} = 0$, dieselbe ganze Funktion von y, nehmlich $\varphi y$, zum größten gemeinschaftlichen Theiler, so könnte man $\mathfrak{A}$ u. $\mathfrak{B}$ erst durch ihn dividiren, und dann die Eliminationsgleichung zwischen $'\mathfrak{A} = 0$ und $'\mathfrak{B} = 0$ aufsuchen.

### §. 511. Zusatz.

So viele Paare von Werthen von x u. y es giebt, welche den beyden Gleichungen $\mathfrak{A} = 0$ und $\mathfrak{B} = 0$ ein Genüge leisten, so viele Wurzelwerthe muß auch die Eliminationsgleichung in y haben; und umgekehrt (§. 249.). — Die zu jedem Werth a von y, zugehörigen Werthe von x, findet man aber, wenn man in $\mathfrak{A}$ und in $\mathfrak{B}$, a statt y setzt, und dann zwischen $\mathfrak{A}$ und $\mathfrak{B}$ den größten gemeinschaftlichen Theiler $\psi x$ nach x sucht, diesen $= 0$ setzt, und nun die Wurzelwerthe dieser Gleichung $\psi x = 0$, auffindet.

Jeder Werth von x aus $\psi x = 0$, mit dem Werth $y = a$ in Verbindung, leistet dann den Gleichungen $\mathfrak{A} = 0$ und $\mathfrak{B} = 0$ ein Genüge. — Daraus folgt aber noch:

1) Hat die Eliminationsgleichung in y den k fachen Wurzelwerth a, so hat die Gleichung $\psi x = 0$ nothwendig k Wurzelwerthe für x; sie ist also dann vom Grade k nach x.

2) Umgekehrt, wenn für $y = a$, ein solcher den beyden ganzen Funktionen 𝔄 und 𝔅 gemeinschaftlicher größter Theiler vom Grade k existirt, so muß die gesuchte Eliminationsgleichung in y, nothwendig eine Anzahl k dem a gleicher Wurzelwerthe haben.

### §. 512. Zusatz.

Weil für jeden Wurzelwerth der Eliminationsgleichung in y, wenn solcher statt y in 𝔄 und in 𝔅 gesetzt gedacht wird, diese ganzen Funktionen 𝔄 und 𝔅 nothwendig einen gemeinschaftlichen Theiler in x haben müssen, so folgt, daß wenn man nach (§. 426.) verfährt (zwischen 𝔄 und 𝔅, während y noch ein allgemeiner Ausdruck ist, den größten gemeinschaftlichen Theiler aufsucht, und den letzten Rest, der im allgemeinen eine Funktion von y ist und durch f y bezeichnet werden kann, der Null gleich setzt), jeder Wurzelwerth von $fy = 0$, der nicht zugleich den Koefficienten der höchsten Potenz von x in irgend einem der Divisoren, der Null gleich macht, nothwendig ein Wurzelwerth der gesuchten Eliminationsgleichung seyn müsse.

Es kann daher diese so gefundene Endgleichung $fy = 0$ alle Wurzelwerthe der Eliminationsgleichung enthalten. Sie kann aber auch nicht alle Wurzelwerthe der Eliminationsgleichung, dagegen in jedem

Falle auch mehrere, der Eliminationsgleichung ganz fremde Wurzelwerthe, in sich aufgenommen haben. — Und deshalb ist dieses Verfahren an sich nicht geeignet, um in jedem Falle mit Nothwendigkeit die gesuchte Eliminationsgleichung zu liefern.

Ferner fällt in die Augen, daß wenn in irgend einem der Reste der Operation, welche im allgemeinen ganze Funktionen von x seyn müssen, deren Koefficienten wiederum Funktionen von y sind, diese letztern Koefficienten alle für einen Werth a von y der Null gleich werden, dieser Rest selbst der Null gleich werden muß. Wenn daher derselbe Werth a von y nicht zugleich auch den Koefficienten der höchsten Potenz von x in irgend einem der vorhergehenden Divisoren, der Null gleich macht, so ist auch solcher Werth a nothwendig ein Wurzelwerth der Eliminationsgleichung. Und ist der letzte Divisor nach x vom Grade r, so ist dieser Werth a ein r facher Wurzelwerth der gesuchten Eliminationsgleichung, nach (§. 511. n. 2.).

## §. 513. Zusatz.

Setzen wir die beyden Gleichungen des (§. 507.), nehmlich $\mathfrak{A}=0$ und $\mathfrak{B}=0$, und $p \gtreqless q$ voraus, auch daß $\mathfrak{A}$ und $\mathfrak{B}$ keinen gemeinschaftlichen Theiler nach x allein, oder nach y allein, oder nach x und y haben, unabhängig von einem bestimmten Werth von x oder y; so kann man auf obige Betrachtungen (§. 512.) und auf (§. 510.) folgendes Verfahren gründen, welches alle Wurzelwerthe der gesuchten Eliminationsgleichung liefert, nicht mehr und nicht weniger.

Man verfahre nehmlich wieder so, als wenn nach (§. 424. oder §. 425.) der größte gemeinschaftliche Theiler zwischen 𝔄 und 𝔅 nach x gefunden werden sollte, aber mit den Einschränkungen:

1) auf dem Wege des (§. 425.) alle gebrochenen Funktionen von y, als Koefficienten von x, zu vermeiden;

2) sowohl die Funktionen 𝔄 und 𝔅, als auch jeden der während der Operation entstehenden Reste R, 'R, "R, etc. etc., (in so ferne sie Funktionen von x sind, deren Koefficienten im allgemeinen wiederum ganze Funktionen von y seyn werden), von dem, allen diesen Koefficienten gemeinschaftlichen größten Faktor in y zu befreyen, und nicht diese Funktionen 𝔄, 𝔅, R, 'R, "R, etc. etc. selbst, sondern erst die von diesem beziehlich größten gemeinschaftlichen Theiler befreyten Funktionen (𝔄), (𝔅), (R), ('R), ("R), etc. etc. im Verlaufe der Operation anzuwenden.

I. Hat nun 𝔄 den größten Theiler $\varphi y$, so nehme man jeden Wurzelwerth von $\varphi y = 0$, als so vielfachen Wurzelwerth der gesuchten Eliminationsgleichung, als für ihn, wenn man solchen statt y in 𝔅 setzt, der Grad von 𝔅 wird.

II. Hat aber 𝔅 den größten Theiler $'\varphi y$, so nehme man jeden Wurzelwerth von $'\varphi y = 0$, der nicht zugleich ein Wurzelwerth von $\varphi y = 0$ ist, als so vielfachen Wurzelwerth, als für ihn der Grad von 𝔄 wird.

III. Bezeichnen nun A, 'A, ''A, '''A, etc. etc. die Koefficienten der höchsten Potenzen von x in den zur Operation benutzten Divisoren (B), (R), ('R), (''R) etc. und hat dann der erste Rest R den größten Theiler $''\varphi y$, so nehme man jeden Wurzelwerth von $''\varphi y = o$, der nicht zugleich ein Wurzelwerth von $\varphi y = o$, $'\varphi y = o$ und auch nicht von $A = o$ ist, als so vielfachen Wurzelwerth der Eliminationsgleichung als der Grad von (B) ist.

IV. Hat ferner der zweyte Rest 'R den größten Theiler $'''\varphi y$, so nehme man jeden Wurzelwerth von $'''\varphi y = o$, der nicht zugleich Wurzelwerth ist, weder von $\varphi y = o$, $'\varphi y = o$, $''\varphi y = o$, noch von $A = o$, $'A = o$, als so vielfachen Wurzelwerth der Eliminationsgleichung, als der Grad von (R) anzeigt.

V. Ist ferner $^{IV}\varphi y$ der größte Theiler von dem nächsten Rest ''R, so ist jeder Wurzelwerth von $^{IV}\varphi y = o$, der nicht zugleich Wurzelwerth ist, weder von $\varphi y = o$, $'\varphi y = o$, $''\varphi y = o$, $'''\varphi y = o$, noch von $A = o$, $'A = o$, $''A = o$, als so vielfachen Wurzelwerth der Eliminationsgleichung, als der Grad von ('R) anzeigt.

VI. Es ist leicht dieses Verfahren zu übersehen, bis zu dem letzten Rest $^{n}R$; jeder Wurzelwerth von $^{n}R = o$, der nicht zugleich Wurzelwerth irgend einer der vorhergehenden Gleichungen $\varphi y = o$, $'\varphi y = o$, $''\varphi y = o$, etc. ist, und auch nicht von irgend einer der Gleichungen $A = o$, $'A = o$, $''A = o$, $'''A = o$, etc. etc. ist noch als ein so vielfacher Wurzelwerth der gesuchten Eliminationsgleichung zu nehmen, als der Grad des letzten Divisors verlangt.

VII.

VII. Um endlich keinen der Wurzelwerthe der gesuchten Eliminationsgleichung zu übergehen, nehme man noch alle die verschiedenen Wurzelwerthe der Gleichungen $A=0$, $'A=0$, $''A=0$, etc. etc., welche zugleich Wurzelwerthe von $\varphi y=0$, oder $'\varphi y=0$, oder $''\varphi y=0$, oder $'''\varphi y=0$, etc. etc. etc., oder endlich von $^nR=0$ waren, setze solche, statt y in die ganzen Funktionen A und B und sehe zu, ob diese Funktionen einen gemeinschaftlichen Theiler in x haben. Jeden dieser Wurzelwerthe, für welchen sich noch ein solcher gemeinschaftlicher Theiler in x, von A und B findet, muß man dann noch als einen so vielfachen Wurzelwerth der Eliminationsgleichung nehmen, als der Grad dieses gemeinschaftlichen Theilers in x anzeigt.

VIII. Alle diese Wurzelwerthe zusammen, bilden dann genau die gesuchte Eliminationsgleichung.

Anmerkung 1. Will man aber von $'\varphi y=0$, die mit $\varphi y=0$ gemeinschaftlichen Wurzelwerthe absondern, so darf man nur zwischen den Funktionen $\varphi y$ und $'\varphi y$ den größten gemeinschaftlichen Theiler in y suchen, und $'\varphi y$ durch ihn dividiren. Der Quotient $=0$ gesetzt, giebt dann diejenigen Wurzelwerthe von $'\varphi y=0$, welche nicht zugleich Wurzelwerthe von $\varphi y=0$ sind. — Auf ähnliche Weise werden aber auch von den übrigen Gleichungen, die gemeinschaftlichen Wurzelwerthe mit den vorhergehenden Gleichungen, abgesondert.

Anmerkung 2. Es versteht sich dabey von selbst, daß wenn irgend einer der Reste oder eine der Funktionen A und B selbst, keinen Theiler in y haben, sogleich zu dem folgenden Rest oder zu der folgenden Funktion von x fortgeschritten wird.

Anmerkung 3. Hätten A und B noch einen gemeinschaftlichen Theiler X nach x vom Grade r, in x allein oder in x und y, unabhängig aber von y, und hätte man auf sie dennoch dasselbe Verfahren des (§. 513.) angewandt, so wäre man zuletzt auf einen Rest $^{n}R$ gekommen, der identisch $= 0$ ist. Jeder Werth a von y aus $\varphi y = 0$, oder $'\varphi y = 0$, oder $\varphi y = 0$, etc. etc. oder aus $A = 0$, $'A = 0$, etc., für welchen ein den Funktionen 𝔄 und 𝔅 gemeinschaftlicher Theiler T vom Grade t existirt, giebt aber dann doch den gemeinschaftlichen Theiler $\frac{T}{\mathfrak{R}}$ nach x, der beyden Funktionen $\frac{\mathfrak{A}}{\mathfrak{R}}$ und $\frac{\mathfrak{B}}{\mathfrak{R}}$, für diesen Werth a von y; so daß dieser Werth a ein $(t-r)$ facher Wurzelwerth der aus den beyden Gleichungen $\frac{\mathfrak{A}}{\mathfrak{R}} = 0$ und $\frac{\mathfrak{B}}{\mathfrak{R}} = 0$ hervorgehenden Eliminationsgleichung ist. — Das (§. 513.) gezeigte Verfahren liefert also, auch im Falle 𝔄 und 𝔅 noch einen von y unabhängigen Theiler 𝔑 in x hätten, die Wurzelwerthe der Eliminationsgleichung, welche in diesem Falle möglich ist, ohne daß es nöthig wäre die Gleichungen $\mathfrak{A} = 0$ und $\mathfrak{B} = 0$ vor der Operation von diesem gemeinschaftlichen Theiler zu befreien.

Anmerkung 4. Weil z. B. $('R) = (''R).Q + '''R$, so folgt daß wenn man für x oder für y einen Werth setzt der $(''R) = 0$ macht, dann sogleich $'''R = ('R)$ seyn müsse, für denselben Werth von x oder von y.

### 1stes Beispiel.

Es seyen die beyden gegebenen Gleichungen

$$\mathfrak{A})\ x^3 + (y^2 + y - 1)x^2 + (y^2 - 2y)x + (-y^3 - 3y^2 + 3y) = 0$$

$$\mathfrak{B})\ x^3 + y . x^2 + (y^2 - 2y)x + (-3y^2 + 2y) = 0;$$

und x zu elliminiren.

Die Theiler $\varphi y$, $'\varphi y$ existiren nicht; $A = 1$ und $R = (y^2 - 1)x^2 + (-y^3 + y)$; dahero $''\varphi y = y^2 - 1$ und $(R) = x^2 - y$ und $'A = 1$. — Dann ist weiter $'R = (y^2 - y)x + (-2y^2 + 2y)$; folglich $'''\varphi y = y^2 - y$ und $('R) = x - 2$; dahero $''A = 1$. — Endlich wird

$''R = 4 - y$. — Mithin die gesuchte Eliminationsgleichung

$$(y^2 - 1)^3 \cdot y^2 \cdot (y - 4) = 0 \quad \text{oder}$$

$$y^9 - 4y^8 - 3y^7 + 12y^6 + 3y^5 - 12y^4 - y^3 + 4y^2 = 0.$$

Die zu jedem dieser Werthe von $y$ zugehörigen Werthe von $x$, welche in Verbindung den gegebenen Gleichungen $\mathfrak{A} = 0$ und $\mathfrak{B} = 0$ ein Genüge leisten, findet man nun auf folgende Art. — Die zu jedem aus $''\varphi y = 0$ d. h. aus $y^2 - 1 = 0$ hervorgehenden Werth von $y$, gehörigen Werthe von $x$ liefert die Gleichung $\mathfrak{B} = 0$; also für $y = 1$ die Gleichung

$x^3 + x^2 - x - 1 = 0$ oder $(x + 1)^2 \cdot (x - 1) = 0$; und für $y = -1$, die Gleichung $x^3 - x^2 + 3x - 5 = 0$. — Ferner liefert die zu jedem aus $'''\varphi y = 0$ hervorgehenden Werth von $y$, nehmlich zu $y = 0$, gehörigen Werthe von $x$, die Gleichung $(R) = 0$, d. h. $x^2 = 0$. — Endlich erhält man die zu $''R = 0$ oder $y = 4$ gehörigen Werthe von $x$ aus $'R = 0$, oder $x - 2 = 0$.

Den beyden gegebenen Gleichungen $\mathfrak{A} = 0$ und $\mathfrak{B} = 0$ genügen also die 9 Systeme von Werthen

| | | | | | | |
|---|---|---|---|---|---|---|
| x | 1, | −1, | −1, | 0, | 0, | 2, |
| y | 1, | 1, | 1, | 0, | 0, | 4, |

und noch die 3 Werthe aus $x^3 - x^2 + 3x - 5 = 0$, mit $y = -1$ in Verbindung.

## 2tes Beyspiel.

Es sey $x$ zu eliminiren aus den beyden Gleichungen

$$\mathfrak{A}) \quad x^2 - (2y + 5)x + (y^2 + 5y + 6) = 0$$

$$\mathfrak{B}) \quad x^2 - \quad 4y \quad x + (4y^2 - 1) = 0$$

Hier ist $A = 1$; $\varphi y$ und $'\varphi y$ existiren nicht; ferner ist $R = (R) = (2y - 5)x + (-3y^2 + 5y + 7)$, $''\varphi y$ existirt nicht, und $'A = 2y - 5$. — Folglich wenn B mit $'A^2$ (nach §. 425.) multiplizirt und die Operation weiter fortgesetzt wird, $'R = y^4 - 10y^3 + 35y^2 - 50y + 24$; und $'R = 0$ oder $(y-1)(y-2)(y-3)(y-4)$ die gesuchte Eliminationsgleichung. — Die zugehörigen Werthe von x giebt die Gleichung $(R) = 0$ oder

$$x = \frac{3y^2 - 5y - 7}{2y - 5};$$

und den beyden Gleichungen $\mathfrak{A} = 0$ und $\mathfrak{B} = 0$ genügen die Paare

$$\begin{array}{c|cccc} x & 1, & 2, & 3, & 4 \\ y & 3, & 5, & 5, & 7. \end{array}$$

### 3tes Beyspiel.

Aus denselben beyden Gleichungen des vorigen Beyspiels y zu eliminiren. — Nach y geordnet geben sie

$$\mathfrak{A})\ y^2 + (-2x + 5)\,y + (x^2 - 5x + 6) = 0$$
$$\mathfrak{B})\ 4y^2 - 4x\ y + (x^2 - 1) = 0$$

Es ist hier $\varphi x$, $'\varphi x$ constant, $A = 4$, und $R = (-4x + 20)\,y + (3x^2 - 20x + 25) = 0$, dahero

$$''\varphi x = x - 5 \text{ und}$$

$R = -4y + (3x - 5)$, so wie $'A = -4$. —

Multiplizirt man hier B statt mit $4^2$ bloß mit 4, so erhält man weiter den letzten Rest

$$'R = x^2 - 10x + 21 = (x-3)(x-7). —$$

Dahero die gesuchte Eliminationsgleichung

$(x-5)^2(x-3)(x-7) = 0$ oder $x^4 - 20x^3 + 146x^2 - 460x + 525 = 0$.

### 4tes Beyspiel.

Den Unbekannten x zu eliminiren aus den Gleichungen

$$\mathfrak{A})\ x^3 - (3y + 5)x^2 + (3y^2 + 10y + 6)\,x - (y^3 + 5y^2 + 6y) = 0$$
$$\mathfrak{B})\ x^3 - 5y\,.\,x^2 + (8y^2 - 1)\ x - (4y^3 - y) = 0.$$

Hier ist $A = 1$, und $\varphi y$ u. $'\varphi y$ sind constant; und dabey $R = (2y-5)x^2 + (-5y^2 + 10y + 7)x + (3y^3 - 5y^2 - 7y)$; dahero $''\varphi y$ constant, und $'A = 2y - 5$; folglich wenn $\mathfrak{B}$ mit $(2y-5)^2$ multiplizirt wird $'R = (y^4 - 10y^3 + 35y^2 - 50y + 24)x + (-y^5 + 10y^4 - 35y^3 + 50y^2 - 24y)$ und $'''\varphi y = y^4 - 10y^3 + 35y^2 - 50y + 24$; so wie $('R) = x - y$ und $''A = 1$. — Der letzte Rest $'''R$ wird nun identisch $= 0$, und der letzte Quotient

$$\frac{R}{'R} = (2y-5)x + (-3y^2 + 5y + 7).$$

Die beyden Gleichungen $\mathfrak{A} = 0$, $\mathfrak{B} = 0$ haben also nach (Anmerkung 3.) den gemeinschaftlichen Theiler $('R)$ oder $x - y$ unabhängig von jedem Werth von y. Dividirt man $\mathfrak{A}$ und $\mathfrak{B}$ durch ihn, so erhält man

$$x^2 - (2y+5)x + (y^2 + 5y + 6) = 0 \quad \text{und}$$
$$x^2 - 4yx + (4y^2 - 1) = 0,$$

zwischen denen erst die Elimination von x möglich ist. Die Gleichung $'''\varphi y = 0$ oder $y^4 - 10y^3 + 35y^2 - 50y + 24 = 0$ ist aber die gesuchte Eliminationsgleichung, aus diesen letztern, und die zugehörigen Werthe von x giebt der letzte Quotient $\frac{R}{'R} = 0$, oder die Gleichung

$$(2y-5)x + (-3y^2 + 5y + 7) = 0 \quad \text{oder} \quad x = \frac{3y^2 - 5y - 7}{2y - 5}.$$

(Man vergleiche damit das 2te Beyspiel.)

### 5tes Beyspiel.

Man soll x eliminiren aus den Gleichungen

$$\mathfrak{A})\quad yx^3 - (y^3 - 3y - 1)x + y = 0$$
$$\mathfrak{B})\quad x^2 + (-y^2 + 3) = 0.$$

Hier sind $\varphi y$, $'\varphi y$ constant $A = 1$, $R = x + y$, $''\varphi y$ constant, $'A = 1$, $'R = 3$. — Folglich hat die gesuchte Eliminationsgleichung gar keinen Wurzelwerth; d. h. es findet keine Eliminationsgleichung statt.

Die beyden gegebenen Gleichungen finden also für dieselben Werthe von x und y nie zugleich statt.

### Noch mehr Beyspiele zur Uebung.

1. $\begin{cases} x^3 - (3y - 1)x^2 + (y^2 - 2y)x + (y^2 + y) = 0 \\ x^3 - (y - 1)x^2 - (y - 1)x + 1 = 0 \end{cases}$

Man findet den gemeinschaftlichen Theiler $x + 1$ unabhängig von y. Für die neuen Gleichungen

$x^2 - 3yx + (y^2 + y) = 0$ und $x^2 - yx + 1 = 0$

findet sich dann als Eliminationsgleichung

$$y^4 - 7y^2 + 1 = 0,$$

2. $\begin{cases} 2yx^3 + (2y^2 - 4y - 2)x^2 + (2y^4 - 6y^3 - 2y^2 + 6y + 1)x - 2 = 0 \\ yx^2 + (y^2 - 2y - 1)x + (y^4 - 3y^3 - y^2 + 3y) = 0 \end{cases}$

3. $\begin{cases} x^3 - (3y - 3)x^2 + (3y^2 - 6y - 1)x + (-y^3 + 3y^2 + y - 3) = 0 \\ x^2 + (2y + 4)x + (y^2 + 4y + 3) = 0 \end{cases}$

4. $\begin{cases} x^3 - (3y + \ )x^2 + (3y^2 + 18y + 23)x - (y^3 + 9y^2 + 23y + 15) = 0 \\ x^3 + (3y - 3)x^2 + (3y^2 - 6y - 1)x + (y^3 - 3y^2 - y + 3) = 0 \end{cases}$

5. $\begin{cases} 3x^3 - 2yx^2 - 3y^2x + 2y^3 = 0 \\ (y^3 - y)x - (6y^2 - 6) = 0 \end{cases}$

Hier ist $'\varphi y = y^2 - 1$, und $(\mathfrak{B}) = yx - 6$; $A = y$.

6. $\begin{cases} (y^2 - y)x^2 + (y^3 - y^2)x + (y^4 - y^3 - y + 1) = 0 \\ (y^2 - 3y + 2)x^2 + (y^2 - y)x + (-y^3 + 2y^2 - y) = 0 \end{cases}$

Hier ist $\varphi y = y - 1$ und $'\varphi y = y - 1$; daher haben $\varphi y$ und $'\varphi y$ und also auch $\mathfrak{A}$ und $\mathfrak{B}$ den gemeinschaftlichen Theiler $y - 1$ unabhängig von x, von dem sie erst befreit werden müssen, ehe man das Eliminiren versuchen kann.

7. $\begin{cases} x^3 + (3y - 1)x^2 + (3y^2 - 2y - 9)x + y^3 - y^2 - 9y + 9 = 0 \\ x^2 - 2yx + y^2 + 4x - 4y + 3 = 0 \end{cases}$

Endgleichung in y ... $y(y-2)^2(y-1)^2(y-3) = 0$

Endgleichung in x ... $x^2(x-1)(x+1)(x+3)(x-4) = 0$.

8. $\begin{cases} y^3 + (2x+2)y - x^2y + 7xy - 5y - 2x^3 + yx^2 - 7x - 6 = 0 \\ y^2 + 3x^2 + 4xy + y + 5x - 2 = 0 \end{cases}$

Endgleichung in y ... $(y+3)(y+5)(2y+5)(2y-5)(y+5) = 0$

Endgleichung in x ... $(x-1)^2(2x-1)(2x+1)(x-2) = 0$.

9. $\begin{cases} x^2 - 2xy + y^2 - 4x + 4y + 3 = 0 \\ x^2 - 2xy + y^2 - 6x + 6y - 7 = 0 \end{cases}$

haben keine Elliminationsgleichung.

10. $\begin{cases} x^2 + 2xy + y^2 - 10x - 10y + 21 = 0 \\ x^2 - 2xy + y^2 + 6x - 6y + 5 = 0 \end{cases}$

Endgleichung in y ... $(y-4)^2(y-6)(y-2) = 0$

Endgleichung in x ... $(x-3)(x-1)^3 = 0$

## §. 514. Zusatz.

Kann eine der beyden Gleichungen $\mathfrak{A} = 0$ oder $\mathfrak{B} = 0$ in Faktoren zerlegt werden; ist z. B. $\mathfrak{A} = \mathfrak{C}.\mathfrak{D}.\mathfrak{E}$, und dabey $\mathfrak{C}$, u. $\mathfrak{D}$ u. $\mathfrak{E}$ Funktionen von x und y oder von x allein, so ist klar, daß jeder Werth von y, welcher verursacht, daß $\mathfrak{C}$ und $\mathfrak{B}$ oder $\mathfrak{D}$ und $\mathfrak{B}$ oder $\mathfrak{E}$ und $\mathfrak{B}$, einen gemeinschaftlichen Faktor in x haben, nothwendig ein Wurzelwerth der gesuchten Eliminationsgleichung in y seyn müsse, und daß auch umgekehrt jeder Wurzelwerth der gesuchten Eliminationsgleichung in y zwischen $\mathfrak{A} = 0$ und $\mathfrak{B} = 0$ zugleich unter den Wurzelwerthen der Eliminationsgleichungen in y zwischen $\mathfrak{C} = 0$ und $\mathfrak{B} = 0$, zwischen $\mathfrak{D} = 0$ und $\mathfrak{B} = 0$, und zwischen $\mathfrak{E} = 0$ und $\mathfrak{B} = 0$ enthalten seyn müsse.

Wäre endlich auch 𝔅 noch in ein Produkt 𝔉 . 𝔊 . ℌ mehrerer andern ganzen Funktionen von x und y oder von x allein zerlegbar, so dürfte man nur die Eliminationsgleichungen suchen, zwischen
ℭ = o und 𝔉 = o, zwischen ℭ = o und 𝔊 = o, zwischen ℭ = o und ℌ = o, dann zwischen 𝔇 = o und 𝔉 = o, zwischen 𝔇 = o und 𝔊 = o, zwischen 𝔇 = o und ℌ = o; endlich zwischen 𝔈 = o und 𝔉 = o, 𝔈 = o und 𝔊 = o, und zwischen 𝔈 = o und ℌ = o; und aus diesen Eliminationsgleichungen die gesuchte Eliminationsgleichung in y zwischen 𝔄 = o und 𝔅 = o zusammensetzen.

### Beyspiel.

Ist aus den Gleichungen

𝔄) $(yx - 6)(x - 1)(x + 1) = 0$

𝔅) $(2x - 3y)(x - y)(x + y) = 0$

x zu elimiren, so erhält man als Eliminationsgleichung in y zwischen

$$yx - 6 = 0 \text{ und } 2x - 3y = 0,$$

die Gleichung $y^2 - 4 = 0$ oder $(y - 2)(y + 2) = 0$; dann als Eliminationsgleichung zwischen

$$x - 1 = 0 \text{ und } 2x - 3y = 0,$$

die Gleichung $3y - 2 = 0$;

und als Eliminationsgleichung zwischen

$$x + 1 = 0 \text{ und } 2x - 3y = 0,$$

die Gleichung $3y + 2 = 0$.

Eben so sind die Eliminationsgleichungen zwischen

$$\left.\begin{array}{l} yx - 6 = 0 \text{ und } x - y = 0 \\ x - 1 = 0 \text{ und } x - y = 0 \\ x + 1 = 0 \text{ und } x - y = 0 \end{array}\right\} \text{ beziehlich } \left\{\begin{array}{l} y^2 - 6 = 0 \\ y - 1 = 0 \\ y + 1 = 0. \end{array}\right.$$

Endlich sind die Eliminationsgleichungen zwischen

$$\left.\begin{array}{l} yx-6=0 \text{ und } x+y=0 \\ x-1=0 \text{ und } x+y=0 \\ x+1=0 \text{ und } x+y=0 \end{array}\right\} \text{ beziehlich } \left\{\begin{array}{l} y^2+6=0 \\ y+1=0 \\ y-1=0. \end{array}\right.$$

Daher die gesuchte Eliminationsgleichung zwischen $\mathfrak{A}=0$ und $\mathfrak{B}=0$

$$(y^2-4)(3y-2)(3y+2)(y^2-6)(y^2+6)(y-1)^2(y+1)^2=0.$$

Eben so leicht läßt sich die Eliminationsgleichung in $x$ finden.

## §. 515. Zusatz.

Man kann auch zur Eliminationsgleichung zwischen den Gleichungen

$$\text{I.} \quad x^4+Px^3+Qx^2+Rx+S=0$$
$$\text{II.} \quad x^2+px+q=0$$

auf folgende Weise gelangen.

Man findet aus (II.):

$$1)\ x^2=-px-q$$

daraus $\quad x^3=(-px-q)x=-px^2-qx$

und indem man statt $x^2$ sogleich wieder den Werth $-px-q$ setzt;

$$2)\ x^3=(p^2-q)x+pq;$$

daraus wieder, auf dieselbe Weise verfahrend, d. h. mit $x$ multiplizirend, und statt $x^2$ rechts den Werth setzend:

$$x^4=(p^2-q)x^2+pqx$$
$$=(p^2-q)(-px-q)+pqx$$

oder $\quad 3)\ x^4=(-p^3+2pq)x-q(p^2-q).$

Diese Werthe für $x^2$, $x^3$ und $x^4$ substituirt man nun in die Gleichung (I.), und erhält eine Gleichung (III.), die im allgemeinen um einen Grad niedriger seyn wird, als die (II.), die also hier vom ersten Grade seyn muß. — Man hat dann

$$\text{II.} \quad x^2 + px + q = 0$$
$$\text{III.} \quad x + r = 0.$$

Mit diesen Gleichungen (II.) und (III.) verfahre man nun gerade so, wie mit den Gleichungen (I.) und (II.). Dann erhält man z. B. aus (III.):

$$1) \quad x = -r.$$

Hieraus wieder $x^2 = -rx = (-r)(-r)$ oder

$$2) \quad x^2 = r^2.$$

Diese Werthe für $x$ und $x^2$ in (II.) substituirt, geben dann wiederum eine Gleichung (IV.), welche im allgemeinen um einen Grad niedriger seyn muß, als die (III.), die folglich hier vom nullten Grade, oder in $x$ constant, wird.

Denkt man sich nun, daß in den beyden gegebenen Gleichungen das $y$, wo es vorkommt, jedesmal einen seiner Werthe aus der Eliminationsgleichung, repräsentirt, so ist klar, daß für diesen Werth von $y$, die Endgleichung (IV.) nothwendig identisch seyn muß. Es wird daher die Endgleichung alle Wurzelwerthe der Eliminationsgleichung enthalten. — Weil aber die Endgleichung auch noch, der Eliminationsgleichung fremde Wurzelwerthe enthalten kann, so darf solche nicht unbedingt als Eliminationsgleichung angenommen werden.

Anmerkung. Diese Methode selbst ist hier nur Beyspielsweise angedeutet, weil das Verfahren so sehr einfach ist, daß ein Beyspiel hinreicht, um es erkennen zu lassen.

Die ganze Methode dreht sich um den Satz, daß wenn man die Gleichung

1) $x^m = Px^{m-1} + Qx^{m-2} + Rx^{m-3} + \ldots$

hat, man jede höhere Potenz von $x^m$, durch eine Funktion von $m-1$ten Grade nach $x$ ausdrücken könne, dadurch daß man die gegebene Gleichung (1) mit $x$ multiplizirt, und rechts statt $x^m$ sogleich wieder aus (1) ihren Werth setzt.

So erhält man:

$$2)\ x^{m+1} = Px^m + Qx^{m-1} + Rx^{m-2} + \ldots$$
$$= (P^2+Q)\,x^{m-1} + (PQ+R)\,x^{m-2} + \ldots$$

und

$$3)\ x^{m+2} = (P^2+Q)\,x^m + (PQ+R)\,x^{m-1} + \ldots$$
$$= [(P^2+Q)P + (PQ+R)]\,x^{m-1} + \ldots$$

u. s. w. f.

## §. 516. Zusatz.

Um an einem Beyspiel auch noch ein viertes Eliminations-Verfahren anzudeuten, mag $x$ aus den Gleichungen

$$Nx^3 + Px^2 + Qx + R = 0$$
$$nx^3 + px^2 + qx + r = 0$$

eliminirt werden.

Zu dem Ende multiplizire man beyde Gleichungen dergestalt, daß bald die ersten, bald die letzten Koefficienten in beyden einander gleich werden, und addire oder subtrahire die neuen Gleichungen, um Resultate mit weniger Gliedern zu bekommen, die sich dann auch auf einen niedrigern Grad bringen lassen. So z. B. erhält man:

$$Nnx^3 + Pnx^2 + Qnx + Rn = 0$$
$$Nnx^3 + pNx^2 + qNx + rN = 0$$

$$\text{I.}\ (Pn - pN)\,x^2 + (Qn - qN)\,x + (Rn - rN) = 0.$$

Dann aber auch

$$Nrx^3 + Prx^2 + Qrx + Rr = 0$$
$$nRx^3 + pRx^2 + qRx + Rr = 0$$

$$(Nr - nR)\,x^3 + (Pr - pR)\,x^2 + (Qr - qR)\,x = 0,$$

oder durch x dividirend:

$$\text{II. } (Nr - nR)x^2 + (Pr - pR)x + (Qr - qR) = 0;$$

und da man nun zwey neue Gleichungen (I.) und (II.) hat, von niedrigerm Grade, so behandele man diese gerade so wie die gegebenen; setze zur Abkürzung

$$'N, \quad 'P, \quad 'Q, \quad 'n, \quad 'p, \quad 'q$$

beziehlich statt:

$$Pn-pN, \; Qn-qN, \; Rn-rN, \; Nr-nR, \; Pr-pR, \; Qr-qR,$$

wo $'Q = -'n$, und hat dann

$$\text{I. } 'Nx^2 + 'Px + 'Q = 0$$

$$\text{II. } 'nx^2 + 'px + 'q = 0.$$

Hieraus:

$$\text{III. } ('P'n - 'p'N)x + ('Q'n - 'q'N) = 0 \text{ und}$$

$$\text{IV. } ('N'q - 'n'Q)x + ('P'q - 'p'Q) = 0$$

oder

$$\text{III. } ''Nx + ''P = 0$$

$$\text{IV. } ''nx + ''p = 0$$

woraus zuletzt

$$''N''p - ''n''P = 0$$

als Endgleichung ohne x hervorgeht.

Aber auch hier muß diese Endgleichung zwar die Eliminationsgleichung enthalten, dagegen kann und wird sie auch noch der Eliminationsgleichung fremde Faktoren in sich aufnehmen.

## §. 517. Zusatz.

Ein fünftes Verfahren um aus den beyden Gleichungen

$$\text{A)} \quad x^m + Px^{m-1} + Qx^{m-2} + Rx^{m-3} + \ldots Tx + U = 0$$

$$\text{B) und} \quad x^n + 'Px^{n-1} + 'Qx^{n-2} + 'Rx^{n-3} + \ldots + 'U = 0$$

den Unbekannten x zu eliminiren, ist folgendes:

Man nimmt zwey ganze Funktionen von x an

$$\mathfrak{C})\ x^{m-1} + \alpha x^{m-2} + \beta x^{m-3} + \ldots + \pi$$

$$\mathfrak{D})\ x^{n-1} + '\alpha x^{n-2} + '\beta x^{n-3} + \ldots + '\pi$$

und sucht zu bewirken daß $\mathfrak{A}.\mathfrak{D} = \mathfrak{B}.\mathfrak{C}$ wird welches nach (§. 409.) geschieht und $m + n - 1$ Gleichungen giebt zwischen ihren Koefficienten. Diese $m + n - 1$ Gleichungen sind in Bezug auf jeden der $(m-1) + (n-1)$ Unbestimmten $\alpha, \beta, \ldots \pi, '\alpha, '\beta \ldots '\pi$, einfache Gleichungen und es können daher diese $m + n - 2$ Unbestimmten aus ihnen leicht eliminirt werden, so daß zuletzt eine Gleichung zwischen den Koefficienten P, Q, ... U 'P, 'Q, ... 'U übrig bleibt. — Ist nehmlich $\mathfrak{A}.\mathfrak{D} = \mathfrak{B}.\mathfrak{C}$, so ist auch $\frac{\mathfrak{A}}{\mathfrak{B}} = \frac{\mathfrak{C}}{\mathfrak{D}}$, und es haben also dann $\mathfrak{A}$ und $\mathfrak{B}$ einen gemeinschaftlichen Theiler vom 1sten Grade.

Allein auch diese Methode giebt nicht nothwendig die Eliminationsgleichung genau, und es müßten daher, sollte sie zweckdienlich seyn, auch für sie noch die Modifikationen angegeben werden, die zu beobachten sind, um gewiß seyn zu können, jedesmal auch wirklich die gesuchte Eliminationsgleichung genau zu haben.

## §. 518. Aufgabe.

Es sind gegeben 3 höhere Gleichungen

$$A = 0,\ B = 0,\ C = 0$$

zwischen 3 Unbekannten x, y, z, so daß die erste von der $m^{ten}$ die zweyte von der $n^{ten}$ und die dritte von der $p^{ten}$ Ordnung ist, man soll zwey der Unbekannten x u. y eliminiren.

### Auflösung I.

1) Man eliminire x aus A = o und B = o; dann auch aus A = o und C = o.

2) Aus den beyden Eliminationsgleichungen eliminire man dann noch y; so bekommt man die gesuchte Eliminationsgleichung, wenn man die Endgleichung zuvor von ihren fremden zur Eliminationsgleichung nicht gehörigen Faktoren befreyt.

### Auflösung II.

1) Man denke sich die Gleichung in A = o und B = o nach x u. y aufgelößt, und die mn Paare von Werthen für x u. y, durch die Buchstaben

$\alpha, \beta, \gamma \ldots \mu, \nu$ für x,

und $'\alpha, '\beta, '\gamma \ldots '\mu, '\nu$ für y

bezeichnet.

2) Man setze jedes dieser mn Paare von Werthen für x u. y in die dritte Gleichung C = o, statt x und statt y, so entstehen mn neue Gleichungen, deren Produkt die gesuchte Eliminationsgleichung seyn muß. — Diese Eliminationsgleichung bekommt dann die Form

$$S.[P\mathfrak{z}(\mathfrak{a}+1, \mathfrak{b}+1) . P\mathfrak{z}(\mathfrak{c}+1, \mathfrak{d}+1) . P\mathfrak{z}(\mathfrak{e}+1, \mathfrak{f}+1) \ldots P\mathfrak{z}(\mathfrak{m}+1, \mathfrak{n}+1) . \alpha^{\mathfrak{a}} . \beta^{\mathfrak{c}} . \gamma^{\mathfrak{e}} \ldots \nu^{\mathfrak{m}} . '\alpha^{\mathfrak{b}} . '\beta^{\mathfrak{d}} . '\gamma^{\mathfrak{f}} \ldots '\nu^{\mathfrak{n}}] = 0$$

wo $P\mathfrak{z}(\mathfrak{a}+1, \mathfrak{b}+1)$, $P\mathfrak{z}(\mathfrak{c}+1, \mathfrak{d}+1)$ etc. ganze Funktionen von z sind.

3) Dieses Produkt ist aber offenbar eine symmetrische Funktion der Wurzelwerthe $\alpha, \beta, \gamma \ldots \mu, \nu$, und $'\alpha, '\beta, '\gamma, \ldots '\mu, '\nu$ und es können daher die vorkommenden verschiedenen Koefficienten von z durch die Koefficienten der aus A = o und B = o

durch Elimination erstlich von y, dann von x, gezogenen Eliminationsgleichungen, rational ausgedrückt werden, so daß die Eliminationsgleichung in z die unbekannten Wurzelwerthe $\alpha, \beta, \gamma \ldots \mu, \nu$ und $'\alpha, '\beta, '\gamma \ldots '\mu, '\nu$ nicht mehr enthält.

### §. 519. Zusatz.

Die Eliminationsgleichung in z kann nicht den Grad $m\,n\,p$ übersteigen*). — Es giebt daher auch nicht mehr als $m\,n\,p$ zusammengehöriger Werthe von x, y und z, welche allen 3 gegebenen Gleichungen

$$A = o, \; B = o \text{ und } C = o$$

zugleich genügten.

Anmerkung. Was über die Elimination zwischen mehr als 3 höheren Gleichungen gesagt werden kann, ist leicht zu übersehen.

### §. 520. Lehrsatz.

Eine höhere Gleichung vom $m^{ten}$ Grade $Fx = o$ hat einen n fachen Wurzelwerth a, wenn

$Fa, \; \partial Fa, \; \partial^2 Fa, \ldots \partial^{n-1} Fa$, zu gleicher Zeit Null sind, während $\partial^n Fa$ nicht Null wird.

Beweis I. ergiebt sich sehr leicht aus (§. 499. II. und §. 494. n. 3.).

Beweis II. Nach der Bedingung hat $\partial^{n-1} Fx$ die Form $(x - a)\varphi x$, wo $\varphi a$ nicht Null wird; folglich hat dann $Fx$ die Form $(x - a)^n \cdot \psi x$, wo $\psi a$ nicht Null wird. (§. 450. n. 3.)

### §. 521. Zusatz.

Ist also $Fa$ und $\partial Fa$ aber nicht $\partial^2 Fa$ der Null gleich, so hat $Fx = o$ den doppelten Würzelwerth a.

---

*) Man sehe Journal de l'École Polytechnique. XI. Cahier. p. 199. (von Poisson).

### §. 522. Zusatz.

Hat eine höhere Gleichung $Fx = 0$ den $n$ fachen Wurzelwerth $a$, so sind $Fa$, $\partial Fa$, $\partial^2 Fa$, ... $\partial^{n-1} Fa$ nothwendig der Null gleich, während $\partial^n Fa$ nicht mehr der Null gleich seyn kann.

Hat also eine höhere Gleichung $Fx = 0$ den doppelten Wurzelwerth $a$, so ist nothwendig $Fa = 0$ und $\partial Fa = 0$, aber nicht zugleich $\partial^2 Fa = 0$.

### §. 523. Lehrsatz.

Haben $Fx$ und $\partial Fx$, den größten gemeinschaftlichen Theiler $D$, und ist dieser von der Form $(x-\alpha)(x-\beta)\ldots(x-a)^n(x-b)^p\ldots$ so daß die Gleichung $D=0$, die einfachen Wurzelwerthe $\alpha, \beta$, etc. und den $n$ fachen Wurzelwerth $a$ und den $p$ fachen Wurzelwerth $b$, u. s. w. hat, so hat die Gleichung $Fx = 0$, die Wurzelwerthe $\alpha$, $\beta$, etc. etc. als doppelte, dann noch den $n+1$ fachen Wurzelwerth $a$, und den $p+1$ fachen Wurzelwerth $b$, u. s. w. f.

Beweis folgt unmittelbar aus (§. 450. n. 3.).

### §. 524. Zusatz.

Haben $Fx$ und $\partial Fx$ gar keinen gemeinschaftlichen Theiler in $x$, so hat die höhere Gleichung $Fx = 0$, auch lauter einfache Wurzelwerthe.

### §. 525. Lehrsatz.

Bezeichnen $F_1 x$, $F_2 x$, $F_3 x$, $F_4 x$, $F_5 x$ u. s. w. f., die größten gemeinschaftlichen Theiler in $x$, zwischen $Fx$ und $\partial Fx$, zwischen $\partial Fx$ und $\partial^2 Fx$, zwischen $\partial^2 Fx$ und $\partial^3 Fx$, zwischen $\partial^3 Fx$ und $\partial^4 Fx$, zwischen $\partial^4 Fx$ und $\partial^5 Fx$, u. s. w. f. und werden die Quotienten

$$\frac{Fx \,.\, F_2x}{F_1x \,.\, F_1x},\ \frac{F_1x \,.\, F_3x}{F_2x \,.\, F_2x},\ \frac{F_2x \,.\, F_4x}{F_3x \,.\, F_3x},\ \frac{F_3x \,.\, F_5x}{F_4x \,.\, F_4x},\ \text{etc. etc.}$$

durch $\varphi_1 x$, $\varphi_2 x$, $\varphi_3 x$, $\varphi_4 x$, etc. etc.
bezeichnet, so liefern die Gleichungen
$\varphi_1 x = 0$, alle einfachen Wurzelwerthe,
$\varphi_2 x = 0$, alle doppelten,
$\varphi_3 x = 0$, alle dreifachen,
$\varphi_4 x = 0$, alle vierfachen Wurzelwerthe der höhern Gleichung $Fx = 0$, u. s. w. f.; nicht mehr und nicht weniger. (§. 493.) —

Beweis. Denn sind

$$f_1 x = 0,\ f_2 x = 0,\ f_3 x = 0,\ f_4 x = 0,\ \text{u. s. w.}$$

die Gleichungen, deren Wurzelwerthe genau beziehlich die einfachen, doppelten, dreifachen, vierfachen, u. s. w. Wurzelwerthe der gegebenen Gleichung $Fx = 0$ sind, so ist, wenn man die constanten Faktoren nicht berücksichtigt, nothwendig

$$Fx = f_1x \,.\, (f_2x)^2 \,.\, (f_3x)^3 \,.\, (f_4x)^4 \,.\, (f_5x)^5 \text{ etc. etc.}$$

dahero dann, nach (§. 450.)

$$F_1x = f_2x \,.\, (f_3x)^2 \,.\, (f_4x)^3 \,.\, (f_5x)^4 \text{ etc. etc.}$$
$$F_2x = (f_3x) \,.\, (f_4x)^2 \,.\, (f_5x)^3 \text{ etc. etc.}$$
$$F_3x = (f_4x) \,.\, (f_5x)^2 \text{ etc. etc.}$$
$$F_4x = (f_5x) \,.\, \text{etc. etc.}$$

u. s. w. f.

woraus sich der Lehrsatz unmittelbar ergiebt.

## §. 526. Zusatz.

Zugleich erhellet aber, daß $F_2 x$ auch der größte gemeinschaftliche Theiler zwischen $F_1 x$ und $\partial F_1 x$; eben so daß $F_3 x$ auch der größte gemeinschaftliche Theiler ist zwischen $F_2 x$ und $\partial F_2 x$; überhaupt daß $F_4 x$, $F_5 x$, etc.

auch die größten gemeinschaftlichen Theiler sind, zwischen beziehlich $F_3 x$ und $\partial F_3 x$, $F_4 x$ und $\partial F_4 x$, u. s. w., wodurch in manchen Fällen die Auffindung dieser Funktionen $F_2 x$, $F_3 x$, $F_4 x$, etc. etc. vereinfacht und erleichtert wird.

Anmerkung. Man kann sich dieses Satzes (§. 525.) bedienen, um zuweilen die Wurzelwerthe einer gegebenen höhern Gleichung zu finden. Werden nehmlich die Gleichungen $\varphi_1 x = 0$, $\varphi_2 x = 0$, $\varphi_3 x = 0$, etc. etc. einfache oder quadratische, so können ihre Wurzelwerthe sogleich bestimmt werden. Und kann man nur mehrere der Wurzelwerthe von $Fx = 0$ angeben, so kann man, um die übrigen Wurzelwerthe zu erhalten, dann $Fx$ durch $(x - a)^n . (x - b)^p$ etc. etc. dividiren und den Quotienten $= 0$ setzen; unter der Voraussetzung, daß a als ein p facher u. s. w. Wurzelwerth von $Fx = 0$, bereits gefunden worden ist.

## §. 527. Lehrsatz.

Hat eine Gleichung $Fx = 0$, vom m<sup>ten</sup> Grade, einen imaginären Wurzelwerth $p + qi$, so hat sie auch jedesmal noch den zweyten $p - qi$, wenn nur alle ihre Koefficienten reel sind.

Beweis. Denn vermöge der Bedingung ist die reele ganze Funktion $Fx$ durch $x - (p + qi)$ oder durch $(x - p) - qi$ theilbar, folglich nach (§. 430.) auch durch $(x - p) + qi$ oder durch $x - (p - qi)$; weshalb dann auch $p - qi$ ein Wurzelwerth der Gleichung $Fx = 0$ seyn muß.

## §. 527<sup>a</sup>. Zusatz.

Hat die Gleichung $Fx = 0$, den imaginären Wurzelwerth $p + qi$, so hat die reele ganze Funktion $Fx$ den reelen doppelten Faktor

$$[x - (p + qi)][x - (p - qi)] \text{ oder } x^2 - 2px + (p^2 + q^2).$$

## §. 528. Lehrsatz.

Jede Gleichung $Fx = 0$, vom $m^{ten}$ Grade, mit reelen Koefficienten, hat nothwendig einen reelen oder imaginären Wurzelwerth von der Form $P + Qi$, wenn jede höhere Gleichung vom Grade $\frac{m(m-1)}{2}$ mit reelen Koefficienten, einen solchen reelen oder imaginären Wurzelwerth von derselben Form hat.

Beweis. Es seyen $\alpha, \beta, \gamma, \ldots \mu, \nu$ die m Wurzelwerthe der Gleichung $Fx = 0$. Aus dieser Gleichung sey ferner nach (§. 497.) eine Gleichung in z gebildet vom Grade $\frac{m(m-1)}{2}$, und deren Wurzelwerthe

$$\alpha + \beta + M\alpha\beta,\ \alpha + \gamma + M\alpha\gamma \ldots \alpha + \nu + M\alpha\nu,$$

$$\beta + \gamma + M\beta\gamma, \ldots \beta + \nu + M\beta\nu, \ldots \mu + \nu + M\mu\nu$$

sind. In dieser Gleichung in z gebe man dem M nach und nach mehrere verschiedene reele Werthe $'M$, $''M$, $'''M$, etc. etc., so erhält man eben so viele neue Gleichungen in z, die alle vom Grade $\frac{m(m-1)}{2}$ sind, und die sich nur durch die accentuirten M von einander unterscheiden und durch $'A = 0$, $''A = 0$, $'''A = 0$, etc. etc. bezeichnet seyn mögen. Nach der Voraussetzung hat nun jede dieser Gleichungen vom Grade $\frac{m(m-1)}{2}$ einen reelen oder imaginären Wurzelwerth von der Form $p + qi$, so daß z. B.

$\alpha + \beta + 'M\alpha\beta = 'p + 'qi$, $\gamma + \delta + ''M\gamma\delta = ''p + ''qi$, $\alpha + \delta + '''M\alpha\delta = '''p + '''qi$, etc. etc., wo $'p + 'qi$, $''p + ''qi$, $'''p + '''qi$, etc. etc. Würzelwerthe sind, welche beziehlich den Gleichungen $'A = o$, $''A = o$, $'''A = o$, etc. etc. angehören.

Giebt man nun dem M einen einzigen Werth mehr als die Zahl $\frac{m(m-1)}{2}$ anzeigt, d. h. einen einzigen Werth mehr, als sich aus den m Wurzelwerthen $\alpha, \beta, \gamma, \ldots \mu, \nu$ Verbindungen von der Form $\alpha + \beta + M\alpha\beta$ machen lassen, so hat man mehr solche Wurzelwerthe

$$'p + 'q\,i,\ ''p + ''q\,i,\ '''p + '''q\,i, \text{ etc.}$$

als Verbindungen von der Form $\alpha + \beta + M\alpha\beta$; so daß, in so ferne jeder dieser Wurzelwerthe $'p + 'qi$, $''p + ''qi$, etc. einem Ausdrucke von der Form $\alpha + \beta + M\alpha\beta$ gleich seyn muß, wenigstens zwey Gleichungen vorkommen müssen, von der Form

$$\alpha + \beta + 'M\alpha\beta = 'p + 'q\,i$$

$$\text{und } \alpha + \beta + ''M\alpha\beta = ''p + ''q\,i$$

in denen dieselben zwey Wurzelwerthe, die hier z. B. die durch $\alpha$ und $\beta$ bezeichneten seyn mögen vorkommen, während $'M$ und $''M$, beliebige reele Ziffernwerthe sind.

Aus den beyden Gleichungen

$$\alpha + \beta + 'M\alpha\beta = 'p + 'q\,i$$

$$\text{und } \alpha + \beta + ''M\alpha\beta = ''p + ''q\,i$$

folgt aber:

$$\alpha + \beta = \frac{(''M'p - 'M''p) + (''M'q - 'M''q)\,i}{''M - 'M}$$

$$\alpha \,.\, \beta = \frac{(''p - 'p) + (''q - 'q)\,i}{''M - 'M}$$

oder

$$\alpha + \beta = C + D\,i \text{ und } \alpha\beta = E + F\,i$$

indem C, D, E, und F beziehlich die reelen Ausdrücke

$$\frac{''M'p - 'M''p}{''M - 'M}, \quad \frac{''M'q - 'M''q}{''M - 'M}, \quad \frac{''p - 'p}{''M - 'M}, \text{ u. } \frac{''q - 'q}{''M - 'M}$$

vorstellen sollen.

Löst man nun die beyden Gleichungen

$$\alpha + \beta = C + Di \text{ und } \alpha\beta = E + Fi$$

nach $\alpha$ und nach $\beta$ auf, so erhält man

$$(\alpha + \beta)^2 = C^2 - D^2 + 2CDi$$
$$4\alpha\beta = 4E + 4Fi$$

folglich:

$$(\alpha + \beta)^2 - 4\alpha\beta = (C^2 - D^2 - 4E) + 2(CD - 2F)i$$
oder $$(\alpha - \beta)^2 = (C^2 - D^2 - 4E) + 2(CD - 2F)i$$
oder $$\alpha - \beta = \mp \sqrt{(C^2 - D^2 - 4E) + 2(CD - 2F)i}$$

Nun ist aber jeder der beyden Werthe dieser Quadratwurzel rechts, selber wieder einem reelen oder imaginären Ausdruck von der Form $P + Qi$ gleich (§. 308.), folglich in jedem Fall $\alpha - \beta = p + qi$,
wo p und q beliebig, aber reel sind. — Weil nun

$$\alpha + \beta = C + Di$$
und $$\alpha - \beta = p + qi$$

so ist auch $\alpha = \frac{1}{2}(C + p) + \frac{1}{2}(D + q)i$
und $\beta = \frac{1}{2}(C - p) + \frac{1}{2}(D - q)i$;

folglich erwiesen, daß wenigstens einer der Wurzelwerthe $\alpha, \beta, \gamma \ldots \mu, \nu$ die Form $P + Qi$ haben muisse; während solcher reel und auch imaginär seyn kann.

## §. 529. Zusatz.

Unter der Voraussetzung also, daß jede Gleichung vom Grade $\frac{m(m-1)}{2}$ einen Wurzelwerth von der Form $P + Qi$ hat, reel oder imaginär, hat auch jede Gleichung vom Grade m einen Wurzelwerth von der Form $p+qi$; und wenn $q$ nicht Null ist, wenn also dieser Wurzelwerth ein imaginärer ist, so hat sie dann auch noch einen zweyten imaginären Wurzelwerth $p-qi$. (§. 527.)

## §. 530. Lehrsatz.

Jede Gleichung vom $m$ten Grade $Fx = 0$ oder $x^m + Ax^{m-1} + Bx^{m-2} + \ldots Sx^2 + Tx + U = 0$, deren Koefficienten alle reel sind, hat nothwendig einen reelen Wurzelwerth, sobald der Grad der Gleichung, nehmlich $m$, ungerade ist.

Beweis. Man kann statt $x$ allemal eine absolute Zahl $a$ setzen gross genug, daß $Fa$ positiv wird (§. 469.); eben so kann man statt $x$ auch eine negative Zahl $-a$ nehmen, so daß $F(-a)$ negativ wird. Ist nun das letzte Glied $U$

1) positiv, so wird $Fx$ für $x = -a$ negativ, und für $x = 0$, positiv; folglich liegt zwischen $0$ und $-a$ ein Wurzelwerth der Gleichung $Fx = 0$; nach (§. 473.)

Ist aber das letzte Glied $U$

2) negativ, so wird $Fx$ für $x = a$ positiv und für $x = 0$ negativ, folglich liegt zwischen $a$ und $0$ ein Wurzelwerth der Gleichung $Fx = 0$.

Ist endlich:

3) $U = 0$, so ist auch $x = 0$ ein Wurzelwerth der Gleichung $Fx = 0$.

Folglich der Lehrsatz für alle Fälle erwiesen.

## §. 531. Zusatz.

Zugleich erhellet, daß jede Gleichung mit reelen Koefficienten von einem ungeraden Grade nothwendig einen positiven Wurzelwerth hat, wenn ihr letztes Glied negativ ist, und daß sie nothwendig einen negativen Wurzelwerth hat, wenn ihr letztes Glied positiv ist.

### §. 532. Lehrsatz.

Jede Gleichung $Fx = 0$ von einem geraden Grade mit reelen Koefficienten

$$x^{2m} + Ax^{2m-1} + Bx^{2m-2} + \ldots + Sx^2 + Tx + U = 0$$

hat nothwendig zwey reele und zwar einen positiven und einen negativen Wurzelwerth, wenn das letzte Glied $U$ negativ ist.

Beweis. Denn es giebt auf jeden Fall eine absolute Zahl $a$ und eine negative Zahl $-b$ für welche die ganze Funktion $Fx$ jedesmal positiv wird (§. 469.).

Nun wird also die gegebene ganze Funktion $Fx$ positiv für $x = a$, und negativ für $x = 0$, folglich liegt zwischen $a$ und $0$ ein (nothwendig positiver) Wurzelwerth der Gleichung $Fx = 0$.

Ferner wird die ganze Funktion $Fx$ positiv für $x = -b$ und negativ für $x = 0$, folglich liegt auch zwischen $-b$ und $0$ ein (nothwendig negativer) Wurzelwerth der Gleichung $Fx = 0$. (§. 473.)

### §. 533. Lehrsatz.

Jede Gleichung vom $m^{ten}$ Grade $Fx = 0$, deren Koefficienten alle reel sind, hat nothwendig einen reelen oder imaginären Wurzelwerth von der Form $p + qi$.

Beweis. 1) Sey $m = 2.n$ und $n$ eine ungerade Zahl; so ist

$$\frac{m(m-1)}{2} = n(2n-1)$$

also nothwendig ungerade. Da nun für diesen Werth von m jede Gleichung vom Grade $\frac{m(m-1)}{2}$ mit reelen Koefficienten, in so ferne dieser Grad ungerade ist, nach (§. 530.) nothwendig einen reelen Wurzelwerth von der Form $P+Qi$ (wo $Q=0$) hat, so hat auch nach (§. 529.) jede Gleichung vom Grade m oder 2n mit reelen Koefficienten, nothwendig einen reelen oder imaginären Wurzelwerth von derselben Form $p+qi$.

2) Sey $m = 2^2 . n$, so ist $\frac{m.(m-1)}{2} = \frac{2^2 . n(2^2 n - 1)}{2}$ $= 2 . n(2^2 . n - 1) = 2 . 'n$ wo $'n$ eine ungerade Zahl. Nun hat nach (n. 1.) jede Gleichung vom Grade $2 . 'n$ oder $\frac{m(m-1)}{2}$ mit reelen Koefficienten, einen Wurzelwerth von der Form $p+qi$, folglich auch jede Gleichung vom Grade m oder $2^2 . n$ einen solchen Wurzelwerth von der Form $p+qi$, wenn sie nur reele Koefficienten hat (§. 529.).

3) Hat aber jede Gleichung vom Grade $2^{\pi-1} . n$, mit reelen Koefficienten, wo n eine ungerade Zahl, einen Wurzelwerth von der Form $p+qi$, so hat auch jede Gleichung vom Grade $2^{\pi} . 'n$ mit reelen Koefficienten, wo $'n$ eine ungerade Zahl, einen Wurzelwerth von derselben Form $p+qi$. Denn setzt man $2^{\pi} . 'n = m$ so ist

$$\frac{m(m-1)}{2} = \frac{2^{\pi} . 'n . (2^{\pi} . 'n - 1)}{2} = 2^{\pi-1} . n$$

wo n eine ungerade Zahl; und weil diese Gleichung vom Grade $\frac{m \cdot (m-1)}{2}$, nach der Annahme einen solchen Wurzelwerth hat, so hat ihn auch die Gleichung vom Grade m d. h. vom Grade $2^{\pi}.'n$. (§. 529.)

4) Da nun nach (n. 1. und n. 2.) alle Gleichungen vom Grade 2.n und $2^2.n$, wo n jede beliebige ungerade Zahl vorstellt, Wurzelwerthe von der Form $p + qi$ haben müssen, so müssen auch nach (n. 3.) alle Gleichungen vom Grade

$$2^3.n, \quad 2^4.n, \ldots 2^{\pi}.n$$

solche Wurzelwerthe von der Form $p + qi$ haben und zwar jede solche Gleichung wenigstens **einen**; wenn immer nur von Gleichungen mit reelen Koefficienten die Rede ist.

5) Weil aber jede Zahl m entweder eine ungerade oder eine gerade Zahl, und in diesem letztern Fall nothwendig von der Form $2^{\pi}.n$ ist, wo n jede beliebige ungerade Zahl vorstellt, so folgt, daß jede Gleichung vom Grade m wenigstens einen solchen Wurzelwerth von der Form $p + qi$ haben müsse, wenn nur die Koefficienten reel sind.

### §. 534. Zusatz.

Es hat daher jede höhere Gleichung vom $m^{ten}$ Grade

$$Fx = 0,$$

deren Koefficienten alle reel sind, nothwendig m Wurzelwerthe, die **alle** von der Form $p + qi$, reel oder imaginär, seyn müssen. — Denn die gegebene Gleichung hat nothwendig einen Wurzelwerth von dieser

Form, der durch $\alpha + {}'\alpha i$ bezeichnet seyn mag. Ist nun ${}'\alpha = 0$, also $\alpha + {}'\alpha i = \alpha$ und reel, so sind die übrigen Wurzelwerthe der Gleichung $Fx = 0$ in der Gleichung vom $m - 1^{ten}$ Grade

$$\frac{Fx}{x - \alpha}$$ enthalten, welche nothwendig wieder reele Koefficienten hat. Ist aber ${}'\alpha$ nicht $= 0$, also der Wurzelwerth $\alpha + {}'\alpha i$ imaginair, so hat dieselbe Gleichung $Fx = 0$ jedesmal auch noch den andern imaginären Wurzelwerth $\alpha - {}'\alpha i$ (§. 527.), und die übrigen Wurzelwerthe sind dann jedesmal in der Gleichung vom $m - 2^{ten}$ Grade

$$\frac{Fx}{[x - (\alpha + {}'\alpha i)]\,[x - (\alpha - {}'\alpha i)]} = 0 \text{ oder}$$

$$\frac{Fx}{x^2 - 2\alpha x + \alpha^2 + {}'\alpha^2} = 0,$$

deren Koefficienten abermals reel seyn müssen, enthalten. So oft also die Gleichung $Fx = 0$ vom $m^{ten}$ Grade, einen Wurzelwerth von der Form $p + qi$ hat, es mag solcher reel oder imaginär seyn, so sind die übrigen Wurzelwerthe derselben Gleichung wiederum durch Gleichungen mit reelen Koefficienten bestimmt; und weil diese neuen Gleichungen dann nothwendig wieder den Wurzelwerth $\beta + {}'\beta i$ haben müssen, wo $\beta' = 0$ oder $\beta'$ nicht $= 0$, so sind auf dieselbe Weise die übrigen Wurzelwerthe wiederum durch Gleichungen mit reelen Koefficienten gegeben, so daß auch jedesmal unter den noch übrigen, einer von der Form $p + qi$ seyn muß. Und weil die Gleichungen für die noch übrigen Wurzelwerthe immer vom niedrigern Grade werden müssen, so muß man zuletzt auf Gleichungen vom 2ten oder 1sten Grade kommen, und es müssen daher auch die letzten Wurzelwerthe, folglich alle ohne Ausnahme, die Form $p + qi$ haben.

## §. 535. Zusatz.

Jede reele ganze Funktion $Fx$ vom $m$ten Grade, läßt sich daher jedesmal in ein Produkt von reelen Faktoren zerlegen, die, wenn nicht alle vom ersten Grade, doch nur vom zweyten Grade sind. — Sind nehmlich die Wurzelwerthe $\alpha, \beta, \gamma, \ldots \mu, \nu$ der Gleichung $Fx = 0$, alle reel, so ist

$$Fx = (x - \alpha)(x - \beta)(x - \gamma) \ldots (x - \mu)(x - \nu);$$

von $m$ einfachen reelen Faktoren. Sind aber die Wurzelwerthe zum Theil imaginär, so sind sie nothwendig in gerader Anzahl vorhanden, weil kein imaginärer Wurzelwerth $\alpha + {}'\alpha i$ existiren kann, ohne daß nicht noch der zweyte $\alpha - {}'\alpha i$ vorhanden wäre (§. 527.), und dann hat die ganze Funktion $Fx$ so viele doppelte Faktoren von der Form

$$[x - (\alpha + {}'\alpha i)] \cdot [x - (\alpha - {}'\alpha i)]$$

oder $$x^2 - 2\alpha x + (\alpha^2 + {}'\alpha^2),$$

(welche, wie man sieht, nothwendig reel sind) als unter den Wurzelwerthen von $Fx = 0$, solche Paare imaginärer Wurzelwerthe vorkommen.

## §. 536. Zusatz.

Aber nicht nur in jeder höhern Gleichung mit reelen Koefficienten, sondern auch in jeder höhern Gleichung, deren Koefficienten die Form $P + Qi$ haben und theils reel theils imaginär seyn können, muß jeder der Wurzelwerthe die Form $p + qi$ haben, und kann dabey theils reel, theils imaginär seyn. — Denn jede solche Gleichung läßt sich auf die Form

$Fx + i\varphi x = 0$ bringen, wo $Fx$ und $\varphi x$ reele Funktionen sind. Dann ist auch $Fx = -i\varphi x$ und $(Fx)^2 = i^2 . (\varphi x)^2 = -(\varphi x)^2$ oder $(Fx)^2 + (\varphi x)^2 = 0$. Nun muß aber jeder Wurzelwerth, welcher der gegebenen Gleichung $Fx + i\varphi x = 0$ genügt, auch letzterer Gleichung $(Fx)^2 + (\varphi x)^2 = 0$ genügen, d. h. auch ein Wurzelwerth der Gleichung $(Fx)^2 + (\varphi x)^2 = 0$ seyn; und demnach, weil diese letztere Gleichung reele Koefficienten hat, die Form $p + qi$ haben; und dabey reel oder imaginär seyn.

Anmerkung. Die Gleichung $(Fx)^2 + (\varphi x)^2 = 0$, hat zu Wurzelwerthen, die Wurzelwerthe von $Fx + i\varphi x = 0$, und noch die von $Fx - i\varphi x = 0$.

## §. 537. Zusatz.

Dadurch ist aber folgender sehr wichtige Satz ausser Zweifel gesetzt, nehmlich:

Alle Ausdrücke, die beliebig durch einfache oder höhere Gleichungen gegeben sind, wenn auch diese Gleichungen wieder Ausdrücke (in ihren Koefficienten) enthalten, die beliebig durch einfache oder höhere Gleichungen gegeben sind, und wenn diese letztern ebenfalls wieder ähnlich gegebene Ausdrücke u. s. w. f. enthalten; wenn sie nur ihr erstes Entstehen den wirklichen Zahlzeichen (welche Zahlen der Zahlenreihe bezeichnen oder absolute ganze Zahlen sind) verdanken, sind nothwendig solchen von der Form $p + qi$ gleich, und dabey reel oder imaginär, je nachdem $q = 0$, oder $q$ nicht Null ist.

## §. 538. Erklärung.

Eine ganze Funktion vom $m^{ten}$ Grade

$$x^m + Ax^{m-1} + Bx^{m-2} + \ldots + Sx^2 + Tx + U = 0,$$

sagt man, habe n Abwechselungen der Zeichen, wenn die $m+1$ Koefficienten (das 1 von $1 \cdot x^m$ oder $x^m$ mitgerechnet) alle in ihrer Ordnung stehen, alle positive oder negative Zahlen sind, und wenn dann bey dem Ablesen der Koefficienten von der linken zur rechten, n mal ein positiver Koefficient mit einem negativen, oder ein negativer mit einem positiven abwechselt. — Dagegen, sagt man, dieselbe ganze Funktion habe p Folgen der Zeichen, wenn unter denselben Voraussetzungen, p mal nach einem positiven Koefficienten wiederum ein positiver, oder nach einem negativen Koefficienten wiederum ein negativer folgt.

So z. B. hat die ganze Funktion

$$x^9 + (-4)x^8 + 7x^7 + 8x^6 + x^5 + (-2)x^4 + (-1)x^3 + 2x^2 + (-x) + (-8),$$

die man auch so schreiben kann:

$$x^9 - 4x^8 + 7x^7 + 8x^6 + x^5 - 2x^4 - x^3 + 2x^2 - x - 8$$

5 Abwechslungen und 4 Folgen der Zeichen.

Anmerkung. Dieselbe Erklärung kann auch auf höhere Gleichungen ausgedehnt werden.

## §. 539. Zusatz.

Hat eine ganze Funktion vom $m^{ten}$ Grade, n Abwechslungen und p Folgen der Zeichen, so ist allemal

$$n + p = m.$$

## §. 540. Lehrsatz.

Ist $\alpha$ eine absolute Zahl, so hat die Funktion $(x - \alpha) I x$ nothwendig eine Abwechslung der Zeichen mehr, als Fx deren hat; wenn Fx die ganze Funktion

$$x^m + Ax^{m-1} + Bx^{m-2} + \ldots Px^p + Qx^{p-1} + Rx^{p-2} + \ldots + Tx + U$$

bezeichnet.

Beweis. Es ist

$$(x-\alpha)\,Fx = x^{m+1} + \begin{bmatrix} A \\ -\alpha \end{bmatrix} x^m + \begin{bmatrix} B \\ -\alpha A \end{bmatrix} x^{m-1} + \ldots + \begin{bmatrix} P \\ -\alpha N \end{bmatrix} x^{p+1}$$

$$+ \begin{bmatrix} Q \\ -\alpha P \end{bmatrix} x^p + \begin{bmatrix} R \\ -\alpha Q \end{bmatrix} x^{p-1} + \begin{bmatrix} S \\ -\alpha R \end{bmatrix} x^{p-2} + \ldots + \begin{bmatrix} U \\ -\alpha T \end{bmatrix} x + \begin{bmatrix} \\ -\alpha U \end{bmatrix}$$

Betrachtet man nun diese ganze Funktion, so findet man: 1) Jeder neue Koefficient ist eine Differenz, und kann als eine Summe betrachtet werden, z. B.

$$Q - \alpha P = Q + (-\alpha P)$$

2) die ersten Summanden derselben bilden eine obere Linie und ihre (+) oder (—) Zeichen sind unverändert die der Koefficienten von Fx; 3) die zweyten Summanden bilden eine untere Linie und ihre Zeichen sind genau die entgegengesetzten, von denen der Koefficienten, aus denen sie entstanden. 4) Jeder der beyden Summanden hängt von dem andern hinsichtlich seines Zeichens gar nicht ab; es können z. B. Q und $-\alpha P$, einerlei Zeichen haben oder verschiedene. 5) Haben Q und $-\alpha P$ einerlei + oder — Zeichen, so hat der Koefficient $Q - \alpha P$ dasselbe (+) oder (—) Zeichen; sind aber die Zeichen von Q und $-\alpha P$ verschieden, so hat der Koefficient das Zeichen des obern Summanden Q, oder daß des untern $-\alpha P$, je nachdem $Q \lessgtr \alpha P$, beyde Ausdrücke absolut genommen; und dabey haben allemal P und Q selbst, einerlei Zeichen, bilden demnach in Fx eine Folge der Zeichen. 6) Der neue

Koefficient $Q - \alpha P$ hat daher auf jeden Fall, das Zeichen des obern Summanden oder, wenn er dieses nicht hat, doch das Zeichen des untern Summanden; und auch umgekehrt. 7) So lange nun das Zeichen der neuen Koefficienten in der obern Linie bleibt, hat man immer genau dieselben Abwechslungen und dieselben Folgen, wie in Fx selbst. 8) So wie aber das Zeichen von der obern Linie zur untern übergeht, erhält man nach (n. 5.) eine Abwechslung in $(x - \alpha)$ Fx, wo in Fx eine Folge war. 9) So lange das Zeichen in der untern Linie bleibt hat man wieder genau dieselben Abwechslungen und Folgen wie in Fx. 10) Geht das Zeichen von der untern Linie zu dem der obern Linie über, so kann in $(x - \alpha)$ Fx wiederum eine Folge der Zeichen entstehen, wo in Fx eine Abwechslung war. 11) Weil aber der letzte neue Koefficient zu der untern Linie gehört (in so ferne man sich den ersten Summanden $= 0$ denkt), und der erste zu der obern Linie; so gehen die Zeichen der neuen Koefficienten nothwendig einmal mehr von der obern Linie zur untern, als von der untern zur obern über, und es muß daher in $(x - \alpha)$ Fx nothwendig wenigstens eine Abwechslung mehr entstehen, als in Fx deren vorhanden sind.

## §. 541. Zusatz.

1) Sind Koefficienten in Fx der Null gleich, aber nicht in $(x - \alpha)$ Fx, so sind in Fx nicht zwey auf einander folgende Koefficienten der Null gleich. Denkt man sich nun statt dieser Null-Koefficienten nach Belieben $+0$ oder $-0$ geschrieben, so entsteht dann bey dem Uebergang von der obern Linie zur untern nicht nothwendig eine Abwechslung

statt einer Folge in Fx. Allein es entsteht hier auch bey dem nächsten Uebergang von den untern Zeichen zu den obern nie eine Folge, statt einer Abwechslung, die in Fx vorhanden seyn könnte. Folglich bleibt der Satz (§. 540.) noch geltend, wenn auch in Fx Null Koefficienten vorkommen und dafür nach Belieben +o oder −o gesetzt wird, wenn nur in $(x-\alpha)$ Fx keiner der Koefficienten der Null gleich ist.

2) Sind Koefficienten in $(x-\alpha)$ Fx der Null gleich aber nicht in Fx, so mag man +o oder −o an ihre Stelle schreiben, so hat man entweder das Zeichen der obern Linie, oder das der untern, und in beyden Fällen muß wiederum in $(x-\alpha)$ Fx eine Abwechslung mehr seyn als in Fx.

3) Sind aber in Fx sowohl, als auch in $(x-\alpha)$ Fx, Koefficienten der Null gleich, so findet der Satz (§. 540.) nicht mehr statt, wenn man sowohl in Fx als auch in $(x-\alpha)$ Fx statt der Null-Koefficienten nach Belieben +o oder −o setzt. — Wohl aber kann man den Null-Koefficienten in Fx solche (+) oder (−) Zeichen auswählen, daß in $(x-\alpha)$ Fx wiederum, man mag +o oder −o statt der Null-Koefficienten setzen, jedesmal eine Abwechslung mehr statt finden muß, als in Fx; weil man nur in Fx jedem Null-Koefficienten ein solches Zeichen geben darf, daß er mit seinem vorhergehenden eine Folge bildet.

## §. 542. Lehrsatz.

Unter denselben Voraussetzungen wie (§. 540.) hat $(x+\alpha)Fx$ nothwendig eine Folge der Zeichen mehr als $Fx$ deren hat.

Beweis. Denn da

$$(x+\alpha)Fx = x^{m+1} + \left[\begin{matrix}A\\+\alpha\end{matrix}\right]x^m + \left[\begin{matrix}B\\+\alpha A\end{matrix}\right]x^{m-1} + \ldots + \left[\begin{matrix}P\\+\alpha N\end{matrix}\right]x^{p+1}$$

$$+ \left[\begin{matrix}Q\\+\alpha P\end{matrix}\right]x^p + \left[\begin{matrix}R\\+\alpha Q\end{matrix}\right]x^{p-1} + \ldots + \left[\begin{matrix}U\\+\alpha T\end{matrix}\right]x + \left[+\alpha U\right],$$

so kann der (§. 546.) geführte Beweis leicht so abgeändert werden, daß der hiesige sich ergiebt.

## §. 543. Zusatz.

Zugleich geht aus dem Beweise noch hervor, daß der Satz auch noch gilt:

1) Wenn Koefficienten in $Fx$, aber nicht in $(x+\alpha)Fx$ der Null gleich sind, und dafür nach Belieben $+0$ oder $-0$ geschrieben wird;

2) wenn Koefficienten in $(x+\alpha)Fx$, aber nicht in $Fx$, der Null gleich sind, und dafür nach Belieben $+0$ oder $-0$ geschrieben wird;

3) wenn Koefficienten sowohl in $Fx$, als auch in $(x+\alpha)Fx$ der Null gleich sind, und für erstere entweder $+0$ oder $-0$ geschrieben wird, je nachdem in dem ersten oder in dem andern Fall, dieser Null-Koefficient mit seinem nächst vorhergehenden eine Abwechslung der Zeichen bildet; wenn ferner für letztere Null-Koefficienten [in $(x+\alpha)Fx$] nach Belieben $+0$ oder $-0$ gesetzt wird.

### §. 544. Lehrsatz.

Eine höhere Gleichung, in welcher keiner der Koefficienten der Null gleich ist, kann nie mehr positive Wurzelwerthe haben (wohl aber weniger) als Abwechslungen der Zeichen, und nie mehr negative Wurzelwerthe (wohl aber weniger) als Folgen der Zeichen. Und sind alle ihre Wurzelwerthe reel, so hat sie genau so viele positive Wurzelwerthe als Abwechslungen, und genau so viele negative Wurzelwerthe als Folgen der Zeichen.

Beweis. Denn es seyen $\alpha, \beta, \gamma \ldots \mu$ die n positiven Wurzelwerthe, und $-'\alpha, -'\beta, -'\gamma \ldots '\nu$, die p negativen Wurzelwerthe der gegebenen Gleichung vom mten Grade $Fx = 0$, so ist

$$Fx = \varphi x\,(x-\alpha)(x-\beta)\ldots(x-\mu)(x+'\alpha)(x+'\beta)(x+'\gamma)\ldots(x+'\nu),$$

wo, im Falle alle Wurzelwerthe reel seyn sollten, $\varphi x$ constant oder $= 1$ ist. — Ferner sey

$$\varphi x\,.\,(x-\alpha)(x-\beta)(x-\gamma)\ldots(x-\mu) \text{ durch } fx$$

und $\varphi x\,.\,(x+'\alpha)(x+'\beta)(x+'\gamma)\ldots(x+'\nu)$ durch $\psi x$ bezeichnet. — Weil nun

$$Fx = fx\,.\,(x+'\alpha)(x+'\beta)\ldots(x+'\nu),$$

so hat $Fx$ wenigstens p Folgen (kann aber deren wohl auch mehr haben) (§. 542. u. §. 543.). Weil ferner auch $Fx = \psi x\,.\,(x-\alpha)(x-\beta)\ldots(x-\mu)$, so hat $Fx$ nothwendig auch wenigstens n Abwechslungen (kann aber deren auch mehr haben) (§. 540. §. 541.) und daher der erste Theil des Lehrsatzes ausser Zweifel.

Ist $\varphi x$ constant, so ist $n + p = m$. Wäre nun die Anzahl der Abwechslungen $= n + 'n$ und die Zahl der Folgen $= p + 'p$, so wäre, nach (§. 539.), auch $(n + 'n) + (p + 'p) = m$, d. h. $n + p + 'n + 'p = n + p$

oder $'n + 'p = o$; also auch der zweyte Theil des Lehrsatzes erwiesen.

§. 545. Zusatz.

Sind in $Fx = o$, Koefficienten (aber nicht der letzte) der Null gleich, so muß der vorstehende Lehrsatz noch gelten, man mag nach Belieben $+o$ oder $-o$ für sie schreiben (§. 541. §. 543.).

§. 546. Zusatz.

Bleibt daher in einer Gleichung $Fx = o$, die Zahl der Abwechslungen und die der Folgen der Zeichen nicht dieselbe, man mag statt vorkommender Null-Koefficienten nach Belieben $+o$ oder $-o$ schreiben, so hat diese Gleichung $Fx = o$, nothwendig auch imaginäre Wurzelwerthe.

§. 547. Lehrsatz.

Sind die Koefficienten einer höhern Gleichung vom mten Grade

$$x^m + Ax^{m-1} + Bx^{m-2} + \ldots + Sx^2 + Tx + U = o$$

alle Null oder positive oder negative ganze Zahlen, so giebt es weder eine positive noch eine negative gebrochene Zahl $\frac{a}{b}$, welche ein Wurzelwerth dieser Gleichung seyn könnte.

Beweis. Denn wäre wirklich $\pm \frac{a}{b}$ ein Wurzelwerth der gegebenen Gleichung und dabey $\frac{a}{b}$ in seinen kleinsten Zahlen ausgedrückt, so hätte man:

$$\pm \frac{a^m}{b^m} \pm A \frac{a^{m-1}}{b^{m-1}} \pm B \frac{a^{m-2}}{b^{m-2}} \pm \ldots \pm S \frac{a^2}{b^2} \pm T \frac{a}{b} \pm U = o,$$

oder

$$\frac{\pm a^m \pm A a^{m-1} b \pm B a^{m-2} b^2 \pm \ldots \pm S a^2 b^{m-2} \pm T a b^{m-1}}{b^m} \pm U = 0,$$

folglich müßte die algebraische Summe

$\pm a^m \pm A a^{m-1} b \pm B a^{m-2} b^2 \pm \ldots \pm S a^2 b^{m-2} \pm T a b^{m-1}$

durch $b^m$, folglich auch durch b, theilbar seyn. Dann müßte aber auch das Glied $a^m$ durch b theilbar seyn, was gegen die Voraussetzung ist.

## §. 548. Zusatz.

Hat daher eine solche Gleichung, deren Koefficienten alle Null oder positive oder negative ganze Zahlen sind, reele Wurzelwerthe, so sind solche entweder ganze Zahlen oder irrationale Zahlen (§. 194.).

# Zahlenlehre.

## Zwei und zwanzigstes Kapitel.

## Von den allgemeinen Wurzeln und von der allgemeinen Auflösung der Gleichungen.

### §. 549. Lehrsatz.

Die m Wurzelwerthe der höhern Gleichung vom mten Grade:

$$x^m = a \quad \text{oder} \quad x^m - a = 0$$

sind alle von einander verschieden (d. h. einander nicht gleich), den einzigen Fall ausgenommen, in welchem $a = 0$ ist, und in welchem alle m Wurzelwerthe selbst der Null gleich sind.

Beweis. Denn bezeichnet man die ganze Funktion $x^m - a$ durch $Fx$, so ist

$$\partial Fx = m x^{m-1},$$

und es haben daher $Fx$ und $\partial Fx$ keinen gemeinschaftlichen Faktor, folglich die gegebene Gleichung nach (§. 524.) keine gleichen Wurzelwerthe, wenn nicht $a = 0$ ist, in welchem Falle $Fx$ und $\partial Fx$ den gemeinschaftlichen Theiler $x^{m-1}$ selbst haben, der dann einen m fachen Wurzelwerth $= 0$ anzeigt.

### §. 550. Zusatz.

Ist in der höhern Gleichung

$$x^m = a \quad \text{oder} \quad x^m - a = 0$$

der Koefficient a eine Zahl von der Form $p + qi$, wo p und q Null oder positive oder negative Zahlen bedeuten, wo also a sowohl reel als auch imaginär seyn kann, so sind die m Wurzelwerthe dieser höhern Gleichung

$$x^m = a \quad \text{oder} \quad x^m - a = 0$$

alle von der Form $p + qi$, und können sowohl reel als auch imaginär seyn. (§. 536.)

### §. 551. Erklärung.

Unter allgemeiner Wurzel verstehe man von nun an, jedes Zeichen von der Form

$$\sqrt[m]{a},$$

wo m eine beliebige ganze Zahl repräsentirt, a aber ein ganz beliebiges Zeichen; und man denke sich darunter jeden Ausdruck, der mit m potenzirt, a giebt; d. h. jeden Ausdruck, welcher statt x gesetzt, der Gleichung

$$x^m = a \quad \text{oder} \quad x^m - a = 0,$$

ein Genüge leistet.

Diesem erweiterten Begriff der Wurzel gemäß, mögen auch die Begriffe des Radikanden und des Wurzel-Exponenten erweitert seyn.

### § 552. Zusatz.

Ist a von der Form $p + qi$, und nicht p und q zugleich Null, so repräsentirt die

$$\sqrt[m]{a},$$

m verschiedene Ausdrücke von derselben Form $p+qi$. — Daher muß auch im allgemeinen, wo a ein ganz beliebiges Zeichen ist, die

$$\sqrt[m]{a}$$

als ein m deutiges Zeichen angesehen werden, welches einen von m verschiedenen Werthen repräsentiren kann, ohne daß, wenn solches nicht anderweitig hervorgeht, man wissen kann, welcher von den m verschiedenen Ausdrücken der in jedem besondern Fall durch die $\sqrt[m]{a}$ repräsentirte sey.

Aus diesem Grund darf dieselbe $\sqrt[m]{a}$, wenn sie in einer Gleichung oder in einem Ausdruck wiederholt vorkommt, nicht für einen und denselben Ausdruck angesehen und behandelt werden, bevor man sich nicht überzeugt hat, daß solche auch jedesmal einen und denselben ihrer Werthe repräsentire.

Anmerkung. Man darf also nicht unbedingt setzen:

$$2\sqrt[m]{a} \quad \text{statt} \quad \sqrt[m]{a}+\sqrt[m]{a}$$

nicht $\quad (p\pm q)\sqrt[m]{a}$ statt $p\sqrt[m]{a}\pm q\sqrt[m]{a}$

nicht $\quad (\sqrt[m]{a})^2$ statt $\sqrt[m]{a}\,.\,\sqrt[m]{a}$;

nicht aus den Gleichungen

$\sqrt[m]{a}=\alpha$ und $\sqrt[m]{a}=\beta$, schließen, daß auch $\alpha=\beta$ sey; weil alles dieses voraussetzen würde, daß das Zeichen $\sqrt[m]{a}$, so oft es in einem solchen Ausdruck (oder in den letzten beyden Gleichungen selbst) vorkommt, jedesmal einen und denselben der m Ausdrücke vorstelle, die solches repräsentirt; was im allgemeinen nicht immer nothwendig ist, und nicht eher angenommen werden darf, bevor man sich nicht erst davon in dem vorkommenden besondern Fall, besonders überzeugt hat.

Dies ist aber die einzige Vorsicht, die man bey dem Operiren mit Wurzeln anzuwenden hat, um jedesmal mit Nothwendigkeit richtige Resultate zu erhalten.

## §. 553. Zusatz.

Aus der Definition der allgemeinen Wurzel folgt auch noch, daß die Formeln des (§. 49. und §. 54.), die dort für wirkliche Wurzeln aufgestellt und (§. 185.) für absolute Wurzeln erweitert worden sind, auch für diese allgemeinen Wurzeln gelten müssen, wenn man nur auch hier nicht übersieht, daß die vorkommenden Wurzeln vieldeutige Zeichen sind, welche zwar immer einen von mehreren bestimmten Ausdrücken repräsentiren, für welche man aber nicht einen bestimmten dieser Ausdrücke setzen darf, bevor man sich nicht überzeugt hat, daß die Wurzel, für welche dieser bestimmte Ausdruck gesetzt wird, auch wirklich denselben und nicht gerade einen andern ihrer Werthe repräsentirt.

So z. B. giebt die Gleichung (I.)

$$\left(\sqrt[m]{a}\right)^n = \sqrt[m]{(a^n)}$$

wenn m statt n gesetzt wird,

$$\left(\sqrt[m]{a}\right)^m = \sqrt[m]{(a^m)}.$$

Der Ausdruck links hat nur einen Werth, denn welcher Werth auch statt $\sqrt[m]{a}$ gesetzt werde, so ist doch immer $\left(\sqrt[m]{a}\right)^m = a$. Der Ausdruck rechts repräsentirt also von den m Werthen, welche $\sqrt[m]{(a^m)}$ hat, gerade diesen einzigen a, und wenn dieser dafür gesetzt wird, so hat man die Gleichung

$$\left(\sqrt[m]{a}\right)^m = a, \text{ welche richtig ist.}$$

Anmerkung. Es versteht sich übrigens von selbst, daß die Formel (XXXXIX.) nur gelten kann, wenn (n:m) einer Differenz ganzer Zahlen gleich ist, weil sonst die Potenz noch gar keine Bedeutung hat; eben so setzen die Formeln (LI.) und (LIX.) voraus, daß m:n und m:p absolute ganze Zahlen sind, und daß n:p einer Differenz ganzer Zahlen gleich seyn muß; weil außerdem weder diese Wurzeln noch diese Potenz eine Bedeutung haben; von Zeichen aber ohne eine bestimmte Bedeutung, auch nichts behauptet werden kann.

## §. 554. Zusatz.

1) Ist m eine ungerade Zahl, so hat die $\sqrt[m]{a}$ jedesmal einen reelen Werth, wenn a reel ist, aber auch jedesmal nur einen einzigen; und dieser reele Werth ist positiv oder negativ oder der Null gleich, je nachdem a positiv oder negativ ist, oder der Null gleich. (Indirekt.)

2) Ist aber m eine gerade Zahl, so hat die $\sqrt[m]{a}$ zwey reele Werthe $+\alpha$ und $-\alpha$, wenn a positiv, dagegen gar keinen reelen Werth, wenn a negativ ist; und ist $a = 0$ so ist auch $\sqrt[m]{a} = 0$. (Indirekt.)

3) Ist a nicht reel, so hat auch $\sqrt[m]{a}$ keinen reelen sondern lauter imaginäre Werthe, es mag m eine gerade oder ungerade Zahl seyn. (Indirekt).

## §. 555. Zusatz.

Ist A irgend einer der m Werthe von $\sqrt[m]{a}$, so stellen

$$A\sqrt[m]{1} \text{ und } A\sqrt[m]{-1}$$

alle m Werthe von

$$\sqrt[m]{a} \text{ und } \sqrt[m]{-a}$$

vor.

## §. 556. Zusatz.

Betrachtet man aber die Werthe der $\sqrt[m]{1}$ etwas näher, so findet man.

1) Ein Werth dieser $\sqrt[m]{1}$ ist $= 1$, die übrigen alle imaginär und von der Form $p + qi$.

2) Bezeichnet $\alpha$ einen Werth von $\sqrt[m]{1}$ oder, was dasselbe ist, einen Wurzelwerth der Gleichung $x^m - 1 = 0$ oder $x^m = 1$, so sind die Potenzen

$$\alpha^2, \ \alpha^3, \ \alpha^4, \dots \alpha^n,$$

wo n jede beliebige ganze Zahl vorstellt, ebenfalls Werthe von $\sqrt[m]{1}$; die aber zum Theil oder alle einander gleich seyn können. — Auch gilt der Satz noch, wenn n eine negative ganze Zahl oder auch 0 ist. — Denn es ist allemal

$$(\alpha^n)^m = (\alpha^m)^n = 1^n = 1.$$

3) Ist aber $\alpha$ einer der m Werthe von $\sqrt[m]{1}$ welcher nicht $= 1$, und auch nicht zugleich ein Werth einer niedrigern Wurzel z. B. $\sqrt[\mu]{1}$ (wo $\mu < m$), so enthält die Reihe

$$\alpha, \ \alpha^2, \ \alpha^3, \dots \alpha^{m-1}, \ \alpha^m, \text{ oder } 1$$

auch alle m verschiedenen Werthe von $\sqrt[m]{1}$. — Denn wären unter diesen Potenzen zwey derselben

z. B. $\alpha^p$ und $\alpha^q$ einander gleich, wo p und q von einander verschieden und jeder $\overline{\gtrless}$ m ist, so wäre $\alpha^p = \alpha^q$ und $\alpha^{p-q} = 1$, oder $\alpha^{q-p} = 1$; dabey aber auf jeden Fall p — q oder q — p kleiner als m; folglich wäre $\alpha$ ein Werth der niedrigern Wurzel $\sqrt[p-q]{1}$ oder $\sqrt[q-p]{1}$, was gegen die Voraussetzung ist.

4) Sind $\alpha$, $\alpha^2$, $\alpha^3$, ... $\alpha^m$ oder 1 Werthe der Wurzel $\sqrt[m]{1}$, so sind

$$\alpha^{mn+1},\ \alpha^{mn+2},\ \alpha^{mn+3}\ \ldots\ \alpha^{mn+m}$$

beziehlich dieselben Werthe der Wurzel $\sqrt[m]{1}$, wo n irgend einer Differenz ganzer Zahlen gleich seyn kann. — Weil immer

$$\alpha^{mn+p} = (\alpha^m)^n \cdot \alpha^p = 1^n \cdot \alpha^p = \alpha^p.$$

5) Das Produkt je zweyer oder mehrerer der m Werthe der Wurzel $\sqrt[m]{1}$, ist immer selbst wieder ein Werth derselben Wurzel $\sqrt[m]{1}$. — Eben so ist auch der Quotient zweyer solchen Werthe von $\sqrt[m]{1}$, selbst wieder einer dieser Werthe.

6) Ist p eine positive oder negative ganze Zahl und sind

$$\alpha,\ \alpha^2,\ \alpha^3,\ \ldots\ \alpha^m \text{ oder } 1$$

die m Werthe von $\sqrt[m]{1}$, oder die m Wurzelwerthe der höhern Gleichung $x^m - 1 = 0$, und bedeutet nach (§. 477.) $\Sigma_p$ die Summe

$$\alpha^p + (\alpha^2)^p + (\alpha^3)^p + \ldots + (\alpha^m)^p$$

so ist allemal:

$\Sigma_p = 0$, wenn p absolut genommen kein Vielfaches von m ist, dagegen

$\Sigma_p = m$, wenn p (absolut genommen) ein Vielfaches von m, oder m selber ist.

Ist nehmlich p eine absolute ganze Zahl, so erhellet der Satz unmittelbar aus der Ansicht des Newton'schen Lehrsatzes (§. 495.). — Ist aber p eine negative ganze Zahl $-q$; so setze man in $x^m - 1 = 0$, $\frac{1}{z}$ statt x und man erhält die Gleichung $z^m - 1 = 0$, deren m Wurzelwerthe

$$\frac{1}{\alpha},\ \frac{1}{\alpha^2},\ \frac{1}{\alpha^3}\ \ldots\ \frac{1}{\alpha^m} \text{ oder } 1$$

oder

$$\alpha^{m-1},\ \alpha^{m-2},\ \alpha^{m-3}\ \ldots\ \alpha^0 \text{ oder } 1$$

sind, so daß für diese Wurzelwerthe

$$\left(\frac{1}{\alpha}\right)^q + \left(\frac{1}{\alpha^2}\right)^q + \left(\frac{1}{\alpha^3}\right)^q + \ldots + \left(\frac{1}{\alpha^m}\right)^q$$

d. h. $\alpha^p + (\alpha^2)^p + (\alpha^3)^p + \ldots (\alpha^m)^p = \begin{pmatrix} 0 \\ \text{oder } m \end{pmatrix}$

ist, je nachdem q kein Vielfaches von m ist, oder ein Vielfaches von m (oder m selber) ist.

7) Die beyden Werthe von $\sqrt[2]{1}$ oder $\sqrt{1}$ sind

$$+1 \text{ und } -1 \text{ (§. 289.).}$$

8) Die drei Werthe von $\sqrt[3]{1}$ sind dagegen

$$1,\quad -\tfrac{1}{2} - \tfrac{1}{2}i\sqrt{3},\quad -\tfrac{1}{2} + \tfrac{1}{2}i\sqrt{3}$$

nach (§. 394.) wo $\sqrt{3}$, so oft sie vorkommt, ihren absoluten Werth vorstellt.

9) Die 4 Werthe der $\sqrt[4]{1}$ sind ferner:

$$+1,\ -1,\ +i,\ -i \text{ (§. 394.).}$$

10) Die 5 Werthe der $\sqrt[5]{1}$ sind ablich:

$$1, \quad -\frac{1+\sqrt{5}+i\sqrt{10-2\sqrt{5}}}{4}; \quad -\frac{1+\sqrt{5}-i\sqrt{10-2\sqrt{5}}}{4};$$

$$-\frac{1-\sqrt{5}+i\sqrt{10+2\sqrt{5}}}{4}, \quad -\frac{-\sqrt{5}-i\sqrt{10-2\sqrt{5}}}{4},$$

wo alle Wurzeln ihre absoluten Werthe vorstellen (§. 395.).

§. 557. Zusatz.

Untersucht man auf dieselbe Art auch die m Werthe von $\sqrt[m]{-1}$, oder die m Wurzelwerthe der Gleichung $x^m = -1$ oder $x^m + 1 = 0$, so findet man ähnliche Sätze:

1) Ist m eine gerade Zahl, so sind alle m Werthe imaginär, und ist m eine ungerade Zahl, so ist einer der Werthe $= -1$, die übrigen dagegen imaginär.

2) Ist $\alpha$ einer der Werthe von $\sqrt[m]{-1}$, so sind die ungeraden Potenzen

$$\alpha, \alpha^3, \alpha^5, \alpha^7 \ldots \alpha^{2p+1}$$

ebenfalls Werthe derselben Wurzel $\sqrt[m]{-1}$; dagegen sind die geraden Potenzen

$$\alpha^2, \alpha^4, \alpha^6, \alpha^8 \ldots \alpha^{2p},$$

jedesmal Werthe von $\sqrt[m]{1}$, und nicht von $\sqrt[m]{-1}$. — Denn es ist

$$(\alpha^{2p+1})^m = (\alpha^m)^{2p+1} = (-1)^{2p+1} = -1$$

dagegen $(\alpha^{2p})^m = (\alpha^m)^{2p} = (-1)^{2p} = +1$.

3) Das Produkt aus einer ungeraden Anzahl von Werthen der $\sqrt[m]{-1}$, ist jedesmal selbst wieder ein

Werth derselben $\sqrt[m]{-1}$; dagegen ist das Produkt aus einer geraden Anzahl der Werthe von $\sqrt[m]{-1}$, nicht mehr ein Werth derselben $\sqrt[m]{-1}$, sondern allemal ein Werth von $\sqrt[m]{1}$.

4) Bedeutet $\Sigma_p$ nach (§. 477.) noch immer die Potenzsumme

$$\alpha^p + \beta^p + \gamma^p + \ldots + \mu^p + \nu^p$$

wo $\alpha, \beta, \gamma, \ldots \mu, \nu$, die Werthe von $\sqrt[m]{-1}$, oder die m Wurzelwerthe der Gleichung $x^m + 1 = 0$ seyn mögen, und ist dabey p eine ganze positive oder eine ganze negative Zahl, so ist allemal auch hier:

$\Sigma_p = 0$, wenn p kein Vielfaches von m, dagegen

$\Sigma_p = -m$, wenn p ein Vielfaches von m, oder m selber ist.

5) Die beyden Werthe von $\sqrt[2]{-1}$ oder $\sqrt{-1}$ sind $+i$ und $-i$. (§. 394.)

6) Die 3 Werthe von $\sqrt[3]{-1}$ sind dagegen (§. 394.) $-1$, $\frac{1}{2} + \frac{1}{2} i\sqrt{3}$ und $\frac{1}{2} - \frac{1}{2} i\sqrt{3}$.

7) Die 4 Werthe der Wurzel $\sqrt[4]{-1}$ sind

$$-\tfrac{1}{2}\sqrt{2}(1+i), \quad -\tfrac{1}{2}\sqrt{2}(1-i)$$
$$+\tfrac{1}{2}\sqrt{2}(1+i), \quad +\tfrac{1}{2}\sqrt{2}(1-i)$$

weil $x^4 + 1 = [x^2 + (\sqrt{2})x + 1][x^2 - (\sqrt{2})x + 1]$ ist.

8) Die 5 Werthe von $\sqrt[5]{-1}$ sind endlich (§. 395.)

$$-1;\quad \frac{1-\sqrt{5}+i\sqrt{10+2\sqrt{5}}}{4},\quad \frac{1-\sqrt{5}-i\sqrt{10+2\sqrt{5}}}{4},$$

$$\frac{1+\sqrt{5}+i\sqrt{10-2\sqrt{5}}}{4},\quad \frac{1+\sqrt{5}-i\sqrt{10-2\sqrt{5}}}{4}.$$

## §. 558. Aufgabe.

Es ist gegeben eine Bestimmungsgleichung $P=0$, in welcher eine Wurzel $\sqrt[m]{a}$ vorkommt, wo a einen beliebigen von den Unbekannten abhängigen oder unabhängigen Ausdruck bedeuten mag. Man soll aus dieser Gleichung $P=0$ diese Wurzel $\sqrt[m]{a}$ eliminiren, d. h. eine Gleichung ableiten, welcher noch durch dieselben Werthe der Unbekannten genügt wird, durch welche der gegebenen genügt wurde, in der aber diese Wurzel $\sqrt[m]{a}$ nicht mehr vorkommt.

### Auflösung.

Man nehme einen in der gegebenen Gleichung $P=0$ nicht vorkommenden Buchstaben t, setze t statt $\sqrt[m]{a}$ in die gegebene Gleichung $P=0$, und eliminire dann dieses t aus den beyden Gleichungen

$$P=0 \quad \text{und} \quad t^m-a=0,$$

so ist die Eliminationsgleichung die gesuchte.

## §. 559. Zusatz.

Ist die gegebene Gleichung $P=0$ eine höhere Gleichung vom $n$ten Grade mit einem Unbekannten x, so kann die durch Wegschaffung von $\sqrt[m]{a}$ entstehende Gleichung höchstens vom Grade $mn$ seyn.

Anmerkung 1. Bedenkt man, daß $\sqrt[m]{a}$ in der gegebenen Gleichung $P = 0$, jeden ihrer m Werthe vorstellen kann, so folgt, daß die Eliminationsgleichung dieselbe wird für m verschiedene Gleichungen $P = 0$. Hat daher in jeder dieser Gleichungen $P = 0$, der Unbekannte x, n Werthe, so hat x in allen m Gleichungen $P = 0$, nothwendig im allgemeinen mn Werthe; welche der Unbekannte x in der Eliminationsgleichung haben muß.

Anmerkung 2. Träfe es sich, daß die $\sqrt[m]{a}$ in der Gleichung $P = 0$, z. B. zweymal vorkäme, und jedesmal einen andern ihrer Werthe repräsentirte, so müßte man den einen Werth durch t, den andern durch u bezeichnen, wo t und u der Gleichung $P = 0$ fremde Buchstaben seyn müssen, und dann t und u aus den 3 Gleichungen

$$P = 0, \quad t^m - a = 0, \quad u^m - a = 0$$

eliminiren, um die für diesen Fall gesuchte Gleichung zu haben, welche die $\sqrt[m]{a}$ nicht mehr enthält.

## §. 560. Zusatz.

Aber gerade so, wie eine Wurzel $\sqrt[m]{a}$ aus einer gegebenen Gleichung eliminirt wird, kann man auch beliebig viele solcher Wurzeln, sowohl mit einerlei als auch verschiedenen Wurzel-Exponenten eliminiren, und dann auch jedesmal den Grad der Eliminationsgleichung bestimmen, über den die entstehende Gleichung nicht hinausgehen kann, wenn die gegebene Gleichung $P = 0$ eine höhere Gleichung ist.

Anmerkung. Man kann eine Wurzel $\sqrt[m]{a}$ auch dadurch eliminiren, daß man die Gleichung nach dieser Wurzel auflößt und nachher auf beyden Seiten mit m potenzirt. Die Gleichung selbst braucht aber zu diesem Behufe nicht einmal aufgelößt zu seyn, wenn sie nur auf die Form

$$\frac{A \cdot \sqrt[m]{a}}{B} = C$$

gebracht worden ist.

So kann man zuweilen aus der entstehenden Gleichung noch eine Wurzel, etwa $\sqrt[n]{b}$, auf dieselbe Weise wegschaffen u. s. w. f.

## §. 561. Aufgabe.

Es ist gegeben die 3gliedrige Gleichung

$$x^{2m} + a x^m + b = 0;$$

man soll solche auflösen, nach x.

### Auflösung.

Die gegebene Gleichung so geschrieben

$$(x^m)^2 + a \cdot (x^m) + b = 0,$$

ist in Bezug auf $x^m$ eine quadratische und giebt daher

$$x^m = -\tfrac{1}{2} a \mp \sqrt{\tfrac{1}{4} a^2 - b},$$

wo also $x^m$ zwey Werthe hat. — Hieraus folgt aber

$$x = \sqrt[m]{-\tfrac{1}{2} a \mp \sqrt{\tfrac{1}{4} a^2 - b}},$$

wo x für jeden der beyden Radikanden, m verschiedene Werthe hat, folglich nothwendig 2m Werthe erhält, sobald die beyden Radikanden

$$-\tfrac{1}{2} a + \sqrt{\tfrac{1}{4} a^2 - b} \text{ und } -\tfrac{1}{2} a - \sqrt{\tfrac{1}{4} a^2 - b}$$

d. h. die beyden Werthe von $x^m$, wirklich von einander verschieden sind.

Anmerkung. Es hängt daher die Aufzählung aller 2m Werthe von x in der Gleichung

$$x^{2m} + a x^m + b = 0$$

von der Entwickelung der m Werthe der $\sqrt[m]{1}$, ab, weshalb wir alle weitere Untersuchungen ähnlicher Art, bis zu dem Zeitpunkt versparen wollen, wo wir diese Werthe der Wurzeln der Einheit allgemein aufzustellen im Stande seyn werden.

## §. 562. Aufgabe.

Die reducirte kubische Gleichung

$$z^3 + pz + q = 0 \ldots (A)$$

nach z aufzulösen.

## Auflösung.

Man setze $z = x + y$ und erhält aus (A)

$(x+y)^3+p(x+y)+q=0$ oder $x^3+(3xy+p)(x+y)+y^3+q=0$...(B)

Da nun x und y unbestimmt sind, so kann man y auf eine beliebige Weise bestimmen. Man setze daher

1) $3xy + p = 0$ oder $y = -\frac{p}{3x}$,

und erhält dann aus (B)

2) $x^3 + y^3 + q = 0$ oder $x^3 - \frac{p^3}{27x^3} + q = 0$.

Aus dieser letztern aber nach (§. 561.):

$$x = \sqrt[3]{-\tfrac{1}{2}q+\sqrt{[\tfrac{1}{4}q^2+\tfrac{1}{27}p^3]}} \text{ und } y = \frac{-\tfrac{1}{3}p}{\sqrt[3]{-\tfrac{1}{2}q+\sqrt{[\tfrac{1}{4}q^2+\tfrac{1}{27}p^3]}}}$$

wo die Quadrat- und die Kubik-Wurzel einen beliebigen, aber jedesmal einen und denselben ihrer Werthe vorstellt. Unter dieser Voraussetzung nehmlich leistet dieser Werth von x und dieser Werth von y, den Gleichungen (1) und (2), also auch der Gleichung (B) ein Genüge. Nimmt man daher $z = x + y$, so muß dieser Werth von z auch der gegebenen Gleichung (A) ein Genüge leisten.

Setzt man in x und in y statt der dritten Wurzel nach und nach ihre 3 Werthe, während man den Werth der Quadrat-Wurzel denselben bleiben läßt, so erhält man offenbar, immer $z = x + y$ nehmend, für z alle 3 Wurzelwerthe der Gleichung A.

Nimmt man aber dann für die Quadrat-Wurzel den zweyten ihrer Werthe, and dabey nach und nach für die dritte Wurzel ihre 3 Werthe, so erhält man noch 3 Werthe für z, welche der Gleichung (A) genügen müssen. — Weil aber die Gleichung (A) nicht mehr als drei Wurzelwerthe hat, so können diese letztern 3 Werthe von z, von den vorher erhaltenen nicht verschieden seyn.

Stellt in den Gleichungen

$$x = \sqrt[3]{-\tfrac{1}{2}q + \sqrt{[\tfrac{1}{4}q^2 + \tfrac{1}{27}p^3]}} \text{ und } y = \frac{-\tfrac{1}{3}p}{\sqrt[3]{-\tfrac{1}{2}q + \sqrt{\tfrac{1}{4}q^2 + \tfrac{1}{27}p^3}}}$$

die Kubikwurzel, so wie auch die Quadratwurzel einen bestimmten ihrer Werthe vor; so repräsentiren x u. y bestimmte Werthe, die durch 'x und 'y bezeichnet seyn mögen. Dann ist

$$('y)^3 = \frac{-\tfrac{1}{27}p^3}{-\tfrac{1}{2}q + \sqrt{[\tfrac{1}{4}q^2 + \tfrac{1}{27}p^3]}}$$

$$= \frac{-\tfrac{1}{27}p^3 \cdot [-\tfrac{1}{2}q - \sqrt{\tfrac{1}{4}q^2 + \tfrac{1}{27}p^3}]}{[-\tfrac{1}{2}q + \sqrt{\tfrac{1}{4}q^2 + \tfrac{1}{27}p^3}][-\tfrac{1}{2}q - \sqrt{\tfrac{1}{4}q^2 + \tfrac{1}{27}p^3}]}$$

$$= -\tfrac{1}{2}q - \sqrt{\tfrac{1}{4}q^2 + \tfrac{1}{27}p^3}$$

$$\text{folglich } 'y = \sqrt[3]{-\tfrac{1}{2}q - \sqrt{\tfrac{1}{4}q^2 + \tfrac{1}{27}p^3}},$$

wo die Quadratwurzel noch denselben ihrer Werthe vorstellt, die Kubikwurzel aber denjenigen bestimmten ihrer Werthe, der mit dem bestimmten Werth 'x multiplizirt gerade $-\tfrac{1}{3}p$ giebt.

Folglich hat man

$$z = \sqrt[3]{[-\tfrac{1}{2}q + \sqrt{\tfrac{1}{4}q^2 + \tfrac{1}{27}p^3}]} + \sqrt[3]{[-\tfrac{1}{2}q - \sqrt{\tfrac{1}{4}q^2 + \tfrac{1}{27}p^3}]}$$

wo zu jedem der drei Werthe der ersten Kubikwurzel, derjenige bestimmte Werth der zweyten genommen werden muß, der mit dem ersten multiplizirt gerade $-\tfrac{1}{3}p$ giebt; während die Quadratwurzel durchgehends denselben, aber einen beliebigen ihrer beyden Werthe vorstellt.

Anmerkung 1. Man könnte, um x und y aus den beyden Gleichungen

1) $3xy + p = o$ und 2) $x^3 + y^3 + q = o$,

zu finden, zuerst, wie oben geschehen, x finden und erhielte für x 6 Werthe, ausgedrückt in der Formel

$$x = \sqrt[3]{\left[-\tfrac{1}{2}q + \sqrt{\tfrac{1}{4}q^2 + \tfrac{1}{27}q^3}\right]}.$$

Dann könnte man auf demselben Wege, weil in den Gleichungen x und y mit einander vertauscht werden können, ohne daß sie sich dadurch ändern, finden 6 Werthe für y, enthalten in der Formel

$$y = \sqrt[3]{\left[-\tfrac{1}{2}q + \sqrt{\tfrac{1}{4}q^2 + \tfrac{1}{27}p^3}\right]}.$$

Um nun zu wissen, welche Werthe von x in Verbindung mit welchen Werthen von y den beyden Gleichungen (1) und (2) entsprechen, muß man diese Werthe für x und y in gedachte Gleichungen selbst substituiren und sehen, durch welche sie identisch werden. Nun sieht man aber leicht, daß die Gleichung (2) in diesem Falle wird

$$\left[-\tfrac{1}{2}q + \sqrt{\tfrac{1}{4}q^2 + \tfrac{1}{27}p^3}\right] + \left[-\tfrac{1}{2}q + \sqrt{\tfrac{1}{4}q^2 + \tfrac{1}{27}p^3}\right] + q = o$$

oder $\sqrt{\tfrac{1}{4}q^2 + \tfrac{1}{27}p^3} + \sqrt{\tfrac{1}{4}q^2 + \tfrac{1}{27}p^3} = o$ (Anmerk. §. 291.); folglich wird diese Gleichung (2) nur dann identisch, wenn zu einem Werth von x nur derjenige Werth von y genommen wird, in welchem die Quadratwurzel nicht denselben ihrer Werthe vorstellt, den solche in dem genommenen Werth von x vorstellte. Soll daher in den Ausdrücken für x und für y, die in Verbindung den Gleichungen (1) und (2) genügen, die Quadratwurzel jedesmal denselben ihrer beyden Werthe vorstellen, so muß man diese Werthe für x und für y, so schreiben:

$$x = \sqrt[3]{\left[-\tfrac{1}{2}q + \sqrt{\tfrac{1}{4}q^2 + \tfrac{1}{27}p^3}\right]} \text{ nnd } y = \sqrt[3]{\left[-\tfrac{1}{2}q - \sqrt{\tfrac{1}{4}q^2 + \tfrac{1}{27}p^3}\right]}$$

Damit aber nuu diese Werthe von x und y auch die Gleichung (1) zur identischen machen, müssen sie noch so genommen werden, daß $xy = -\tfrac{1}{3}p$, wie wir vorhin schon gefunden haben.

Es giebt daher 6 Systeme zusammengehöriger Werthe von x und von y welche den Gleichungen (1) und (2) genügen; und die Summe $x + y$ oder $z$ hat dann 3 verschiedene Werthe; wie oben ebenfalls schon bemerkt wurde.

Anmerkung 2. Anfänger werden dies noch klarer übersehen, wenn sie auf das Wesen der Bestimmungsgleichungen noch einmal aufmerksam gemacht werden. Es giebt nur eine Gattung von Gleichungen nehmlich die (§. 116.) definirten allgemeinen Gleichungen. Die Bestimmungsgleichungen sind daher von den identischen nur dadurch verschieden, daß in ersteren gewisse Ausdrücke durch eigene fremde Zeichen (Unbekannte genannt) vorgestellt sind, so daß die Gleichung nur unter der Voraussetzung existirt, daß die Unbekannten diese bestimmten Ausdrücke darstellen. Wenn nun z. B. aus den Gleichungen

1) $3xy + p = 0$ und 2) $x^3 + y^3 + q = 0$

jene andern abgeleitet werden

3) $x = \sqrt[3]{-\frac{1}{2}q + \sqrt{\frac{1}{4}q^2 + \frac{1}{27}p^3}}$ und 4) $y = \sqrt[3]{-\frac{1}{2}q - \sqrt{\frac{1}{4}q^2 + \frac{1}{27}p^3}}$

so drückt dies nichts weiter aus, als daß die Werthe, welche x u. y in (1) und (2) repräsentiren, in (3) und (4) statt x und statt y gesetzt, diese Gleichungen (3) und (4) ebenfalls identisch machen müssen. — Aber eben deshalb müssen die Werthe von x und von y, welche den Gleichungen (1) und (2) genügen, unter den Werthen, welche die in (3) und (4) rechts stehenden Ausdrücke geben, enthalten seyn; obgleich nicht umgekehrt, je zwey beliebige dieser letztern nothwendig die in (1) und (2) durch x und durch y vorgestellten seyn müssen.

Anmerkung 3. Die eben beygebrachte Methode, die kubischen Gleichungen aufzulösen pflegt man dem Cardan zuzuschreiben, und deshalb den Ausdruck für z die Cardanische Formel zu nennen.

## §. 563. Zusatz.

Da p und q ganz allgemein sind, so kann in besondern Fällen $\frac{1}{4}q^2 + \frac{1}{27}p^3$ eine negative Zahl werden, welche durch $-B^2$ bezeichnet seyn mag. Bezeichnet man dann $-\frac{1}{2}q$ durch A, so bekommt der Ausdruck für z folgende Gestalt:

$$z = \sqrt[3]{(A + Bi)} + \sqrt[3]{(A - Bi)};$$

welcher Ausdruck der Gleichung

$z^3 + pz + q = 0$ genügt. Sind nun p und q reele Ausdrücke, so hat die kubische Gleichung nothwendig wenigstens einen reelen Werth, folglich ist dann wenigstens einer der drei Werthe von

$$z = \sqrt[3]{(A + Bi)} + \sqrt[3]{(A - Bi)}$$

nothwendig reel.

Anmerkung. Später wird gezeigt werden, daß in diesem Falle, welcher gewöhnlich der irreduktible Fall genannt wird, alle 3 Werthe von z reel seyn müssen.

### §. 564. Zusatz.

Man kann aber nun auch jede vollständige kubische Gleichung $t^3 + at^2 + bt + c = 0$ auflösen, indem man $t = z - \frac{1}{3}a$ setzt, und die dadurch entstehende reducirte kubische Gleichung in z nach (§. 562.) auflößt.

### §. 565. Zusatz.

Es kann daher auch jede höhere Gleichung von der Form $x^{3n} + ax^{2n} + bx^n + c = 0$

allgemein aufgelößt werden; indem man $x = \sqrt[n]{t}$ setzt, und dann die Gleichung

$t^3 + at^2 + bt + c = 0$ auflößt.

Man erhält dann für x eine Anzahl 3n, im allgemeinen verschiedener Werthe.

### §. 566. Aufgabe.

Die reducirte Gleichung vom 4ten Grade

$$z^4 + pz^2 + qz + r = 0 \; .\;.\;.\;.\; (A)$$

nach z aufzulösen.

## Auflösung I.

Man finde aus (A)

$$z^4 = -(pz^2 + qz + r),$$

und addire auf beyden Seiten $2z^2y + y^2$, um links ein vollständiges Quadrat $(z^2 + y)^2$ zu erhalten. Dies giebt

$$(z^2 + y)^2 = 2z^2y + y^2 - pz^2 - qz - r = (2y - p)z^2 - qz + (y^2 - r) \ldots (B)$$

Damit nun der Ausdruck rechts in (B) ebenfalls ein vollständiges Quadrat werde, nehme man nach (§. 392.)

$$q^2 = 4(2y - p)(y^2 - r) \text{ oder } y^3 - \tfrac{1}{2}py^2 - ry + (\tfrac{1}{2}pr - q^2) = 0 \ldots (C)$$

und man erhält dann aus (B)

$$(z^2 + y)^2 = (2y - p) \cdot \left(z - \frac{q}{2(2y - p)}\right)^2 \ldots (D)$$

und daraus

$$z^2 + y = \sqrt{2y - p} \cdot \left(z - \frac{q}{2(2y - p)}\right) \ldots (E)$$

Lößt man nun die Gleichung (C) nach y auf, und setzt einen der drei Werthe von y, statt y in die Gleichung (E), nimmt man dabey für $\sqrt{2y - p}$ bald den einen, bald den andern ihrer beyden Werthe; lößt man ferner diese Gleichung (E) nach z auf, so giebt solche für jeden der beyden Werthe von $\sqrt{2y - p}$, zwey Werthe von z; so daß man vier Werthe für z erhält, von denen jeder einzelne, für denselben Werth von y, die Gleichung (D), folglich dann auch die Gleichung (B) und daher auch die Gleichung (A) identisch machen muß.

Nimmt man für y nach und nach jeden der drei Werthe aus (C), so erhält man für z im Ganzen zwölf Werthe, von welchen aber je drei dieselben seyn müssen, in so ferne alle der Gleichung (A) genügen, diese

Gleichung aber nur 4 Wurzelwerthe hat.

Auflösung II.

Man suche die ganze Funktion $z^4 + pz^2 + qz + r$ in ein Produkt von zwey doppelten Faktoren zu zerlegen. Zu dem Ende setze man

$$z^4 + pz^2 + qz + r = (z^2 + ax + b)(z^2 + cx + d),$$

so erhält man nach (§. 409.) zur Bestimmung von a, b, c und d, die Gleichungen

1) $a + c = 0$; 2) $ac + b + d = p$; 3) $ad + bc = q$; 4) $bd = r$.

Aus diesen Gleichungen kann man b, c, d, auf folgende Art elliminiren, um eine Endgleichung in a zu erhalten. Man findet aus der ersten $c = -a$, und setzt diesen Werth $-a$ in die übrigen Gleichungen statt c. — Dann findet man aus der zweyten und dritten b und d in a und p und q ausgedrückt; und diese Werthe setzt man zuletzt in die 4te Gleichung. Auf diese Weise erhält man

$$a^6 + 2pa^4 + (p^2 - 4r)a^2 - q^2 = 0,$$

welche Gleichung nach (§. 565.) aufgelößt werden kann und für a, 6 Werthe giebt. Zu jedem dieser Werthe von a, findet man dann jedesmal einen Werth von b, von c und von d; so daß also die ganze Funktion $z^4 + pz^2 + qz + r$ auf 6 verschiedene Arten in ein Produkt zweyer doppelten Faktoren zerlegt werden kann. Lößt man aber die beyden Gleichungen

$$z^2 + az + b = 0 \quad \text{und} \quad z^2 + cz + d = 0$$

für irgend ein System dieser Werthe von a, b, c und d auf, so erhält man jedesmal die vier Wurzelwerthe der gegebenen Gleichung

$$z^4 + pz^2 + qz + r = 0.$$

Anmerkung 1. Die Auflösung (I.) wird dem Ferrari, die letztere dagegen dem Des Cartes zugeschrieben.

Anmerkung 2. Man konnte leicht à priori wissen, von welchem Grade die Gleichung nach a werden mußte. Denn dieses a drückt immer die subtraktiv genommene Summe je zweyer der 4 Wurzelwerthe $\alpha$, $\beta$, $\gamma$, $\delta$ der gegebenen Gleichung $z^4 + pz^2 + qz + r = o$ aus; bezeichnet also eben so gut

$-(\alpha+\beta)$, als auch $-(\alpha+\gamma)$, $-(\alpha+\delta)$, $-(\beta+\gamma)$, $-(\beta+\delta)$, $-(\gamma+\delta)$, und hat daher nothwendig 6 verschiedene Werthe, die durch eine Gleichung vom 6ten Grade ausgedrückt seyn müssen.

Man konnte deshalb diese Gleichung in a, auch nach (§. 497.) entwickeln. — Und weil zu gleicher Zeit $\alpha+\beta+\gamma+\delta = o$, in so ferne die gegebene Gleichung eine reducirte ist, so muß diese neue Gleichung in a von der Art seyn, daß ihr durch a und $-a$ gleichmäßig genügt wird, und daher konnte man auch à priori einsehen, daß diese Gleichung in a bloß gerade Potenzen von a enthalten kann.

Anmerkung 3. Man kann aber in allen ähnlichen Untersuchungen den Grad und die Form der Gleichungen à priori bestimmen, indem man nachsieht, welche Funktion der gesuchten Wurzelwerthe, der Unbekannte vorstellt, und dann die Gleichung nach (§. 497.) entwickelt.

## §. 567. Zusatz.

**Man kann daher auch jede vollständige Gleichung vom vierten Grade**

$$x^4 + Ax^3 + Bx^2 + Cx + D = o$$

**auflösen, in so ferne man $x = z - \frac{1}{4}A$ setzt, und dann die entstehende reducirte Gleichung in z nach (§. 566.) auflößt.**

## §. 568. Zusatz.

**Desgleichen kann man nun auch die höhere Gleichung**

$$x^{4n} + Ax^{3n} + Bx^{2n} + Cx^n + D = o$$

auflösen, indem man $x = \sqrt[n]{t}$ setzt, und dann die Gleichung

$$t^4 + At^3 + Bt^2 + Ct + D = 0$$

nach (§. 567.) auflößt.

Man erhält dabey zugleich alle 4n Werthe, welche diese Gleichung für x haben muß.

### Bemerkung.

Offenbar kommt es bey diesem allgemeinen Auflösen der höhern Gleichungen darauf an, die Wurzelwerthe derselben, von andern Gleichungen eines niedrigern Grades abhängig zu machen. — Die quadratische Gleichung hängt ab, von dem Auflösen einfacher Gleichungen. Die kubische Gleichung wurde (§. 562.) dadurch aufgelößt, daß sie von einer Gleichung vom zweyten Grade abhängig gemacht wurde. — Die Gleichung des 4ten Grades wurde aufgelößt (§. 566.), indem ihre Wurzelwerthe von Gleichungen vom dritten und zweyten Grade abhängig gemacht wurden. — Wollte man daher Gleichungen des 5ten, 6ten und überhaupt eines höhern Grades auflösen, so müßte man dieselbe Verfahrungsart anwenden. Allein, obgleich die vorzüglichsten Mathematiker ihre Kräfte daran wendeten, so haben doch die verschiedenen Wege, durch welche man zur Auflösung einer jeden höhern Gleichung zu gelangen versuchte, immer nur wieder die Auflösungen des dritten und vierten Grades geliefert, ohne sich nur zur Auflösung des nächstfolgenden Grades mit Erfolg anwenden zu lassen. Wir verweisen deshalb auf die trefflichen Arbeiten von Bezout, Euler, La Grange und Anderen, und führen nur noch einige der Methoden, die versucht worden sind, zur Uebersicht an.

### §. 569. Zusatz.

Die Methode, welche Tschirnhausen gebraucht, ist auf die Gleichungen vom 3ten und 4ten Grade angewandt, folgende:

I. Wenn die aufzulösende Gleichung vom dritten Grade ist:

$$z^3 + pz^2 + qz + r = 0 \ldots (1)$$

Man setzt $z^2 + bz + (x + a) = 0$ ... (2)
und eliminirt z aus (1) und (2), um eine Gleichung in x zu erhalten, welche nothwendig vom dritten Grade werden und die Form

$$x^3 + Ax^2 + Bx + C = 0 \quad \ldots (3)$$

bekommen muß, nach (§. 507.).

Nun setzt man $A = 0$ und $B = 0$, und bestimmt daraus die Werthe von a und von b, so wie aus $x^3 + C = 0$, die drei Werthe von x, alles durch die Koefficienten p, q und r ausgedrückt. Hierauf substituirt man ein System der Werthe von a, b und x in die Gleichung (2), und sucht nachher zwischen (1) und (2) den größten gemeinschaftlichen Theiler in z. — Dieser der Null gleich gesetzt, giebt dann einen Werth von z, welcher ein Wurzelwerth der gegebenen Gleichung (1) seyn muß.

Der Erfolg dieser Methode hängt davon ab, ob sich die beyden Gleichungen $A = 0$ und $B = 0$, nach a und nach b auflösen lassen; welches hier der Fall ist.

Man konnte auch statt der Gleichung (2) die noch allgemeinere $cz^2 + bz + (x + a) = 0$ nehmen, und nachher in Bezug auf die Willkührlichkeit eines dieser Koefficienten, eine für die Rechnung bequeme willkührliche Annahme (etwa $c = 1$), wie Bezout gethan) machen, wie von Euler geschehen ist.

II. Wenn aufzulösen ist, die Gleichung vom vierten Grade: $z^4 + pz^3 + qz^2 + rz + s = 0$. ... (1).
Man setzt $z^3 + cz^2 + bz + (x + a) = 0$, ... (2)
und eliminirt z aus (1) und (2). Dadurch erhält man

nach (§. 507.) nothwendig eine Gleichung in x vom 4ten Grade von der Form

$$x^4 + Ax^3 + Bx^2 + Cx + D = 0 \quad \ldots (3)$$

In dieser Gleichung setzt man nun

$$A = 0 \text{ und } B = 0 \text{ und } C = 0,$$

und bestimmt daraus a, b und c, so wie dann aus

$$x^4 + D = 0$$

noch x durch p, p, r und s ausgedrückt; setzt ein System dieser Werthe von a, b, c und x in die Gleichung (2) und sucht dann zwischen (1) und (2) den größten gemeinschaftlichen Theiler in z. — Dieser der Null gleich gesetzt, giebt dann einen Werth von z, welcher der gegebenen Gleichung (1) genügt.

Weil es aber hier schon schwerer seyn dürfte, aus $A = 0$, $B = 0$, $C = 0$, die Unbestimmten a, b, c zu bestimmen; da ferner x aus (3) schon gefunden werden kann, wenn nur $A = 0$ und $B = 0$ ist, so konnte man statt der Gleichung (2) auch diese nehmen

$$z^2 + bz + (x + a) = 0 \quad \ldots (4),$$

dann durch Elimination von z zwischen (1) und (4) die Gleichung

$$x^4 + {}'Ax^3 + {}'Bx^2 + {}'Cx + {}'D = 0 \quad \ldots (5)$$

ableiten, nachgehends $'A = 0$ und $'C = 0$ setzen, daraus a und b, und zuletzt aus

$$x^4 + {}'Bx^2 + {}'D = 0$$

auch x finden; ein System der Werthe von a, b und x in (4) substituiren, und endlich zwischen (1) und (4) den größten gemeinschaftlichen Theiler in z suchen, und diesen $= 0$ setzen, um wenigstens einen Wurzelwerth der gegebenen Gleichung (1) zu erhalten.

Man kann aber in beyden Fällen in den Gleichungen (2) und (4), der höchsten Potenz von z ebenfalls einen unbestimmten Koefficienten $\alpha$ geben, um nachgehends noch eine beliebige Annahme machen, und dadurch die Rechnungen vereinfachen oder leichter übersehen zu können.

Anmerkung. Daß und wie man diese Methode auf Gleichungen von jedem Grade anwenden könne, fällt in die Augen. Daß sie aber nicht einmal auf eine Gleichung vom 5ten Grade mit Erfolg angewandt werden kann, liegt darin, weil die Gleichungen $A = o$, $B = o$, $C = o$ etc. etc. zur Bestimmung der eingeführten Unbestimmten a, b, c, d, etc, selbst auf einen höhern Grad steigen, der ihre allgemeine Auflösung nicht mehr verstattet.

## §. 570. Zusatz.

Die (§. 562.) angewandte Methode, die Auflösung der kubischen Gleichungen zu erhalten, hat La Grange auch auf die Gleichungen vom 4ten Grade ausgedehnt. Um also die Gleichung

$$z^4 + pz^2 + qz + r = o$$

aufzulösen, setze man

$$z = x + y + u,$$

und zerlege die entstehende Gleichung (durch Nullsetzung der Glieder, welche $(x + y + u)$ und $(xy + xu + yu)$ zum Faktor haben) in 3 andere, aus denen nachgehends x, y und u, folglich dann auch z gefunden wird.

## §. 571. Zusatz.

Eine Methode des La Grange ist folgende:

I. Wenn aufzulösen ist die Gleichung vom 3ten Grade

$$z^3 + pz^2 + qz + r = o.$$

Man bezeichne die drei Wurzelwerthe derselben durch

a, b, c, und bilde sich mittelst unbestimmter Koefficienten l, m, n, eine Funktion $la + mb + nc$, so wie alle durch Vertauschung der Elemente a, b, c, aus dieser hervorgehende Funktionen

1) $la + mb + nc$, 4) $lb + ma + nc$,
2) $lc + ma + nb$, 5) $lc + mb + na$,
3) $lb + mc + na$, 6) $la + mc + nb$.

Ferner bilde man nach (§. 497.) eine Gleichung in x, welche diese 6 Funktionen von a, b, und c, zu Wurzelwerthen hat, welche also vom 6ten Grade seyn wird; bestimme aber die Unbestimmten l, m, und n so, daß diese Gleichung vom 6ten Grade in x die Form

$$x^6 + Ax^3 + B = o \qquad \ldots . (2)$$

bekommt, folglich nach (§. 561.) aufgelößt werden kann. — Sind nun $\alpha$, $\alpha^2$ und $\alpha^3$ (oder 1) die drei Werthe von der $\sqrt[3]{1}$, so können diese sechs Werthe von x dargestellt werden, durch $'x$, $\alpha.'x$, $\alpha^2.'x$, und $''x$, $\alpha.''x$, $\alpha^2.''x$, (§. 561.). Dann hat man die drei Gleichungen

$la+mb+nc='x$; $lb+ma+nc=''x$ und $a+b+c=-p$, aus denen, in so ferne l, m, n bestimmt, und die Gleichungen selbst in Bezug auf a, b, c einfache sind, diese Unbekannten a, b, c ohne weiters gefunden werden können. — Dies mag nun hier näher auseinander gesetzt werden, und zwar der Einfachheit wegen, für $p=o$.

Dann ist

$a+b+c=o$, $ab+ac+bc=q$ und $abc=-r$

und dabey l, m, n, so zu bestimmen, daß

$\alpha^2(la+mb+nc)=\alpha(lc+ma+nb)=lb+mc+na$,

und $\alpha^2(lb+ma+nc)=\alpha(lc+mb+na)=la+mc+nb$,

welchen Gleichungen Genüge zu leisten getrachtet werden muß. Dies geschieht aber, indem man einzeln die Koefficienten von a, b, und c einander gleich setzt, wodurch man erhält

$$\alpha^2 l = \alpha m = n;\ \alpha^2 m = \alpha n = b;\ \alpha^2 n = \alpha l = m,$$

weshalb einer der Unbestimmten noch beliebig angenommen werden kann. Setzt man daher $n = 1$, so erhält man:

$$l = \alpha,\ m = \alpha^2,\ n = 1.$$

Unter dieser Annahme der Unbestimmten l, m, n, wird also die Gleichung in x die Form bekommen

$x^6 + Ax^3 + B = 0$; und dabey wird

$A = -\overset{3}{C}$ und $B = \overset{6}{C}$, wenn die Kombinationsklassen aus den 6 Elementen

$$\alpha a + \alpha^2 b + c,\ \alpha c + \alpha^2 a + b,\ \alpha b + \alpha^2 c + a,$$
$$\alpha b + \alpha^2 a + c,\ \alpha c + \alpha^2 b + a,\ \alpha a + \alpha^2 c + b$$

(n. n. 1 — 6) entwickelt werden. Weil aber auch $-A = 'x^3 + ''x^3$ und $B = 'x^3 . ''x^3$ seyn muß, so kann man A und B noch leichter bestimmen, indem man bemerkt, daß die durch $'x$ und $''x$ bezeichneten Wurzelwerthe beziehlich sind $\alpha a + \alpha^2 . b + c$ und $\alpha^2 a + \alpha b + c$. Dann hat man

$$-A = (\alpha a + \alpha^2 b + c)^3 + (\alpha^2 a + \alpha b + c)^3$$
$$= 2(a^3 + b^3 + c^3) + 12abc - 3(a^2 b + ab^2 + a^2 c + ac^2 + b^2 c + bc^2)$$
$$= 2 . \Sigma_3 - 12r - 3\,\Sigma(a^2 b) = -27r,$$

wie sich sogleich ergiebt, wenn man bemerkt, daß

$a + b + c = 0$ und $\alpha + \alpha^2 + 1 = 0 = 1 + \alpha^4 + \alpha^2$ und $\alpha^3 = a^6 = 1$ ist.

Ferner wird

$$B = 'x^3 . ''x^3 = ('x . ''x)^3 = [(\alpha a + \alpha^2 b + c)(\alpha^2 a + \alpha b + c)]^3$$

$$= [(a^2 + b^2 + c^2) - (ab + ac + bc)]^3$$

$$= [(a+b+c)^2 - 3(ab+ac+bc)]^3 = (-3q)^3 = -27q^3.$$

Die Gleichung in x, deren Wurzelwerthe

$'x$, $\alpha\,'x$, $\alpha^2\,'x$, $''x$, $\alpha\,''x$ und $\alpha^2 . ''x$ sind, ist daher

$$x^6 + 27 r . x^3 - 27 q^3 = 0;$$

woraus sich ergiebt

$$'x = \sqrt[3]{-\tfrac{1}{2}r + \sqrt{\tfrac{1}{4}r^2 + \tfrac{1}{27}q^3}} \text{ und } ''x = \sqrt[3]{-\tfrac{1}{2}r - \sqrt{\tfrac{1}{4}r^2 + \tfrac{1}{27}q^3}}$$

wo die Quadrat- und die Kubikwurzel jedesmal einen bestimmten ihrer Werthe vorstellt.

Ist aber $'x$ und $''x$ gefunden, so hat man

$\alpha a + \alpha^2 b + c = 'x$ und $\alpha^2 a + \alpha b + c = ''x$ und $a + b + c = 0$;

dahero $a = \frac{\alpha^2\,'x + \alpha\,''x}{3}$, $b = \frac{\alpha\,'x + \alpha^2\,''x}{3}$, $c = \frac{'x + ''x}{3}$.

Nun muß noch untersucht werden, welche der 6 Werthe von x, für $'x$ und $''x$ genommen werden müssen, und genommen werden dürfen. Zu diesem Zwecke muß man die Werthe von a und b und c in die gegebene Gleichung $z^3 + qz + r = 0$ statt z substituiren, und nun diejenigen Werthe für $'x$ und $''x$ nehmen, für welche diese Gleichung dadurch identisch wird. Dann findet man, daß dies der Fall ist, wenn

$'x . ''x = -3q$; welches die einzige Bedingung ist, die beobachtet werden muß, wenn man hier jedesmal die 3 Wurzelwerthe der gegebenen Gleichung erhalten will.

II. Wenn die Gleichung vom 4ten Grade

$$z^4 + pz^2 + qz + r = 0$$

aufgelößt werden soll.

Man

Man bezeichne die Wurzelwerthe der gegebenen Gleichung durch a, b, c, d, und bilde eine neue Gleichung in x, welche zu Wurzelwerthen hat, die Funktion $ka + lb + mc + nd$, und alle durch beliebige Versetzung der Wurzelwerthe a, b, c, d aus ihr hervorgehenden Funktionen; weshalb solche Gleichung in x vom 24sten Grade seyn wird. Man muß nun die Unbestimmten k, l, m, n, so annehmen, daß diese Gleichung in x sich auf einen niedrigern Grad reducirt.

Dies geschieht aber, wenn $k = l = 1$ und $m = n = -1$ genommen wird, weil aus a, b, c, d, nur 6 verschiedene Funktionen von der Form $(a+b) - (c+d)$ gebildet werden können, von denen je zwey einander gleich, aber mit dem entgegengesetzten + oder − Zeichen versehen sind, so daß die Gleichung in x, welche diese 6 Wurzelwerthe hat, in Bezug auf $x^2$ nur vom 3ten Grade seyn, ihre Auflösung daher vorausgesetzt werden kann. — Setzt man $x^2 = y$ so wird die Gleichung in y die Form haben

$$y^3 + Ay^2 + By + C = 0;$$

und dabey wird seyn

$$A = -[(a+b-c-d)^2 + (a+c-b-d)^2 + (a+d-b-c)^2]$$

$$B = (a+b-c-d)^2.(a+c-b-d)^2 + (a+b-c-d)^2.(a+d-b-c)^2 + (a+c-b-d)^2.(a+d-b-c)^2;$$

$$C = -(a+b-c-d)^2.(a+c-b-d)^2.(a+d-b-c)^2.$$

Es ist aber bequemer die Rechnungen auf folgende Art auszuführen. — Es ist nehmlich $a+b+c+d = 0$, und

1) $(a+b-c-d)^2 = a^2+b^2+c^2+d^2+2ab+2cd-2ac-2ad-2bc-2bd$

$$= (a+b+c+d)^2 - 4ac - 4ad - 4bc - 4bd$$

$$= -4(ac+ad+bc+bd) = -4p+4ab+4cd$$

Eben so

2) $(a+c-b-d)^2 = -4p+4ac+4bd$ und

3) $(a+d-b-c)^2 = -4p+4ad+4bc$.

Folglich die Gleichung in y

$$(y+4p-4ab-4cd)(y+4p-4ac-4bd)(y+4p-4ad-4bc)$$

oder $[u-(ab+cd)].[u-(ac+bd)].[u-(ad+bc)]=0$, wenn man $y+4p=4u$ setzt. Setzt man diese Gleichung in u, wie folgt:

$u^3 + {}'A.u^2 + {}'B.u + {}'C = 0$, so hat man

$'A = -(ab+cd+ac+bd+ad+bc) = -p$;

$'B = (ab+cd).(ac+bd)+(ab+cd)(ad+bc)+(ac+bd).(ad+bc)$

$= \Sigma(a^2bc) = \frac{1}{2}[\Sigma_a.\Sigma_1.\Sigma_1 - 2\Sigma_3.\Sigma_1 - \Sigma_2.\Sigma_2 + 2\Sigma_4]$

nach (§. 457.) und (§. 481.). Und dies giebt

$'B = -4r$, nach (§. 495.). — Endlich

$-'C = +(ab+cd)(ac+bd)(ad+bc)$

$= (a^3bcd + ab^3cd + abc^3d + abcd^3)$

$+ (a^2b^2c^2 + a^2b^2d^2 + a^2c^2d^2 + b^2c^2d^2)$.

Der erste Summand ist $= r.\Sigma_2 = -2pr$; der zweyte dagegen $= \frac{1}{3}[(\Sigma_2)^3 - 3\Sigma_4.\Sigma_2 + 2\Sigma_6] = -2pr+q^2$; folglich $'C = 4pr - q^2$; und die Gleichung in

u ... $u^3 - pu^2 - 4ru + (4pr - q^2) = 0$.

Bezeichnet man die 3 Wurzelwerthe derselben durch $'u$, $''u$ und $'''u$, so hat man aus (n. 1., n. 2 und n. 3.)

$$\left.\begin{array}{l}(a+b-c-d)^2=4.('u-p)\\(a+c-b-d)^2=4(''u-p)\\(a+d-b-c)^2=4('''u-p)\end{array}\right\}\text{folglich}\left\{\begin{array}{l}a+b-c-d=2\sqrt{'u-p}\\a+c-b-d=2\sqrt{''u-p}\\a+d-b-c=2\sqrt{'''u-p}\end{array}\right. (\odot)$$

welche 3 Gleichungen in Verbindung mit $a+b+c+d=0$ die 4 Wurzelwerthe a, b, c, d, bestimmen. Sie geben

$$a = \tfrac{1}{2}\left(\sqrt{'u-p} + \sqrt{''u-p} + \sqrt{'''u-p}\right)$$
$$b = \tfrac{1}{2}\left(\sqrt{'u-p} - \sqrt{''u-p} - \sqrt{'''u-p}\right) \quad (C)$$
$$c = \tfrac{1}{2}\left(-\sqrt{'u-p} + \sqrt{''u-p} - \sqrt{'''u-p}\right)$$
$$d = \tfrac{1}{2}\left(-\sqrt{'u-p} - \sqrt{''u-p} + \sqrt{'''u-p}\right),$$

wo die Quadratwurzeln jedesmal einen und denselben ihrer beyden Werthe vorstellen, während aber noch unbestimmt geblieben ist, welcher jedesmal der zu nehmende sey. Um dies zu bestimmen, muß man den Werth von a nehmlich

$$\tfrac{1}{2}\left(\sqrt{'u-p} + \sqrt{''u-p} + \sqrt{'''u-p}\right)$$

nehmen, und ihn statt z in die gegebene Gleichung

$$z^4 + pz^2 + qz + r = 0$$

setzen, und nun die Bedingungen bemerken, unter denen diese Gleichung identisch wird. Damit man aber ganz sicher seyn kann, alle Bedingungen hinsichtlich der jedesmal zu nehmenden Werthe der Wurzeln zu haben, muß man entweder nachsehen, ob nicht, wenn man b, c und auch d statt z setzt, dadurch noch neue Bedingungen entstehen, oder man muß auf einem andern Wege nachweisen, daß diese letztern Substitutionen keine von der erst erhaltenen verschiedene Bedingung liefern können.

Man kann aber diese Bedingungen auf folgendem einfachen Weg zu finden versuchen. Es seyen nehmlich $\alpha, \beta$ und $\gamma$ gerade die für $\sqrt{'u-p}$, $\sqrt{''u-p}$ und $\sqrt{'''u-p}$ zu nehmenden Werthe, so sind die 4 Wurzelwerthe der Gleichung

$$z^4 + pz^2 + qz + r = 0$$

folgende

$$\tfrac{1}{2}(\alpha+\beta+\gamma),\ \tfrac{1}{2}(\alpha-\beta-\gamma),\ \tfrac{1}{2}(-\alpha+\beta-\gamma),\ \tfrac{1}{2}(-\alpha-\beta+\gamma).$$

Sind aber $\alpha$, $\beta$ und $\gamma$, Werthe der oben bemerkten Quadratwurzeln, so sind $-\alpha$, $-\beta$ und $-\gamma$ die zweyten Werthe derselben Wurzeln, und man kann nun leicht folgende Bemerkung machen:

1) Setzt man in den 4 Ausdrücken (C) statt zwey der Werthe $\alpha$, $\beta$, und $\gamma$ die andern $-\alpha$, $-\beta$ oder $-\gamma$, so ergeben sich dieselben Ausdrücke (C) wieder, nur in anderer Ordnung.

2) Setzt man aber in (C) statt eines oder statt aller drei der Werthe $\alpha$, $\beta$, $\gamma$, die andern $-\alpha$, $-\beta$ und $-\gamma$, so erhält man zwar wiederum dieselben Ausdrücke (C), aber jeder ist dann mit dem $-$ Zeichen versehen, so daß wenn die Ausdrücke in (C) bezeichnet sind durch

$$\varphi, \quad {}'\varphi, \quad {}''\varphi, \quad {}'''\varphi$$

die jetzigen seyn werden

$$-\varphi, \quad -{}'\varphi, \quad -{}''\varphi, \quad -{}'''\varphi.$$

Da nun, nach der Annahme, $\varphi$ statt $z$ gesetzt der Gleichung $z^4 + pz^2 + qz + r = 0$ genügt, so wird $-\varphi$ statt $z$ gesetzt, nothwendig der andern Gleichung $z^4 + pz^2 - qz + r = 0$ genügen. Daraus folgt aber:

3) Welche der beyden Werthe man in den Ausdrükken für a, b, c und d statt $\sqrt{{}'u-p}$, $\sqrt{{}''u-p}$, und $\sqrt{{}'''u-p}$ setzen mag, so hat man doch immer entweder die Wurzelwerthe der Gleichung

$$z^4 + pz^2 + qz + r = 0, \text{ oder}$$

doch die Wurzelwerthe dieser andern Gleichung $z^4 + pz^2 - qz + r = 0$; und es bleibt daher nur noch übrig, die Bedingung aufzusuchen, durch welche man in den Stand gesetzt ist, diese beyden Fälle jedesmal von einander unterscheiden zu können.

Nun findet sich aber, wenn man die 3 Gleichungen (⊙) mit einander multiplizirt,

$$\sqrt{'u-p} \cdot \sqrt{''u-p} \cdot \sqrt{'''u-p} = - q. \qquad (♂)$$

Im Falle die Wurzelwerthe der andern Gleichung $z^4 + pz^2 - qz + r$ gefunden werden sollten, müßte man daher die Werthe der Wurzeln $\sqrt{'u-p}$, $\sqrt{''u-p}$, $\sqrt{'''u-p}$ so nehmen, daß ihr Produkt

$$\sqrt{'u-p} \cdot \sqrt{''u-p} \cdot \sqrt{'''u-p} = + q \text{ wird.}$$

Und weil keine weitere Bedingung statt finden kann, so ist die Bedingung (♂) die einzige, welche hinsichtlich der Werthe der Wurzeln $\sqrt{'u-p}$, $\sqrt{''u-q}$, $\sqrt{'''u-q}$, in besondern Fällen zu beobachten ist, wenn man in den obigen Ausdrücken für a, b, c und d die Wurzelwerthe der gegebenen Gleichung vom 4ten Grade mit Nothwendigkeit erhalten will.

Anmerkung 1. Es scheint nicht unnöthig zu seyn, hier ausdrücklich noch darauf aufmerksam zu machen, daß bey dieser allgemeinen Auflösung der Gleichungen die Koefficienten p, q, r ganz allgemeine Ausdrücke sind, die eben so gut reel als auch imaginär, und im letztern Fall von der bis jetzt bekannten Form $\psi + '\psi i$ oder von einer ganz unbekannten Form seyn können. Bey allen solchen allgemeinen Arbeiten kann daher nie die Rede seyn von positiven oder negativen Werthen; ja auch nie von imaginären, weil um das eine oder das andere zu erkennen, immer schon bestimmte Ziffernwerthe, also nicht mehr allgemeine Ausdrücke vorausgesetzt seyn müssen.

Anmerkung 2. Das in diesem Paragraphen angedeutete Verfahren des La Grange läuft darauf hinaus, nicht die Wurzelwerthe der aufzulösenden Gleichung selbst, sondern gewisse Funktionen von ihnen zu finden, z. B. la + mb + nc oder a+b—c—d u. s. w.; und dann aus den gefundenen Werthen dieser Funktionen, die Wurzelwerthe selbst abzuleiten. — Deshalb können diese Funktionen beliebig angenommen werden, nur so, daß die Gleichung, welche sie bestimmt, auf einen niedrigern Grad gebracht werden kann, als die aufzulösende; und daß dann die Wurzelwerthe a, b, c, d, selbst, in diesen Funktionen dergestalt vorkommen, daß nachgehends solche aus den Werthen dieser Funktionen wieder entwickelt werden können.

## §. 572. Zusatz.

**Euler nahm an, daß die Wurzelwerthe der Gleichungen vom 3ten, 4ten, 5ten u. s. w. Grade immer beziehlich die Form haben müßten**

$$A.\sqrt[3]{x}+B.\left(\sqrt[3]{x}\right)^2$$

$$A.\sqrt[4]{x}+B.\left(\sqrt[4]{x}\right)^2+C.\left(\sqrt[4]{x}\right)^3$$

$$A.\sqrt[5]{x}+B.\left(\sqrt[5]{x}\right)^2+C.\left(\sqrt[5]{x}\right)^3+D.\left(\sqrt[5]{x}\right)^4$$

u. s. w. Konnte er nun mittelst dieser Annahme die Wurzelwerthe einer jeden höhern Gleichung wirklich entwickeln, so war die Annahme selbst gerechtfertigt. — Die Methode ist im wesentlichen folgende:

I. Wenn aufzulösen ist die Gleichung vom dritten Grade

$$z^3+pz+q=0. \qquad \ldots (1)$$

Man setzt $z=A\sqrt[3]{x}+B\left(\sqrt[3]{x}\right)^2$,

bezeichnet die 3 Werthe von $\sqrt[3]{1}$ durch $\alpha$, $\alpha^2$ und $\alpha^3$ (oder 1), und erhält dann für die 3 Werthe von z (nach der Annahme)

$$A\sqrt[3]{x}+B\left(\sqrt[3]{x}\right)^2;\ A\left(\alpha\sqrt[3]{x}\right)+B\left(\alpha\sqrt[3]{x}\right)^2;\ A\left(\alpha^2\sqrt[3]{x}\right)+B\left(\alpha^2\sqrt[3]{x}\right)^2.$$

Nun bildet man eine Gleichung in $z$, welche diese drei Wurzelwerthe hat, und findet, wegen $\alpha + \alpha^2 + 1 = 0$, folgende

$$z^3 - 3ABx \,.\, z - (A^3 x + B^3 x^2) = 0 \qquad \ldots (2)$$

und es kommt nun alles darauf an, A, B und x so zu bestimmen, daß die Gleichung (2) mit der (1) zusammenfällt; welches der Fall seyn muß, sobald

$$3ABx = -p \quad \text{und} \quad A^3 x + B^3 x^2 = -q \text{ ist.}$$

Man kann daher einen der Unbestimmten nach Belieben annehmen. Euler setzt $A = 1$, findet $B = \frac{-\frac{1}{3}p}{x}$ und die Gleichung zur Bestimmung von x

$$x - \frac{\frac{1}{27}p^3}{x} = -q,$$

woraus sich x und nachher auch B ergiebt.

Und weil die Annahme des Wurzelwerthes für z auf keinen Widerspruch führt, so ist auf diese Weise die gegebene Gleichung wirklich aufgelößt, in so ferne man Resultate erhält, welche genügen und mit keinem andern in Widerspruch stehen.

II. Wenn die Gleichung vom vierten Grade

$$z^4 + pz^2 + qz + r = 0 \qquad (1)$$

gelößt werden soll.

Man bezeichnet die 4 Wurzelwerthe von $\sqrt[4]{1}$ durch $\alpha$, $\alpha^2$, $\alpha^3$, und $\alpha^4$ (oder 1) und nimmt für die 4 Wurzelwerthe der Gleichung (1) die Ausdrücke

$$A\sqrt[4]{x} + B(\sqrt[4]{x})^2 + C(\sqrt[4]{x})^3;$$
$$A(\alpha\sqrt[4]{x}) + B(\alpha\sqrt[4]{x})^2 + C(\alpha\sqrt[4]{x})^3;$$
$$A(\alpha^2\sqrt[4]{x}) + B(\alpha^2\sqrt[4]{x})^2 + C(\alpha^2\sqrt[4]{x})^3;$$
$$A(\alpha^3\sqrt[4]{x}) + B(\alpha^3\sqrt[4]{x})^2 + C(\alpha^3\sqrt[4]{x})^3;$$

und bildet nun aus diesen Wurzelwerthen die Gleichung in z, und verfährt wie oben. — Man muß aber dieselbe Gleichung erhalten, wenn man aus der Gleichung

$$z = A\sqrt[4]{x} + B\left(\sqrt[4]{x}\right)^2 + C\left(\sqrt[4]{x}\right)^2$$

die $\sqrt[4]{x}$ bloß eliminirt (§. 559. Anmerk. 1.). Dann erhält man, wenn man bemerkt, daß $\left(\sqrt[4]{x}\right)^2 = \sqrt{x}$ und $\left(\sqrt[4]{x}\right)^3 = \sqrt[4]{x} \cdot \sqrt{x}$, sehr leicht nach (§. 560. Anmerk.)

$$z^4 - 2(B^2 + 2AC)x \cdot z^2 - 4(A^2 + C^2x)Bx \cdot z - A^4x$$
$$+ B^4x^2 - C^4x^3 - 4AB^2Cx^2 + 2A^2C^2x^2 = 0;$$

folglich hat man A, B, C und x so anzunehmen, daß wird:

$$2(B^2 + 2AC)x = -p$$
$$4(A^2 + C^2x)Bx = -q$$
$$A^4x - B^4x^2 + C^4x^3 + 4AB^2Cx^2 + A^2C^2x^2 = -r.$$

Euler setzt nun $B = 1$, und bestimmt dann A und C und x; und hat dann

$$z = A\sqrt[4]{x} + B\left(\sqrt[4]{x}\right)^2 + C\left(\sqrt[4]{x}\right)^3,$$

welcher Ausdruck sogleich alle 4 Wurzelwerthe giebt, wenn man statt $\sqrt[4]{x}$ nach und nach ihre 4 Werthe substituirt.

Anmerkung. Dies mag hinreichen, den Geist der verschiedenen Methoden zu erfassen, und die Schwierigkeiten sehen zu lassen, welche sich ihrer Anwendung auf Gleichungen eines höhern Grades als der vierte, entgegenstellen.

## §. 573. Lehrsatz.

Jede reciproke (§. 243.) Gleichung von einem ungeraden Grade

$$y^{2m+1} + Ay^{2m} + By^{2m-1} + Cy^{2m-2} + \ldots + Cy^3 + By^2 + Ay + 1 = 0$$

hat immer den Wurzelwerth — 1; und zur Bestimmung ihrer übrigen Wurzelwerthe hat man wiederum eine reciproke Gleichung von einem geraden Grade.

Beweis. Daß — 1 ein Wurzelwerth der gegebenen Gleichung ist, fällt in die Augen. Es fällt aber eben so leicht in die Augen, daß wenn $\alpha$ einen Wurzelwerth dieser Gleichung vorstellt, dann auch $\frac{1}{\alpha}$ ein Wurzelwerth derselben Gleichung seyn müsse. Die übrigen Wurzelwerthe sind daher

$$\alpha,\ \frac{1}{\alpha},\ \beta,\ \frac{1}{\beta},\ \gamma,\ \frac{1}{\gamma},\ \delta,\ \frac{1}{\delta},\ \text{u. s. w.}$$

folglich die Gleichung der übrigen Wurzelwerthe

$$\left[y^2-\left(\alpha+\frac{1}{\alpha}\right)y+1\right]\left[y^2-\left(\beta+\frac{1}{\beta}\right)y+1\right]\left[y^2-\left(\gamma+\frac{1}{\gamma}\right)y+1\right]\ldots=0,$$

und weil diese Gleichung die Eigenschaft haben muß, daß sie dieselbe bleibt, man mag $\alpha$ oder $\frac{1}{\alpha}$ statt y setzen, so müssen die Koefficienten vom ersten nach der Mitte zu in der Reihe genau dieselben seyn, als diejenigen vom letzten nach der Mitte zu. Folglich ist die Gleichung der übrigen Wurzelwerthe selbst wieder eine reciproke Gleichung, die nach (§. 427.) gefunden werden kann, indem die gegebene durch $y+1$ dividirt wird.

### §. 574. Aufgabe.

Es ist gegeben eine reciproke Gleichung von einem geraden Grade z. B.

$$y^8+Ay^7+By^6+Cy^5+Dy^4+Cy^3+By^2+Ay+1=0,$$

deren Wurzelwerthe $\alpha, \beta, \gamma, \delta, \frac{1}{\alpha}, \frac{1}{\beta}, \frac{1}{\gamma}, \frac{1}{\delta}$ seyn mögen. Man soll eine neue Gleichung in z finden, welche die Summen

$$\alpha + \frac{1}{\alpha},\quad \beta + \frac{1}{\beta},\quad \gamma + \frac{1}{\gamma},\quad \delta + \frac{1}{\delta}$$

zu Wurzelwerthen hat.

Auflösung.

Diese Aufgabe ist wiederum ein besonderer Fall der (§. 497.) aufgestellten, die sich aber direkt leichter auf folgende Art lösen läßt.

Man setzt nehmlich $y + \frac{1}{y} = z$ und findet

$$\left(y + \frac{1}{y}\right)^2 = y^2 + \frac{1}{y^2} + 2 = z^2$$

$$\left(y + \frac{1}{y}\right)^3 = y^3 + \frac{1}{y^3} + 3\left(y + \frac{1}{y}\right) = z^3$$

$$\left(y + \frac{1}{y}\right)^4 = y^4 + \frac{1}{y^4} + 4\left(y^2 + \frac{1}{y^2}\right) + 6 = z^4;$$

Daraus aber wieder

$$y^2 + \frac{1}{y^2} = z^2 - 2$$

$$y^3 + \frac{1}{y^3} = z^3 - 3z$$

$$y^4 + \frac{1}{y^4} = z^4 - 4z^2 + 2$$

folglich, wenn man die gegebene Gleichung in y durch $y^4$ dividirt, und das Resultat so schreibt,

$$y^4 + \frac{1}{y^4} + A\left(y^3 + \frac{1}{y^3}\right) + B\left(y^2 + \frac{1}{y^2}\right) + C\left(y + \frac{1}{y}\right) + D = 0,$$

nachher aber obige Werthe substituirt,

$$z^4 + Az^3 + (B-4)z^2 + (C-3A)z + (D+2-2B) = 0;$$

welches die verlangte Gleichung in z ist.

Man sieht aber leicht ein, wie das hier für Gleichungen vom 8ten Grade Gesagte, auf Gleichungen von jedem geraden Grade angewandt werden kann.

## §. 576. Zusatz.

Kann daher eine allgemeine Gleichung vom Grade m allgemein aufgelößt werden, so kann auch die reciproke Gleichung vom Grade 2m und 2m + 1 in y allgemein aufgelößt werden; indem man $y + \frac{1}{y} = z$, (woraus $y^2 - zy + 1 = 0$ folgt) zur Bestimmung von y hat, sobald z aus der Gleichung vom Grade m gefunden ist.

## §. 577. Zusatz.

Die Gleichung $y^{2m} - 1 = 0$ ist eine reciproke Gleichung und hat, wie der Augenschein lehrt, die beyden Wurzelwerthe + 1 und − 1. Dividirt man daher $y^{2m} - 1$ durch $(y - 1)(y + 1)$ d. h. durch $y^2 - 1$, so erhält man für die übrigen Wurzelwerthe eine reciproke Gleichung vom Grade 2m − 2, deren allgemeine Auflösung abhängig ist, von einer Gleichung vom Grade m − 1.

Daher kann man, in so ferne die Gleichungen bis zum 4ten Grade allgemein aufgelößt werden können, auch die Gleichungen

$y^3 - 1 = 0$, $y^4 - 1 = 0$, $y^5 - 1 = 0$, $y^6 - 1 = 0$, $y^7 - 1 = 0$, $y^8 - 1 = 0$, $y^9 - 1 = 0$ und noch $y^{10} - 1 = 0$ allgemein auflösen.

Man kann also allgemeine Ausdrücke finden für die Werthe der Wurzeln $\sqrt[5]{1}$, $\sqrt[4]{1}$, $\sqrt[5]{1}$, $\sqrt[6]{1}$, $\sqrt[7]{1}$,

$\sqrt[8]{1}$, $\sqrt[9]{1}$, und zuletzt noch für die Werthe von $\sqrt[10]{1}$, die alle von der Form $p + qi$ sind.

Anmerkung. Weiter unten wird gezeigt werden können, wie man alle Werthe von $\sqrt[m]{1}$, für jede absolute ganze Zahl m, bequem ausdrücken kann.

## §. 578. Aufgabe.

Eine höhere Gleichung vom Grade m, z. B. für $m = 6$,

$$x^6 + Ax^5 + Bx^4 + Cx^3 + Dx^2 + Ex + F = 0$$

aufzulösen, wenn zwischen einigen ihrer Wurzelwerthe z. B. a und b, eine algebraische Gleichung $\varphi(a, b) = 0$ gegeben ist.

### Auflösung.

Man hat für die Wurzelwerthe a und b die 3 Gleichungen

1) $a^6 + Aa^5 + Ba^4 + Ca^3 + Da^2 + Ea + F = 0$

2) $b^6 + Ab^5 + Bb^4 + Cb^3 + Db^2 + Eb + F = 0$

3) $\varphi(a, b) = 0$.

Eliminirt man daher aus 2) und 3) den Ausdruck b so erhält man eine höhere Gleichung 4) in a, zum Resultat, welche mit der Gleichung 1) zugleich existirt. Sucht man daher zwischen 1) und 4) den größten gemeinschaftlichen Theiler in a und setzt solchen $= 0$, so erhält man den Wurzelwerth a selbst; so wie dann, entweder aus $\varphi(a, b) = 0$, oder direkt auf dieselbe Art, auch b gefunden werden kann. — Dividirt man nachgehends die gegebene Gleichung durch $(x - a)(x - b)$, so erhält man eine neue Gleichung für die übrigen Wurzelwerthe.

## §. 579. Zusatz.

Dasselbe Verfahren, welches hier für den Fall gezeigt wurde, wenn zwischen zweyen der Wurzelwerthe a und b eine gegebene Relation $\varphi(a,b)=0$ existirt, läßt sich aber auch auf den Fall ausdehnen, wo die gegebene Relation 3, 4 und beliebig viel der Wurzelwerthe enthält.

Man findet auch immer so viele Wurzelwerthe als in der Relation $\varphi=0$ deren vorkommen.

Anmerkung. Das Verfahren findet aber dann nicht mehr Anwendung, wenn der gemeinschaftliche Faktor in a von einem höhern Grade als der 4te wird, oder allgemein, wenn die aus ihm hervorgehende Gleichung zur Bestimmung von a, nicht mehr allgemein aufgelößt werden kann. — Dies ist aber im allgemeinen schon der Fall, wenn $\varphi$ in der gegebenen Relation $\varphi=0$, eine symmetrische Funktion ist von 5 der Wurzelwerthe a, b, c, d und e. Denn alsdann kann dieser gemeinschaftliche Theiler in a, der gleich Null gesetzt, den Wurzelwerth a geben soll, von denen auf dieselbe Weise in b, c, d und e erhaltenen in gar nichts verschieden seyn, sondern es muß jeder derselben in jeden andern übergehen, so oft statt des Buchstaben a, b, c, d, oder e, irgend ein anderer derselben Buchstaben gesetzt wird. Und deshalb muß dieser Theiler in a alle 5 Wurzelwerthe a, b, c, d, e enthalten, also wenigstens vom 5ten Grade seyn.

## §. 580. Zusatz.

Weil zwischen den Wurzelwerthen a und b einer reciproken Gleichung die Relation $ab=1$ herrscht, so kann diese Methode unmittelbar zur Auflösung der reciproken Gleichungen angewandt werden. In so ferne aber hier mehrere solche Relationen zugleich herrschen und zwar halb so viele, als der Grad der reciproken Gleichung (vom geraden Grade) anzeigt, die durch

$$ab=1, \quad cd=1, \quad ef=1, \quad gh=1 \text{ etc. etc.}$$

ausgedrückt seyn können; so wird der gemeinschaftliche Theiler in a, der $=0$ gesetzt den Wurzelwerth a geben soll, eben so gut den Wurzelwerth von a, als auch die von c, e, g, etc. etc. geben, folglich vom Grade m seyn, wenn die gegebene reciproke Gleichung selbst, vom Grade 2m ist.

Anmerkung 1. Man kann aber mittelst dieser Methode des (§. 578.) auch die Relation finden, welche zwischen den Koefficienten einer höhern Gleichung statt finden muß, wenn zwischen einigen ihrer Wurzelwerthe eine bestimmte und gegebene Relation $\varphi=0$, soll statt finden können.

Anmerkung 2. Viele andere hierher gehörige wichtige Bemerkungen verstattet der Raum und der Zweck dieser Schrift nicht, hier mitzutheilen, weshalb wir uns mit dem zur allgemeinen Uebersicht hier Aufgestellten begnügen müssen.

# Zahlenlehre.

Drei und zwanzigstes Kapitel.

## Von den unendlichen Reihen.

### §. 581. Erklärung.

Eine ganze Funktion von x, die man sich ins unendliche fortgesetzt denkt, so daß ihr Grad kein bestimmter, sondern größer ist, als jede noch so große denkbare Zahl; eine ganze Funktion also, die nie wirklich darstellbar ist, sondern nur in der Idee in uns lebt, nehmlich

$$a + bx + cx^2 + dx^3 + \ldots \text{ in infinit.}$$

heißt eine nach ganzen Potenzen von x fortgehende (fortschreitende) unendliche Reihe. — Der Buchstabe x heiße der Fortschreitungsbuchstabe. — Die ganze Funktion von x von einem bestimmten Grade, mag dann eine endliche Reihe genannt werden.

Eine ganze Funktion zweyer Veränderlichen x u. y, oder dreyer Veränderlichen x, y u. z, oder überhaupt von m Veränderlichen, deren Glieder nach jedem der

Veränderlichen geordnet, ins Unendliche fortgehend gedacht werden, heiße eine unendliche Reihe der zweyten Ordnung, oder der dritten Ordnung, oder der mten Ordnung. — Obige unendliche Reihe kann dann, zum Unterschied, eine unendliche Reihe der ersten Ordnung genannt werden.

Die unendliche Reihe nenne man eine numerische, wenn sowohl die Koefficienten als auch der Fortschreitungs-Buchstabe in ihr bestimmten Ziffernwerthen von der Form $p + qi$ (die also theils reel, theils imaginär seyn können) gleich sind; sie heiße convergent, wenn sie selbst einem solchen bestimmten Ziffernwerth von der Form $P + Qi$ gleich ist, oder doch als einem solchen gleich, gedacht werden muß, und wenn zugleich eine bestimmte (große oder kleine aber) endliche Zahl ihrer ersten Glieder einen Ausdruck $'P + 'Qi$ giebt, so daß $'P$ und $P$, eben so $'Q$ und $Q$, um weniger verschieden sind, als irgend eine noch so kleine, aber gegebene absolute Zahl. — Im entgegengesetzten Falle kann man sie divergent nennen. — Die Reihe heißt eine allgemeine, so lange der Fortschreitungs-Buchstabe noch jeden Ausdruck repräsentiren kann.

Anmerkung 1. Wir glauben hier noch besonders darauf aufmerksam machen zu müssen, daß der hier aufgestellte Begriff der Convergenz einer Reihe, von dem gewöhnlichen abweicht, und daß in der Folge mit dem Worte Convergenz oder convergent nur der hiesige Begriff verbunden werden darf, wenn das in der Folge Gesagte in dem gehörigen Sinne aufgefaßt werden soll.

Anmerkung 2. Da in diesem und in den nächstfolgenden Kapiteln immer nur von diesen unendlichen Reihen die

Rede

Rede seyn wird, in so ferne andere noch nicht definirt sind, so wird man das „nach ganzen Potenzen von x fortschreitend" nicht immer hinzuzusetzen nöthig haben. So oft also in der Folge von unendlichen Reihen nach x die Rede seyn wird, andere aber als diese, noch nicht erklärt seyn sollten, müssen immer die hiesigen, und nie andere, noch nicht definirte, verstanden werden.

## §. 582. Zusatz.

Jede endliche Reihe ist auch zugleich eine unendliche; weil man zu jeder solchen endlichen Reihe noch Glieder von der Form $0 \cdot x^n$, die selber der Null gleich sind, hinzugefügt denken kann, ins unendliche fort. Dagegen ist nicht umgekehrt jede unendliche Reihe zugleich auch eine endliche.

Die unendliche Reihe ist daher der allgemeinere Begriff, und die endliche Reihe ein besonderer Fall der unendlichen Reihe. Da aber der besondere Begriff immer alle Merkmale des allgemeinern Begriffs haben muß, so wird man die Merkmale des allgemeinen Begriffs, aus denen des besondern erhalten müssen, wenn man diejenigen, die dem besondern, als solchen, eigenthümlich sind, wegläßt, und die übrigen zu dem allgemeinen Begriff vereinigt.

## §. 583. Zusatz.

1) Was daher von den endlichen Reihen (von den ganzen Funktionen) im allgemeinen gilt, unabhängig von einer bestimmten Gliederzahl derselben und unabhängig von ihrem numerischen Werth, das muß auch nothwendig von den unendlichen Reihen gelten, im allgemeinen.

2) Was dagegen von den endlichen Reihen (von den ganzen Funktionen) nur in so ferne gilt, als sie besondern Ziffern-Ausdrücken gleich gedacht werden, doch aber noch unabhängig von jeder Gliederzahl, das kann von den unendlichen Reihen nur unter der Voraussetzung gelten, daß solche convergent sind, (d. h. daß solche selbst noch bestimmten Ziffernwerthen gleich gedacht sind); muß aber auch nothwendig gelten, sobald diese Bedingung wirklich erfüllt ist.

3) Was endlich von einer ganzen Funktion nur in so ferne gilt, als ihre Gliederzahl eine völlig bestimmte ist, darf für die unendlichen Reihen nicht unbedingt beybehalten werden.

Anmerkung. Wir glauben insbesondere noch auf vorstehende (n. 2.) aufmerksam machen zu müssen, weil man bey numerischen Reihen äußerst leicht in Gefahr kommen kann, sich in endlose Widersprüche zu verwickeln, wenn man nicht genau darauf sieht, daß die (numerischen) Reihen, ehe man sie gleich den übrigen endlichen Zahlen-Ausdrücken behandelt, auch wirklich die, letztern zukommende Eigenschaft haben, d. h. convergent sind (im Sinne des §. 581.).

## §. 584. Zusatz.

Hieraus folgen sogleich noch nachstehende Sätze:

1) Sind zwey nach x fortlaufende unendliche Reihen einander gleich, für jeden Werth von x, so sind auch beziehlich die Koefficienten derselben Potenz von x in beyden einander gleich.

2) Ist eine nach x fortlaufende unendliche Reihe der Null gleich, für jeden Werth von x, so sind auch die Koefficienten derselben einzeln der Null gleich.

3) Sind zwey unendliche Reihen höherer Ordnungen für jeden Werth der Fortschreitungs-Buchstaben

$x$, $y$ etc., einander gleich, so sind auch nothwendig die Koefficienten, welche dieselben Potenzen $x^m \cdot y^n$ etc. afficiren, einander gleich.

4) Ist eine solche unendliche Reihe höherer Ordnung der Null gleich, für jeden Werth von $x$, $y$, etc. so sind auch die Koefficienten derselben alle einzeln der Null gleich.

5) Stellt in einer unendlichen Reihe

$$a + bx + cx^2 + dx^3 + \ldots \text{ in inf.}$$

das $x$ einen oder mehrere solche bestimmte Werthe vor, daß sie selbst, für diese bestimmten (aber nicht für alle, beliebigen) Werthe von $x$, der Null gleich wird, so hat man eine Gleichung von der Form der höhern Gleichungen, aber von einem unendlichen Grade. Eine solche Gleichung

$$0 = a + bx + cx^2 + dx^3 + \ldots \text{ in inf.},$$

deren Koefficienten alle die Form $'p + 'q\,i$ haben, muß daher für $x$ unendlich viele Wurzelwerthe von der Form $p + q\,i$ geben; allein, in so ferne die Anzahl der Koefficienten dieser Gleichung unendlich groß ist, so können diese Wurzelwerthe zum Theil oder alle von der Art seyn, daß $p$ oder $q$ (oder $p$ und $q$ zugleich) selbst unendlich große Zahlen werden, d. h. Zahlen die größer sind, als jede gegebene absolute Zahl, die daher nur in der Idee vorhanden, nie aber wirklich darstellbar sind, und die deshalb auch nie im Kalkul gebraucht werden können.

6) Hat aber umgekehrt die Gleichung

$$0 = a + bx + cx^2 + dx^3 + \ldots \text{ in inf.}$$

(in welcher nicht alle Koefficienten einzeln der Null gleich sind, die daher in Bezug auf x eine Bestimmungsgleichung ist, von der Form einer höhern Gleichung, aber von einem unendlichen Grade) darstellbare Werthe, welche statt x gesetzt, ihr ein Genüge leisten, so sind solche nothwendig von der Form p + qi (reel oder imaginär); wenn nur die einzelnen Koefficienten a, b, c, d, ... alle von derselben Form 'p + 'q i sind.

7) Kann man für eine solche Gleichung

$$o = a + bx + cx^2 + dx^3 + \ldots \text{ in inf.}$$

unendlich viele (nach einem bestimmten Gesetz zu entwickelnde) Werthe von x angeben, die ihr genügen, und kann man zu gleicher Zeit nachweisen, daß es außer diesen keine anderen Werthe mehr geben kann, welche statt x gesetzt, diese Gleichung identisch machen, so sind diese unendlich vielen nach einem bestimmten Gesetz zu entwickelnden Werthe $\alpha, \beta, \gamma, \delta, \epsilon$, etc. etc. etc., alle Wurzelwerthe der gegebenen Gleichung, also dann auch nach (§. 491. n. 3.):

$$\left(1-\frac{x}{\alpha}\right)\left(1-\frac{x}{\beta}\right)\left(1-\frac{x}{\gamma}\right)\left(1-\frac{x}{\delta}\right)\left(1-\frac{x}{\epsilon}\right) \ldots \text{ in inf.}$$

$$= 1 + \frac{b}{a}x + \frac{c}{a}x^2 + \frac{d}{a}x^3 + \ldots \text{ in inf.}$$

8) Jede unendliche Reihe

(P) $a + bx + cx^2 + dx^3 + \ldots$ in inf.

kann durch das kombinatorische Aggregat

$$S.[P\varkappa(a+1)\,x^a]$$

ausgedrückt werden, wenn man nur statt a nach

und nach 0, 1, 2, 3, 4, in. inf. gesetzt denkt, und wenn

$$P\varkappa(n+1)$$

den Koefficienten von $x^n$ vorstellt.

9) Jede unendliche Reihe der zweyten Ordnung

$$\begin{array}{l} a + bx + cx^2 + dx^3 + \ldots \\ \quad + {}'by + {}'cxy + {}'dx^2y + \ldots \\ \qquad + {}''by^2 + {}''cxy^2 + \ldots \\ \qquad\quad + {}'''by^3 + \ldots \\ \qquad\quad + \vdots \end{array}$$

kann ausgedrückt werden durch das kombinatorische Aggregat

$$S.\left[P\varkappa(a+1, b+1) \,.\, x^a \,.\, y^b\right]_{a+b=c}$$

oder auch bloß durch

$$S.\left[P\varkappa(a+1, b+1)\, x^a\, y^b\right]$$

wenn man sich in ersterem statt c, in letzterem aber statt a und statt b nach und nach alle möglichen Verbindungen der Werthe 0, 1, 2, 3, ... in inf. gesetzt denkt; und dabey unter $P\varkappa(m+1, n+1)$, den Koefficienten von $x^m\, y^n$ versteht.

10) Leicht ist es einzusehen, daß auch die Aggregate

$$S.\left[P\varkappa(a+1, b+1, c+1)\, x^a . y^b . z^c\right]$$

u. s. w. f.

unendliche Reihen der dritten und höhern Ordnung ausdrücken werden.

## §. 585. Erklärung.

Zwey unendliche Reihen addiren, subtrahiren, multipliziren oder dividiren, zu, von, mit oder durch einander, oder eine unendliche

Reihe mit einer Differenz ganzer Zahlen potenziren, endlich: aus einer unendlichen Reihe die mte Wurzel ziehen, heißt nichts weiter, als man soll wiederum unendliche Reihen angeben, welche der Summe, der Differenz, dem Produkt, dem Quotienten, der beyden gegebenen unendlichen Reihen, oder welche der Potenz oder der Wurzel aus der gegebenen unendlichen Reihe, beziehlich gleich sind.

Ueberhaupt: einen gegebenen aus unendlichen Reihen (die auch endliche seyn können) oder andern Ausdrücken beliebig zusammengesetzten Ausdruck nach x entwickeln, soll nichts weiter heißen, als man soll eine nach ganzen Potenzen von x fortschreitende unendliche Reihe angeben, welche dem gegebenen Ausdruck gleich ist (§. 116.).

### §. 586. Zusatz.

Soll aber irgend ein Ausdruck F(x) in eine unendliche Reihe nach x entwickelt werden, so daß:

$$F(x) = \alpha + \beta x + \gamma x^2 + \delta x^3 + \ldots;$$

so ist klar, daß der erste Koefficient $\alpha$ allemal gleich ist dem, was aus Fx wird, wenn man in F(x), Null statt x setzt.

### §. 587. Zusatz.

Das Addiren und Subtrahiren zweyer unendlichen Reihen geschieht, nach den Formeln

1) $S.[P\varkappa(a+1)\,x^a] \pm S.[Q\varkappa(b+1)\,x^b]$

$$= S.[(P\varkappa(a+1) \pm Q\varkappa(a+1))\,x^a]$$

2) $S.[P\varkappa(a+1, b+1)\,x^a y^b] \pm S.[Q\varkappa(c+1, d+1)\,x^c y^d]$

$$= S.[(P\varkappa(a+1, b+1) \pm Q\varkappa(a+1, b+1))\,x^a y^b]$$

u. s. w. f.

Und weil jede endliche Reihe zugleich auch als eine unendliche Reihe, also auch jede Reihe irgend einer niedrigern Ordnung, zugleich als eine Reihe jeder höhern Ordnung gedacht werden kann; so dienen dieselben Formeln, um auch Reihen verschiedener Ordnungen zu addiren oder von einander zu subtrahiren.

## §. 588. Zusatz.

Das Multipliziren zweyer unendlichen Reihen der ersten Ordnung geschieht dagegen nach der Formel

$$S.[P\varkappa(a+1).x^a] \times S.[Q\varkappa(a+1).x^a]$$
$$= S.[P\varkappa(a+1).Q\varkappa(b+1).x^{a+b}]$$
$$\text{oder} = \underset{a+b=c}{S.[P\varkappa(a+1).Q\varkappa(b+1).x^c]};$$

so daß der Koefficient von der Potenz $x^n$ im Produkt ausgedrückt seyn wird, durch:

$$\underset{a+b=n.}{S.[P\varkappa(a+1).Q\varkappa(b+1)]}$$

Auf dieselbe Weise hat man für die Multiplikation von drei gegebenen Reihen, die Formel

$$S.[P\varkappa(a+1).x^a) \times S.[Q\varkappa(a+1).x^a] \times S.[R\varkappa(a+1).x^a]$$
$$= S.[P\varkappa(a+1).Q\varkappa(b+1).R\varkappa(c+1).x^{a+b+c}]$$
$$\text{oder} = \underset{a+b+c=d}{S.[P\varkappa(a+1).Q\varkappa(b+1).R\varkappa(c+1).x^d]},$$

so daß der Koefficient von $x^n$ im Produkt, ausgedrückt ist durch:

$$\underset{a+b+c=n.}{S.[P\varkappa(a+1).Q\varkappa(b+1).R\varkappa(c+1)]}$$

Aehnliche Formeln lassen sich für die Multiplikation von beliebig viel unendlichen Reihen leicht angeben.

## Beyspiel.

Man soll den Koefficienten von $x^3$ finden von dem Produkt der 4 Reihen

$$a + bx + cx^2 + dx^3 + \ldots$$
$$A + Bx + Cx^2 + Dx^3 + \ldots$$
$$\mathfrak{A} + \mathfrak{B}x + \mathfrak{C}x^2 + \mathfrak{D}x^3 + \ldots$$
$$\alpha + \beta x + \gamma x^2 + \delta x^3 + \ldots$$

Zu dem Ende bildet man die 4 Scalen

$$\begin{array}{c} \\ P \\ Q \\ R \\ T \end{array} \left\{ \begin{array}{llll} 1, & 2, & 3, & 4 \ldots \\ a, & b, & c, & d \ldots \\ A, & B, & C, & D \ldots \\ \mathfrak{A}, & \mathfrak{B}, & \mathfrak{C}, & \mathfrak{D} \ldots \\ \alpha, & \beta, & \gamma, & \delta \ldots \end{array} \right\}$$

und hat für den gesuchten Koefficienten, das Aggregat

$$S.\ [P\varkappa(\mathfrak{a}+1) . Q\varkappa(\mathfrak{b}+1) . R\varkappa(\mathfrak{c}+1) . T\varkappa(\mathfrak{d}+1)]$$
$$\mathfrak{a}+\mathfrak{b}+\mathfrak{c}+\mathfrak{d} = 3.$$

Um nun die einzelnen Glieder dieses Aggregats zu erhalten, muß man die Bedingungsgleichung

$$\mathfrak{a} + \mathfrak{b} + \mathfrak{c} + \mathfrak{d} = 3$$

auflösen, und erhält:

| | | | | | | | | | | | | | | | | | | | | |
|---|---|---|---|---|---|---|---|---|---|---|---|---|---|---|---|---|---|---|---|---|
| $\mathfrak{a}$ | 0 | 0 | 0 | 0 | 0 | 0 | 0 | 0 | 0 | 0 | 1 | 1 | 1 | 1 | 1 | 1 | 2 | 2 | 2 | 3 |
| $\mathfrak{b}$ | 0 | 0 | 0 | 0 | 1 | 1 | 1 | 2 | 2 | 3 | 0 | 0 | 0 | 1 | 1 | 2 | 0 | 0 | 1 | 0 |
| $\mathfrak{c}$ | 0 | 1 | 2 | 3 | 0 | 1 | 2 | 0 | 1 | 0 | 0 | 1 | 2 | 0 | 1 | 0 | 0 | 1 | 0 | 0 |
| $\mathfrak{d}$ | 3 | 2 | 1 | 0 | 2 | 1 | 0 | 1 | 0 | 0 | 2 | 1 | 0 | 1 | 0 | 0 | 1 | 0 | 0 | 0 |

und der gesuchte Koefficient wird daher:

$$aA\mathfrak{A}\delta + aA\mathfrak{B}\gamma + aA\mathfrak{C}\beta + aA\mathfrak{D}\alpha + aB\mathfrak{A}\gamma + aB\mathfrak{B}\beta + aB\mathfrak{C}\alpha +$$
$$+ aC\mathfrak{A}\beta + aC\mathfrak{B}\alpha + aD\mathfrak{A}\alpha + bA\mathfrak{A}\gamma + bA\mathfrak{B}\beta + bA\mathfrak{C}\alpha + bB\mathfrak{A}\beta + bB\mathfrak{B}\alpha$$
$$+ bC\mathfrak{A}\alpha + cA\mathfrak{A}\beta + cA\mathfrak{B}\alpha + cB\mathfrak{A}\alpha + dA\mathfrak{A}\alpha.$$

Auf dieselbe Weise kann man den Koefficienten jeder andern Potenz von x in dem Produkte dieser 4 Reihen angeben.

### §. 589. Zusatz.

Für die Multiplikation unendlicher Reihen der zweyten Ordnung hat man die Formeln:

1) $S.[P\varkappa(a+1, b+1).x^a.y^b] \times S.[Q\varkappa(c+1, d+1).x^c.y^d]$

$$= S.[P\varkappa(a+1, b+1).Q\varkappa(c+1, d+1).x^{a+c}.y^{b+d}]$$

oder $= S.[P\varkappa(a+1, b+1).Q\varkappa(c+1, d+1).x^e.y^f]$

$$a + c = e,\ b + d = f.$$

2) $S.[P\varkappa(a+1, b+1).x^a.y^b] \times S.[Q\varkappa(a+1, b+1).x^a.y^b]$

$$\times S.[R\varkappa(a+1, b+1).x^a.y^b]$$

$$= S.[P\varkappa(a+1, b+1).Q\varkappa(c+1, d+1).R\varkappa(e+1, f+1).x^g.y^h]$$

$$a + c + e = g,\ b + d + f = h$$

u. s. w. f.,

nach welchen man den Koefficienten jedes beliebigen Gliedes $x^m.y^n$ des Produkts ohne weiters entwickeln kann.*)

Anmerkung. Auf ähnliche Weise können auch unendliche Reihen höherer Ordnungen mit einander multiplizirt, und von dem Produkt, der Koefficient eines jeden beliebigen Gliedes ohne weiters angegeben werden.

### §. 590. Aufgabe.

Eine unendliche Reihe

$$a + bx + cx^2 + dx^3 + \ldots$$

durch eine zweyte unendliche Reihe

$$A + Bx + Cx^2 + Dx^3 + \ldots$$

zu dividiren.

---

*) In der Schrift: De elevatione serierum infinit. secundi ordinis etc. Auct. M. Ohm. Erlang. 1811., ist auch das praktische Verfahren für die Multiplikation der unendlichen Reihen der zweyten Ordnung ausführlicher behandelt.

Auflösung.

Man nehme die gesuchte unendliche Reihe mit unbestimmten Koefficienten an, z. B.

$$\alpha + \beta x + \gamma x^2 + \text{in infinit};$$

und multiplizire solche mit dem Divisor $A + Bx + Cx^2 + \ldots$; so muß das Produkt dem Dividenden $a + bx + cx^2 + \ldots$ gleich seyn. Dann sind aber auch die Koefficienten einzeln beziehlich einander gleich (§. 584.), und man erhält dadurch unendlich viele, in Bezug auf die unbekannten Koefficienten $\alpha, \beta, \gamma, \delta$ etc. einfache Gleichungen, aus deren jeder, einer der Koefficienten $\alpha, \beta, \gamma, \delta$ etc. bestimmt werden kann; im allgemeinen. — Diese einzelnen Gleichungen sind nehmlich

$$a = A\alpha;$$
$$b = A\beta + B\alpha;$$
$$c = A\gamma + B\beta + C\alpha;$$
$$d = A\delta + B\gamma + C\beta + D\alpha;$$

u. s. w. ins unendliche fort; und die erste giebt $\alpha$, die zweyte $\beta$, die dritte $\gamma$, u. s. w., so daß jede folgende Gleichung auch einen der folgenden Koefficienten bestimmt, ins unendliche fort.

§. 591. Zusatz.

Diese Aufgabe (§. 590.) ist, wie man sieht, immer möglich, so lange nicht $A = 0$. Ist aber $A = 0$, so muß auch $a = 0$ seyn, wenn die Aufgabe möglich seyn soll. Ueberhaupt sind n der ersten Koefficienten des Divisors $= 0$, so müssen wenigstens eben so viele erste Koefficienten des Dividenden ebenfalls der Null gleich seyn, wenn es eine unendliche Reihe (nach ganzen Potenzen von x fortschreitend; und nur von solchen ist hier die Rede) geben soll, die mit dem Divisor multiplizirt, den Dividenden giebt. — Vergl. (§. 415. u. Anmerkung).

Anmerkung. Man muß hier nicht übersehen, daß es, im Falle A nicht Null, allemal eine unendliche Reihe giebt, die mit dem Divisor multiplizirt, ein Produkt hervorbringt, dessen Koefficienten ohne Aufhören mit denen des Dividenden zusammenfallen; daß aber, eben weil diese Reihe unendlich ist, nicht behauptet werden kann, daß eine endliche Reihe (etwa wenn man von der unendlichen Reihe eine Anzahl erster Glieder nehmen wollte) dieselbe Eigenschaft habe. — Statt der unendlichen Reihe, die dem Quotienten der beyden gegebenen unendlichen Reihen gleich ist, darf daher nie eine endliche Reihe gesetzt werden, als dem Quotienten gleich; und wenn man eine solche endliche Reihe dennoch anwenden wollte, so müßte man sich ein unbekanntes Ergänzungsglied, welches im allgemeinen selbst eine unendliche Reihe wieder seyn muß, noch hinzudenken, um einen dem gegebenen Quotienten gleichen Ausdruck zu haben.

## §. 592. Zusatz.

Weil jede endliche Reihe zugleich auch eine unendliche ist (aber nicht umgekehrt) so kann man mittelst derselben Auflösung (§. 590.) auch den Quotienten zweyer Reihen erhalten, von denen entweder die eine nur unendlich ist, oder die alle beyde endlich sind, und aus beliebig viel, ja auch nur aus einem einzigen Gliede bestehen können. — Wendet man aber das Verfahren des (§. 590.) auf die Quotienten

$$\frac{A}{1+ax}, \quad \frac{A}{1+ax+bx^2}, \quad \frac{A}{1+ax+bx^2+cx^3}, \quad \frac{A}{1+ax+bx^2+cx^3+dx^4}$$

u. s. w. an, so erhält man bemerkenswerthe Resultate.

Wird nehmlich wieder zuerst

$$\frac{A}{1+ax} = \alpha + \beta x + \gamma x^2 + \delta x^3 + \ldots$$

gesetzt, so findet man

$$\alpha = A;$$
$$\beta = -a\alpha = -a.A;$$
$$\gamma = -a\beta = +a^2.A;$$
$$\delta = -a\gamma = -a^3.A;$$

u. s. w. f.; und man sieht, daß jeder Koefficient der gesuchten unendlichen Reihe aus seinem zunächst vorhergehenden, durch Multiplikation mit $-a$ entsteht; so daß wenn P und Q zwey auf einander folgende dieser Koefficienten sind, nothwendig

$$Q = -a.P$$

seyn muß.

Setzt man für den zweyten Quotienten wieder

$$\frac{A}{1+ax+bx^2} = \alpha + \beta x + \gamma x^2 + \delta x^3 + \varepsilon x^4 + \ldots,$$

so erhält man

$$\alpha = A;$$
$$\beta = -a\alpha = -aA;$$
$$\gamma = -a\beta - b\alpha;$$
$$\delta = -a\gamma - b\beta;$$
$$\varepsilon = -a\delta - b\gamma;$$

u. s. w. f. fort; so daß, wenn N, P, Q, drei auf einander folgende der Koefficienten sind, ein jeder durch die beyden vorhergehenden, mittelst der Gleichung

$$Q = -aP - bN$$

gefunden werden kann.

Wird ferner der dritte Quotient

$$\frac{A}{1+ax+bx^2+cx^3} = \alpha + \beta x + \gamma x^2 + \delta x^3 + \varepsilon x^4 + \ldots$$

gesetzt, so findet man

$$\alpha = A;$$
$$\beta = - a\alpha;$$
$$\gamma = - a\beta - b\alpha;$$
$$\delta = - a\gamma - b\beta - c\alpha;$$
$$\varepsilon = - a\delta - b\gamma - c\beta;$$

so daß jeder Koefficient durch die 3 vorhergehenden gefunden wird, mittelst der Gleichung

$$Q = - aP - bN - cM,$$

wo M, N, P, Q, vier auf einander folgende, übrigens beliebige Koefficienten der gesuchten unendlichen Reihe sind.

Es ist hieraus leicht einzusehen, daß wenn man den Quotienten

$$\frac{A}{1 + ax + bx^2 + cx^3 + \ldots px^{n-1} + qx^n} = \alpha + \beta x + \gamma x^2 + \delta x^3 + \ldots$$

setzt und wenn

$$K, L, \ldots P, Q, R, S$$

$n + 1$ auf einander folgende Koefficienten der gesuchten unendlichen Reihe

$$\alpha + \beta x + \gamma x^2 + \delta x^3 + \ldots$$

vorstellen, dann allemal seyn müsse

$$S = - aR - bQ - cP \ldots - pL - qK;$$

so daß jeder Koefficient der Reihe, durch die n zunächst vorhergehenden Koefficienten ausgedrückt ist. — Ferner kann man sich leicht durch die Ausführung des Verfahrens (§. 590.) auch überzeugen, daß man dieses Gesetz noch für die erstern Koefficienten $\beta, \gamma, \delta$ etc. gelten lassen könne, wenn man sich die Vorstellung macht, als ginge dem $\alpha$ eine beliebige Anzahl Koefficienten, die Null sind, vorher. — Der Koefficient $\alpha$

selbst aber, muß sich ergeben, wenn man in dem gegebenen Quotienten Null statt x setzt (§. 586.). Es muß dahero hier jedesmal $\alpha = A$ seyn.

§. 593. Erklärung.

Jede unendliche Reihe, die einem solchen Quotienten

$$\frac{A}{1 + ax + bx^2 + \ldots + px^{n-1} + qx^n}$$

gleich ist, oder gleich gedacht wird, nenne man eine recurrirende oder wiederkehrende Reihe. — Die Koefficienten der ganzen Funktion von x in Divisor

$$1 + ax + bx^2 + \ldots + px^{n-1} + qx^n$$

mit Ausnahme des ersten 1, alle in ihrer Ordnung, aber mit dem entgegengesetzten (+) oder (—) Zeichen (die etwanigen Nullkoefficienten nicht ausgenommen) neben einander geschrieben, und durch Kommata getrennt, also:

$$-a, -b, -c, \ldots -p, -q$$

geben die Beziehungs-Scale der recurrirenden Reihe*)

§. 594. Zusatz.

Weiß man von einer Reihe

$$\alpha + \beta x + \gamma x^2 + \delta x^3 + \ldots$$

daß sie eine recurrirende ist, kennt man dabey ihr erstes Glied $\alpha$ und ihre Beziehungs-Scale

$$-a, -b, -c, \ldots -p, -q$$

so kann man folglich alle folgenden Glieder dieser Reihe ohne weiters hinschreiben, indem man sich die

*) Es wird hier absichtlich einstweilen nur dieser Begriff der recurrirenden Reihe aufgestellt.

gesuchten Koefficienten so geschrieben denkt

$$\ldots 0,\ 0,\ 0,\ \alpha,\ \beta,\ \gamma,\ \delta,\ \varepsilon,\ \zeta,\ \text{etc.} \ldots$$

und nun von $\alpha$ ab, jeden folgenden Koefficienten dadurch findet, daß man die in der Reihe nach vorhergehenden, mit den Gliedern der Beziehungs-Scale, wie sie in ihrer Reihe folgen multiplizirt, und zuletzt alle diese Produkte addirt.

Auch kann die Beziehungs-Scale unendlich viele Glieder haben.

Beyspiel.

Man soll die dem Quotienten

$$\frac{3}{1 - x + 2x^3 - x^4 - 2x^6}$$

gleiche unendliche Reihe hinschreiben.

Der gegebene Quotient wird $= 3$ für $x = 0$; also ist der erste Koefficient $\alpha$ der gesuchten Reihe, $= 3$.

Ferner ist die Beziehungs-Scale

$$1,\ 0,\ -2,\ 1,\ 2$$

und daher:

$$\alpha = 3;$$
$$\beta = 1.3 = 3;$$
$$\gamma = 1.\beta + 0.\alpha = 3;$$
$$\delta = 1.\gamma + 0.\beta + (-2).\alpha = -3;$$
$$\varepsilon = 1.\delta + 0.\gamma + (-2).\beta + 1.\alpha = -6;$$
$$\zeta = 1.\varepsilon + 0.\delta + (-2).\gamma + 1.\beta + 2.\alpha = -3;$$
$$\eta = 1.\zeta + 0.\varepsilon + (-2).\delta + 1.\gamma + 2.\beta = 12;$$

u. s. w. f.

und die gesuchte unendliche Reihe

$$3 + 3x + 3x^2 - 3x^3 - 6x^4 - 3x^5 + \ldots$$

Anmerkung. Man wäre noch leichter zum Ziele gelangt, wenn man den Quotienten

$$\frac{1}{1 - x + 2x^3 - x^4 - 2x^5}$$

entwickelt und selbigen dann mit 3 multiplizirt hätte, weil

$$\frac{A}{1 + ax + bx^2 + \ldots} = A \cdot \frac{1}{1 + ax + bx^2 + \ldots}$$

### §. 595. Zusatz.

Hat ein gegebener Quotient, der in eine unendliche Reihe verwandelt werden soll, die Form

$$\frac{A}{1 + ax^m + bx^{2m} + cx^{3m} + \ldots},$$

so ist es weit bequemer z statt $x^m$ zu setzen, den Quotienten

$$\frac{A}{1 + az + bz^2 + cz^3 + \ldots}$$

in eine Reihe nach z zu entwickeln und nachgehends $x^m$ wiederum statt z zu substituiren.

Beyspiel.

Sey der Quotient

$$\frac{1}{1 - 2x^2 - 4x^4 + x^8 - 3x^{10}}$$

in eine unendliche Reihe zu entwickeln.

Man setze $x^2 = z$ so wird der gegebene Quotient

$$= \frac{1}{1 - 2z - 4z^2 + z^4 - 3z^5}$$

und von der diesem Quotienten gleichen unendlichen Reihe nach z, ist das erste Glied = 1, so wie die Beziehungs-Scale

$$2,\ 4,\ 0,\ -1,\ 3;$$

dahero die Reihe selbst

$1 + 2z + 8z^2 + 24z^3 + 79z^4 + 255z^5 + 824z^6 + \ldots$;

folglich die gesuchte Reihe in x

$1 + 2x^2 + 8x^4 + 24x^6 + 79x^8 + 255x^{10} + 824x^{12} + \ldots$ in inf.,

welche dem gegebenen Quotienten

$$\frac{1}{1 - 2x^2 - 4x^4 + x^8 - 3x^{10}}$$

gleich ist.

### §. 596. Zusatz.

Man kann aber nun auch die allgemeine Aufgabe des (§. 590.) auf eine bequemere Art lösen. — Da nehmlich

$$\frac{A + Bx + Cx^2 + Dx^3 + \ldots}{a + bx + cx^2 + dx^3 + \ldots} = \left(\frac{A}{a} + \frac{B}{a}x + \frac{C}{a}x^2 + \frac{D}{a}x^3 + \ldots\right)$$

$$\times \frac{1}{1 + \frac{b}{a}x + \frac{c}{a}x^2 + \frac{d}{a}x^3 + \ldots} \text{ ist,}$$

so darf man nur den letzten Quotienten mittelst der Beziehungs-Scale

$$-\frac{b}{a}, \ -\frac{c}{a}, \ -\frac{d}{a}, \text{ etc.}$$

in eine unendliche Reihe verwandeln, und nachgehends diese unendliche Reihe

$$\alpha + \beta x + \gamma x^2 + \delta x^3 + \ldots$$

wo $\alpha = 1$, mit der andern

$$\frac{A}{a} + \frac{B}{a}x + \frac{C}{a}x^2 + \frac{D}{a}x^3 + \ldots$$

nach (§. 588.) multipliziren (so daß der Koefficient von $x^n$ im Produkte ebenfalls sogleich hingeschrieben werden kann) und dieses Produkt, welches eine nach x fortgehende unendliche Reihe ist, muß dann die dem gegebenem Quotienten

$$\frac{A + Bx + Cx^2 + Dx^3 + \dots}{a + bx + cx^2 + dx^3 + \dots}$$

gleiche unendliche Reihe seyn.

### Beyspiel.

Man kann dieses allgemeine Beyspiel, wie folgt ausführen. Man bezeichnet die Reihe welche

$$= \frac{1}{1 + \frac{b}{a}x + \frac{c}{a}x^2 + \frac{d}{a}x^3 + \dots}$$ seyn soll,

durch $S.[P\varkappa(\alpha + 1).x^\alpha]$, so wird

$P\varkappa 1 = 1$;

$P\varkappa 2 = -\frac{b}{a}$;

$P\varkappa 3 = -\frac{b}{a}.P\varkappa 2 - \frac{c}{a}P\varkappa 1 = \frac{b^2}{a^2} - \frac{c}{a} = \frac{b^2 - ac}{a^2}$;

$P\varkappa 4 = -\frac{b}{a}P\varkappa 3 - \frac{c}{a}P\varkappa 2 - \frac{d}{a}P\varkappa 1 = -\frac{b^3 - abc}{a^3} + \frac{bc}{a^2} - \frac{d}{a}$

$= \frac{-b^3 + 2abc - a^2d}{a^3}$;

$P\varkappa 5 = -\frac{b}{a}P\varkappa 4 - \frac{c}{a}P\varkappa 3 - \frac{d}{a}P\varkappa 2 - \frac{e}{a}P\varkappa 1$

$= \frac{b^4 - 3ab^2c + 2a^2bd + a^2c^2 - a^3e}{a^4}$;

u. s. w. f.

Nun bildet man sich für die andere Reihe

$$\frac{A}{a} + \frac{B}{a}x + \frac{C}{a}x^2 + \frac{D}{a}x^3 + \dots$$

die Scale

$$Q\begin{cases}1, & 2, & 3, & 4, & 5, \dots \\ \frac{A}{a}, & \frac{B}{a}, & \frac{C}{a}, & \frac{D}{a}, & \frac{E}{a}, \dots\end{cases}$$

und hat dann für den Koefficienten von $x^n$ des gesuchten Produkts der beyden Reihen, das Aggregat

$$\underset{a+b=n}{S.}[Q\varkappa(a+1).P\varkappa(b+1)]$$

d. h. die Summe

$$Q\varkappa(n+1).P\varkappa 1+Q\varkappa n.P\varkappa 2+Q\varkappa(n-1)P\varkappa 3+Q\varkappa(n-2)P\varkappa 4+$$
$$+\ldots+Q\varkappa 3.P\varkappa(n-1)+Q\varkappa 2.P\varkappa n+Q\varkappa 1.P\varkappa(n+1),$$

in welcher man nur statt der Ausdrücke $P\varkappa(n+1),\ldots P\varkappa 1$, und $Q\varkappa(n+1),\ldots Q\varkappa 1$, die oben in den Scalen stehenden Ausdrücke setzen darf.

Wollte man z. B. den Koefficienten von $x^3$ haben, in der gesuchten Reihe, so hätte man für ihn

$$\underset{a+b=3}{S.}[Q\varkappa(a+1).P\varkappa(b+1)] \quad \text{oder}$$

$$Q\varkappa 4.P\varkappa 1+Q\varkappa 3.P\varkappa 2+Q\varkappa 2.P\varkappa 3+Q\varkappa 1.P\varkappa 4;$$

oder, wenn man die Scalen

$$\begin{array}{c}\\ P\\ Q\end{array}\left\{\begin{array}{lllll} 1, & 2, & 3, & 4, & \ldots\ldots \\ 1, & -\frac{b}{a}, & \frac{b^2-ac}{a^2}, & \frac{-b^3+2abc-a^2d}{a^3} & \ldots \\ \frac{A}{a}, & \frac{B}{a}, & \frac{C}{a}, & \frac{D}{a} & \ldots \end{array}\right\}$$

zu Hülfe nimmt:

$$\frac{D}{a}-\frac{b}{a}\cdot\frac{C}{a}+\frac{b^2-ac}{a^2}\cdot\frac{B}{a}-\frac{b^3-2abc+a^2d}{a^3}\cdot\frac{A}{a} \quad \text{oder}$$

$$\frac{a^3D-a^2bC+ab^2B-a^2cB-b^3A+2abcA-a^2dA}{a^4}.$$

Eben so kann nun aber auch jeder andere Koefficient der gesuchten unendlichen Reihe entwickelt werden.

## §. 597. Aufgabe.

**Eine gegebene unendliche Reihe**

$$a + bx + cx^2 + dx^3 + \ldots \quad \text{oder}$$

$$S\,[P\varkappa(\mathfrak{a}+1)\,x^{\mathfrak{a}}]$$

**mit einer absoluten ganzen Zahl m zu potenziren.**

### Auflösung I.

Der Koefficient von $x^n$ in der gesuchten unendlichen Reihe ist allemal

$$S.\left[\frac{m'}{\mathfrak{a}'.\mathfrak{b}'.\mathfrak{c}'\ldots\mathfrak{n}'}(P\varkappa 1)^{\mathfrak{a}}.(P\varkappa 2)^{\mathfrak{b}}.(P\varkappa 3)^{\mathfrak{c}}\ldots[P\varkappa(n+1)]^{\mathfrak{n}}\right]$$

$$\mathfrak{a}+\mathfrak{b}+\mathfrak{c}+\ldots\mathfrak{n} = m$$

$$\mathfrak{b}+2\mathfrak{c}+\ldots n\mathfrak{n} = n$$

und wird daher nach (§. 368. u. §. 371.) unmittelbar entwickelt.

### Beweis.

Es ist, nach (§. 381. IV.)

$$(a + bx + cx^2 + dx^3 + \ldots)^m =$$

$$S.\left[\frac{m'}{\mathfrak{a}'.\mathfrak{b}'.\mathfrak{c}'.\mathfrak{d}'\ldots}.a^{\mathfrak{a}}.(bx)^{\mathfrak{b}}.(cx^2)^{\mathfrak{c}}.(dx^3)^{\mathfrak{d}}\ldots\right]$$

$$\mathfrak{a}+\mathfrak{b}+\mathfrak{c}+\mathfrak{d}+\ldots = m$$

$$= S.\left[\frac{m'}{\mathfrak{a}'.\mathfrak{b}'.\mathfrak{c}'.\mathfrak{d}'\ldots}.a^{\mathfrak{a}}.b^{\mathfrak{b}}.c^{\mathfrak{c}}.d^{\mathfrak{d}}\ldots x^{p}\right]$$

$$\mathfrak{a}+\mathfrak{b}+\mathfrak{c}+\mathfrak{d}+\ldots = m$$

$$\mathfrak{b}+2\mathfrak{c}+3\mathfrak{d}+\ldots = p;$$

also der Koefficient von $x^n$ in dieser Potenz

$$= S.\left[\frac{m'}{\mathfrak{a}'.\mathfrak{b}'.\mathfrak{c}'.\mathfrak{d}'\ldots}.a^{\mathfrak{a}}.b^{\mathfrak{b}}.c^{\mathfrak{c}}.d^{\mathfrak{d}}\ldots\right]$$

$$\mathfrak{a}+\mathfrak{b}+\mathfrak{c}+\mathfrak{d}+\ldots = m$$

$$\mathfrak{b}+2\mathfrak{c}+3\mathfrak{d}+\ldots = n$$

wo aber die beyden Bedingungsgleichungen links unendlich viele Unbekannte enthalten. — Bedenkt man indeß, daß wegen der zweyten Gleichung

$$b + 2c + 3d + \ldots\ldots = n$$

oder $b + 2c + 3d + \ldots + n.n + (n+1)o + \ldots = n$, alle nach n folgenden Unbekannten nur den Werth Null haben können, und daß daher im allgemeinen Gliede, welches ein Produkt von unendlich viel Faktoren zu seyn scheint, die nach den $n + 1$ ersten folgenden dieser Faktoren $= 1$ werden, und als Faktoren ausser Acht gelassen werden können, so folgt, daß die beyden Bedingungsgleichungen

$$a + b + c + d + \ldots\ldots = m$$

und $$b + 2c + 3d + \ldots\ldots = n$$

mit scheinbar unendlich vielen Unbekannten sich reduciren auf die beyden andern

$$a + b + c + d + \ldots + n = m$$

$$b + 2c + 3d + \ldots + nn = n;$$

weßhalb der Koefficient von $x^n$ gerade so wird, wie solcher in der Auflösung angegeben.

### Auflösung II.

Man findet den Koefficienten von $x^n$ auch noch auf folgende Art:

1) Man bilde sich den Zeiger

$$\begin{bmatrix} 0, & 1, & 2, & 3, & 4, & 5, & 6, & 7 \ldots \\ a, & b, & c, & d, & e, & f, & g, & h \ldots \end{bmatrix}$$

2) Man entwickele die $m^{te}$ Kombinationsklasse mit Wiederholungen zur Summe n, aus den unendlich vielen Elementen 0, 1, 2, 3, 4, . . .

3) In jeder Komplexion setze man statt jedes Elementes den im Zeiger gerade unter diesem Ele-

mente stehenden Koefficienten der gegebenen unendlichen Reihe, betrachte die so entstehenden Komplexionen als Produkte, setze einer jeden noch deren Versetzungszahl als Faktor vor, und addire alle diese Produkte, so hat man den verlangten Koefficienten.

### Beweis.

Man kann nehmlich die mte Potenz der Reihe als ein Produkt von m gleichen Faktoren ansehen; und solches ist, nach (§. 588.).

$$= S.[P\varkappa(a+1).P\varkappa(b+1)\,P\varkappa(c+1)\ldots P\varkappa(m+1).x^p]$$
$$a+b+c+d\ldots+m=p$$

wo die Zahl der Veränderlichen $= m$ ist; folglich ist der Koefficient von $x^n$ in dieser Potenz

$$= S.[P\varkappa(a+1).P\varkappa(b+1).P\varkappa(c+1)\ldots P\varkappa(m+1)]$$
$$a+b+c+\ldots+m=n$$

Wollte man nun dieses Aggregat wirklich entwikkeln, so müßte man die Bedingungsgleichung.

$$a+b+c+d+\ldots+m=n$$

auflösen, d. h. die mte Varationsklasse zur Summe n mit Wiederholungen, aus den Elementen 0, 1, 2, 3, ... entwickeln, und diese Werthe statt der Veränderlichen in das allgemeine Glied setzen. Weil sich aber das allgemeine Glied durch Versetzung der Veränderlichen gar nicht ändert, so kann man besser, statt der Variationsklasse, die Kombinationsklasse entwickeln und jedem aus dem allgemeinen Glied hervorgehenden besondern Produkt noch dessen Versetzungszahl als Faktor vorsetzen.

### Beyspiel.

Sey von der 5ten Potenz der unendlichen Reihe

$$a + bx + cx^2 + dx^3 + ex^4 + fx^5 + gx^6 + hx^7 + \ldots$$

der Koeffizient von $x^7$ zu finden.

Nach der ersten Auflösung

darf man nur das combinatorische Aggregat

$$S.\left[\frac{n'}{\mathfrak{a}'.\mathfrak{b}'.\mathfrak{c}'.\mathfrak{d}'.\mathfrak{e}'.\mathfrak{f}'.\mathfrak{g}'.\mathfrak{h}'}\, a^{\mathfrak{a}}.b^{\mathfrak{b}}.c^{\mathfrak{c}}.d^{\mathfrak{d}}.e^{\mathfrak{e}}.f^{\mathfrak{f}}.g^{\mathfrak{g}}.h^{\mathfrak{h}}\right]$$

$$\mathfrak{a} + \mathfrak{b} + \mathfrak{c} + \mathfrak{d} + \mathfrak{e} + \mathfrak{f} + \mathfrak{g} + \mathfrak{h} = 5$$

$$\mathfrak{b} + 2\mathfrak{c} + 3\mathfrak{d} + 4\mathfrak{e} + 5\mathfrak{f} + 6\mathfrak{g} + 7\mathfrak{h} = 7$$

entwickeln. Man löst aber die beyden Bedingungsgleichungen.

$$\mathfrak{a} + \mathfrak{b} + \mathfrak{c} + \mathfrak{d} + \mathfrak{e} + \mathfrak{f} + \mathfrak{g} + \mathfrak{h} = 5$$

$$\mathfrak{b} + 2\mathfrak{c} + 3\mathfrak{d} + 4\mathfrak{e} + 5\mathfrak{f} + 6\mathfrak{g} + 7\mathfrak{h} = 7$$

nach (§. 368.) auf, und erhält für die 5 ersten Kombinations-Klassen zur Summe 7, aus den Elementen 1, 2, 3, 4, 5, 6, 7, sogleich:

| | | 0 | 1 | 2 | 3 | 4 | 5 | 6 | 7 |
|---|---|---|---|---|---|---|---|---|---|
| | | $\mathfrak{a}$, | $\mathfrak{b}$, | $\mathfrak{c}$, | $\mathfrak{d}$, | $\mathfrak{e}$, | $\mathfrak{f}$, | $\mathfrak{g}$, | $\mathfrak{h}$ |
| 7 | hieraus | 4 | 0 | 0 | 0 | 0 | 0 | 0 | 1 |
| 16 | | 3 | 1 | 0 | 0 | 0 | 0 | 1 | 0 |
| 25 | aber | 3 | 0 | 1 | 0 | 0 | 1 | 0 | 0 |
| 34 | | 3 | 0 | 0 | 1 | 1 | 0 | 0 | 0 |
| 115 | | 2 | 2 | 0 | 0 | 0 | 1 | 0 | 0 |
| 124 | die Auflösungen | 2 | 1 | 1 | 0 | 1 | 0 | 0 | 0 |
| 133 | | 2 | 1 | 0 | 2 | 0 | 0 | 0 | 0 |
| 223 | | 2 | 0 | 2 | 1 | 0 | 0 | 0 | 0 |
| 1114 | rechts | 1 | 3 | 0 | 0 | 1 | 0 | 0 | 0 |
| 1123 | | 1 | 2 | 1 | 1 | 0 | 0 | 0 | 0 |
| 1222 | | 1 | 1 | 3 | 0 | 0 | 0 | 0 | 0 |
| 11113 | | 0 | 4 | 0 | 1 | 0 | 0 | 0 | 0 |
| 11122 | | 0 | 3 | 2 | 0 | 0 | 0 | 0 | 0 |

und daher der gesuchte Koefficient von $x^7$ in der 5ten Potenz der gegebenen Reihe:

$= 5a^4h + 20a^3bg + 20a^3cf + 20a^3de + 30a^2b^2f + 60a^2bce + 30a^2bd^2 + 30a^2c^2d + 20ab^3e + 60ab^2cd + 20abc^3 + 5b^4d + 10b^3c^2.$

Nach der zweyten Auflösung

hätte man dagegen die 5te Kombinations-Klasse zur Summe 7, mit Wiederholungen aus den Elementen 0, 1, 2, 3, 4, ... zu entwickeln, nehmlich:

| | | | | |
|---|---|---|---|---|
| 0 | 0 | 0 | 0 | 7 |
| 0 | 0 | 0 | 1 | 6 |
| 0 | 0 | 0 | 2 | 5 |
| 0 | 0 | 0 | 3 | 4 |
| 0 | 0 | 1 | 1 | 5 |
| 0 | 0 | 1 | 2 | 4 |
| 0 | 0 | 1 | 3 | 3 |
| 0 | 0 | 2 | 2 | 3 |
| 0 | 1 | 1 | 1 | 4 |
| 0 | 1 | 1 | 2 | 3 |
| 0 | 1 | 2 | 2 | 2 |
| 1 | 1 | 1 | 1 | 3 |
| 1 | 1 | 1 | 2 | 2 |

$$7\overset{5}{C}\begin{pmatrix}0, 1, 2, 3, 4, 5, 6, 7, \ldots \\ a, b, c, d, e, f, g, h, \ldots\end{pmatrix}$$

also der gesuchte Koefficient

$= 5a^4h + 20a^3bg + 20a^3cf + 20a^3de + 30a^2b^2f + 60a^2bce + 30a^2bd^2 + 30a^2c^2d + 20ab^3e + 60ab^2cd + 20abc^3 + 5b^4d + 10b^3c^2;$

derselbe, wie vorher.

Anmerkung 1. Man erhält namentlich auf demselben Wege

1) $(a + bx + cx^2 + dx^3 + ex^4 + \ldots)^2$

$$= a^2 + 2abx + \begin{Bmatrix} 2ac \\ + b^2 \end{Bmatrix} x^2 + \begin{Bmatrix} 2ad \\ + 2bc \end{Bmatrix} x^3 + \begin{Bmatrix} 2ae \\ + 2bd \\ + c^2 \end{Bmatrix} x^4 + \ldots$$

2) $(a + bx + cx^2 + dx^3 + ex^4 + \ldots)^3$

$$= a^3 + 3a^2bx + \begin{Bmatrix} 3a^2c \\ + 3ab^2 \end{Bmatrix} x^2$$

$$+\left\{\begin{matrix} 3a^2d \\ +6abc \\ +\ b^3 \end{matrix}\right\}x^3 + \left\{\begin{matrix} 3a^2e \\ +6abd \\ +3ac^2 \\ +3b^2c \end{matrix}\right\}x^4 + \ldots$$

Anmerkung 2. Den ersten Koefficienten in der Entwikkelung von

$$(a + bx + cx^2 + \ldots)^m$$

erhält man (§. 586.), wenn man in dem zu entwickelnden Ausdruck $x = 0$ setzt. — Es ist daher solcher $= a^m$.

## §. 598. Zusatz.

Wäre die mit m zu potenzirende Reihe eine endliche (eine ganze Funktion), wären also von einem bestimmten Koefficienten ab, alle folgenden $= 0$, so kann man bey der Entwickelung des Koefficienten von $x^n$ in der mten Potenz der Reihe, sogleich diejenigen Komplexionen übergehen, in denen Elemente vorkommen, die jenen spätern Null-Koefficienten entsprechen.

### Beyspiel.

Wäre in dem Beyspiel des (§. 597.) nur die endliche Reihe $a + bx + cx^2 + dx^3$ mit 5 zu potenziren, und der Koefficient von $x^7$ zu finden, so würde man nach der Auflösung (I.) nur haben

| | 0, 1, 2, 3<br>a, b, c, d |
|---|---|
| 133 | 2, 1, 0, 2 |
| 223 | 2, 0, 2, 1 |
| 1123 | 1, 2, 1, 1 |
| 1222 | 1, 1, 3, 0 |
| 11113 | 0, 4, 0, 1 |
| 11122 | 0, 3, 2, 0 |

und der gesuchte Koefficient wäre:

$$= 30a^2bd^2 + 30a^2c^2d + 60ab^2cd + 20abc^3 + 5b^4d + 10b^3c^2.$$

Dagegen würde man nach der Auflösung (II.) bloß haben den Zeiger:

$$\begin{matrix} 0, & 1, & 2, & 3 \\ a, & b, & c, & d \end{matrix}$$

daher auch nur:

$$\begin{matrix} 0 & 0 & 1 & 3 & 3 \\ 0 & 0 & 2 & 2 & 3 \\ 0 & 1 & 1 & 2 & 3 \\ 0 & 1 & 2 & 2 & 2 \\ 1 & 1 & 1 & 1 & 3 \\ 1 & 1 & 1 & 2 & 2 \end{matrix} \qquad {}^{7}\overset{5}{C} \begin{pmatrix} 0, & 1, & 2, & 3 \\ a, & b, & c, & d \end{pmatrix}$$

folglich der gesuchte Koefficient von $x^7$ in der 5ten Potenz von $a + bx + cx^2 + dx^3$

$$= 30a^2bd^2 + 30a^2b^2d + 60ab^2cd + 20abc^3 + 5b^4d + 10b^3c^2.$$

§. 599. Zusatz.

Wäre gegeben die unendliche Reihe

$$a + bx^q + cx^{2q} + dx^{3q} + \text{etc.} \ldots$$

und sollte solche mit m potenzirt werden, so würde es viel bequemer seyn, hier erst z statt $x^q$ zu setzen, die Reihe

$$a + bz + cz^2 + dz^3 + \ldots$$

mit m zu potenziren, und in der neuen nach Potenzen von z fortlaufenden Reihe, wiederum $x^q$ statt z zu setzen.

Beyspiele.

Es kann dies aber angewandt werden auf die Potenzirung der Reihen

$$a + bx^2 + cx^4 + dx^6 + ex^8 + \ldots$$
$$a + bx^3 + cx^6 + dx^9 + ex^{12} + \ldots$$
$$a + bx^4 + cx^8 + dx^{12} + ex^{16} + \ldots$$

u. s. w. f.

## §. 600. Zusatz.

Ist dagegen die mit der absoluten ganzen Zahl m zu potenzirende Reihe folgende

$$ax^p + bx^{p+q} + cx^{p+2q} + dx^{p+3q} + \ldots,$$

so wird man leichter das Potenziren verrichten, wenn man den Satz anwendet:

$$(ax^p + bx^{p+q} + cx^{p+2q} + dx^{p+3q} + \ldots)^m$$
$$= [x^p.(a + bx^q + cx^{2q} + dx^{3q} + \ldots)]^m$$
$$= x^{pm}.(a + bx^q + cx^{2q} + dx^{3q} + \ldots)^m$$

und nun erst die Reihe

$$a + bx^q + cx^{2q} + dx^{3q} + \ldots$$

nach (§. 599.) mit m potenzirt, dann aber diese Potenz noch mit $x^{pm}$ multiplizirt.

### Beyspiele.

Es kann dies aber angewandt werden bey der Potenzirung der Reihen

$$ax^2 + bx^4 + cx^6 + dx^8 + \ldots$$
$$ax^2 + bx^5 + cx^8 + dx^{11} + \ldots$$
$$ax^5 + bx^9 + cx^{13} + dx^{17} + \ldots$$

u. s. w. f.

## §. 601. Zusatz.

Man kann indeß die unendliche Reihe

$$a + bx + cx^2 + dx^3 + \ldots$$

auch noch auf folgende Art allgemein mit der absoluten ganzen Zahl m potenziren. Man setze

$$Rx = bx + cx^2 + dx^3 + \ldots$$

oder $R = b + cx + dx^2 + \ldots$

und hat dann

$$(a + bx + cx^2 + dx^3 + \ldots)^m = (a + Rx)^m$$
$$= a^m + m.a^{m-1}.Rx + m_2.a^{m-2}.R^2.x^2 + m_3.a^{m-3}.R^3.x^3 + \ldots$$

Nun ist aber

$$R = b + cx + dx^2 + ex^3 + \ldots$$

$$R^2 = b^2 + 2bcx + \begin{bmatrix} 2bd \\ +c^2 \end{bmatrix} x^2 + \begin{bmatrix} 2be \\ +2cd \end{bmatrix} x^3 + \ldots$$

$$R^3 = b^3 + 3b^2cx + \begin{bmatrix} 3b^2d \\ +3bc^2 \end{bmatrix} x^2 + \ldots$$

u. s. w. f.;

folglich, wenn man diese Werthe substituirt:

$$(a + bx + cx^2 + dx^3 + ex^4 + \ldots)^m$$

$$= a^m + m a^{m-1} bx + \begin{vmatrix} m \,.\, a^{m-1} c \\ + m_2 \,.\, a^{m-2} b^2 \end{vmatrix} x^2 + \begin{vmatrix} m \,.\, a^{m-1} d \\ + 2m_2 \,.\, a^{m-2} bc \\ + m_3 \,.\, a^{m-3} b^3 \end{vmatrix} x^3 +$$

$$\begin{vmatrix} m \,.\, a^{m-1} e \\ + 2 \,.\, m_2 \,.\, a^{m-2} bd \\ + m_2 \,.\, a^{m-2} c^2 \\ + 3 \,.\, m_3 \,.\, a^{m-3} b^2 c \end{vmatrix} x^4 + \ldots$$

Diese allgemeine Entwickelung für jede beliebige absolute ganze Zahl m giebt aber die Auflösung (I.) des (§. 597.) weit leichter, indem man den dort gefundenen Koefficienten von $x^n$ in der mten Potenz von

$a + bx + cx^2 + dx^3 + \ldots$, so schreibt:

$$S.\left\{\frac{m^{(\mathfrak{b}+\mathfrak{c}+\mathfrak{d}+\ldots+\mathfrak{n})\,I-1}}{\mathfrak{b}'\,.\,\mathfrak{c}'\,.\,\mathfrak{d}'\,\ldots\,\mathfrak{n}'} \times (P\varkappa 1)^{m-(\mathfrak{b}+\mathfrak{c}+\mathfrak{d}+\ldots\mathfrak{n})}.(P\varkappa 2)^{\mathfrak{b}}.(P\varkappa 3)^{\mathfrak{c}}.(P\varkappa 4)^{\mathfrak{d}}\ldots[P\varkappa(\mathfrak{n}+1)]^{\mathfrak{n}}\right\}$$

$$\mathfrak{b} + 2\mathfrak{c} + 3\mathfrak{d} + \ldots + n\mathfrak{n} = n,$$

welches immer erlaubt ist, weil, sobald

$$\mathfrak{b} + \mathfrak{c} + \mathfrak{d} + \ldots + \mathfrak{n} > m$$

wird, dann wegen

$$m^{(b+c+d+\ldots+n)I-1} = 0$$

die Glieder, die negative Potenzen von (P:1) enthalten könnten, der Null gleich werden.

§. 602. Zusatz.

Soll die Reihe $a + bx + cx^2 + dx^3 + \ldots$ mit der negativen ganzen Zahl $-m$ potenzirt werden, so wendet man den Satz an,

$$R^{-m} = \frac{1}{R^m},$$

potenzirt also die gegebene Reihe erst nach (§. 597.) mit der absoluten ganzen Zahl m und dividirt dann die 1 durch diese Potenz

$$a^m + ma^{m-1}bx + \ldots$$

welches eine recurrirende Reihe giebt, die nach (§. 594.) leicht hingeschrieben werden kann.

Damit aber diese Aufgabe möglich ist, darf $a^m$ nicht Null seyn, und also auch a nicht Null (§. 591.); d. h. sobald $a = 0$, so giebt es nicht mehr eine nach ganzen Potenzen von x fortschreitende unendliche Reihe, die der Potenz $(a + bx + cx^2 + \ldots)^{-m}$ gleich seyn könnte.

Der Zusatz (§. 600.) liefert aber für diesen Fall ein der Potenz $R^{-m}$ gleiches Produkt, dessen einer Faktor $\frac{1}{x^{pm}}$, und dessen anderer Faktor eine nach ganzen Potenzen von x fortlaufende unendliche Reihe ist.

§. 603. Aufgabe.

Man soll die $m^{te}$ Wurzel aus einer unendlichen Reihe $a + bx + cx^2 + dx^3 + \ldots$ ziehen, d. h. man soll abermals eine unendliche Reihe finden, welche mit m potenzirt, die unendliche Reihe

$$a + bx + cx^2 + \dots$$

wieder giebt.

Auflösung.

1) Man nehme die gesuchte unendliche Reihe, mit unbestimmten Koefficienten an, z. B.

$$\alpha + \beta x + \gamma x^2 + \delta x^3 + \dots$$

2) Man potenzire solche mit m, und erhält:

$$\alpha^m + m.\alpha^{m-1}\beta.x + \left\{ \begin{matrix} m.\alpha^{m-1}\gamma \\ + m_2.\alpha^{m-2}\beta^2 \end{matrix} \right\} x^2 + \left\{ \begin{matrix} m.\alpha^{m-1}\delta \\ + 2m_2.\alpha^{m-2}\beta\gamma \\ + m_3.\alpha^{m-3}\beta^3 \end{matrix} \right\} x^3 + \dots$$

3) Da nun diese Potenz dem Radikanden

$$a + bx + cx^2 + dx^3 + \dots$$

gleich seyn soll, so müssen in beyden Reihen auch die einzelnen Koefficienten von x beziehlich einander gleich seyn (§. 409.), und man hat daher:

$a = \alpha^m$;

$b = m.\alpha^{m-1}\beta$;

$c = m.\alpha^{m-1}\gamma + m_2.\alpha^{m-2}\beta^2$;

$d = m.\alpha^{m-1}\delta + 2m_2.\alpha^{m-2}\beta\gamma + m_3.\alpha^{m-3}\beta^3$;

$e = m.\alpha^{m-1}\varepsilon + 2m_2.\alpha^{m-2}\beta\delta + m_2.\alpha^{m-2}\gamma^2 + 3.m_3\alpha^{m-3}\beta^2\gamma$;

u. s. w.

4) Die erste dieser Gleichungen giebt

$$\alpha = \sqrt[m]{a}$$

also m verschiedene Werthe für $\alpha$; die folgenden Gleichungen sind aber in Bezug auf jeden der übrigen Unbekannten $\beta$, $\gamma$, $\delta$, $\varepsilon$, etc., einfache Gleichungen; und es giebt also eine jede folgende

Gleichung auch für einen jeden folgenden Unbekannten $\beta$, $\gamma$, $\delta$, $\varepsilon$, etc. nur einen Werth in $\alpha$ ausgedrückt.

5) Je nachdem also statt $\alpha$ einer der m Werthe von $\sqrt[m]{a}$ gesetzt wird, findet man sogleich m verschiedene unendliche Reihen, welche alle die Eigenschaft haben, daß sie mit m potenzirt, gerade die Reihe

$$a + bx + cx^2 + dx^3 + \ldots \text{ in inf.}$$

wiedergeben.

6) Man kann sich aber leicht überzeugen, daß wenn $'\alpha$ ein bestimmter Werth von $\sqrt[m]{a}$ ist, und $'\beta$, $'\gamma$, $'\delta$, $'\varepsilon$, ... die für diesen Werth $'\alpha$ von $\alpha$, zugehörigen Werthe von $\beta$, $\gamma$, $\delta$, etc. sind, alle diese m verschiedenen unendlichen Reihen, die als der Wurzel

$$\sqrt[m]{(a + bx + cx^2 + dx^3 + \ldots)}$$

gleich gefunden worden sind, nothwendig enthalten seyn müssen in der Form

$$\sqrt[m]{1}\,.\,('\alpha + '\beta x + '\gamma x^2 + '\delta x^3 + '\varepsilon x^4 + \ldots)$$

indem man statt $\sqrt[m]{1}$ nach und nach alle m Werthe dieser Wurzel setzt.

## §. 604. Zusatz.

Man findet aber aus den Gleichungen (§. 603. n. 3.) leicht

$$\beta = \frac{b}{m\,.\,\alpha^{m-1}} = \frac{b\,.\,\alpha}{m\,.\,\alpha^m} = \frac{b}{m\,a}\,.\,\alpha;$$

$$\gamma = \frac{c - m_2 . \alpha^{m-2} . \beta^2}{m . \alpha^{m-1}} = \frac{\alpha c - m_2 . \alpha^{m-1} \beta^2}{m a}$$

$$= \frac{c - m_2 \alpha^{m-2} \beta^2}{m a} . \alpha = \frac{c - m_2 a \left(\frac{\beta}{\alpha}\right)^2}{m a} . \alpha$$

$$= \frac{c - m_2 a . \left(\frac{b}{m a}\right)^2}{m a} . \alpha = \frac{m a c - \frac{1}{2}(m-1) b^2}{m^2 a^2} . \alpha;$$

$$\delta = \frac{d - m_3 . \left(\frac{\beta}{\alpha}\right)^3 - 2 m_2 a . \frac{\beta}{\alpha} . \frac{\gamma}{\alpha}}{m a} . \alpha$$

$$= \frac{m^2 a^2 d - \frac{(m-1)(m-2)}{2 . 3} b^3 - (m-1)[m a c - \frac{1}{2}(m-1) b^2] b}{m^3 a^3} . \alpha;$$

u. s. w. f.

Setzt man nun hier statt $\alpha$ die Wurzel $\sqrt[m]{a}$, so erhält man alle Koefficienten $\alpha, \beta, \gamma, \delta, \varepsilon$ . . . durch $\sqrt[m]{a}$ ausgedrückt, und in allen diesen Ausdrücken repräsentirt dann die $\sqrt[m]{a}$ jedesmal einen und denselben, übrigens beliebigen ihrer m Werthe.

## §. 605. Zusatz.

Es gehet aber ferner aus dem (§. 604.) hervor, daß die Aufgabe dieses (§. 603.) allemal möglich ist, so lange nicht $a = 0$, daß sie aber jedesmal unmöglich seyn müsse, sobald $a = 0$ ist, und b nicht $= 0$.

Im allgemeinen ist die Aufgabe noch möglich, wenn die ersten m Koefficienten a, b, c . . . zugleich Null sind, der folgende $m + 1^{te}$ aber nicht Null ist; oder überhaupt wenn die ersten p m Koefficienten der gegebenen

benen Reihe zugleich Null sind, während der nächstfolgende $pm+1^{te}$ nicht der Null gleich ist.

Dagegen ist sie allemal unmöglich, wenn die Anzahl der ersten Koefficienten der gegebenen Reihe, die Null werden, kein Vielfaches von m ist.

Es erhellet dies aber zunächst aus den Gleichungen (§. 603. n. 3.). Besser und allgemeiner indessen überzeugt man sich hievon, wenn man, im Falle q erste Koefficienten der gegebenen Reihe

$$a+bx+cx^2+dx^3+\ldots$$

der Null gleich seyn sollten, so daß die Reihe selbst mit dem Gliede $A.x^q$ anfängt, selbige so schreibt

$$x^q.(A+Bx+Cx^2+Dx^3+\ldots)$$

wo A nicht Null ist. — Nun ist aber

$$\sqrt[m]{}(a+bx+cx^2+\ldots)=\sqrt[m]{}[x^q.(A+Bx+Cx^2+\ldots)]$$

$$=\sqrt[m]{}(x^q).\sqrt[m]{}(A+Bx+Cx^2+\ldots)$$

$$=\sqrt[m]{}(x^q).(\alpha+\beta x+\gamma x^2+\delta x^3+\ldots)$$

in so ferne, weil A nicht Null ist, der zweyte Faktor sich immer in eine unendliche Reihe (nach ganzen Potenzen von x, denn von solchen ist hier nur die Rede) entwickeln läßt. Giebt es nun eine ganze Potenz $x^r$, welche einem der m Werthe der $\sqrt[m]{}(x^q)$ gleich ist, so giebt solche mit $(\alpha+\beta x+\gamma x^2+\ldots)$ multiplizirt, die Reihe

$$\alpha x^r+\beta x^{r+1}+\gamma x^{r+2}+\ldots$$

zum Resultat und die Aufgabe ist dann möglich. Soll aber $x^r=\sqrt[m]{}(x^q)$ seyn, so muß auch

$$(x^r)^m=x^q \text{ oder } x^{mr}=x^q \text{ oder } mr=q$$

seyn; d. h. q muß ein Vielfaches von m seyn, wenn die Aufgabe möglich seyn soll; und ist q kein Vielfaches von m, so giebt es keine ganze Potenz von x, welche einem der m Werthe von $\sqrt[m]{(x^q)}$ gleich seyn könnte, und die Aufgabe des (§. 603.) ist daher in diesem Falle unmöglich.

Anmerkung. Bey diesen und ähnlichen Untersuchungen kann man sich am leichtesten überzeugen, daß wenn $\beta = \frac{b}{m\alpha^{m-1}}$ und $\alpha = 0$ ist, dann $\beta = \frac{b}{0}$ nicht etwas Unendliches ausdrücke, sondern daß das Resultat $\beta = \frac{b}{0}$, sobald b nicht 0, anzeige, daß die Gleichung $m\alpha^{m-1}\beta = b$, in diesem Fall einen Widerspruch enthalte, und also lehre, daß die Annahme welche zu dieser Gleichung führte, in diesem Fall, nicht statt findet. — Hier ist immer angenommen, daß es eine unendliche Reihe $\alpha + \beta x + \gamma x^2 + \delta x^3 + \ldots$ wirklich giebt, welche die verlangte Eigenschaft hat. — Führt nun diese Annahme auf einen Widerspruch, so findet sie selbst nicht statt; und es giebt also dann keine unendliche Reihe von der Form $\alpha + \beta x + \gamma x^2 + \ldots$ welche die verlangte Eigenschaft hätte.

## §. 606. Aufgabe.

Es ist gegeben die Gleichung:

$$x = by + cy^2 + dy^3 + ey^4 + \ldots \text{ in infinit.}$$

Man soll die Koefficienten $\beta, \gamma, \delta, \varepsilon$ etc. der Gleichung

$$y = \beta x + \gamma x^2 + \delta x^3 + \varepsilon x^4 + \ldots \text{ in infinit}$$

so bestimmen, daß diese unendliche Reihe rechts statt y in obige Gleichung

$$x = by + cy^2 + dy^3 + \ldots$$

gesetzt, selbige identisch mache.

### Auflösung.

Man hat:

$$y = \beta x + \gamma x^2 + \delta x^3 + \varepsilon x^4 + \ldots$$

daraus
$$y^2 = \beta^2 x^2 + 2\beta\gamma x^3 + \begin{bmatrix} 2\beta\delta \\ +\gamma^2 \end{bmatrix} x^4 + \begin{bmatrix} 2\beta\varepsilon \\ +2\gamma\delta \end{bmatrix} x^5 + \ldots$$

$$y^3 = \beta^3 x^3 + 3\beta^2\gamma x^4 + \begin{bmatrix} 3\beta^2\delta \\ +3\beta\gamma^2 \end{bmatrix} x^5 + \ldots$$

$$y^4 = \beta^4 x^4 + 4\beta^3\gamma x^5 + \ldots$$

$$y^5 = \beta^5 x^5 + \ldots$$

und diese Werthe in obige gegebene Gleichung beziehlich statt y, $y^2$, $y^3$, $y^4$, etc. gesetzt, geben:

$$x = b\beta x + \left\{\begin{matrix} b\gamma \\ +c\beta^2 \end{matrix}\right\} x^2 + \left\{\begin{matrix} b\delta \\ +2c\beta\gamma \\ +d\beta^3 \end{matrix}\right\} x^3 + \left(\begin{matrix} b\varepsilon \\ +2c\beta\delta \\ +c\gamma^2 \\ +3d\beta^2\gamma \\ +e\beta^4 \end{matrix}\right) x^4 + \ldots$$

Damit nun diese Gleichung identisch ist, müssen die Koefficienten einzeln einander gleich, folglich die rechts nach dem ersten folgenden, der Null gleich seyn. Es wird daher

$$1 = b\beta$$
$$0 = b\gamma + c\beta^2$$
$$0 = b\delta + 2c\beta\gamma + d\beta^3$$
$$0 = b\varepsilon + 2c\beta\delta + c\gamma^2 + 3d\beta^2\gamma + e\beta^4$$

u. s. w. f.

woraus die Koefficienten $\beta$, $\gamma$, $\delta$, $\varepsilon$ etc. einzeln gefunden werden können. Man erhält aber:

$$\beta = \frac{1}{b},$$

$$\gamma = -\frac{c}{b^3},$$

$$\delta = \frac{-db + 2c^2}{b^5} = \frac{2c^2 - bd}{b^5},$$

$$\varepsilon = \frac{-eb^2 + 5dbc - 5c^3}{b^7} = -\frac{5c^3 - 5bcd + b^2e}{b^7},$$

u. s. w. f.

**Zugleich erhellet, daß für $b = 0$, die Aufgabe selbst unmöglich ist.**

Anmerkung 1. Man könnte verlangen, die Koefficienten $\alpha, \beta, \gamma, \delta, \varepsilon \ldots$ so zu bestimmen, daß

$$\alpha + \beta x + \gamma x^2 + \delta x^3 + \ldots$$

statt y gesetzt, die Gleichung

$$x = by + cy + dy^2 + ey^3 + \ldots$$

zur identischen macht. Man erhielte dann auf demselben Wege zur Bestimmung von $\alpha, \beta$, etc. die Gleichungen

$$b\alpha + c\alpha^2 + d\alpha^3 + e\alpha^4 + \ldots = 0$$

$$\beta(b + 2\alpha c + 3\alpha^2 d + 4\alpha^3 e + \ldots) = 1$$

u. s. w.

Der ersten dieser Gleichungen wird genügt, indem man $\alpha = 0$ setzt; allein es kann ihr auch noch durch unendlich viele andere Werthe von $\alpha$ genügt werden; und weil die übrigen Gleichungen in Bezug auf $\beta, \gamma, \delta$, etc. einfache sind, so kann zu jedem Werth von $\alpha$ jedesmal ein zugehöriger Werth von $\beta$, und einer von $\gamma$, und einer von $\delta$ u. s. w. gefunden werden, und es giebt daher unendlich viele Reihen nach y, die alle die verlangte Eigenschaft haben. Die eine, die sich für $\alpha = 0$ ergiebt, ist dann wieder die in der Aufgabe des (§. 606.) gesuchte und in der Auflösung desselben (§. 606.) gefundene.

Anmerkung 2. Es hätte auch noch allgemeiner die Gleichung

$$y = \alpha + \beta x + \gamma x^2 + \delta x^3 + \ldots \text{ in infinit.}$$

gesucht werden können, welche der Gleichung

$$x = a + by + cy^2 + dy^3 + \ldots,$$

ein Genüge leistet. — Dasselbe Verfahren liefert zur Bestimmung von $\alpha, \beta, \gamma, \delta$, etc. die Gleichungen

$$a + b\alpha + c\alpha^2 + d\alpha^3 + e\alpha^4 + \ldots = 0$$

$$\beta(b + 2\alpha c + 3\alpha^2 d + 4\alpha^3 e + \ldots) = 1$$

u. s. w. f.

Die erste dieser Gleichungen kann wiederum für $\alpha$ unendlich viele Werthe geben, während die übrigen Gleichungen zu jedem Werth von $\alpha$, zugehörige Werthe von $\beta$, $\gamma$ etc. geben, so daß es im allgemeinen wiederum unendlich viele Reihen giebt, welche die verlangte Eigenschaft haben.

## §. 607. Zusatz.

Ist gegeben die Gleichung

$$by + cy^2 + dy^3 + ey^4 + \ldots \text{ in inf.} = Bx + Cx^2 + Dx^3 + Ex^4 \ldots \text{ in inf.}$$

und soll man die Koefficienten der Reihe

$$\beta x + \gamma x^2 + \delta x^3 + \varepsilon x^4 + \ldots$$

finden, welche statt y gesetzt, die gegebene Gleichung identisch macht, so erhält man auf demselben Wege:

$$B = b\beta$$
$$C = b\gamma + c\beta^2$$
$$D = b\delta + 2c\beta\gamma + d\beta^3$$
$$E = b\varepsilon + 2c\beta\delta + c\gamma^2 + 3d\beta^2\gamma + e\beta^4$$

u. s. w. f.

woraus $\beta$, $\gamma$, $\delta$, $\varepsilon$ ... bestimmt werden können.

Ist $b = 0$ aber nicht $B = 0$, so ist die Aufgabe nicht möglich. Ist aber $b = 0$ und zugleich $B = 0$, so erhält man

$$\beta = \sqrt{\left(\frac{C}{c}\right)}$$

und aus den übrigen Gleichungen zu jedem Werth von $\beta$ einen zugehörigen Werth von $\gamma$, von $\delta$, etc. so daß dann zwey Reihen gefunden werden, welche alle beyde die verlangte Eigenschaft haben; wenn nur nicht $c = 0$ ist. — Ist $c = 0$ und nicht $C = 0$, so ist die Aufgabe nicht möglich. — Ist aber $c = 0$ und zugleich $C = 0$, so erhält man 3 Reihen, welche alle 3 die verlangte Eigenschaft haben; u. s. w. f.

Anmerkung 1. Man könnte wieder die Reihe verlangen

$$y = \alpha + \beta x + \gamma x^2 + \delta x^3 + \ldots$$

welche der Gleichung

$$by + cy^2 + dy^3 + \ldots = Bx + Cx^2 + Dx^3 + \ldots$$

oder der allgemeinern Gleichung

$$a + by + cy^2 + dy^3 + \ldots = A + Bx + Cx^2 + Dx^3 + \ldots$$

ein Genüge leistete, und man würde wieder zur Bestimmung der unbekannten Koefficienten $\alpha, \beta, \gamma, \delta, \varepsilon \ldots$, Gleichungen erhalten, deren erste auf der einen Seite eine nach $\alpha$ fortgehende unendliche Reihe wäre, und deshalb im allgemeinen für $\alpha$ unendlich viele Werthe geben könnte, während die übrigen Koefficienten vermöge der übrigen Gleichungen, zu jedem dieser Werthe von $\alpha$, einen einzigen Werth erhalten, so daß es unendlich viele Reihen giebt, welche alle dieselbe verlangte Eigenschaft haben. —

Anmerkung 2. Die Aufgaben (§. 606.) und (§. 607.) gehören zu denen, die unter dem Namen der „Aufgaben über die Umkehrung der Reihen" bekannt sind, und die man auch Reversionsprobleme nennt.

## §. 608. Zusatz.

**Die Auflösung der Aufgabe (§. 606.) gilt auch noch, wenn die gegebene Gleichung**

$$x = by + cy^2 + dy^3 + ey^4 + \ldots$$

**rechts eine endliche Reihe vom Grade m enthält; in welchem Falle diese Gleichung in Bezug auf y eine höhere Gleichung vom mten Grade wird, wo x oder vielmehr — x der letzte Koefficient ist.**

Anmerkung. Man erhält sonach in diesem Fall unendliche Reihen für die m Wurzelwerthe der höhern Gleichung vom mten Grade in y, welche für eine numerische Gleichung die numerischen Wurzelwerthe geben, sobald sie convergent sind; oder convergent gemacht werden können.

### §. 609. Aufgabe.

Es ist gegeben die unendliche Reihe

$$a + bx + cx^2 + dx^3 + \ldots$$

oder $$S.[P\varkappa(a+1).x^a],$$

die durch Fx bezeichnet seyn mag. Man soll $F(x+h)$ in eine nach ganzen Potenzen von h fortgehende unendliche Reihe verwandeln

### Auflösung.

Es ist

$$F(x+h) = S.[P\varkappa(a+1).(x+h)^a]$$

$$= S.\left[\frac{(b+c)'}{b'.c'}.P\varkappa(a+1).x^b.h^c\right]$$

$$b + c = a$$

$$= S.\left[\frac{(b+c)'}{b'.c'}.P\varkappa(b+c+1).x^b.h^c\right]$$

$$= S.[P\varkappa(b+1).x^b] + S.[(b+1)P\varkappa(b+2).x^b].\frac{h}{1'} + S.[(b+2)^{2I-1}.P\varkappa(b+3).x^b].\frac{h^2}{2'}$$

$$+ S.[(b+3)^{3I-1}.P\varkappa(b+4).x^b].\frac{h^3}{3'} + \ldots + S.[(b+n)^{nI-1}.P\varkappa(b+n+1)x^b].\frac{h^n}{n'}$$

$+ \ldots$ in infinit.

Anmerkung. In dieser nach h fortgehenden Reihe sind die Koefficienten $S.[P\varkappa(b+1).x^b]$, $S.[(b+1).P\varkappa(b+2).x^b]$, $S.[(b+2)^{2I-1}.P\varkappa(b+3)x^b]$ u. s. w. f. selber wieder nach x fortgehende unendliche Reihen.

### §. 610. Erklärung.

Die (§. 435.) für ganze Funktionen aufgestellten Begriffe der **Ableitungen** seien auch auf unendliche Reihen erweitert.

### §. 611. Zusatz.

Die **Ableitungen** einer unendlichen Reihe sind ins unendliche fort immer selbst wieder unendliche Reihen.

### §. 612. Zusatz.

Ist die gegebene unendliche Reihe Fx durch das combinatorische Aggregat

$$S.[P\varkappa(a+1)x^a]$$

dargestellt, so daß

$$Fx = S.[P\varkappa(a+1)x^a] \text{ ist,}$$

so ist allemal

$$\partial Fx = S.[(a+1)P\varkappa(a+2)x^a]. \text{ —}$$

Denn es ist eigentlich nach der Definition:

$$\partial Fx = S.[a.P\varkappa(a+1)x^{a-1}];$$

weil aber hier das erste Glied für $a=0$ jedesmal selber zu Null wird, so kann man sogleich, nach (§. 374. n. 3.), $a+1$ statt $a$ setzen, und erhält dann das Behauptete.

### §. 613. Zusatz.

Ist also $Fx = S.[P\varkappa(a+1).x^a]$

so ist $\partial Fx = S.[a+1).P\varkappa(a+2).x^a]$;

dann aber auch aus demselben Grunde

$$\partial^2 Fx = S.[(a+2)^{2I-1}.P\varkappa(a+3).x^a]$$

$$\partial^3 Fx = S.[(a+3)^{3I-1}.P\varkappa(a+4).x^a]$$

$$\vdots$$

$$\partial^n Fx = S.[(a+n)^{nI-1}.P\varkappa(a+n+1).x^a]$$

### §. 614. Zusatz.

Daher ist auch, wenn Fx eine unendliche Reihe nach x bezeichnet, jedesmal nach (§. 609.):

$$F(x+h) = Fx + \partial Fx.\frac{h}{1} + \partial^2 Fx.\frac{h^2}{2'} + \partial^3 Fx.\frac{h^3}{3'} + \ldots + \partial^n Fx \frac{h^n}{n'}$$

$$+ \ldots \text{ in infinit.}$$

wodurch der (§. 438.) aufgestellte (Taylor'sche) Lehrsatz, für unendliche Reihen verallgemeinert ist.

## §. 615. Zusatz.

Man findet daher auch hier, wo $Fx$ eine unendliche Reihe nach $x$ vorstellt, jedesmal $\partial Fx$, wenn man den Ausdruck

$$\frac{F(x+h)-Fx}{h}$$

in einen andern verwandelt, der für $h=0$, nicht $0$ im Divisor bekommt, und dann $h=0$ setzt.

## §. 616. Zusatz.

Setzt man daher in einer unendlichen Reihe $Fx$ $p+qi$ statt $x$, so erhält man

$$F(p+qi)=Fp+\partial Fp\cdot qi+\frac{\partial^2 Fp}{2'}\cdot q^2 i^2+\frac{\partial^3 Fp}{3'}\cdot q^3 i^3$$

$$+\frac{\partial^4 Fp}{4'}\cdot q^4 i^4+\frac{\partial^5 F^2 p}{5'}\cdot q^5 i^5+\frac{\partial^6 F^3 p}{6'}\cdot q^6 i^6+\ldots$$

$$+\frac{\partial^{2n} Fp}{(4n)'}\cdot q^{2n}\cdot i^{2n}+\frac{\partial^{2n+1} Fp}{(2n+1)'}\cdot q^{2n+1}\cdot i^{2n+1}+\ldots$$

oder

$$F(p+qi)=Fp-\frac{\partial^2 Fp}{2'}\cdot q^2+\frac{\partial^4 Fp}{4'}q^4-\ldots\pm\frac{\partial^{2n} Fp}{(2n)'}q^{2n}\pm\ldots$$

$$+i\left[\frac{\partial Fp}{1}q-\frac{\partial^3 Fp}{3'}q^3+\frac{\partial^5 Fp}{5'}q^5\ldots\pm\frac{\partial^{2n+1} Fp}{(2n+1)'}q^{2n+1}\pm\ldots\right]$$

wo die (+) Zeichen gelten, wenn $n$ eine gerade Zahl, die (−) Zeichen dagegen, wenn $n$ ungerade ist.

### Bemerkung.

Weil numerische unendliche Reihen nur dann den frühern Lehren unterworfen werden können, wenn solche convergent (§. 581.) sind; so müssen die Untersuchungen über die Convergenz der unendlichen Reihen von der größten Wichtigkeit seyn.

### §. 617. Lehrsatz.

Ist p eine reele Zahl, so ist die unendliche Reihe

$$p + pz + pz^2 + pz^3 + pz^4 + \ldots \text{ in infinit.}$$

allemal convergent, wenn statt z irgend eine ächt gebrochene Zahl $\frac{\mu}{\nu}$ gesetzt wird, (so daß $\mu < \nu$ ist).

Beweis. Die gegebene unendliche Reihe ist

$$= \frac{p}{1 - z},$$

wie man sich leicht überzeugen kann; wird also für $z = \frac{\mu}{\nu}$ nothwendig eine bestimmte Zahl und

$$= \frac{p}{1 - \frac{\mu}{\nu}}, \text{ oder } = \frac{p\nu}{\nu - \mu}.$$

Wird nun die Summe der ersten $n + 1$ Glieder

$$p + pz + pz^2 + \ldots + pz^n$$

durch S, die ganze unendliche Reihe aber durch R bezeichnet, so findet man leicht nach (§. 325.)

$$S = \frac{p - pz^{n+1}}{1 - z}, \text{ folglich für } z = \frac{\mu}{\nu},$$

$$S = \frac{p}{1 - \frac{\mu}{\nu}} - \frac{p}{1 - \frac{\mu}{\nu}} \left(\frac{\mu}{\nu}\right)^{n+1} = R - \frac{p}{1 - \frac{\mu}{\nu}} \left(\frac{\mu}{\nu}\right)^{n+1}.$$

Setzt man daher: $R = S + E$,

so wird: $E = \frac{p\nu}{\nu - \mu} \left(\frac{1}{\nu : \mu}\right)^{n+1} = \frac{p\nu}{\nu - \mu} \cdot \frac{1}{(\nu : \mu)^{n+1}}$.

Weil aber $\nu > \mu$, also $\nu = \mu + q$, mithin

$\nu : \mu = (\mu + q) : \mu = 1 + \frac{q}{\mu}$, so ist auch:

$$E = \frac{p\nu}{q} \cdot \frac{1}{\left(1 + \frac{q}{\mu}\right)^{n+1}}$$

Nun ist aber nach dem binomischen Lehrsatz:

$$\left(1+\frac{q}{\mu}\right)^{n+1}=1+(n+1)\frac{q}{\mu}+(n+1)_2\left(\frac{q}{\mu}\right)^2+\ldots+\left(\frac{q}{\mu}\right)^{n+1}$$

folglich $\left(1+\frac{q}{\mu}\right)^{n+1}>1+(n+1)\frac{q}{\mu}$;

also $E<\frac{p\nu}{q}\cdot\frac{1}{1+(n+1)\frac{q}{\mu}}$.

In diesem Ausdruck rechts kann aber n immer groß genug genommen werden, daß er selbst, also dann auch E, kleiner wird, als irgend eine noch so kleine aber gegebene Zahl. Folglich ist dann S von R weniger verschieden als eine gegebene, übrigens noch so kleine Zahl. Also die gegebene unendliche Reihe

$$p+pz+pz^2+pz^3+\ldots \text{ in infinit}$$

convergent, für $z=\frac{\mu}{\nu}$, wenn $\mu<\nu$ ist (§. 581.).

§. 618. Zusatz.

Zugleich erhellet aus diesem Beweis, daß diese Reihe desto schneller convergirt, je kleiner $\mu$ und je größer $\nu$, je kleiner also $\frac{\mu}{\nu}$ ist.

Anmerkung. Man kann den Lehrsatz wörtlich so ausdrücken: Eine numerische unendliche Reihe ist allemal convergent, wenn alle ihre Glieder reel und dabey so sind, daß jedes folgende Glied das $\frac{\mu}{\nu}$ fache des vorhergehenden ist *), und wenn man dabey $\frac{\mu}{\nu}<1$ hat.

---

*) Wenn hier und in der Folge gesagt wird: das Q das $\frac{\mu}{\nu}$ fache von P sey, so geschieht dies der Kurze wegen, und es wird jedesmal darunter verstanden daß

$$Q=\frac{\mu}{\nu}\cdot P \text{ ist.}$$

## §. 619. Zusatz.

Es folgt aber aus dem Lehrsatz (§. 617.) noch ferner:

1) Ist eine Reihe convergent deren Glieder alle positiv und so sind, daß jedes folgende des $\frac{\mu}{\nu}$ fache des vorhergehenden ist, wenn $\frac{\mu}{\nu} < 1$, so muß diejenige Reihe auch convergent seyn, in welcher ebenfalls alle Glieder positiv sind, in der aber jedes folgende Glied gleich oder kleiner als das $\frac{\mu}{\nu}$ fache des vorhergehenden ist, wenn $\frac{\mu}{\nu} < 1$.

2) Aber auch jede Reihe in welcher jedes folgende Glied gleich oder kleiner als das $\frac{\mu}{\nu}$ fache des vorhergehenden ist, muß convergent seyn, wenn in ihr nicht alle Glieder positiv, wenn sie nur alle reel sind.

3) Ferner muß eine numerische Reihe convergent seyn, wenn nur von einem beliebigen nten Gliede ab, jedes folgende Glied gleich oder kleiner als das $\frac{\mu}{\nu}$ fache des nächst vorhergehenden ist, (immer unter der Voraussetzung daß $\frac{\mu}{\nu} < 1$).

4) Endlich ist diejenige Reihe jedesmal convergent, deren einzelne Glieder beliebig reel oder imaginair und von der Form $p + qi$, sind, sobald sie sich im algemeinen auf die Form

$$(p + 'p + ''p + '''p + \ldots) + i\,(q + 'q + ''q + '''q + \ldots)$$

zurückbringen läßt, und dabey jede der Reihen

$$p + {}'p + {}''p + {}'''p + \text{etc.} \ldots$$
$$q + {}'q + {}''q + {}'''q + \ldots$$

einzeln convergent sind.

§. 620. Zusatz.

Kann man daher in einer unendlichen Reihe

$$a + bx + cx^2 + dx^3 + \ldots\ldots,$$

deren Koefficienten alle reel sind, dem x einen solchen reelen Werth geben, daß dafür jedes folgende Glied (mit Uebergehung derer, die $= 0$ seyn können) gleich oder kleiner als das $\frac{\mu}{\nu}$ fache des vorhergehenden wird, so ist diese unendliche Reihe für diesen Werth von x convergent. Und ist sie für $x = \alpha$ convergent, so ist sie auch für jeden Werth von x convergent, der (absolut genommen) $< \alpha$ ist.

§. 621. Zusatz.

Ist in der unendlichen Reihe

$$a + bx + cx^2 + \ldots px^{n-1} + qx^n + \ldots \text{ in infinit.}$$

$\frac{q}{p}$ der größte unter den Quotienten je zweyer auf einander folgender Koefficienten, so ist diese unendliche Reihe für jeden Werth $\alpha$ von x convergent, der $< \frac{p}{q}$. — Denn es ist dann

$$\alpha < \frac{p}{q} \text{ und } \frac{q}{p}\alpha < 1.$$

Nun ist aber das $(n+1)^{te}$ Glied der Reihe das $\frac{q}{p}\alpha$ fache des nächstvorhergehenden, und jedes der übrigen Glieder kleiner als das $\frac{q}{p}\alpha$ fache des vorhergehenden (weil z. B. $\frac{c}{b} < \frac{q}{p}$ also auch $\frac{c}{b}\alpha < \frac{q}{p}\alpha$); während $\frac{q}{p}\alpha < 1$ ist; folglich die Reihe selbst für diesen Werth $\alpha$ von x, convergent.

§. 622. Zusatz.

Wird der Quotient des $(n+1)^{ten}$ Koefficienten durch den $n^{ten}$, immer größer, je größer n wird; geschieht aber dieses Größerwerden nach einem solchen Gesetz, daß keiner dieser Quotienten eine bestimmte Zahl $\frac{Q}{P}$ übersteigen kann, so darf man nur $x < \frac{P}{Q}$ nehmen, und die Reihe muß für jeden solchen Werth von x allemal convergent seyn.

§. 623. Zusatz.

Wären in der unendlichen Reihe

$$a + bx + cx^2 + dx^3 + \ldots$$

nicht alle Koefficienten reel, aber alle von der Form $p + qi$ (also sowohl reel als auch imaginär), und zwar $a = {}'a + {}''a\,i$, $b = {}'b + {}''b\,i$, $c = {}'c + {}''c\,i$, u. s. w. f. so ist die gegebene Reihe

$$a + bx + cx^2 + dx^3 + \ldots$$

$$= ({}'a + {}'bx + {}'cx^2 + {}'dx^3 + \ldots) + i({}''a + {}''bx + {}''cx^2 + {}''dx + \ldots)$$

folglich für jeden solchen Werth von x convergent, für den die beyden reelen Reihen

$${}'a + {}'bx + {}'cx^2 + \ldots \text{ und } {}''a + {}''bx + {}''cx^2 + \ldots$$

zugleich convergent werden.

§. 624. Zusatz.

Eine unendliche Reihe der zweyten Ordnung nach x und y, ist offenbar convergent, wenn sie nach x geordnet, zu Koefficienten unendliche Reihen nach y hat, die convergent sind, und wenn dann für diese convergenten Koefficienten, auch die nach x geordnete Reihe selbst wieder convergent ist.

### §. 625. Zusatz.

Hat man die unendliche Reihe

$$a + bx + cx^2 + dx^3 + \ldots$$

oder
$$S..[P\varkappa(a+1).x^a]$$

und setzt man $x = p + qi$, so wird solche

$$= S.[P\varkappa(a+1).(p+qi)^a]$$ oder nach (§. 376. und §. 371 — 374.)

$$= S.\left[\frac{(b+c)'}{b'.c'}.P\varkappa(b+c+1).p^b.(qi)^c\right]$$ oder nach (§. 374. n. 1.)

$$= S.\left[\frac{(b+2c)'}{b'.(2c)'}P\varkappa(b+2c+1)p^b.(-1)^c.q^{2c}\right]$$

$$+ i.S.\left[\frac{(b+2c+1)'}{b'.(2c+1)'}P\varkappa(b+2c+2)p^b.(-1)^c q^{2c+1}\right]$$

welchen letztern Ausdruck wir durch

$$X + iY$$

bezeichnen wollen, wo X und Y, nach p und nach q fortgehende unendliche Reihen der zweyten Ordnung bezeichnen.

Die Reihe

$$a + bx + cx^2 + dx^3 + \ldots$$

oder
$$S.[P\varkappa(a+1)x^a]$$

ist daher allemal für einen imaginären Werth $p + qi$ von x convergent, sobald für diese Werthe von p und von q die nach p und q fortgehenden unendlichen Reihen der zweyten Ordnung X u. Y convergent werden.

§. 626. Lehrsatz.

Setzt man in der unendlichen Reihe

$$p + pz + pz^2 + qz^3 + \ldots$$

wo p reel ist und absolut, $z < \frac{1}{2}$, so wird das erste Glied p größer als die Summe aller übrigen unendlich vielen Glieder der gegebenen Reihe.

Beweis. Denn es ist die gegebene Reihe $= \frac{p}{1-z}$.

Ist daher $z < \frac{1}{2}$, so ist $1 - z > \frac{1}{2}$ und $\frac{p}{1-z} < 2p$; daher der Lehrsatz erwiesen.

§. 627. Zusatz.

Hieraus folgt:

1) Ist in einer Reihe jedes folgende Glied kleiner als die Hälfte des vorhergehenden, und sind dabey alle Glieder reel, so ist das erste Glied dieser Reihe jedesmal größer als die arithmetische Summe aller übrigen (unendlich vielen) Glieder derselben Reihe.

2) Eine solche Reihe ist daher einer positiven oder einer negativen Zahl gleich, je nachdem das erste Glied derselben positiv oder negativ ist.

§. 628. Zusatz.

Ist $\frac{q}{p}$ der größeste Quotient je zweyer auf einander folgender Koefficienten der Reihe:

$$a + bx + cx^2 + \ldots \text{ in infinit.}$$

so ist das erste Glied diese Reihe, d. h. a, größer als die arithmetische Summe aller übrigen Glieder, für jeden Werth $\alpha$ von x, der gleich oder kleiner als $\frac{p}{2q}$. — Denn es ist jedes folgende Glied gleich oder

kleiner

kleiner als der $\frac{q}{p}\alpha$ fache des vorhergehenden. Da nun $\alpha \overline{\overline{<}} \frac{p}{2q}$, so ist: $\frac{q}{p}\alpha \overline{\overline{<}} \frac{1}{2}$.

## §. 629. Zusatz.

Wird der Quotient des $n+1^{ten}$ Koefficienten durch den $n^{ten}$ größer, je größer n ist, doch so daß er nie eine Grenze $\frac{Q}{P}$ überschreitet, so ist das erste Glied a dieser Reihe größer, als die arithmetische Summe aller übrigen Glieder für jeden Werth $\alpha$ von x, der

$$\overline{\overline{<}} \frac{P}{2Q}.$$

## §. 630. Lehrsätze.

Die Reihen

I. $1+\frac{x}{1}+\frac{x^2}{2'}+\frac{x^3}{3'}+\ldots$ oder $S.\left[\frac{x^a}{a'}\right]$

II. $x+\frac{x^3}{3'}+\frac{x^5}{5'}+\frac{x^7}{7'}+\ldots$ oder $S.\left[\frac{x^{2a+1}}{(2a+1)'}\right]$

III. $x-\frac{x^3}{3'}+\frac{x^5}{5'}-\frac{x^7}{7'}+\ldots$ oder $S.\left[\frac{(-1)^a.\,x^{2a+1}}{(2a+1)'}\right]$

IV. $1+\frac{x^2}{2'}+\frac{x^4}{4'}+\frac{x^6}{6'}+\ldots$ oder $S.\left[\frac{x^{2a}}{(2a)'}\right]$

V. $1-\frac{x^2}{2'}+\frac{x^4}{4'}-\frac{x^6}{6'}+\ldots$ oder $S.\left[\frac{(-1)^a.\,x^{2a}}{(2a)'}\right]$

sind für alle möglichen reelen oder imaginären Werthe von der Form $p+qi$, für x, convergent, wenn nur dieser Werth von x, nehmlich $p+qi$, ein gegebener ist.

**Beweis.** Sey erstlich $q=0$, also der Werth p von x reel.

Nun ist von der Reihe (I.), das $n+1^{te}$ Glied das $\frac{p}{n+1}$ fache des vorhergehenden $n^{ten}$ Gliedes. Von einem gewissen Gliede ab, muß dieses $\frac{p}{n+1} < 1$ werden, und für jedes folgende Glied wird $\frac{p}{n+1}$ immer noch kleiner, also die Reihe (I.) convergent.

Für die Reihe (II.) ist das $(n+1)^{te}$ Glied das $\frac{p^2}{(2n+2)(2n+3)}$ fache oder das $\frac{p}{2n+2} \cdot \frac{p}{2n+3}$ fache des vorhergehenden; daher diese Reihe aus demselben Grunde ebenfalls convergent.

Für die übrigen Reihen bleibt der Beweis (in diesem Fall, wo $x = p$ ist) derselbe.

Sey nun zweytens $x = p + qi$ imaginär; so wird die Reihe (I.) jetzt:

$$S.\left[\frac{(p+qi)^a}{a'}\right] = S.\left[\frac{q^b.(qi)^c}{b'.c'}\right] \text{ (nach §. 376.)}$$

$$= S.\left[\frac{p^b.(-1)^c q^{2c}}{b' : (2c)'}\right] + i.S.\left[\frac{p^b.(-1)^c q^{2c+1}}{b'.(2c+1)'}\right] \text{ (§. 374. n. [illegible]);}$$

und es fragt sich nun, ob diese beyden unendlichen Reihen der zweyten Ordnung für jeden Werth von p und q convergent seyn werden (§. 625.).

Nun ist aber nach (§. 588.):

$$S.\left[\frac{p^b.(-1)^c.q^{2c}}{b'.(2c)'}\right] = S.\left[\frac{p^b}{b'}\right] \times S.\left[\frac{(-1)^c.q^{2c}}{(2c)'}\right]$$

und weil die beyden Faktoren dieses Produkts nothwendig für jeden Werth von p und für jeden Werth von q convergent sind, so ist auch das Produkt selbst convergent.

Aus gleichem Grunde ist auch:

$$S.\left[\frac{p^b.(-1)^c q^{2c+1}}{b'\ (2c+1)'}\right] = S.\left[\frac{p^b}{b'}\right] \times S.\left[\frac{(-1)^c q^{2c+1}}{(2c+1)'}\right]$$

folglich convergent, für jeden Werth von p und q.

Also die Reihe (I.) auch für jeden imaginären Werth p + q i von x, convergent.

Setzt man in der unendlichen Reihe (II.) $x = p + qi$, so wird solche

$$= S.\left[\frac{(p+qi)^{2a+1}}{(2a+1)'}\right] = S.\left[\frac{p^b.(qi)^c}{b'.c'}\right] \text{ (§. 376.).}$$

Weil aber nach der Bedingungsgleichung hier, b + c jedes mal eine ungerade Zahl 2a + 1 seyn muß, so folgt, daß wenn c eine gerade Zahl ist, b nothwendig ungerade werden müsse, und umgekehrt. Setzt man also erst 2c, dann 2c + 1 statt c nach (§. 374. n. 1.), so kann man im ersten Fall sogleich auch 2b + 1, und im andern 2b statt b setzen. Daher wird obige Reihe weiter:

$$= S.\left[\frac{p^{2b+1}}{(2b+1)'}.\frac{(-1)^c.q^{2c}}{(2c)'}\right] + i.S.\left[\frac{p^{2b}}{(2b)'}.\frac{(-1)^c q^{2c+1}}{(2c+1)'}\right]$$

und man überzeugt sich nun leicht, daß diese beyden nach p und q fortgehenden Reihen convergent sind, daß also die Reihe (II.) für $x = p + qi$ jedesmal convergent seyn müsse.

Für die übrigen Reihen (III. IV. u. V.) wird aber der so eben geführte Beweis, mit weniger Abänderung, nur wiederholt.

## §. 631. Zusatz.

Es sind aber auch die Reihen

1) $1 + \frac{Ax}{1'} + \frac{A^2x^2}{2'} + \frac{A^3x^3}{3'} + \ldots$ oder $\acute{S}.\left[\frac{A^a \cdot x^a}{a'}\right]$

2) $Ax + \frac{A^3x^3}{3'} + \frac{A^5x^5}{5'} + \ldots$ oder $S.\left[\frac{A^{2a+1} \cdot x^{2a+1}}{(2a+1)'}\right]$

3) $Ax - \frac{A^3x^3}{3'} + \frac{A^5x^5}{5'} - \ldots$ oder $S.\left[\frac{(-1)^a \cdot A^{2a+1} \cdot x^{2a+1}}{(2a+1)'}\right]$

4) $1 + \frac{A^2x^2}{2'} + \frac{A^4x^4}{4'} + \ldots$ oder $S.\left[\frac{A^{2a}x^{2a}}{(2a)'}\right]$

5) $1 - \frac{A^2x^2}{2'} + \frac{A^4x^4}{4'} - \ldots$ oder $S.\left[\frac{(-1)^a \cdot A^{2a} \cdot x^{2a}}{(2a)'}\right]$

für jeden Werth $p + qi$ von $x$ und für jeden Werth $'p + 'qi$ von $A$ nothwendig convergent. — Denn es entstehen diese Reihen aus denen des (§. 630.), wenn man dort $Ax$ statt $x$ setzt. Ist nun $x = p + qi$ und $A = 'p + 'qi$, so ist

$$Ax = (p + qi)('p + 'qi) = (p'p - q'q) + (p'q + 'pq)i$$
$$= ''p + ''qi;$$

und daher ist die Convergenz dieser Reihen ausser Zweifel.

## §. 632. Lehrsatz.

Bezeichnet $Fx$ eine unendliche Reihe

$$a + bx + cx^2 + dx^3 + \ldots \text{ in infinit.}$$

und sind $Fx$, $\partial Fx$, $\partial^2 Fx$, $\partial^3 Fx$, $\partial^4 Fx$, etc. etc., bis in's unendliche fort, für jeden Werth von $x$ zwischen $\alpha$ und $\beta$ (wo $\alpha$ und $\beta$ positive oder negative Zahlen oder auch Null sind) convergent, so geht die unendliche Reihe zwischen $\alpha$ und $\beta$ für $x$, stetig fort, d. h. für je zwey sehr nahe liegende Werthe von $x$, zwischen

$\alpha$ und $\beta$, ist der Unterschied H der zugehörigen Werthe der Reihe Fx, von dem Unterschiede h der beyden Werthe von x, dergestalt abhängig, daß H desto kleiner wird, je kleiner man h nimmt, und daß H kleiner werden kann als jede noch so kleine aber gegebene Zahl D. (§. §. 470. 471).

Beweis. Es ist nach dem Taylor'schen Lehrsatz (§. 614.):

$$H = F(x+h) - Fx = (\partial Fx + \partial^2 Fx . \frac{h}{2'} + \partial^3 Fx . \frac{h^2}{3'} + \ldots) h$$

Man kann nun, wegen der Voraussetzungen, h klein genug nehmen, daß nach (§. §. 628 u. 629.):

$$\partial Fx > \partial^2 Fx . \frac{h}{2'} + \partial^3 Fx . \frac{h^2}{3'} + \ldots'$$

daß daher auch wird:

$$H = F(x+h) - Fx < 2 \partial Fx . h$$

Nimmt man nun $h \overline{\gtrless} \frac{D}{2 \partial Fx}$, so wird auch $H < D$, für jeden Werth von x zwischen $\alpha$ und $\beta$.

## §. 633. Zusatz.

Sind Fx, $\partial$Fx, $\partial^2$Fx, $\partial^3$Fx, etc. etc. in infinit. für jeden möglichen reelen Werth von x convergent, so geht Fx mit den sich stetig ändernden Werthen von x, beständig stetig fort. (§. 470. §. 471.).

Anmerkung. Es kann aber Fx bald größer bald kleiner werden, während x immerfort größer wird, und es hängt solches für ein sehr kleines h, vom Zeichen der Ableitung $\partial$ Fx ab, für einen gegebenen Werth von x.

## §. 634. Zusatz.

Daher sind die Reihen des (§. 630.) nicht bloß für jeden Werth von x convergent, sondern sie ändern sich auch stetig mit den stetig sich ändernden Werthen von x zugleich. — Denn es ist

$$\partial . \left(S.\left[\frac{x^a}{a'}\right]\right) = S.\left[\frac{(a+1)x^a}{(a+1)'}\right] = S.\left[\frac{x^a}{a'}\right]$$

$$\partial . \left(S.\left[\frac{x^{2a+1}}{(2a+1)'}\right]\right) = S.\left[\frac{(2a+1)x^{2a}}{(2a+1)'}\right] = S.\left[\frac{x^{2a}}{(2a)'}\right]$$ und

$$\partial^2 \left(S.\left[\frac{x^{2a+1}}{(2a+1)'}\right]\right) = \partial.\left(S.\left[\frac{x^{2a}}{(2a)'}\right]\right) = S.\left[\frac{x^{2a+1}}{(2a+1)'}\right]$$

woraus hervorgeht, daß, wenn Fx eine dieser 5 Reihen des (§. 630.) vorstellt, dann wirklich, sowohl Fx als auch die Ableitungen $\partial Fx$, $\partial^2 Fx$, $\partial^3 Fx$, $\partial^4 Fx$, etc. in's unendliche fort, weil sie immer eine dieser Reihen selbst wieder vorstellen, für jeden Werth von x convergiren.

## §. 635. Lehrsatz.

Geht eine unendliche Reihe Fx oder

$a + bx + cx^2 + ex^3 +$ etc. etc. in infinit

mit den zwischen $\alpha$ u. $\beta$ stetig sich ändernden Werthen von x stetig fort, und wird dabey Fx für $x = \alpha$ positiv und $= +A$, dagegen für $x = \beta$ negativ und $= -B$, so liegt zwischen $\alpha$ u. $\beta$ wenigstens ein, rationaler oder irrationaler Werth, der statt x gesetzt, die unendliche Reihe zu Null macht.

Beweis. Denn da Fx für die Werthe von x zwischen $\alpha$ u. $\beta$ stetig sich ändert, so giebt es zwey auf einander folgende um eine unendlich kleine (d. h. sehr kleine) Zahl verschiedene Werthe von x, p und q so daß Fp und Fq unendlich wenig von einander verschieden sind, während Fp noch positiv, Fq aber negativ ist. Da nun p u. q immer so genommen werden können, daß der Unterschied zwischen Fp u. Fq immer noch kleiner wird, und kleiner als jede gegebene übrigens noch so kleine Zahl, so macht entweder ein rationaler, zwischen p und q liegender Werth von x die Reihe Fx genau zu Null, oder es muß doch eine Irrationalzahl zwischen p u. q gedacht werden können, welche statt x gesetzt, Fx genau zu Null macht. (§. 194.)

## Schluß-Anmerkung.

Wir glauben aber am Schlusse dieses Kapitels nochmals besonders bemerken zu müssen, daß das Arbeiten mit unendlichen Reihen nach den vorstehenden Principien Nothwendigkeit der Resultate gewähren muß, wenn man nur nicht vergißt, sich jedesmal zu versichern, daß die Koefficienten der allgemeinen Reihen nicht divergente numerische Reihen, sondern bestimmte Ziffernwerthe sind, und daß überhaupt wenn von numerischen Reihen die Rede ist, solche immer convergent seyn müssen.

# Zahlenlehre.

Vier und zwanzigstes Kapitel.

## Fortsetzung der Lehre der unendlichen Reihen. Der binomische Lehrsatz für negative Exponenten erweitert.

### §. 636. Lehrsatz.

Ist x eine ganze positive oder eine ganze negative Zahl, so ist allemal (§. 341.):

$$(1+m)^x = 1 + x_1 . m + x_2 . m^2 + x_3 . m^3 + x_4 . m^4 + \ldots \text{ in infin.}$$

Beweis. Ist x eine ganze positive Zahl, so erhellet die Wahrheit des Satzes aus (§. 376), weil $\overset{x}{x}_p = 0$, sobald $p > x$ ist.

Ist aber $x = -n$ und n eine absolute ganze Zahl, so hat man nach (§. 127.)

$$(1+m)^x = \frac{1}{(1+m)^n} = \frac{1}{1 + n_1 . m + n_2 . m^2 + n_3 . m^3 + \ldots \text{ in infin.}}$$

Setzt man nun diesen Quotienten zur rechten

$$= 1 + \alpha m + \beta m^2 + \gamma m^3 + \delta m^4 + \ldots$$

so ist nach (§. 594.) und nach (§. 386.)

$\alpha = -n_1 = (-n)_1 = x_1$

$\beta = -(n_1 \alpha + n_2) = -[n_1 . (-n)_1 + n_2] = (-n)_2 = x_2$ (§. 385.)

$\gamma = -[n_1 . \beta + n_2 . \alpha + n_3] = -[n_1 . (-n)_2 + n_2 . (-n)_1 + n_3] = (-n)_3 = x_3$

$\delta = -[n_1 . \gamma + n_2 . \beta + n_3 \alpha + n_4] = (-n)_4 = x_4$

u. s. w. bis in's unendliche fort; folglich der Lehrsatz auch für diesen Fall erwiesen.

### §. 637. Zusatz.

Diese Formel gilt auch noch, wenn $x = 0$; folglich ist überhaupt, wenn x einer Differenz ganzer Zahlen gleich ist:

$$(1+m)^x = 1 + x_1 . m + x_2 . m^2 + x_3 . m^3 + x_4 . m^4 + \ldots \text{ in infin.}$$

oder $(1+m)^x = S . [x_\alpha . m^\alpha]$.

### §. 638. Zusatz.

Weil aber $(a+b)^n = a^n . \left(1 + \frac{b}{a}\right)^n$, wenn n einer Differenz ganzer Zahlen gleich ist, so ist auch, unter derselben Voraussetzung:

$$(a+b)^n = a^n + n_1 . a^{n-1} b + n_2 . a^{n-2} b^2 + n_3 . a^{n-3} b^3 + \ldots \text{ in infin.}$$

oder $(a+b)^n = S . [n_\alpha . a^{n-\alpha} b^\alpha]$.

Anmerkung. Dies ist der binomische Lehrsatz (§. 376.) auf jede Differenz-Potenz erweitert. — Da wir zur Zeit noch keine anderen Potenzen kennen, als solche Differenz-Potenzen (deren Exponenten Differenzen ganzer Zahlen gleich, d. h. entweder absolute ganze Zahlen oder Null oder negative ganze Zahlen sind) so kann auch bis jetzt, von der allgemeinen Gültigkeit des binomischen Lehrsatzes um so weniger die Rede seyn.

### §. 639. Zusatz.

Da

$$x_n = \frac{x^{n\mathrm{I}-1}}{n'} = \frac{x . (x-1)(x-2) \ldots (x-(n-1))}{1 . 2 . 3 \ldots n}$$ ist,

so kann $x_n$ in eine ganze Funktion von x vom Grade n verwandelt werden; also in eine unendliche Reihe, die nach ganzen Potenzen von x fortgeht (§. 582.). — Denkt man sich diese Verwandlung mit allen Ausdrücken

$$x_1,\ x_2,\ x_3,\ x_4 \ldots \text{in infinit.}$$

vorgenommen, so geht die unendliche Reihe

$$1 + x_1 . m + x_2 . m^2 + x_3 . m^3 + x_4 . m^4 + \ldots \text{in infin.}$$

in eine unendliche Reihe der zweyten Ordnung über, die nach x und nach m fortgeht. — Weil aber jede unendliche Reihe der zweyten Ordnung nach x und nach m, zugleich als eine unendliche Reihe nach x allein betrachtet werden kann, deren Koefficienten wiederum unendliche Reihen nach m sind, so geht die Reihe

$$1 + x_1 . m + x_2 . m^2 + x_3 . m^3 + \ldots \text{in infinit.},$$

über, in eine andere von der Form:

$$1 + Ax + Bx^2 + Cx^3 + Dx^4 + \ldots \text{in infinit.}$$

wo

$$A = m - \tfrac{1}{2} m^2 + \tfrac{1}{3} m^3 + \tfrac{1}{4} m^4 - \tfrac{1}{5} m^5 + \ldots \text{in infinit.}$$

(wovon man sich sehr leicht überzeugen kann) und wo B, C, D, etc. etc. ähnliche nach m fortgehende unendliche Reihen bedeuten.

Es ist daher auch:

$$(\male)\ (1+m)^x = 1 + Ax + Bx^2 + Cx^3 + Dx^4 + \ldots \text{in infin.}$$

wo $A = m - \frac{1}{2} m^2 + \frac{1}{3} m^3 - \frac{1}{4} m^4 + \ldots$ in infinit. und wo B, C, D ... ebenfalls nach m fortgehende unendliche Reihen sind.

Dabey hat x zwar keinen bestimmten numerischen Werth, es muß aber solches x, doch irgend eine Differenz ganzer Zahlen vorstellen; weil außerdem das

Zeichen $(1+m)^x$ gar keine Bedeutung hätte, von ihm also auch nichts mit Nothwendigkeit behauptet und erwiesen werden könnte.

Anmerkung. Offenbar muß sich A ergeben, wenn man von der Reihe

$$1 + x_1 . m + x_2 . m^2 + x_3 . m^3 + \ldots$$

1 subtrahirt, die Differenz durch x dividirt, und nachher $x = 0$ setzt. Dadurch ergiebt sich eben, wie vorhin gesagt wurde

$$A = m - \tfrac{1}{2} m^2 + \tfrac{1}{3} m^3 - \tfrac{1}{4} m^4 + \ldots$$

## §. 640. Zusatz.

Setzt man in (§. 639. ♂) erstlich $a - 1$ statt m, dann $\frac{1-a}{a}$ statt m und zugleich $-x$ statt x; ferner $\sqrt[n]{a} - 1$ statt m und zugleich $nx$ statt x, endlich $\frac{1-\sqrt[n]{a}}{\sqrt[n]{a}}$ statt m und zugleich $-nx$ statt x, wo n jedesmal eine beliebige absolute ganze Zahl bedeutet; und bedenkt man dabey, daß, wenn x eine Differenz ganzer Zahlen ist,

$$\left(1 + \frac{1-a}{a}\right)^{-x} = \left(\frac{1}{a}\right)^{-x} = \frac{1}{a^{-x}} = a^x,$$

und $\left[1 + \left(\sqrt[n]{a} - 1\right)\right]^{nx} = \left(\sqrt[n]{a}\right)^{nx} = a^x$

und $\left(1 + \frac{1-\sqrt[n]{a}}{\sqrt[n]{a}}\right)^{-nx} = \left(\frac{1}{\sqrt[n]{a}}\right)^{-nx} = \frac{1}{\left(\sqrt[n]{a}\right)^{-nx}} = \frac{1}{a^{-x}} = a^x$

ist, so erhält man:

I. $a^x = 1 + \alpha x + \beta x^2 + \gamma x^3 + \ldots$ in infinit.

wo $\alpha = (a-1) - \frac{1}{2}(a-1)^2 + \frac{1}{3}(a-1)^3 + \ldots$ in infin. und $\beta$, $\gamma$, etc. etc. ähnliche nach Potenzen von $(a-1)$ fortgehende unendliche Reihen vorstellen.

II. $a^x = 1 + \alpha x + \beta x^2 + \gamma x^3 + \ldots$ in infinit.

wo $\alpha = \left[\frac{a-1}{a} + \frac{1}{2}\left(\frac{a-1}{a}\right)^2 + \frac{1}{3}\left(\frac{a-1}{a}\right)^3 + \ldots \text{ in infin.}\right]$

und wo $\beta, \gamma$, etc. etc. ähnliche, aus B, C, etc. etc. sich ergebende, nach $\left(\frac{a-1}{a}\right)$ fortgehende, unendliche Reihen sind.

III. $a^x = 1 + \alpha x + \beta x^2 + \gamma x^3 + \ldots$,

wo $\alpha = n\left[\left(\sqrt[n]{a}-1\right) - \frac{1}{2}\left(\sqrt[n]{a}-1\right)^2 + \frac{1}{3}\left(\sqrt[n]{a}-1\right)^3 + \ldots \text{in inf.}\right]$

und wo $\beta, \gamma$, etc. etc. ähnliche nach Potenzen von $\left(\sqrt[n]{a}-1\right)$ fortgehende Reihen bezeichnen, die beziehlich aus B, C, etc. etc. hervorgehen, wenn man $\left(\sqrt[n]{a}-1\right)$ statt m setzt.

Endlich

IV. $a^x = 1 + \alpha x + \beta x^2 + \gamma x^3 + \ldots$ in infin.

wo $\alpha = n\left[\frac{\sqrt[n]{a}-1}{\sqrt[n]{a}} + \frac{1}{2}\left(\frac{\sqrt[n]{a}-1}{\sqrt[n]{a}}\right)^2 + \frac{1}{3}\left(\frac{\sqrt[n]{a}-1}{\sqrt[n]{a}}\right)^3 + \ldots \text{ in inf.}\right]$

und wo $\beta, \gamma$, etc. ähnliche nach Potenzen von $\left(\frac{\sqrt[n]{a}-1}{\sqrt[n]{a}}\right)$ fortgehende Reihen bedeuten, die aus B, C, etc. hervorgehen, indem $\frac{\sqrt[n]{a}-1}{\sqrt[n]{a}}$ statt $-m$ gesetzt wird.

Dabey repräsentirt in (III.) und in (IV.) die $\sqrt[n]{a}$ jeden ihrer n Werthe, aber jedesmal einen und denselben.

Anmerkung. Man darf aber nicht übersehen, daß alle diese Gleichungen, sobald die Reihen in numerische übergehen, nur dann noch gelten, wenn diese numerischen Reihen convergent sind; wenn solche also Ausdrücken von der Form $p + qi$ gleich sind (reel oder imaginär), und dabey eine endliche Zahl ihrer ersten Glieder den Werth der Reihe selbst so nahe giebt, als man nur immer will.

### Bemerkung.

Da in den so eben entwickelten Reihen für $a^x$, im Falle x einer Differenz ganzer Zahlen gleich ist, die Koefficienten $\beta$, $\gamma$, etc. in jeder einzelnen, nur mit Mühe hergestellt werden können, als Reihen, die nach den Potenzen von $a - 1$, oder $\frac{a-1}{a}$, oder $\sqrt[n]{a} - 1$, oder $\frac{\sqrt[n]{a}-1}{\sqrt[n]{a}}$ fortgehen; und weil insbesondere, wenn man auch B, C, etc. nach (§. 639.) als Reihen nach m entwickelt, das Gesetz schwer zu erkennen seyn würde, nach welchem die Glieder ins unendliche fort, angegeben werden könnten, so wollen wir diese Aufgabe noch direkt vornehmen.

### §. 641. Aufgabe.

Die Potenz $a^x$, wo x einer Differenz ganzer Zahlen gleich ist, in eine nach Potenzen von x fortgehende unendliche Reihe zu verwandeln.

### Auflösung.

1) Da $a^x$ für $x = 0$ in $a^0$ oder 1 übergeht, so ist der erste Koefficient der gesuchten Reihe $= 1$. (§. 586.)

2) Giebt es nun eine, der Potenz $a^x$ gleiche Reihe

$$1 + \alpha x + \beta x^2 + \gamma x^3 + \ldots \text{ in infin.},$$

so kann solche durch

$$S.[P\varkappa(a+1)x^a]$$

ausgedrückt werden, wo $P\varkappa 1 = 1$, $P\varkappa 2 = \alpha$, $P\varkappa 3 = \beta$, etc. etc.

3) Dann hat man

$$a^x = S.[P\varkappa(a+1).x^a],$$

also auch $a^y = S.[P\varkappa(a+1).y^a]$;

und, indem man $x+y$ statt $x$ setzt,

$a^{x+y} = S.[P\varkappa(a+1)(x+y)^a]$ oder nach (§. 376.)

$$= S.\left[\frac{(b+c)'}{b'.c'} P\varkappa(b+c+1)\, x^b.y^c\right]$$

4) Weil aber diese Potenzen alle, Differenz-Potenzen sind, so hat man nach (§. 46., und §. 122.)

$$a^x . a^y = a^{x+y},$$

folglich

$$S.\left[P\varkappa(a+1).P\varkappa(b+1)x^a.y^b\right] = S.\left[\frac{(b+c)'}{b'.c'}P\varkappa(b+c+1)x^b.y^c\right]$$

5) Sind nun diese beyden unendlichen Reihen der 2ten Ordnung einander gleich, so sind auch in beyden die Koefficienten von $x^m.y^n$ einander gleich, folglich

$$P\varkappa(m+1).P\varkappa(n+1) = \frac{(m+n)'}{m'.n'}.P\varkappa(m+n+1)$$

und für $n = 1$,

$$P\varkappa(m+1).P\varkappa 2 = \frac{(m+1)'}{m'.1'}.P\varkappa(m+2) \text{ oder}$$

$$P\varkappa(m+1).P\varkappa 2 = (m+1).P\varkappa(m+2).$$

6) Setzt man hier nach und nach $0, 1, 2, 3, 4, \ldots m-1$ statt $m$, so erhält man

$$P\varkappa 1 . P\varkappa 2 = 1 . P\varkappa 2$$

$$P\varkappa 2 . P\varkappa 2 = 2 . P\varkappa 3$$

$$P\varkappa 3 . P\varkappa 2 = 3 . P\varkappa 4$$

$$P\varkappa 4 . P\varkappa 2 = 4 . P\varkappa 5$$

$$\vdots \qquad \vdots \qquad \vdots$$

$$P\varkappa n . P\varkappa 2 = m . P\varkappa(m+1)$$

und wenn man diese Gleichungen alle mit einander multiplizirt, und links und rechts, soviel wie möglich, wegdividirt:

$$(P\varkappa 2)^m = m' \cdot P\varkappa(m+1)$$

oder $$P\varkappa(m+1) = \frac{(P\varkappa 2)^m}{m'}.$$

7) Dahero

$$a^x = S \cdot \left[\frac{(P\varkappa 2)^a}{a'} x^a\right]$$

oder $$a^x = 1 + \alpha x + \frac{\alpha^2 \cdot x^2}{2'} + \frac{\alpha^3 \cdot x^3}{3'} + \frac{\alpha^4 \cdot x^4}{4'} + \ldots \text{ in inf.}$$

wo nur noch $P\varkappa 2$ oder $\alpha$ zu bestimmen übrig bleibt.

Man hat aber (§. 640.) bereits gefunden

$$\alpha = (a-1) - \tfrac{1}{2}(a-1)^2 + \tfrac{1}{3}(a-1)^3 - \text{etc. in inf.}$$

oder $$\alpha = \frac{a-1}{a} + \tfrac{1}{2}\left(\frac{a-1}{a}\right)^2 + \tfrac{1}{3}\left(\frac{a-1}{a}\right)^3 + \ldots \text{ in infin.}$$

oder $$\alpha = n\left[(\sqrt[n]{a}-1) - \tfrac{1}{2}(\sqrt[n]{a}-1)^2 + \tfrac{1}{3}(\sqrt[n]{a}-1)^3 \ldots \text{ in inf.}\right]$$

oder $$\alpha = n\left[\frac{\sqrt[n]{a}-1}{\sqrt[n]{a}} + \tfrac{1}{2}\left(\frac{\sqrt[n]{a}-1}{\sqrt[n]{a}}\right)^2 + \tfrac{1}{3}\left(\frac{\sqrt[n]{a}-1}{\sqrt[n]{a}}\right)^3 + \ldots \text{ in inf.}\right]$$

wo $n$ jede absolute ganze Zahl, und $\sqrt[n]{a}$ jeden beliebigen ihrer $n$ Werthe repräsentirt.

Anmerkung 1. Um aber für $\alpha$ alle möglichen Werthe zu bekommen, welche es haben kann, muß man sich aufgeben, direkt alle Werthe von $\alpha$ zu finden, welche der Gleichung

$$a^x = 1 + \frac{\alpha \cdot x}{1} + \frac{\alpha^2 \cdot x^2}{2'} + \frac{\alpha^3 \cdot x^3}{3'} + \ldots$$

oder $$a^x = S \cdot \left[\frac{\alpha^a \cdot x^a}{a'}\right]$$

ein Genüge leisten.

Anmerkung 2. Hätte man bey Auflösung der vorstehenden Aufgabe noch nicht gewußt, daß es wirklich eine solche Reihe geben müsse, wie sie in der Aufgabe gesucht wird, so würde alles Erschlossene nur unter der Voraussetzung gelten, daß wirklich eine solche Reihe existirt, wie sie angenommen wurde. Weil nun hier die Koefficienten der Reihe aus einer besondern Gleichung (für $n=1$) gefunden worden sind, so müßte man, um überzeugt zu seyn, daß die Annahme der Reihe von dieser Form auf keinen Widerspruch führe, daher zuläßig sey, erst noch nachsehen, ob die gefundenen Koefficienten wirklich allen Bedingungen genügen, denen die Reihe entsprechen soll, also namentlich, ob die gefundenen Koefficienten auch der allgemeinen Gleichung

$$P\varkappa(m+1) \,.\, P\varkappa(n+1) = \frac{(m+n)'}{m'\,n'} P\varkappa(m+n+1)$$

für jeden Werth von n ein Genüge leisten.

## §. 642. Zusatz.

**Welche Werthe aber auch $\alpha$ in der Gleichung**

$$(\odot) \quad a^x = 1 + \frac{\alpha x}{1'} + \frac{\alpha^2 x^2}{2'} + \frac{\alpha^3 x^3}{3'} + \ldots$$

**vorstellen mag, so erhält man doch, für $x=1$,**

$$(☾) \quad a = 1 + \alpha + \frac{\alpha^2}{2'} + \frac{\alpha^3}{3'} + \ldots \text{ in inf.},$$

**wo $\alpha$ nothwendig noch dieselben Werthe vorstellt, die es in der Gleichung ($\odot$) repräsentirt.*)**

## Bemerkung.

**Ob aber auch umgekehrt, jeder Werth von $\alpha$, welcher die Gleichung (☾) zur identischen macht, auch allemal der Gleichung ($\odot$) ein Genüge leisten müsse, folgt daraus noch nicht, sondern muß erst noch, wie folgt, untersucht werden.**

*) In der Folge sollen die Zeichen ($\odot$) und (☾) immer genau dieselben Gleichungen vorstellen, wie die hier beziehlich durch dieselben Zeichen bezeichneten.

§. 643. Lehrsatz.

Ist x einer Differenz ganzer Zahlen gleich, so ist was auch $\alpha$ seyn mag, allemal

$$\left(1+\alpha+\frac{\alpha^2}{2'}+\frac{\alpha^3}{3'}+\ldots \text{in inf.}\right)^x = 1+\alpha x+\frac{\alpha^2 x^2}{2'}+\frac{\alpha^3 x^3}{3'}+\ldots \text{in inf.}$$

oder $\left(S.\left[\frac{\alpha^a}{a'}\right]\right)^x = S.\left[\frac{\alpha^a x^a}{a'}\right]$.

Beweis. Für $x = 1$ trifft der Satz zu. — Für $x = 2$ ist der Ausdruck zur linken =

$$\left(S.\left[\frac{\alpha^a}{a'}\right]\right)^2 = S\left[\frac{\alpha^a}{a'}\right] \times S\left[\frac{\alpha^a}{a'}\right] = S.\left[\frac{\alpha^{a+b}}{a'.b'}\right] (§. 588.);$$

dagegen ebenfalls für $x = 2$, der zur rechten:

$$S.\left[\frac{\alpha^a . x^a}{a'}\right] = S.\left[\frac{2^a . \alpha^a}{a'}\right] = S.\left[\frac{(1+1)^a . \alpha^a}{a'}\right] \text{ oder } (§. 376.)$$

$$= S.\left[\frac{(b+c)'}{b'.c'} 1^b . 1^c . \frac{\alpha^{b+c}}{(b+c)'}\right] = S.\left[\frac{\alpha^{b+c}}{b'.c'}\right];$$

folglich der Satz auch für $x = 2$ richtig.

Sey nun für $x = p$ wirklich

$$\left(S.\left[\frac{\alpha^a}{a'}\right]\right)^p = S.\left[\frac{p^a \alpha^a}{a'}\right]$$

so ist:

$$\left(S.\left[\frac{\alpha^a}{a'}\right]\right)^{p+1} = S.\left[\frac{p^a . \alpha^a}{a'}\right] \times S.\left[\frac{\alpha^a}{a'}\right]$$

$$= S.\left[\frac{p^a . \alpha^{a+b}}{a'.b'}\right];$$

dagegen, nach (§. 376.)

$$S.\left[\frac{(p+1)^a . \alpha^a}{a'}\right] = S.\left[\frac{(b+c)'}{b'.c'} p^b . 1^c . \frac{\alpha^{b+c}}{(b+c)'}\right]$$

$$= S.\left[p^b . \frac{\alpha^{b+c}}{b'.c'}\right];$$

folglich auch:

$$\left(S.\left[\frac{\alpha^a}{a'}\right]\right)^{p+1} = S.\left[\frac{\alpha^a.(p+1)^a}{a'}\right]$$

So oft also der Satz für $x = p$ gilt, gilt er dann allemal auch für $x = p + 1$. Da er nun gilt für $x = 1$, und für $x = 2$, so gilt er nothwendig auch für $x = 3$, $x = 4$, $x = 5$, u. s. w. f. für jede absolute ganze Zahl, die statt $x$ gesetzt werden kann.

Für $x = 0$ ist der Satz ebenfalls gültig, wie der bloße Anblick lehrt.

Sey endlich $x = -y$ und $y$ eine absolute ganze Zahl, so ist:

$$\left(S.\left[\frac{\alpha^a}{a'}\right]\right)^x = \frac{1}{\left(S.\left[\frac{\alpha^a}{a'}\right]\right)^y} = \frac{1}{S.\left[\frac{\alpha^a y^a}{a'}\right]}$$

Nun ist aber nach (§. 588. u. §. 376.):

$$S.\left[\frac{\alpha^a.y^a}{a'}\right] \times S.\left[\frac{\alpha^a(-y)^a}{a'}\right]$$

$$= S.\left[\frac{y^a.(-y)^b.\alpha^{a+b}}{a'.b'}\right] = S.\left[\frac{(a+b)'}{a'.b'} y^a.(-y)^b.\frac{\alpha^{a+b}}{(a+b)'}\right]$$

$$= S.\left[(y-y)^{a+b}.\frac{\alpha^{a+b}}{(a+b)'}\right] = S.\left[\frac{0^{a+b}.\alpha^{a+b}}{(a+b)'}\right]$$

und dieses wieder $= 1$; weil $0^{a+b}$ allemal $= 0$, den einzigen Fall ausgenommen, wo $a = 0$ und $b = 0$, und wo dann $0^{a+b} = 1$ ist. — Folglich auch:

$$\frac{1}{S.\left[\frac{\alpha^a.y^a}{a'}\right]} = S.\left[\frac{\alpha^a.(-y)^a}{a'}\right] = S.\left[\frac{\alpha^a.x^a}{a'}\right].$$

Also auch für diesen Fall noch:

$$\left(S.\left[\frac{\alpha^a}{a'}\right]\right)^x = S.\left[\frac{\alpha^a.x^a}{a'}\right].$$

Und es ist deshalb der Lehrsatz vollständig erwiesen.

§. 644. Zusatz.

Ist nun $\alpha$ irgend ein Werth welcher der Gleichung

$$(☾)\quad a = 1 + \alpha + \frac{\alpha^2}{2'} + \frac{\alpha^3}{3'} + \ldots \text{ in inf.}$$

genügt, so ist

$$\left(1 + \alpha + \frac{\alpha^2}{2'} + \frac{\alpha^3}{3'} + \ldots \text{ in inf.}\right)^x$$

nichts weiter als $a^x$; und daher dann, für denselben Werth von $\alpha$ aus der Gleichung des Lehrsatzes (§. 643):

$$(\odot)\quad a^x = 1 + \alpha x + \frac{\alpha^2 x^2}{2'} + \frac{\alpha^3 x^3}{3'} + \ldots \text{ in inf.}$$

Es erhellet also nun, daß jeder Werth von $\alpha$, welcher der Gleichung (☾ §. 642.) genügt, auch nothwendig der Gleichung ($\odot$ §. 642.) genügen müsse. (Vergl. Bemerkg. vor (§. 643.).

Anmerkung. Kann man demnach alle Werthe von $\alpha$ finden welche der Gleichung

$$(☾)\quad a = 1 + \alpha + \frac{\alpha^2}{2'} + \frac{\alpha^3}{3'} + \ldots \text{ in inf.}$$

ein Genüge leisten, so hat man die Aufgabe des (§. 641.) in ihrem ganzen Umfange gelößt.

Diese Gleichung (☾) muß daher noch einer genauern Untersuchung unterworfen werden.

§. 645. Erklärung.

Um aber die Gleichung (☾) nehmlich

$$a = 1 + \alpha + \frac{\alpha^2}{2'} + \frac{\alpha^3}{3'} + \ldots \text{ in inf.}$$

bequemer betrachten zu können, mag von nun an a die Basis, $\alpha$ dagegen der Modul von a, und die Gleichung selbst die Gleichung des Moduls genannt werden.

## §. 646. Zusatz.

Nimmt man (§. 630 u. §. 634.) zu Hilfe, so folgt:

1) Für jeden Werth des Moduls $\alpha$ hat die Basis a nur einen einzigen Werth, und hat der Werth von $\alpha$ die Form $p + qi$, so hat die Basis a nothwendig dieselbe Form $P + Qi$ (wo P und Q beliebig reele Ausdrücke seyn können, so daß auch $Q = 0$ seyn kann).

2) Die Basis a ändert sich stetig zugleich mit den stetig sich ändernden Werthen von $\alpha$.

3) Denkt man sich erst Null statt $\alpha$ gesetzt, und dann diesen Werth von $\alpha$ stetig größer werdend, bis in's unendliche, so erhält man zuerst $a = 1$, und dann wird a von 1 ab ebenfalls stetig größer bis in's unendliche.

4) Ist $\beta$ irgend ein Werth des Moduls $\alpha$, und b der zugehörige Werth der Basis a, so ist $-\beta$ ein Werth des Moduls $\alpha$, der zu dem Werth $\frac{1}{b}$ der Basis a gehört. — Denn es ist, nach der Annahme

$$b = 1 + \beta + \frac{\beta^2}{2'} + \frac{\beta^3}{3'} + \ldots \text{ in inf.}$$

folglich auch, nach (§. 644.), wenn x eine Differenz ganzer Zahlen;

$$b^x = 1 + \frac{\beta x}{1} + \frac{\beta^2 x^2}{2'} + \frac{\beta^3 x^3}{3'} + \ldots \text{ in inf.};$$

also für $x = -1$,

$$b^{-1} = 1 - \frac{\beta}{1} + \frac{\beta^2}{2'} - \frac{\beta^3}{3'} + \ldots$$

oder $$\frac{1}{b} = 1 + \frac{(-\beta)}{1} + \frac{(-\beta)^2}{2} + \frac{(-\beta)^3}{3'} + \ldots$$

5) Denkt man sich daher erst Null statt $\alpha$ gesetzt und dann diesen Werth von $\alpha$ stetig noch kleiner werdend, so daß die Werthe von $\alpha$ negative Zahlen sind, deren (absoluten) Glieder von o ab stetig größer werden bis in's unendliche fort; so werden die zugehörigen Werthe der Basis a, von 1 ab, stetig kleiner, bleiben aber immer absolute Zahlen, und nähern sich beständig fort der Null, desto mehr, je kleiner $\alpha$ wird (oder je größer $\alpha$, absolut genommen, wird), ohne jedoch je der Null gleich werden zu können.

6) Zu jedem absoluten Werth der Basis a, gehört also jedesmal ein reeler Werth des Moduls $\alpha$, aber auch nur ein einziger; und dieser reele Werth des Moduls $\alpha$ ist positiv (absolut) wenn $a > 1$; er ist $= 0$, wenn $a = 1$, und er ist negativ, wenn $a < 1$; und ist in diesem letztern Fall $a = \frac{\mu}{\nu}$, und der zur Basis $\frac{\nu}{\mu}$ (welches $> 1$) gehörige Modul, $= \beta$, so ist $- \beta$ der Modul, der zu der Basis $\frac{\mu}{\nu}$ gehört.

7) Ist aber die Basis eine negative Zahl, so gehört zu ihr nie ein reeler Werth des Moduls, sondern wenn diese negative Basis auch einen angebbaren Werth des Moduls hat, so ist solcher doch nothwendig imaginär und von der Form $p + q i$.

8) Ist endlich die Basis imaginär und von der Form $p + q i$, und hat sie einen angebbaren Werth des

Moduls, so ist solcher nothwendig auch imaginär und von der Form P + Qi.

9) Für jeden Werth der Basis a von der Form p + qi, es mag solcher reel oder imaginär seyn, kann es aber unendlich viele Werthe des Moduls $\alpha$ geben, die alle dieselbe Form P + Qi haben müssen; obgleich für besondere Werthe von p und q die Werthe von P und Q, einzeln oder zugleich unendlich große, also nicht mehr darstellbare sondern nur in der Idee vorhandene, Zahlen seyn können. (§. 584. n. 5.)

Anmerkung. In der Folge wird gezeigt werden, daß für jede gegebene Basis p + qi, die unendlich vielen Werthe des zugehörigen Moduls immer dargestellt werden können.

## §. 647. Zusatz.

Man erhält aber den zu einer absoluten Basis a gehörigen einzigen reelen Werth von $\alpha$, aus den Gleichungen

$$1)\ \alpha = (a-1) - \tfrac{1}{2}(a-1)^2 + \tfrac{1}{3}(a-1)^3 - \text{etc. etc. in inf.}$$

oder $$2)\ \alpha = \frac{a-1}{a} + \tfrac{1}{2}\left(\frac{a-1}{a}\right)^2 + \tfrac{1}{3}\left(\frac{a-1}{a}\right)^3 + \ldots \text{ in inf.}$$

oder $$3)\ \alpha = n\left[\left(\sqrt[n]{a}-1\right) - \tfrac{1}{2}\left(\sqrt[n]{a}-1\right)^2 + \tfrac{1}{3}\left(\sqrt[n]{a}-1\right)^3 \text{etc.}\right]$$

oder $$4)\ \alpha = n\left[\frac{\sqrt[n]{a}-1}{\sqrt[n]{a}} + \tfrac{1}{2}\left(\frac{\sqrt[n]{a}-1}{\sqrt[n]{a}}\right)^2 + \tfrac{1}{3}\left(\frac{\sqrt[n]{a}-1}{\sqrt[n]{a}}\right)^3 + \ldots\right]$$

wo n jede beliebige absolute Zahl, und $\sqrt[n]{a}$ ihren absoluten Werth vorstellt, sobald nur die eine oder die andere dieser Reihen für den gegebenen Werth von a convergent ist.

## §. 648. Zusatz.

Es convergirt aber die Reihe (1.) wenn $a > 1$ und $a - 1 \overline{\overline{<}} \frac{\mu}{\nu}$ oder $a < 1$ und $1 - a \overline{\overline{<}} \frac{\mu}{\nu}$, wo $\frac{\mu}{\nu}$ allemal einen ächten Bruch vorstellen soll, also wenn $a > 1$ und $a < 2$; oder wenn $a < 1$ und $a > 0$; also überhaupt, wenn a zwischen 0 und 2 liegt.

Die Reihe (2) dagegen convergirt, wenn $\frac{a-1}{a}$, absolut genommen, ein ächter Bruch ist, also wenn: $a > 1$ und $\frac{a-1}{a} \overline{\overline{<}} \frac{\mu}{\nu}$, oder $a < 1$ und $\frac{1-a}{a} \overline{\overline{<}} \frac{\mu}{\nu}$ d. h. wenn $a > 1$, oder wenn $a < 1$ und $a > \frac{1}{2}$, folglich für jeden absoluten Werth von a, der größer ist als $\frac{1}{2}$.

Die Reihe (3.) ist allemal convergent, wenn der absolute Werth von $\sqrt[n]{a}$ zwischen 0 und 2 liegt.

Endlich ist die Reihe (4.) convergent, wenn der absolute Werth von $\sqrt[n]{a}$ größer als $\frac{1}{2}$, übrigens noch so groß ist.

Anmerkung. Nimmt man in den beyden letzten Formeln n sehr groß, und $a > 1$, so wird $\sqrt[n]{a}$ von der 1 um sehr wenig verschieden seyn, und $\sqrt[n]{a} - 1$ ist daher eine sehr kleine absolute Zahl, die, je größer man n nimmt, desto kleiner wird, und die kleiner werden kann als jede noch so kleine aber gegebene Zahl. — Daher convergirt die Reihe (3.) desto schneller, je größer n genommen wird.

## §. 649. Bemerkung.

Ob es in der Gleichung des Moduls

$$(\mathfrak{C})\quad a = 1 + \alpha + \frac{\alpha^2}{2} + \frac{\alpha^3}{3} + \ldots.$$

für jeden Werth der Basis a, von der Form $P+Qi$, jedesmal nothwendig einen darstellbaren Werth des Moduls $\alpha$ geben müsse; oder ob es vielleicht zu jedem dieser Werthe von a, unendlich viele darstellbare Werthe von $\alpha$ giebt, ist bis hieher noch nicht entschieden. Weil aber diese Fragen von großer Wichtigkeit sind, so wollen wir uns in dem folgenden Kapitel ihre Beantwortung vorzüglich angelegen seyn lassen.

# Zahlenlehre.

## Fünf und zwanzigstes Kapitel.

## Von den natürlichen Potenzen, von den natürlichen Logarithmen, und von den natürlichen trigonometrischen Funktionen.

### §. 650. Erklärung.

Den Werth der Basis a für den Modul 1, also die unendliche Reihe

$$1 + 1 + \frac{1}{2'} + \frac{1}{3'} + \frac{1}{4'} + \text{etc. etc. in inf.}$$

oder

$$S.\left[\frac{1}{a'}\right]$$

bezeichne man von nun an immer, durch den Buchstaben

$$e$$

des kleinen lateinischen Alphabets, und nenne solchen die natürliche Basis.

Anmerkung. Es ist in einem Decimalbruch ausgedrückt näherungsweise

$$e = 2,718281828459 \ldots .$$

Die Verwandlung dieser Irrationalzahl e, in diesen Näherungs-Decimalbruch, wird sehr erleichtert durch den Umstand, daß $\frac{1}{n'} = \frac{1}{(n-1)'} : n.$

Es gehören übrigens eigene Untersuchungen dazu, um bey einem solchen Näherungs-Decimalbruch sich zu überzeugen, daß auch die letzte Decimalstelle noch richtig ist, d. h. daß dieser Näherungswerth von dem wahren um weniger verschieden ist, als eine Einheit der Ordnung der letzten Decimalstelle.

## §. 651. Zusatz.

Ist x einer Differenz ganzer Zahlen gleich, so ist

$$e^x = 1 + x + \frac{x^2}{2'} + \frac{x^3}{3'} + \ldots \text{ in inf.}$$

oder $e^x = S.\left[\frac{x^{\alpha}}{\alpha'}\right]$,

wie unmittelbar aus (§. 644.) sich ergiebt.

## §. 652. Erklärung.

Die unendliche Reihe $S.\left[\frac{x^{\alpha}}{\alpha'}\right]$ oder

$$1 + x + \frac{x^2}{2'} + \frac{x^3}{3'} + \frac{x^4}{4'} + \ldots \text{ in inf.},$$

wo x ein ganz beliebiger Ausdruck ist, bezeichne man von nun an immer durch das Zeichen

$$e^x$$

und nenne solches eine natürliche Potenz, und x deren Exponenten, so wie e den Dignanden.

Anmerkung. Wegen (§. 651.) ist jede Differenz-Potenz, welche die Zahl e zum Dignanden hat, ein besonderer Fall der natürlichen Potenz.

## §. 653. Zusatz.

Die Gleichung des Moduls (§. 645.) kann daher auch so geschrieben werden:

(C) $$a = e^{\alpha}.$$

## §. 654. Zusatz.

1) Die natürliche Potenz $e^x$, im Falle x von der Form $p + qi$, ist nichts anders, als die zum Modul x gehörige Basis.

2) Für jeden Werth des Exponenten x von der Form p + qi, hat die natürliche Potenz $e^x$ jedesmal einen (aber auch nur einen einzigen) Werth, der dann dieselbe Form P + Qi hat.

### §. 655. Zusatz.

Zugleich folgt, wenn man in $e^x = S . \left[\frac{x^a}{a'}\right]$

ix statt x schreibt, dann das entstehende Aggregat nach (§. 374.) in die Summe zweyer andern verwandelt, wenn man ferner nachher — x statt x setzt, und die Resultate addirt und auch subtrahirt:

1) $$\frac{e^{ix} - e^{-ix}}{2i} = x - \frac{x^3}{3'} + \frac{x^5}{5'} - \frac{x^7}{7'} + \frac{x^9}{9'} - \text{etc. etc.}$$

oder $$\frac{e^{ix} - e^{-ix}}{2i} = S . \left[\frac{(-1)^a . x^{2a+1}}{(2a+1)'}\right]$$

2) $$\frac{e^{ix} + e^{-ix}}{2} = 1 - \frac{x^2}{2'} + \frac{x^4}{4'} - \frac{x^6}{6'} + \frac{x^8}{8'} - \text{etc. etc.}$$

oder $$\frac{e^{ix} - e^{-ix}}{2} = S . \left[\frac{(-1)^a . x^{2a}}{(2a)'}\right].$$

### §. 656. Lehrsatz.

Was auch x und y bedeuten mögen, wenn nur m einer Differenz ganzer Zahlen gleich ist, so hat man immer:

$$\text{I.} \quad e^x . e^y = e^{x+y}$$

$$\text{II.} \quad e^x : e^y = e^{x-y}$$

$$\text{III.} \quad (e^x)^m = e^{mx}$$

Beweise. Es ist, nach (§. 376.):

$$e^{x+y} = S . \left[\frac{(x+y)^a}{a'}\right] = S . \left[\frac{(b+c)'}{b' . c'} . \frac{x^b . y^c}{(b+c)'}\right] = S . \left[\frac{x^b . y^c}{b' . c'}\right]$$

$$= S . \left[\frac{x^b}{b'}\right] \times S . \left[\frac{y^c}{c'}\right] = e^x . e^y,$$

also die Formel (I.) richtig. — Die Formel (II.) ergiebt sich unmittelbar aus (I.). — Endlich beweißt man die Formel (III.), zuerst wenn m eine absolute ganze Zahl, aus (I.) wiederholt angewandt; dann, wenn $m = p - q$, dabey aber p und q beliebige ganze Zahlen sind, wie folgt:

Es ist dann:

$$(e^x)^m = \frac{(e^x)^p}{(e^x)^q} = \frac{e^{px}}{e^{qx}} = e^{px-qx} = e^{mx}.$$

Anmerkung. Die Formeln (§. 46. XXXIX. u. XXXX.) gelten also unbedingt auch für natürliche Potenzen. Dagegen die Formel (XXXXIII.) nur dann, wenn zwar m willkührlich, aber $(e^m)^n$ eine Differenz-Potenz ist.

## §. 657. Erklärung.

Die unendliche Reihe

$$x - \frac{x^3}{3'} + \frac{x^5}{5'} - \frac{x^7}{7'} + \ldots, \text{ oder } S.\left[\frac{(-1)^a . x^{2a+1}}{(2a+1)'}\right],$$

oder den Quotienten $\frac{e^{ix} - e^{-ix}}{2i}$ (§. 655.)

bezeichne man von nun an durch das Zeichen

Sin. x,

und spreche solches aus: Sinus von x.

Die unendliche Reihe

$$1 - \frac{x^2}{2'} + \frac{x^4}{4'} - \frac{x^6}{6'} + \ldots, \text{ oder } S.\left[\frac{(-1)^a . x^{2a}}{(2a)'}\right],$$

oder den Quotienten $\frac{e^{ix} + e^{-ix}}{2}$ (§. 655.)

bezeichne man dagegen durch

Cos. x,

und spreche solches aus: Cosinus von x.

Die Quotienten:

$$\frac{\text{Sin.}\,x}{\text{Cos.}\,x},\quad \frac{\text{Cos.}\,x}{\text{Sin.}\,x},\quad \frac{1}{\text{Cos.}\,x},\quad \text{und}\ \frac{1}{\text{Sin.}\,x}$$

bezeichne man ferner durch die Zeichen:

$$\text{Tg.}\,x,\quad \text{Cotg.}\,x,\quad \text{Sec.}\,x.\quad \text{und Cosec.}\,x,$$

und spreche solche aus, beziehlich durch: Tangente, Cotangente, Sekante und Cosekante von x.

Der Ausdruck x selbst heiße der zu diesem Sinus, Cosinus, zu dieser Tangente, Cotangente, 2c. 2c. gehörige Bogen. Die Funktionen Sin. x, Cos. x, Tg. x, Cotg. x, Sec. x und Cosec. x, kann man auch trigonometrische Linien oder trigonometrische Funktionen nennen. — Endlich, um auszudrücken daß x der Bogen sey, dessen Tangente, z. B. = y ist, schreibe man

$$x = \text{arc. Tg.}\,y,$$

so daß die beyden Gleichungen

$$y = \text{Tg.}\,x,\ \text{und}\ x = \text{arc. Tg.}\,y$$

ein und dasselbe bedeuten.*)

*) Man könnte auch die Differenzen 1 — Cos. x, und 1 — Sin. x beziehlich durch Sin. vers. x und Cos. vers. x bezeichnen. —

In einem der folgenden Theile dieses Werkes, welcher die Raumgrößenlehre enthalten soll, wird gezeigt werden, wie die hier erklärten trigonometrischen Funktionen, in einem besondern Fall, wo x eine absolute Zahl ist, während x hier jeden beliebigen Ausdruck vorstellt, auch in der Raumgrößenlehre Anwendung finden.

Daß übrigens der Wissenschaftsforscher bey Aufstellung eines Systems der Wissenschaft, sich nicht um ihre Geschichte bekümmern darf, braucht wohl nicht besonders erinnert zu werden. Die Geschichte führt uns immer zu besondern, einer bestimmten Sphäre entnommenen Begriffen; die Wissenschaft steht ihrer selbst wegen da, und muß dabey zu den allgemeinsten Begriffen zu gelangen trachten.

Aehnliche Bedeutungen sollen auch die Gleichungen $x = \text{arc. Sin.}\, y$; $x = \text{arc. Cos.}\, y$, etc. haben.

## §. 658. Zusatz.

Hieraus folgt sogleich:

1) Ist der Bogen x ein Ausdruck von der Form $p + qi$, so sind auch nothwendig die Funktionen Sin. x, Cos. x, Tg. x, Cotg. x, Sec. x, Cosec. x Ausdrücken gleich von derselben Form (§. 630.)

2) Für einen bestimmten Werth $p + qi$ des Bogens x, hat jede der Funktionen Sin. x, Cos. x, Tg. x, Cotg. x, Sec. x, Cosec. x nur einen einzigen Werth.

3) Zu jedem reelen Bogen x gehören auch lauter reele Werthe der trigonometrischen Funktionen.

## §. 659. Zusatz.

Ferner folgt:

1) $\text{Sin.}\, x = x - \frac{x^3}{3'} + \frac{x^5}{5'} - \frac{x^7}{7'} + \ldots = S.\left[\frac{(-1)^a . x^{2a+1}}{(2a+1)'}\right]$

2) $\text{Cos.}\, x = 1 - \frac{x^2}{2'} + \frac{x^4}{4'} - \frac{x^6}{6'} + \ldots = S.\left[\frac{(-1)^a . x^{2a}}{(2a)'}\right]$

3) $\text{Tg.}\, x = \frac{\text{Sin.}\, x}{\text{Cos.}\, x}$; 4) $\text{Cotg.}\, x = \frac{\text{Cos.}\, x}{\text{Sin.}\, x}$

5) $\text{Sec.}\, x = \frac{1}{\text{Cos.}\, x}$; 6) $\text{Cosec.}\, x = \frac{1}{\text{Sin.}\, x}$

7) $\text{Sin.}\, x = \frac{e^{ix} - e^{-ix}}{2i}$; 8) $\text{Cos.}\, x = \frac{e^{ix} + e^{-ix}}{2}$

folglich auch noch:

9) $(\text{Sin.}\, x)^2 + (\text{Cos.}\, x)^2 = 1$; 10) $1 + (\text{Tg.}\, x)^2 = (\text{Sec.}\, x)^2$

11) $1 + (\text{Cotg.}\, x)^2 = (\text{Cosec.}\, x)^2$

12) $\text{Sin.}(-x) = -\text{Sin.}\, x$; 13) $\text{Cos.}(-x) = \text{Cos.}\, x$

14) $Tg.(-x) = - Tg.x$; 15) $Cotg.(-x) = - Cotg.x$

16) $Sec.(-x) = Sec.x$; 17) $Cosec.(-x) = - Cosec.x$

18) $Sin.0 = 0$ 19) $Cos.0 = 1$

20) $Tg.0 = 0$ 21) $Cotg.0 = \infty$ *)

22) $Sec.0 = 0$ 23) $Cosec.0 = \infty$

Ferner noch:

24) $e^{ix} = Cos.x + i.Sin.x$; 25) $e^{-ix} = Cos.x - i.Sin.x$

$$26)\quad e^{2ix} = \frac{1 + i.Tg.x}{1 - i.Tg.x}$$

Und wenn m einer Differenz ganzer Zahlen gleich ist aus (§. 656. III.)

$$27)\quad (Cos.x \pm i.Sin.x)^m = Cos.mx \pm i.Sin.mx$$

Aus (27) folgt aber weiter:

$$28)\quad Sin.mx = \frac{(Cos.x + i.Sin.x)^m - (Cos.x - i.Sin.x)^m}{2i}$$

$$29)\quad Cos.mx = \frac{(Cos.x + i.Sin.x)^m + (Cos.x - i.Sin.x)^m}{2}$$

Dahero nach (§. 376.)

$$30)\quad Sin.(mx) = m.(Cos.x)^{m-1}.Sin.x - m_3.(Cos.x)^{m-3}.(Sin.x)^3 + etc.$$
$$= S.\left[(-1)^a.m_{(2a+1)}.(Cos.x)^{m-2a-1}.(Sin.x)^{2a+1}\right]$$

$$31)\quad Cos.(mx) = (Cos.x)^m - m_2.(Cos.x)^{m-2}(Sin.x)^2 + m_4(Cos.x)^{m-4}.(Sin.x)^4 - etc.$$
$$= S.\left[(-1)^a.m_{2a}.(Cos.x)^{m-2a}.(Sin.x)^{2a}\right]$$

wo überall m einer Differenz ganzer Zahlen gleich seyn muß.

Anmerkung. Wendet man in diesen beyden letzten Gleichungen den Satz: $(Cos.x)^2 + (Sin.x)^2 = 1$ an, um Cos.x oder Sin.x zu eliminiren, so erhält man Cos.mx und Sin.mx

*) Man denke sich bey diesem Zeichen $\infty$ nichts anders als was (§ 259.) durch dasselbe bezeichnet worden ist.

durch Sin. x allein, oder durch Cos. x allein ausgedrückt. — Man sehe darüber (Kap. XXVIII.).

§. 660. Zusatz.

Man kann auch jede der 6 trigonometrischen Funktionen Sin. x, Cos. x, Tg. x, Cotg. x, Sec. x, Cosec. x, ausdrücken durch irgend eine, die davon gegeben seyn mag.

Man bemerke besonders

1) $\text{Sin.}\,x = \sqrt{1 - (\text{Cos.}\,x)^2}$, 2) $\text{Cos.}\,x = \sqrt{1 - (\text{Sin.}\,x)^2}$

3) $\text{Sin.}\,x = \frac{\text{Tg.}\,x}{\sqrt{1 + (\text{Tg.}\,x)^2}}$; 4) $\text{Cos.}\,x = \frac{1}{\sqrt{1 + (\text{Tg.}\,x)^2}}$

5) $\text{Tg.}\,x = \frac{1}{\text{Cotg.}\,x}$; 6) $\text{Cotg.}\,x = \frac{1}{\text{Tg.}\,x}$

wo in jeder dieser Gleichungen die Wurzel jedesmal nur einen ihrer beyden Werthe vorstellt, welchen aber, in jedem besondern Fall erst besonders bestimmt werden muß.

§. 661. Lehrsätze.

Was auch x und y bedeuten mögen, so ist doch immer:

$$\text{I.}\quad \text{Sin.}(x + y) = \text{Sin.}\,x\,.\,\text{Cos.}\,y + \text{Cos.}\,x\,.\,\text{Sin.}\,y$$

$$\text{II.}\quad \text{Sin.}(x - y) = \text{Sin.}\,x\,.\,\text{Cos.}\,y - \text{Cos.}\,x\,.\,\text{Sin.}\,y$$

$$\text{III.}\quad \text{Cos.}(x + y) = \text{Cos.}\,x\,.\,\text{Cos.}\,y - \text{Sin.}\,x\,.\,\text{Sin.}\,y$$

$$\text{IV.}\quad \text{Cos.}(x - y) = \text{Cos.}\,x\,.\,\text{Cos.}\,y + \text{Sin.}\,x\,.\,\text{Sin.}\,y.$$

Beweise ergeben sich unmittelbar, wenn man statt Sin. z und Cos. z, beziehlich die Quotienten

$\frac{e^{iz} - e^{-iz}}{2i}$ und $\frac{e^{iz} + e^{-iz}}{2}$ setzt, die durch diese trigonometrischen Funktionen bezeichnet werden. — Auch folgt (II.) aus (I.) und (IV.) aus (III.), wenn man $-y$ statt y setzt. (§. 259. n. n. 12 u. 13.)

## §. 662. Zusatz.

Hieraus aber ergeben sich noch folgende Formeln:

1) $\text{Sin}.\,2x = 2\,\text{Sin}.\,x\,.\,\text{Cos}.\,x$;

2) $\text{Cos}.\,2x = (\text{Cos}\;x)^2 - (\text{Sin}.\,x)^2$;

3) $\text{Cos}.\,2x = 1 - 2\,(\text{Sin}.\,x)^2$;

4) $\text{Cos}.\,2x = 2\,(\text{Cos}.\,x)^2 - 1$;

5) $\text{Sin}.\,x = \sqrt{\left(\frac{1 - \text{Cos}.\,2x}{2}\right)}$;

6) $\text{Cos}.\,x = \sqrt{\left(\frac{1 + \text{Cos}.\,2x}{2}\right)}$;

7) $\text{Sin}.\,x\,.\,\text{Cos}.\,y = \frac{1}{2}.\,\text{Sin}.\,(x+y) + \frac{1}{2}.\,\text{Sin}.\,(x-y)$

8) $\text{Cos}.\,x\,.\,\text{Sin}.\,y = \frac{1}{2}.\,\text{Sin}.\,(x+y) - \frac{1}{2}.\,\text{Sin}.\,(x-y)$

9) $\text{Cos}.\,x\,.\,\text{Cos}.\,y = \frac{1}{2}.\,\text{Cos}.\,(x-y) + \frac{1}{2}.\,\text{Cos}.\,(x+y)$

10) $\text{Sin}.\,x\,.\,\text{Sin}.\,y = \frac{1}{2}.\,\text{Cos}.\,(x-y) - \frac{1}{2}.\,\text{Cos}.\,(x+y)$

11) $\text{Sin}.\,x + \text{Sin}.\,y = 2\,.\,\text{Sin}.\,\frac{1}{2}(x+y)\,.\,\text{Cos}.\,\frac{1}{2}(x-y)$

12) $\text{Sin}.\,x - \text{Sin}.\,y = 2\,.\,\text{Cos}.\,\frac{1}{2}(x+y)\,.\,\text{Sin}.\,\frac{1}{2}(x-y)$

13) $\text{Cos}.\,x + \text{Cos}.\,y = 2\,.\,\text{Cos}.\,\frac{1}{2}(x+y)\,.\,\text{Cos}.\,\frac{1}{2}(x-y)$

14) $\text{Cos}.\,x - \text{Cos}.\,y = -2\,.\,\text{Sin}.\,\frac{1}{2}(x+y)\,.\,\text{Sin}.\,\frac{1}{2}(x-y)$

15) $(\text{Sin}.\,x)^2 - (\text{Sin}.\,y)^2 = \text{Sin}.(x+y)\,.\,\text{Sin}.(x-y) = (\text{Cos}.\,y)^2 - (\text{Cos}.\,x)^2$

16) $(\text{Cos}.\,x)^2 - (\text{Sin}.\,y)^2 = \text{Cos}.\,(x+y)\,.\,\text{Cos}.\,(x-y)$

17) $\text{Sin}.\,x = \text{Sin}.\,(x+y)\,.\,\text{Cos}.\,y - \text{Cos}.\,(x+y)\,.\,\text{Sin}.\,y$

18) $\text{Cos}.\,x = \text{Cos}.\,(x+y)\,.\,\text{Cos}.\,y + \text{Sin}.\,(x+y)\,.\,\text{Sin}.\,y$

19) $\text{Sin}.\,(n\,y) = 2\,.\,\text{Sin}.\,(n-1)\,y\,.\,\text{Cos}.\,y - \text{Sin}.\,(n-2)\,y$

20) $\text{Cos}.\,(ny) = 2\,.\,\text{Cos}.\,(n-1)\,y\,.\,\text{Cos}.\,y - \text{Cos}.\,(n-2)\,y$

21) $\text{Tg}.\,(x+y) = \frac{\text{Tg}.\,x + \text{Tg}.\,y}{1 - \text{Tg}.\,x\,.\,\text{Tg}.\,y}$;

22) $\text{Tg}.\,(x-y) = \frac{\text{Tg}.\,x - \text{Tg}.\,y}{1 + \text{Tg}.\,x\,.\,\text{Tg}.\,y}$;

23) $\text{Tg}.\,2x = \frac{2\,.\,\text{Tg}.\,x}{1 - (\text{Tg}.\,x)^2}$;

4) $\text{Tg}.\,3x = \frac{3\,.\,\text{Tg}.\,x - (\text{Tg}.\,x)^3}{1 - 3(\text{Tg}.\,x)^2}$;

25) $\text{Tg.}\,x = \sqrt{\left(\frac{1 - \text{Cos.}\,2x}{1 + \text{Cos.}\,2x}\right)}$;

26) $\text{Tg.}\,x = \frac{2\,.\,(\text{Sin.}\,x)^2}{\text{Sin.}\,2x}$;

27) $\text{Tg.}\,x = \frac{1 - \text{Cos.}\,2x}{\text{Sin.}\,2x} = \frac{\text{Sin.}\,2x}{1 + \text{Cos.}\,2x}$;

28) $\text{Tg.}\,x + \text{Tg.}\,y = \frac{\text{Sin.}\,(x + y)}{\text{Cos.}\,x\,.\,\text{Cos.}\,y}$;

29) $\text{Tg.}\,x - \text{Tg.}\,y = \frac{\text{Sin.}\,(x - y)}{\text{Cos.}\,x\,.\,\text{Cos.}\,y}$;

30) $\text{Cotg.}\,x + \text{Cotg.}\,y = \frac{\text{Sin.}\,(x + y)}{\text{Sin.}\,x\,.\,\text{Sin.}\,y}$;

31) $\text{Cotg.}\,x - \text{Cotg.}\,y = -\frac{\text{Sin.}\,(x - y)}{\text{Sin.}\,x\,.\,\text{Sin.}\,y}$;

32) $(\text{Tg.}\,x.)^2 - (\text{Tg.}\,y)^2 = \frac{\text{Sin.}\,(x + y)\,.\,\text{Sin.}\,(x - y)}{(\text{Cos.}\,x)^2\,.\,(\text{Cos.}\,y)^2}$;

33) $(\text{Cotg.}\,x)^2 - (\text{Cotg.}\,y)^2 = -\frac{\text{Sin.}\,(x+y)\,.\,\text{Sin.}\,(x-y)}{(\text{Sin.}\,x)^2\,.\,(\text{Sin.}\,y)^2}$;

34) $\frac{\text{Sin.}\,x + \text{Siu.}\,y}{\text{Sin.}\,x - \text{Sin.}\,y} = \frac{\text{Tg.}\,\frac{1}{2}\,(x + y)}{\text{Tg.}\,\frac{1}{2}\,(x - y)}$;

35) $\frac{\text{Sin.}\,x + \text{Sin.}\,y}{\text{Cos.}\,x + \text{Cos.}\,y} = \text{Tg.}\,\frac{1}{2}\,(x + y)$;

36) $\frac{\text{Sin.}\,x + \text{Sin.}\,y}{\text{Cos.}\,x - \text{Cos.}\,y} = -\,\text{Cotg.}\,\frac{1}{2}\,(x - y)$;

37) $\frac{\text{Sin.}\,x - \text{Sin.}\,y}{\text{Cos.}\,x + \text{Cos.}\,y} = \text{Tg.}\,\frac{1}{2}\,(x - y)$;

38) $\frac{\text{Sin.}\,x - \text{Sin.}\,y}{\text{Cos.}\,x + \text{Cos.}\,y} = -\,\text{Cotg.}\,(x + y)$;

39) $\frac{\text{Cos.}\,x + \text{Cos.}\,y}{\text{Cos.}\,x - \text{Cos.}\,y} = -\frac{\text{Cotg.}\,\frac{1}{2}(x-y)}{\text{Tg.}\,\frac{1}{2}(x+y)} = -\frac{\text{Sec.}\,x + \text{Sec.}\,y}{\text{Sec.}\,x - \text{Sec.}\,y}$

40) $(\text{Cos.}\,x \pm i.\,\text{Sin.}\,x)(\text{Cos.}\,y \pm i.\,\text{Sin.}\,y) = \text{Cos.}\,(x+y) \pm i.\,\text{Sin.}\,(x+y)$

41) $(\text{Cos.}\,x \pm i.\,\text{Sin.}\,x)\,(\text{Cos.}\,y \mp i.\,\text{Sin.}\,y) = \text{Cos.}\,(x-y) \pm i.\,\text{Sin.}\,(x-y)$.

wo alle obern (+) oder (−) Zeichen zugleich, oder alle untern zugleich statt finden sollen.

Anmerkung. Die Formeln (n. n. 19 und 20.) setzen gar nicht voraus, daß n eine ganze Zahl sey; sondern es finden diese Formeln statt, wenn n einen ganz beliebigen, auch imaginären, Ausdruck vorstellt.

Daß in allen diesen Formeln x und y ebenfalls ganz beliebige, reele oder imaginäre Ausdrücke vorstellen, braucht wohl kaum nochmals erinnert zu werden.

## §. 663. Lehrsatz.

**Was auch x und h bedeuten mögen, so ist doch immer**

$$\text{I. } \mathrm{Sin.}(x+h) = \mathrm{Sin.}x + \mathrm{Cos.}x \frac{h}{1} - \mathrm{Sin.}x.\frac{h^2}{2'} - \mathrm{Cos.}x.\frac{h^3}{3'} + \ldots$$

$$\text{II. } \mathrm{Cos.}(x+h) = \mathrm{Cos.}x - \mathrm{Sin.}x.\frac{h}{1} - \mathrm{Cos.}x.\frac{h^2}{2'} + \mathrm{Sin.}x.\frac{h^3}{3'} + \ldots$$

**Beweise ergeben sich unmittelbar aus (§. 661.), indem man rechts statt Sin. h und Cos. h die nach h fortgehenden Reihen setzt, welche durch Sin. h u. Cos. h bezeichnet werden (§. 657.).**

Anmerkung 1. Man kann auch diese Sätze unmittelbar aus (§. 614.) ableiten, wenn man bemerkt, daß

$$\mathrm{Sin.}x = S.\left[\frac{(-1)^a . x^{2a+1}}{(2a+1)'}\right]$$

daß dahero nach (§. §. 612. 613.)

$$\partial.\mathrm{Sin}\,x = S.\left[\frac{(-1)^a.(2a+1).x^{2a}}{(2a+1)'}\right] = S.\left[\frac{(-1)^a.x^{2a}}{(2a)'}\right]$$

d. h. daß $\partial.\mathrm{Sin.}x = \mathrm{Cos.}x$; und daß

$$\mathrm{Cos.}x = S.\left[\frac{(-1)^a.x^{2a}}{(2a)'}\right]$$

also $\partial.\mathrm{Cos.}x = S.\left[\frac{(-1)^a.2a.x^{2a-1}}{(2a)'}\right] =$ nach (§. 374. n. 3.)

$$= S.\left[\frac{(-1)^{a+1}.(2a+2).x^{2a+1}}{(2a+2)'}\right] = S.\left[\frac{(-1)^{a+1}.x^{2a+1}}{(2a+1)'}\right];$$

d. h. daß $\partial.\mathrm{Cos.}x = -\mathrm{Sin}\,x$ ist.

Anmerkung 2. Bey dieser Gelegenheit mag man noch bemerken, daß, weil

$$e^x = S.\left(\frac{x^a}{a'}\right),$$

auch $\partial . e^x = S.\left(\frac{a . x^{a-1}}{a'}\right) = S.\left(\frac{(a+1)\, x^a}{(a+1)'}\right) = S.\left(\frac{x^a}{a'}\right)$,

d. h. $\partial . e^x = e^x$ ist.

## §. 664. Zusatz.

Hieraus folgt aber mittelst (§. §. 630—634.):

1) Ist x beliebig reel, so kann man sich h immer absolut und klein genug denken, daß

$\mathrm{Sin.}\,(x+h) \gtrless \mathrm{Sin.}\,x$, je nachdem Cos. x $\left\{\begin{matrix}\text{positiv}\\ \text{negativ}\end{matrix}\right\}$;

und $\mathrm{Cos.}\,(x+h) \lessgtr \mathrm{Cos.}\,x$, je nachdem Sin. x $\left\{\begin{matrix}\text{positiv}\\ \text{negativ}\end{matrix}\right\}$

ist; und wenn dies für einen absoluten Werth von h der Fall ist, so ist es nothwendig für jeden kleinern Werth von h ebenfalls der Fall.

2) Da Sin. x und Cos x sich mit dem Bogen x zugleich stetig ändern; da ferner Sin. o = o und Cos. o = 1, so wächst Sin. x, mit x zugleich von o an stetig, während Cos. x von 1 an stetig abnimmt.

3) In so ferne für jeden Werth von x

$$(\mathrm{Sin.}\,x)^2 + (\mathrm{Cos.}\,x)^2 = 1 \text{ ist,}$$

kann, so lange x, folglich auch Sin. x und Cos. x, reel sind, sowohl Sin. x als auch Cos. x nicht größer als 1, und nicht kleiner als — 1 werden.

4) Weil aber, so lange Cos. x positiv bleibt, der Zuwachs von Sin. x mit dem von x zugleich statt hat, immer fort, so muß auch Sin. x, von o an

stetig wachsend, endlich wirklich die Grenze 1 erreichen, während dann der zugehörige Cosinus nothwendig der **Null** gleich seyn muß.

5) Indem man also x von 0 an stetig größer werden läßt, muß man nothwendig zu einem ersten absoluten Werth des Bogens x kommen, dessen Sinus = 1, und dessen Cosinus = 0.

## §. 665. Erklärung.

Diesen ersten absoluten Bogen, dessen Sinus = 1, und Cosinus = 0 ist, bezeichne man von nun an immer durch

$$\tfrac{1}{2}\pi,$$

oder das Doppelte desselben durch den Buchstaben

$$\pi,$$

und nenne solche Zahl die **Ludolphische Zahl**, oder den **Halbkreis**. Die Zahl $\frac{1}{2}\pi$ heiße der (ein) **Quadrant**.

Ferner mag die Zahl $\frac{\pi}{180}$ ein **Grad**, die Zahl $\frac{\pi}{60.180}$ eine **Minute**, die Zahl $\frac{\pi}{60^2.180}$ eine **Sekunde**, die Zahl $\frac{\pi}{60^3.180}$ eine **Tertie**, u. s. w. f. genannt werden. Endlich schreibe man, statt zu sagen, daß ein Bogen x, 45 Grade, 51 Minuten, 49 Sekunden und 17 Tertien habe, dasselbe bloß so:

$$x = 45^\circ\ 51'\ 49''\ 17''',$$

welches dann nichts weiter bedeutet, als daß

$$x = 45 \cdot \frac{\pi}{180} + 51 \cdot \frac{\pi}{60.180} + 49 \cdot \frac{\pi}{60^2.180} + 17 \cdot \frac{\pi}{60^3.180},$$

oder $x = \frac{45 . 60^3 + 51 . 60^2 + 49 . 60 + 17}{60^3 . 180} . \pi$ ist. *)

Endlich sage man: ein Bogen liege im ersten, zweyten, dritten oder vierten Quadranten, je nachdem er beziehlich

zwischen $0$ und $\frac{1}{2}\pi$,
oder zwischen $\frac{1}{2}\pi$ und $\pi$,
oder zwischen $\pi$ und $\frac{3}{2}\pi$,
oder zwischen $\frac{3}{2}\pi$ und $2\pi$

liegt. Der Bogen x liegt im nten Quadranten, wenn er zwischen $\frac{n-1}{2}\pi$ und $\frac{n}{2}\pi$ liegt (als Definition.).

§. 666. Zusatz.

Es ist also:

1) Sin $\frac{1}{2}\pi = 1$; und 2) Cos. $\frac{1}{2}\pi = 0$;

und während der Bogen von $0$ bis zu $\frac{1}{2}\pi$ stetig wachsend gedacht wird, muß der Sinus von $0$ bis zu $1$ stetig wachsen, während zu gleicher Zeit der Cosinus von $1$ bis zu Null stetig abnimmt.

Für alle Bogen die im ersten Quadranten liegen, sind daher die Sinus und Cosinus nothwendig absolute Zahlen.

Wendet man nun die Formeln (§. 662. n. n. 5. u. 6.) an, $\frac{1}{4}\pi$ statt x setzend, so erhält man

---

*) Ob diese Zahl $\pi$ eine rationale oder irrationale Zahl ist, bleibt unentschieden. Es ist hier genügend, eingesehen zu haben, daß es eine solche absolute Zahl giebt, welche die angegebene Eigenschaft hat, und daß, wenn es mehrere solche absolute Zahlen geben sollte, denen dieselbe Eigenschaft zukäme, wie dies den Nummern des vorhergehenden Paragraphen nach zu erwarten ist, die durch $\pi$ bezeichnete, die kleinste ihrer Art seyn soll.

3) Sin. $\frac{1}{4}\pi = \sqrt{\frac{1}{2}} = \frac{1}{2}\sqrt{2}$; und 4) Cos. $\frac{1}{4}\pi = \frac{1}{2}\sqrt{2}$, wo die vorkommenden Wurzeln nothwendig ihre absoluten Werthe vorstellen.

Daher noch:

5) Tg. $\frac{1}{4}\pi = 1$; und 6) Cotg. $\frac{1}{4}\pi = 1$.

Ferner folgt aus (§. 661. II. u. IV.):

7) Sin. $(\frac{1}{2}\pi - x) =$ Cos. x; und 8) Cos. $(\frac{1}{2}\pi - x) =$ Sin. x; also auch

9) Sin. $\frac{1}{6}\pi =$ Cos. $\frac{1}{3}\pi$; und 10) Cos. $\frac{1}{6}\pi =$ Sin. $\frac{1}{3}\pi$.

Nach (§. 662. n. 1.) ist ferner:

$$\text{Sin. } \tfrac{1}{3}\pi = 2 \,.\, \text{Sin. } \tfrac{1}{6}\pi \,.\, \text{Cos. } \tfrac{1}{6}\pi,$$

oder wegen (10), $1 = 2 \,.\,$ Sin. $\frac{1}{6}\pi$, also

11) Sin. $\frac{1}{6}\pi = \frac{1}{2}$ und 12) Cos. $\frac{1}{6}\pi = \frac{1}{2}\sqrt{3}$,

wo $\sqrt{3}$ ihren absoluten Werth vorstellen muß.

Anmerkung. Dabey ist $\frac{1}{2}\pi = 90^\circ$; $\frac{1}{4}\pi = 45^\circ$; $\frac{1}{6}\pi = 30^\circ$ und $\frac{1}{3}\pi = 60^\circ$.

## §. 667. Zusatz.

Setzt man in (§. 661. I. u. III.) $\frac{1}{2}\pi$ statt y und zuerst $\frac{1}{2}\pi$, dann nach und nach $\pi$, $\frac{3}{2}\pi$, statt x, so erhält man, wegen

1) Sin. $\frac{1}{2}\pi = 1$; 2) Cos. $\frac{1}{2}\pi = 0$;

noch:

3) Sin. $\pi = 0$; 4) Cos. $\pi = -1$;

5) Sin. $\frac{3}{2}\pi = -1$; 6) Cos. $\frac{3}{2}\pi = 0$;

7) Sin. $2\pi = 0$; 8) Cos. $2\pi = 1$.

Und überhaupt, wenn n, Null oder eine beliebige absolute ganze Zahl bedeutet:

9) Sin. $(2n + \frac{1}{2})\pi = 1$; 10) Cos. $(2n + \frac{1}{2})\pi = 0$;

11) Sin. $(2n + 1)\pi = 0$; 12) Cos. $(2n + 1)\pi = -1$;

13) Sin. $(2n + \frac{3}{2})\pi = -1$; 14) Cos. $(2n + \frac{3}{2})\pi = 0$;

15) Sin. $2n\pi = 0$, 16) Cos. $2n\pi = 1$.

Anmerkung. Es werden aber diese letztern Formeln dadurch erwiesen, daß man zeigt, wie solche für $n = p + 1$ gelten müssen, so bald sie für $n = p$ statt finden. — Hat man endlich nur die letzten beyden auf diesem Wege erwiesen, so folgen die übrigen alle auch unmittelbar aus (§. 661. I. u. III.), wenn man $2n\pi$ statt $x$, und nach und nach $\frac{1}{2}\pi$, $\pi$, $\frac{3}{2}\pi$ statt $y$ setzt.

## §. 668. Zusatz.

Aus denselben angeführten Formeln folgt dann noch weiter:

1) $\text{Sin.}\,(2n\pi \pm x) = \pm\,\text{Sin.}\,x$;
2) $\text{Cos.}\,(2n\pi \pm x) = \text{Cos.}\,x$;
3) $\text{Sin.}\,[(2n+\frac{1}{2})\pi \pm x] = \text{Cos.}\,x$;
4) $\text{Cos.}\,[(2n+\frac{1}{2})\pi \pm x] = \mp\,\text{Sin.}\,x$;
5) $\text{Sin.}\,[(2n+1)\pi \pm x] = \mp\,\text{Sin.}\,x$;
6) $\text{Cos.}\,[(2n+1)\pi \pm x] = -\text{Cos.}\,x$;
7) $\text{Sin.}\,[(2n+\frac{3}{2})\pi \pm x] = -\text{Cos.}\,x$;
8) $\text{Cos.}\,[(2n+\frac{3}{2})\pi \pm x] = \pm\,\text{Sin.}\,x$;

wo $x$ jeden reelen oder imaginären Ausdruck vorstellt.

## §. 669. Zusatz.

Bringt man die Sätze (§. §. 663. u. 664.) in Anwendung, so folgt noch weiter daraus:

1) Im zweyten Quadranten nehmen die Sinus von 1 bis 0, und die Cosinus von 0 bis zu —1 stetig ab, während die Bogen von $\frac{1}{2}\pi$ bis zu $\pi$ stetig größer werden. Dabey sind für alle Bogen im zweyten Quadranten, die Sinus positiv, die Cosinus dagegen negative Zahlen.

2) Im dritten Quadranten fahren die Sinus fort von 0 bis zu —1 stetig abzunehmen; die Cosinus aber werden von —1 bis zu 0 stetig größer, wäh-

rend der Bogen von $\pi$ bis zu $\frac{3}{2}\pi$ stetig wachsend gedacht wird. Dabey sind in diesem Quadranten alle Sinus und alle Cosinus zugleich negativ.

3) Im vierten Quadranten wächst der Sinus von $-1$ bis zu Null stetig; indem der Cosinus zugleich von 0 bis zu 1 stetig größer wird, während der Bogen von $\frac{3}{2}\pi$ bis zu $2\pi$ stetig wachsend gedacht wird.

4) Im $4n+1$ten, $4n+2$ten, $4n+3$ten, $4n+4$ten Quadranten gilt beziehlich dasselbe, was (§. 666.) und hier in (n. n. 1. 2. 3.) von dem 1sten, 2ten, 3ten und 4ten Quadranten gesagt wurde.

670. Zusatz.

Wie daher für einen unbekannten Bogen z, Sin. z und Cos. z gegeben seyn mögen, wenn sie nur, absolut genommen, nicht größer als 1 sind, und der Relation $(\text{Sin. } z)^2 + (\text{Cos. } z)^2 = 1$ genügen, die zwischen dem Sinus und Cosinus immer statt finden muß, so giebt es doch nothwendig einen aber auch nur einen einzigen Bogen zwischen 0 und $2\pi$, welcher diesem unbekannten Bogen z entspricht.

Und ist $\mu$ die gegebene Zahl für den Sinus, und $\nu$ diejenige für den Cosinus, also $\mu^2 + \nu^2 = 1$, so ist dieser Bogen

$= 0$, wenn $\mu = 0$ und $\nu = 1$;
$= \frac{1}{2}\pi$ wenn $\mu = 1$ und $\nu = 0$;
$= \pi$, wenn $\mu = 0$ und $\nu = -1$;
$= \frac{3}{2}\pi$, wenn $\mu = -1$ und $\nu = 0$

Dagegen liegt dieser Bogen:

im ersten Quadranten, wenn $\mu$ und $\nu$ beyde positiv,

im zweyten Quadranten, wenn $\mu$ positiv und
$\nu$ negativ,
im dritten Quadranten, wenn $\mu$ und $\nu$ beyde
negativ,
im vierten Quadranten, wenn $\mu$ negativ und
$\nu$ positiv ist.

### §. 671. Zusatz.

Aus (§. 661. u. §. 667. u. §. 659. n. 12. u. n. 13.) folgt auch noch:

1) $\text{Sin.}(\pm 2n\pi + x) = \text{Sin.}\,x$ u. 2) $\text{Cos.}(\pm 2n\pi + x) = \text{Cos.}\,x$

wo n sowohl Null als auch jede absolute ganze Zahl vorstellt, wo aber x ganz beliebig ist.

Ist daher gegeben ein Sinus $= \mu$ und ein dazu gehöriger Cosinus $= \nu$ (so daß $\mu^2 + \nu^2 = 1$), während $\mu$ und $\nu$ reel seyn sollen (also, absolut genommen, nicht $> 1$), und ist der einzige zwischen 0 und $2\pi$ liegende, zugehörige Bogen durch $\varphi$ bezeichnet (der aber selbst $= 0$ seyn kann) so gehören unendlich viele reele in der Formel

$$\pm 2n\pi + \varphi$$

enthaltene Bogen dazu, so daß, man mag statt n Null oder irgend eine absolute ganze Zahl setzen, doch immer

$$\text{Sin.}(\pm 2n\pi + \varphi) = \mu \text{ und } \text{Cos.}(\pm 2n\pi + \varphi) = \nu$$

seyn muß.

Anmerkung. Ob es aber außer diesen unendlich vielen reelen Bogen, die alle denselben Sinus $\mu$ und denselben Cosinus $\nu$ haben, nicht noch andere reele oder imaginäre Bogen giebt, welchen dieselbe Eigenschaft zukommt, bleibt hier noch unentschieden.

### §. 672. Aufgabe.

Zu bestimmen ob und in welchen Fällen ein gegebener imaginärer Bogen $p + qi$, wo p und q beliebig reel sind, aber q nicht Null ist, einen reelen Sinus und einen reelen Cosinus habe.

Beweis. Es ist nach (§. 661.)

$$\text{Sin.}(p+qi) = \text{Sin.}p \,.\, \text{Cos.}(qi) + \text{Cos.}p \,.\, \text{Sin.}(qi)$$

$$\text{Cos.}(p+qi) = \text{Cos.}p \,.\, \text{Cos.}(qi) - \text{Sin.}p \,.\, \text{Sin.}(qi)$$

Nun ist aber

$$\text{Cos.}(qi) = 1 + \frac{q^2}{2'} + \frac{q^4}{4'} + \frac{q^6}{6'} + \ldots$$

folglich allemal reel; dagegen ist

$$\text{Sin.}(qi) = i.\left(q + \frac{q^3}{3'} + \frac{q^5}{5'} + \frac{q^7}{7'} + \ldots\right)$$

folglich allemal imaginär (weil q nicht Null).

Es ist also $\text{Sin.}(p+qi)$ allemal reel, so oft $\text{Cos.}\,p = 0$; und $\text{Cos}\,(p+qi)$ allemal reel, so oft $\text{Sin.}\,p = 0$.

§. 673. Zusatz.

Hieraus folgt:

1) Weil es keinen Bogen p giebt, dessen Sinus und Cosinus zugleich Null seyn könnte (wegen $(\text{Sin.})^2 + (\text{Cos.})^2 = 1$), so giebt es auch keinen imaginären Bogen $(p+qi)$, für welchen der Sinus und der Cosinus zugleich reel werden könnten.

2) So oft daher $\mu^2 + \nu^2 = 1$, und $\mu$ und $\nu$ zugleich reel sind, so giebt es nie einen imaginären Bogen $p + qi$, dessen Sinus $= \mu$ und dessen Cosinus $= \nu$ seyn könnte, obgleich es nach (§. 670.) immer einen Bogen $\varphi$, zwischen $0$ und $2\pi$ (der aber selbst $= 0$ seyn kann) und dann unendlich viele in der Formel

$$\pm 2n\pi + \varphi$$

enthaltene reele Bogen giebt, deren Sinus $= \mu$ und deren Cosinus $= \nu$ seyn muß.

3) Weil aber zwischen dem Sinus und dem Bogen und zwischen dem Cosinus und dem Bogen, die Gleichungen

$$0 = -\text{Sin.}\,x + x - \frac{x^3}{3'} + \frac{x^5}{5'} - \frac{x^7}{7'} + \ldots$$

$$0 = -\text{Cos.}\,x + 1 - \frac{x^2}{2'} + \frac{x^4}{4'} - \frac{x^6}{6'} + \ldots$$

statt finden, so muß jeder zu einem gegebenen Sinus oder Cosinus von der Form P + Qi, gehörige Bogen nothwendig dieselbe Form 'P + 'Qi haben (§. 584. n. 5.). Ist daher Sinus und Cosinus eines Bogens zugleich reel, so giebt es gar keinen imaginären Bogen (d. h. weder einen von der Form p + qi, noch einen andern von einer noch unbekannten Form), der dazu gehören könnte; sondern nur reele. —

4) Ist der Sinus oder der Cosinus eines imaginären Bogens p + qi reel, so kann er bald positiv bald negativ seyn, aber, absolut genommen, ist er nothwendig immer $> 1$; denn wäre er $\overline{\overline{<}}\ 1$, so wäre wegen $(\text{Sin.})^2 + (\text{Cos.})^2 = 1$, der andere von beyden zugleich reel, was nicht möglich ist.

§. 674. Lehrsatz.

Ist $\alpha$ irgend ein Bogen, so daß

$$\text{Sin.}\,\alpha = 0 \text{ und } \text{Cos.}\,\alpha = 1,$$

so ist $\alpha$ nothwendig in der Formel $\pm 2m\pi$ enthalten, wo m Null oder jede absolute ganze Zahl bedeutet.

Beweis. Denn nach (§. 673. n. 3.) muß der zugehörige Bogen $\alpha$ nothwendig reel seyn. Gesetzt nun es wäre $\alpha$ nicht in der Formel $\pm 2m\pi$ enthalten, so müßte $\alpha = \pm 2n\pi + \psi$ seyn; so daß $\psi$ zwischen 0 und $2\pi$ liegt. Dann wäre aber nach (§. 671.):

$$\text{Sin.}\,\alpha = \text{Sin.}\,\psi = 0 \text{ und } \text{Cos.}\,\alpha = \text{Cos.}\,\psi = 1,$$

welches nicht möglich ist, weil $\psi > 0$ aber $< 2\pi$ ist (§. §. 666. 669.). Folglich ist $\alpha$ in der Formel $\pm 2m\pi$ enthalten.

### §. 675. Lehrsatz.

Ist $\alpha$ ein unbekannter Bogen, aber

$$\text{Sin.}\,\alpha = 0 \text{ und } \text{Cos.}\,\alpha = -1,$$

so muß $\alpha$ nothwendig in der Formel $\pm(2m+1)\pi$ enthalten seyn, wo m Null oder jede absolute ganze Zahl vorstellt.

Beweis. Dem vorigen ähnlich.

### §. 676. Lehrsatz.

Ist $\alpha$ ein unbekannter Bogen, so aber daß

$$\text{Sin.}\,\alpha = \mu \text{ und } \text{Cos.}\,\alpha = \nu,$$

so ist $\alpha$ nothwendig in der Formel

$$\pm 2m\pi + \varphi$$

enthalten, wenn $\mu$ und $\nu$ beyde reel sind, und $\varphi$ der absolut kleinste (zwischen 0 und $2\pi$ liegende) Bogen ist, dessen Sinus $= \mu$ und dessen Cosinus $= \nu$ seyn muß.

Beweis. Denn der Bogen $\alpha$ muß nothwendig reel seyn (§. 673. n. 3.). Wäre nun $\alpha = \pm 2n\pi + x$ und x entweder 0 oder doch zwischen 0 und $2\pi$, aber von $\varphi$ verschieden, so wäre nach (§. 671.)

$$\text{Sin.}\,\alpha = \text{Sin.}\,x = \mu \text{ und } \text{Cos.}\,\alpha = \text{Cos.}\,x = \nu,$$

was nach §§. 666 — 669.) nicht möglich ist, weil es außer dem Bogen $\varphi$ keinen andern zwischen 0 und $2\pi$ liegenden Bogen mehr geben kann, dessen Sinus und Cosinus genau dieselben wären.

Anmerkung. Was (§. 671. Anmerk.) noch nicht entschieden war, ist also jetzt außer Zweifel gesetzt.

## §. 677. Lehrsatz.

Ist $p + qi$ eine beliebige aber gegebene reele oder imaginäre Zahl, aber nicht p und q zugleich Null; bezeichnet r den absoluten Werth der Wurzel $\sqrt{(p^2+q^2)}$; wird ferner durch $\varphi$ der absolut kleinste Bogen bezeichnet, dessen Sinus $= \frac{q}{r}$ und dessen Cosinus $= \frac{p}{r}$; bezeichnet endlich A den einzigen reelen Werth des Moduls für die Basis r [so daß also $e^A = r$ (§. 653.)], so liefert die Gleichung des Moduls

$$(\text{C}) \quad a = 1 + \alpha + \frac{\alpha^2}{2'} + \frac{\alpha^3}{3'} + \ldots$$

oder

$$a = e^\alpha,$$

wenn $a = p + qi$ ist, für den Modul $\alpha$ immer unendlich viele Werthe, die aber alle in der Formel

$$A + (\pm 2n\pi + \varphi) . i$$

wo n, Null und jede absolute ganze Zahl vorstellt, enthalten sind, so daß der Modul $\alpha$ nicht mehr, aber auch nicht weniger Werthe hat.

Beweis. Denn nach (§. 646.) muß jeder Werth des Moduls $\alpha$ nothwendig die Form $P + Qi$ haben, und kann entweder reel oder imaginär seyn. Drückt nun $\gamma + \delta i$ jeden Werth dieses Moduls $\alpha$ aus, so hat man die Gleichung

$$e^{\gamma+\delta i} = p + qi \quad \text{oder} \quad e^{\gamma} . e^{\delta i} = p + qi,$$

oder $$e^{\gamma} . (\text{Cos}.\,\delta + i . \text{Sin}.\,\delta) = p + qi,$$

oder $$e^{\gamma} . \text{Cos}.\,\delta = p \quad \text{und} \quad e^{\gamma} . \text{Sin}.\,\delta = q;$$

dabey aber, wegen $(\text{Cos}.\,\delta)^2 + (\text{Sin}.\,\delta)^2 = 1$,

auch $$(e^{\gamma})^2 = p^2 + q^2 \quad \text{und} \quad e^{\gamma} = r,$$

weil $e^{\gamma}$ nach (§. 654. u. 646.) immer absolut ist, in so ferne $\gamma$ reel seyn soll.

Kann man nun alle Werthe von $\gamma$ angeben, welche der Gleichung $e^{\gamma} = r$ genügen; können nachher alle Werthe von $\delta$ angegeben werden, welche für jeden Werth von $\gamma$, den andern Gleichungen

$$e^{\gamma} . \text{Cos}.\,\delta = p \quad \text{und} \quad e^{\gamma}\ \text{Sin}.\,\delta = q$$

oder den Gleichungen

$$\text{Cos}.\,\delta = \frac{p}{r} \quad \text{und} \quad \text{Sin}.\,\delta = \frac{q}{r}$$

ein Genüge leisten, so muß man durch Combination eines jeden Werthes von $\gamma$ mit enem jedem Werthe von $\delta$, aus dem Ausdruck $\gamma + \delta i$ ale möglichen Werthe des Moduls für die Basis $p + qi$, erhalten.

Weil aber $\gamma$ reel seyn muß, so liefert die Gleichung $e^{\gamma} = r$ nach (§. 646.) nur einen einzigen reelen Werth, der durch A bezeichnet ist. Weil ferner $\frac{p}{r}$ und $\frac{q}{r}$ beyde reel sind, so sind alle Werthe von $\delta$, welche den Gleichungen

$$\text{Cos}.\,\delta = \frac{p}{r} \quad \text{und} \quad \text{Sin}.\,\delta = \frac{q}{r}$$

genügen, in der Formel

$$(\pm 2n\pi + \varphi)$$

enthalten (§. 676.); folglich enthält der Ausdruck

$$A + (\pm 2n\pi + \varphi) i$$

auch alle möglichen Werthe des Moduls $\alpha$, für die Basis $a = p + qi$; während umgekehrt auch jeder Werth, den die Formel

$$A + (\pm 2n\pi + \varphi) i$$

liefert, für $\alpha$ genommen, nothwendig der Gleichung

$$e^\alpha = p + qi$$

ein Genüge leisten muß. Q. E. D.

Anmerkung. Was daher (§. 646. Anmerk.) noch unentschieden war und blos vermuthet werden konnte, ist jetzt ausser Zweifel gesetzt.

§. 678. Zusatz.

Für $q = 0$ ist $a = p$ und $r = \sqrt{p^2}$, wo $\sqrt{p^2}$ ihren absoluten Werth vorstellt.

I. Sey p positiv; so ist $r = p$, $\frac{p}{r} = 1$; $\frac{q}{r} = 0$, $\varphi = 0$, und A der einzige reele Werth des Moduls für die Basis p oder a; und dann enthält die Formel

$$A \pm 2n\pi i$$

alle Werthe von $\alpha$, welche der Gleichung

$$e^\alpha = p \quad \text{oder} \quad e^\alpha = a$$

ein Genüge leisten.

II. Sey p eine negative Zahl und durch $-a$ vorgestellt, so ist $p = -a$, $r = \sqrt{(p^2)} = a$, und $\frac{p}{r} = -1$, so wie $\frac{q}{r} = 0$, dahero $\varphi = \pi$ und A der einzige reele Werth des Moduls für die absolute Basis a; und dann enthält die Formel

$$A \pm (2n + 1)\pi i$$

alle

alle Werthe des Moduls $\alpha$ für die Basis $-a$, d. h. alle Werthe von $\alpha$, welche der Gleichung

$$e^{\alpha} = - a$$

ein Genüge leisten; nicht mehr und nicht weniger.

§. 679. Zusatz.

Ist $a = 1$, so ist $A = 0$, und es sind daher in der Formel

$$\pm 2 n \pi . i$$

alle Werthe von $\alpha$ enthalten, welche der Gleichung

$$e^{\alpha} = 1$$ genügen;

so wie in der Formel

$$\pm (2n+1) . \pi . i$$

alle Werthe von $\alpha$ enthalten seyn müssen, welche der Gleichung

$$e^{\alpha} = - 1$$

ein Genüge leisten; nicht mehr und nicht weniger.

§. 680. Erklärung.

Das Zeichen

$$\mathrm{Log.}\ a,$$

wo a ein ganz beliebiger Ausdruck ist, heiße der natürliche Logarithme von a, und bezeichne jeden Ausdruck, der statt z gesetzt, der Gleichung

$$a = e^{z}$$

oder $a = 1 + \frac{z}{1} + \frac{z^2}{2'} + \frac{z^3}{3'} + \ldots$

ein Genüge leistet.

Die Zahl a heiße der Logarithmand.

§. 681. Zusatz.

Der natürliche Logarithme Log. a, bezeichnet also nichts anders, als was früher (§. 645.) der Modul für die Basis a genannt wurde.

Weil es aber, sobald $a = p + q i$ (also sowohl reel als auch imaginär ist) nach (§. 677.) unendlich viele Ausdrücke giebt, welche statt $z$ gesetzt der Gleichung

$$e^z = a$$

genügen, so ist Log. a ein unendlich vieldeutiges Zeichen, repräsentirt daher immer zwar einen dieser unendlich vielen Werthe, ohne aber zu bestimmen, welcher in jedem besondern Fall der gerade vorgestellte Werth sey.

Kommt daher in einem Ausdruck oder in einer Gleichung derselbe Logarithme (dasselbe Zeichen) Log. a mehreremale vor, so darf solcher nicht eher als ein und derselbe Ausdruck behandelt werden, bevor man sich nicht überzeugt hat, daß er auch jedesmal einen und denselben seiner unendlich vielen Werthe vorstelle.

Eben so wenig darf man statt des vieldeutigen Zeichens Log. a, einen bestimmten seiner Werthe setzen, bevor man sich nicht überzeugt hat, daß dieses vieldeutige Zeichen Log. a hier gerade diesen seiner unendlich vielen Werthe vorstelle.

Anmerkung. Man darf also nicht unbedingt setzen:

$2 \operatorname{Log}. a$ statt $\operatorname{Log}. a + \operatorname{Log}. a$,

nicht $(\operatorname{Log}. a)^2$ statt $\operatorname{Log}. a \times \operatorname{Log}. a$,

nicht $(p \pm q) \operatorname{Log}. a$ statt $p \operatorname{Log}. a \pm q \operatorname{Log}. a$;

nicht aus $\operatorname{Log}. a = g$ und $\operatorname{Log}. a = h$ schließen, daß auch $g = h$; u. s. w.; obgleich alles dieses geschehen darf, sobald man weiß, daß dieser Log. a jedesmal einen und denselben seiner unendlich vielen Werthe vorstelle.

## §. 682. Zusatz.

Welchen der unendlich vielen Werthe aber auch Log. a vorstellen mag, so ist doch immer $e^{\operatorname{Log}. a} = a$.

## §. 683. Erklärung.

Ist a eine absolute Zahl, so hat Log. a jedesmal einen, aber auch nur einen einzigen reelen Werth (§. §. 678. 681.). Diesen reelen Werth nun bezeichne man von nun an bloß durch

$$L.\,a,$$

so daß L. a ein eindeutiges, Log. a dagegen ein unendlich vieldeutiges Zeichen ist.

Anmerkung. Diesen reelen Werth L. a, nennt man auch den Hyperbolischen, auch den Neper'schen Logarithmen.

## §. 684. Zusatz.

Es ist aber immer

$$L.\,a = (a-1) - \tfrac{1}{2}(a-1)^2 + \tfrac{1}{3}(a-1)^3 - \ldots$$

oder $$L.\,a = \frac{a-1}{a} + \frac{1}{2}\left(\frac{a-1}{a}\right)^2 + \frac{1}{3}\left(\frac{a-1}{a}\right)^3 + \ldots$$

oder $$L.\,a = n\left[(\sqrt[n]{a}-1) - \tfrac{1}{2}(\sqrt[n]{a}-1)^2 + \tfrac{1}{3}(\sqrt[n]{a}-1)^3 \ldots\right]$$

oder $$L.\,a = n\left[\frac{\sqrt[n]{a}-1}{\sqrt[n]{a}} + \frac{1}{2}\left(\frac{\sqrt[n]{a}-1}{\sqrt[n]{a}}\right)^2 + \frac{1}{3}\left(\frac{\sqrt[n]{a}-1}{\sqrt[n]{a}}\right)^3 + \ldots\right];$$

ferner $L.\,e = 1$ und $L.\,1 = 0$.

## §. 685. Zusatz.

Es sind ferner enthalten, alle Werthe

von Log. a in der Formel $L.\,a \pm 2n\pi i$,

von Log. (—a) . . . $L.\,a \pm (2n+1)\pi i$,

von Log. e . . . . . $1 \pm 2n\pi i$,

von Log. (—e) . . . $1 \pm (2n+1)\pi i$,

von Log. 1 . . . . . $\pm 2n\pi i$,

von Log. (—1) . . . $\pm (2n+1)\pi i$;

wenn nur a eine absolute Zahl ist, und statt n Null, so wie auch jede absolute ganze Zahl gesetzt wird.

Man kann dies so schreiben:

1) $\text{Log.}\, a = L.a \pm 2n\pi i$,

2) $\text{Log.}\,(-a) = L.a \pm (2n+1)\pi i$,

3) $\text{Log.}\, e = 1 \pm 2n\pi i$,

4) $\text{Log.}\,(-e) = 1 \pm (2n+1)\pi i$,

5) $\text{Log.}\, 1 = \pm 2n\pi i$,

6) $\text{Log.}\,(-1) = \pm (2n+1)\pi i$.

Ferner hat man allgemein:

7) $\text{Log.}\,(p+qi) = L.\sqrt{p^2+q^2} + (\pm 2n\pi + \varphi)i$,

wo $\sqrt{p^2+q^2}$ ihren absoluten Werth vorstellt, und wo $\varphi$ den absolut kleinsten Bogen bedeutet, dessen Sinus $= \frac{q}{\sqrt{p^2+q^2}}$, und dessen Cosinus $= \frac{p}{\sqrt{p^2+q^2}}$ ist; wenn nur nicht p und q zugleich Null sind.

Anmerkung 1. Aus dieser Formel (7.) folgen die ersten 6 ohne weiteres, als besondere Fälle; für $q=0$ und $p=\pm a$, oder $p=\pm e$ oder $p=\pm 1$.

Anmerkung 2. Will man alle Werthe von Log. i entwickeln, so hat man $p=0$, $q=1$, $\text{Sin.}\,\varphi=1$, $\text{Cos.}\,\varphi=0$, also $\varphi=\frac{1}{2}\pi$; $L.\sqrt{p^2+q^2} = L.1 = 0$; daher aus (n. 7.):

$$\text{Log.}\, i = (\pm 2n + \tfrac{1}{2})\pi i,$$

wo der Ausdruck rechts, indem man statt n, nach und nach 0, 1, 2, 3, 4, in inf. gesetzt denkt, alle Werthe von Log. i giebt.

## §. 686. Lehrsatz.

Was auch a und b bedeuten mögen, so ist doch immer, wenn m eine absolute ganze Zahl:

1) $\text{Log.}\, a + \text{Log.}\, b = \text{Log.}\,(ab)$

2) $\text{Log.}\, a - \text{Log.}\, b = \text{Log.}\left(\frac{a}{b}\right)$

3) $m\,.\,\text{Log.}\, a = \text{Log.}\,(a^m)$

4) $\frac{\text{Log.}\, a}{m} = \text{Log.}\left(\sqrt[m]{a}\right)$,

wo man nur nicht vergessen darf, daß die vorkommenden Logarithmen und Wurzeln vieldeutige Zeichen sind, so daß für sie nicht eher ein bestimmter ihrer Werthe gesetzt werden darf, bevor man sich nicht überzeugt hat, daß gerade dieser bestimmte Werth hier durch das vieldeutige Zeichen vorgestellt ist.

Beweise. Es ist sehr leicht, sich zu überzeugen, daß wenn man e, mit den Ausdrücken links in den 3 ersten Formeln potenzirt, welche ihrer unendlich vielen Werthe auch statt Log. a und Log. b gesetzt werden mögen, dann doch immer die Logarithmanden rechts herauskommen, so daß die Ausdrücke links doch nothwendig immer Werthe der Logarithmen rechts seyn müssen.

Die 4te Formel ergiebt sich aus der dritten, wenn man in der dritten $\sqrt[m]{a}$ statt a setzt, wo $\sqrt[m]{a}$ jeden ihrer m Werthe vorstellen kann.

Anmerkung. Anfänger müssen sich hüthen aus der letzten Gleichung folgenden Schluß zu ziehen: — Sind $\alpha$ und $\beta$ irgend zwey verschiedene Werthe von $\sqrt[m]{a}$, so ist

$$\frac{\text{Log. a}}{\text{m}} = \text{Log.}\,\alpha \text{ und } \frac{\text{Log. a}}{\text{m}} = \text{Log.}\,\beta$$

folglich $\text{Log.}\,\alpha = \text{Log.}\,\beta$; folglich auch

$$e^{\text{Log.}\,\alpha} = e^{\text{Log.}\,\beta} \quad \text{d. h.} \quad \alpha = \beta. \text{ —}$$

Schließt man nehmlich so, so begeht man den Fehler, vor welchem (§. 682. Anmerk.) gewarnt wurde; in so ferne man das erste Log. a und das zweyte Log. a als einen und denselben Ausdruck behandelt.

## §. 687. Zusatz.

Bedeuten aber a, b, absolute Zahlen; so ist noch

$$1)\ \text{L. a} + \text{L. b} = \text{L. (a b)}$$

$$2)\ L.a - L.b = L.\left(\frac{a}{b}\right)$$

$$3)\ m.La = L.(a^m)$$

$$4)\ \frac{L.a}{m} = L.\sqrt[m]{a}$$

wo m eine beliebige absolute ganze Zahl ist, und wo $\sqrt[m]{a}$ ihren absoluten Werth vorstellt.

Anmerkung. Man kann daher in (n. 7. §. 685.) $\frac{1}{2}L.(p^2+q^2)$ statt $L.(\sqrt{p^2+q^2})$ setzen.

## §. 688. Aufgabe.

Was auch x seyn mag, eine nach x fortlaufende unendliche Reihe zu finden, welche dem $Log.(1+x)$ entspricht; d. h. welche statt z gesetzt, der Gleichung $e^z = 1+x$ genügt.

### Auflösung.

Man setze

$$Log.(1+x) = \alpha + \beta x + \gamma x^2 + \delta x^3 + \varepsilon x^4 + \ldots,$$

so folgt für $x = 0$,

$$Log.\ 1 = \alpha, \text{ also } \alpha = \pm 2m\pi i.$$

Setzt man nun $y = \beta x + \gamma x^2 + \delta x^3 + \ldots$ so muß, wenn $Log.(1+x) = \alpha + y$ seyn soll, auch $e^{\alpha+y} = 1+x$, oder $e^y = 1+x$, seyn; in so ferne $e^\alpha = 1$ ist. Folglich ist nach (§. 641. u. §. 642.)

$$y = x - \tfrac{1}{2}x^2 + \tfrac{1}{3}x^3 + \tfrac{1}{4}x^4 + \ldots$$

dahero

$$Log.(1+x) = \pm 2m\pi i + x - \tfrac{1}{2}x^2 + \tfrac{1}{3}x^3 - \tfrac{1}{4}x^4 + \ldots$$

wo statt m Null und jede absolute ganze Zahl gesetzt werden kann; so daß man nicht eine sondern unendlich viele Reihen von der gewünschten Form erhalten hat.

Für den besondern Fall daß $m = 0$, ist noch:

$$\text{Log.}(1+x) = x - \tfrac{1}{2}x^2 + \tfrac{1}{3}x^3 - \tfrac{1}{4}x^4 + \ldots$$

Anmerkung 1. Um aber sicher zu seyn, auch alle Reihen dieser Form zu haben, welche dem Log. $(1+x)$ entsprechen, muß man noch untersuchen, ob, wenn man $\beta, \gamma, \delta$, etc. direkt bestimmt, diese Koefficienten nicht mehr Werthe bekommen können, als die hier gefundenen, wo jeder dieser Koefficienten nur einen einzigen Werth hat.

Es soll aber die für $y$ gesuchte Reihe so seyn, daß $e^y = 1 + x$; folglich hat man

$$e^{\beta x} \cdot e^{\gamma x^2} \cdot e^{\delta x^4} \ldots \text{ in infinit.} = 1 + x$$

oder nach (§. 588. u. §. 652.):

$$S.\left[\frac{\beta^a \cdot \gamma^b \cdot \delta^c \ldots x^{a+2b+3c\ldots}}{a' \cdot b' \cdot c' \ldots}\right] = 1 + x$$

oder

$$\underset{a+2b+3c+\ldots=p}{S.}\left[\frac{\beta^a \cdot \gamma^b \cdot \delta^c \ldots}{a' \cdot b' \cdot c'} x^p\right] = 1 + x;$$

folglich, weil links der Koefficient von $x^1$, $= 1$ und alle folgenden $= 0$ seyn müssen, wenn man statt $p$ nach und nach 1, 2, 3, 4 ... in infinit. setzt

$$\beta = 1,\ \underset{a+2b=2}{S.}\left[\frac{\beta^a \cdot \gamma^b}{a' \cdot b'}\right] = 0;\ \underset{a+2b+3c=3}{S.}\left[\frac{\beta^a \cdot \gamma^b \cdot \delta^c}{a' \cdot b' \cdot c'}\right] = 0;$$

$$\underset{a+2b+3c+4d=4}{S.}\left[\frac{\beta^a \cdot \gamma^b \cdot \delta^c \cdot \varepsilon^d}{a' \cdot b' \cdot c' \cdot d'}\right] = 0;\ \text{u. s. w. f.}$$

welche Gleichungen zur Bestimmung von $\beta, \gamma, \delta, \varepsilon$, etc. etc. dienen. Alle diese Gleichungen sind aber in Bezug auf den durch sie zu bestimmenden Koefficienten (mittelst der vorhergehenden) einfache Gleichungen, geben also auch nur einen Werth für jeden der Koefficienten, welcher dann nothwendig der oben schon gefundene seyn muß.

Anmerkung 2. Werden aber diese Reihen für Log. $(1+x)$ numerisch, so müssen sie convergent seyn, wenn sie den Werth von Log. $(1+x)$ geben, und als solche entsprechende Werthe behandelt werden sollen. Uebrigens kann statt $x$ jeder reele oder imaginare Ausdruck gesetzt werden.

§. 689. Zusatz.

Man hat noch:

1) $\text{Log.}(1+x) = \pm 2m\pi i + x - \frac{1}{2}x^2 + \frac{1}{3}x^3 - \frac{1}{4}x^4 + \ldots$

2) $\text{Log.}(1-x) = \pm 2n\pi i - x - \frac{1}{2}x^2 - \frac{1}{3}x^3 - \frac{1}{4}x^4 - \ldots$

folglich, wenn man die untere Gleichung von der obern subtrahirt:

3) $\text{Log.}\frac{1+x}{1-x} = \pm 2\mu\pi i + 2[x + \frac{1}{3}x^3 + \frac{1}{5}x^5 + \frac{1}{7}x^7 + \ldots$

und für den besondern Werth o statt $\mu$, auch:

4) $\text{Log.}\frac{1+x}{1-x} = 2.[x + \frac{1}{3}x^3 + \frac{1}{5}x^5 + \ldots]$

oder

5) $\text{Log.}\, z = 2.\left[\frac{z-1}{z+1} + \frac{1}{3}\left(\frac{z-1}{z+1}\right)^3 + \frac{1}{5}\left(\frac{z-1}{z+1}\right)^5 + \ldots\right]$

Und wenn man in (n. 3.) $\frac{z}{2n+z}$ statt x setzt:

$\text{Log.}\left(\frac{n+z}{n}\right) = 2.\left[\frac{z}{2n+z} + \frac{1}{3}\left(\frac{z}{2n+z}\right)^3 + \frac{1}{5}\left(\frac{z}{2n+z}\right)^5 + \ldots\right]$

Sind hier n und z absolute Zahlen, dabey aber $\frac{z}{2n+z} < 1$, so erhält man hieraus:

6) $\text{L.}(n+z) = \text{L.}\,n + 2\left[\frac{z}{2n+z} + \frac{1}{3}\left(\frac{z}{2n+z}\right)^3 + \frac{1}{5}\left(\frac{z}{2n+z}\right)^5 + \ldots\right]$

Setzt man in (n. 1) m = o und dann $\frac{1}{x}$ statt x, und zieht man letztere Reihe von der erstern ab, so erhält man noch:

7) $\text{Log.}\, x = \left(x - \frac{1}{x}\right) - \frac{1}{2}\left(x^2 - \frac{1}{x^2}\right) + \frac{1}{3}\left(x^3 - \frac{1}{x^3}\right) - \ldots$

wo die Reihe Rechts eine Summe (oder vielmehr eine Differenz) von zwey Reihen ist, wovon die eine nach ganzen Potenzen von $x^{-1}$ fortgeht.

Anmerkung. Setzt man hier in (7.) $e^{zi}$ statt x, so daß

$\frac{1}{x} = e^{-zi}$, $\frac{1}{x^2} = e^{-2zi}$, etc.

wird, und dividirt man nachgehends durch zi, so erhält man

$$\tfrac{1}{2}z = \text{Sin.}\,z - \tfrac{1}{2}\,\text{Sin.}\,2z + \tfrac{1}{3}\,\text{Sin.}\,3z - \tfrac{1}{4}\,\text{Sin.}\,4z + \ldots$$

Für $z = 90^0$ erhält man daraus wieder

$$\tfrac{1}{4}\pi = 1 - \tfrac{1}{3} + \tfrac{1}{5} - \tfrac{1}{7} + \ldots$$

## §. 690. Aufgabe.

**Man soll arc. Tg. t in eine nach Potenzen von t fortlaufende Reihe entwickeln.**

### Auflösung.

**Ist x der gesuchte Bogen, so hat man zwischen x und t die Gleichung (§. 659. n. 26.)**

$$e^{2ix} = \frac{1+it}{1-it},$$

**dahero**

$$2ix = \text{Log.}\frac{1+it}{1-it} = \pm 2\mu\pi i + 2i\,[t - \tfrac{1}{3}t^3 + \tfrac{1}{5}t^5 - \tfrac{1}{7}t^7 + \ldots]$$

**oder**

$$x = \pm\,\mu\pi + t - \tfrac{1}{3}t^3 + \tfrac{1}{5}t^5 - \ldots$$

**während $x =$ arc. Tg. t oder $t =$ Tg. x ist.**

Anmerkung. Die Gleichung $e^{2ix} = \frac{1+it}{1-it}$ wurde unter der Voraussetzung entwickelt, daß x ein beliebiger zur Tangente t gehöriger Bogen sey. Jeder Werth von arc. Tg. t statt x gesetzt, muß ihr also genügen. Daraus folgt aber gar noch nicht umgekehrt, daß jeder Werth von x, der dieser Gleichung $e^{2ix} = \frac{1+it}{1-it}$ genügt, auch nothwendig ein Werth von arc. Tg. t seyn müsse; sondern es muß dieses erst besonders erwiesen werden, wie folgt:

Ist nehmlich $\alpha$ ein Werth von x, so daß

$$e^{2\alpha i} = \frac{1+it}{1-it}\ \text{ist},$$

so ist $e^{2\alpha i} - 1 = \frac{2it}{1-it}$ und $e^{2\alpha i} + 1 = \frac{2}{1-it}$.

Aber $\text{Tg.}\,\alpha = \frac{\text{Sin.}\,\alpha}{\text{Cos.}\,\alpha} = \frac{e^{2\alpha i} - 1}{i(e^{2\alpha i} + 1)} = \frac{2it}{1 - it} : \frac{2i}{1 - it} = t$;

folglich $\alpha$ auch ein Werth von arc. Tg. t.

Dadurch ist aber erst ausser Zweifel gesetzt, daß die gefundene allgemeine Reihe

$$\pm \mu\pi + t - \tfrac{1}{3} t^3 + \tfrac{1}{5} t^5 - \tfrac{1}{7} t^7 + \ldots$$

nicht mehr und nicht weniger Reihen nach t enthält, als für arc. Tg. t deren existiren; in so ferne

$$\pm 2m\pi i + 2i\,[t - \tfrac{1}{3} t^3 + \tfrac{1}{5} t^5 - \ldots]$$

wiederum alle Reihen nach t enthält, für Log. $\frac{1 + it}{1 - it}$, also auch für 2ix.

## §. 691. Zusatz.

Hieraus folgt aber:

1) $\text{arc. Tg. } 1 = \pm \mu\pi + 1 - \tfrac{1}{3} + \tfrac{1}{5} - \tfrac{1}{7} + \ldots$

2) $\text{arc. Tg. } \tfrac{1}{2} = \pm {}'\mu\pi + \tfrac{1}{2} - \frac{1}{3 \cdot 2^3} + \frac{1}{5 \cdot 2^5} - \ldots$

3) $\text{arc. Tg. } \tfrac{1}{3} = \pm {}''\mu\pi + \tfrac{1}{3} - \frac{1}{3 \cdot 3^3} + \frac{1}{5 \cdot 3^5} - \ldots$

Und weil arc. Tg. $\tfrac{1}{2}$ + arc. Tg. $\tfrac{1}{3}$ = arc. Tg. 1 (§. 662. n. 21.), auch

$$4)\ \text{arc. Tg. } 1 = \pm {}'''\mu\pi + \begin{cases} \tfrac{1}{2} - \frac{1}{3 \cdot 2^3} + \frac{1}{5 \cdot 2^5} + \ldots \\ \tfrac{1}{3} - \frac{1}{3 \cdot 3^3} + \frac{1}{5 \cdot 3^5} + \ldots \end{cases}$$

Da nun die Tangente nur dann = 1 werden kann, wenn Sin. = Cos.; also wenn

$$(\text{Sin.})^2 + (\text{Cos.})^2 = 2(\text{Sin.})^2 = 2(\text{Cos.})^2 = 1, \text{ oder}$$

$$\text{Sin.} = \text{Cos.} = \tfrac{1}{2}\sqrt{2};$$

d. h. Sin. $= + \tfrac{1}{2}\sqrt{2}$ und Cos. $= + \tfrac{1}{2}\sqrt{2}$,
oder Sin. $= - \tfrac{1}{2}\sqrt{2}$ und Cos. $= - \tfrac{1}{2}\sqrt{2}$,
wo $\sqrt{2}$ jedesmal ihren absoluten Werth repräsentirt, so giebt es innerhalb der 4 ersten Quadranten 2 Bo-

gen, nehmlich $\frac{1}{4}\pi$ und $\frac{5}{4}\pi$, deren Tangente $=1$; und alle Werthe von arc. Tg. 1 sind dann enthalten in den Formeln

$$\pm 2m\pi + \tfrac{1}{4}\pi \quad \text{und} \quad \pm 2m\pi + \tfrac{5}{4}\pi$$

d. h. in der Formel

$$\pm \nu\pi + \tfrac{1}{4}\pi,$$

wo statt $\nu$ Null und jede absolute ganze Zahl gesetzt werden muß. — Es ist nicht schwer daraus abzuleiten, daß

$$\pi = 4\begin{Bmatrix} \frac{1}{2} - \frac{1}{3\cdot 2^2} + \frac{1}{5\cdot 2^5} - \dots \\ \frac{1}{3} - \frac{1}{3\cdot 3^3} + \frac{1}{5\cdot 3^5} - \dots \end{Bmatrix}$$

Anmerkung 1. Mittelst dieser Formel kann man erhalten:

$\pi = 3,$ 14159 26535 89793 23846 26433
83279 50288 41971 69399 37510
58209 74944 59230 78164 06286
20899 86280 34825 34211 70679
82148 08651 32 . . . . . . . in inf.

wo rechts 112 Decimalstellen stehen.

Anmerkung 2. Man kann Sin. x auch so schreiben:

$$\text{Sin.}\, x = x\left(1 - \frac{x^2}{2.3}\right) + \frac{x^5}{5'}\left(1 - \frac{x^2}{6.7}\right) + \frac{x^9}{9'}\left(1 - \frac{x^2}{10.11}\right) + \dots$$

und dann fällt in die Augen, daß, so oft $x \overline{\overline{<}}\, 2$ ist, Sin. x nothwendig positiv seyn muß, und nie Null seyn kann. Da nun Sin. $\pi = 0$, so muß $\pi > 2$ seyn. Weil nun obige absolute Zahl 3, 14159 . . . . einer von den unendlich vielen Werthen $4(\pm\nu\pi + \frac{1}{4}\pi)$ oder $\pm 4\nu\pi + \pi$ seyn muß, so kann sie zwar $\pi$ seyn, aber vielleicht auch $\pi$ nicht, sondern $5\pi$, oder wohl gar $9\pi$ u. s. w. Wäre aber diese Zahl 3, 14159 . . ., die kleiner ist als 4, nicht $\pi$, sondern $(4\nu + 1)\pi$, wo $\nu$ nicht Null ist, so wäre $\pi < \frac{4}{4\nu + 1}$, d. h. $\pi < 1$, was nicht möglich ist, weil nach den obigen Betrachtungen $\pi > 2$ seyn muß.

Anmerkung 3. In der (erst folgenden) Raumgrößenlehre wird aber gezeigt werden können, daß diese Zahl $\pi$ das Maas der Kreislinie ist, für den Durchmesser als Gemäß genommen; oder das Maaß der halben Kreislinie, für den Radius als Gemäß.

## §. 692. Aufgabe.

Es ist gegeben die Gleichung

$$y = x - \frac{x^3}{3'} + \frac{x^5}{5'} - \frac{x^7}{7'} + \ldots \text{ in infin.}$$

so daß $y = \text{Sin.}\, x$, was auch x seyn mag; man soll diese Reihe umkehren, d. h. eine nach Potenzen von y fortlaufende Reihe angeben, welche statt x gesetzt, der Gleichung

$$y = x - \frac{x^3}{3'} + \frac{x^5}{5'} - \frac{x^7}{7'} + \ldots \text{ in infin.}$$

zu einer identischen macht.

### Auflösung.

1) Man nehme die gesuchte Reihe mit unbestimmten Koefficienten an, setze also

$$x = \alpha + \beta y + \gamma y^2 + \delta y^3 + \text{etc. etc.}$$

oder $x = \alpha + z$ und $z = \beta y + \gamma y^2 + \delta y^3 + \ldots$,
so daß $z = 0$ wird, sobald $y = 0$ gedacht ist.

2) Denkt man sich nun $\alpha + z$ statt x gesetzt, so erhält man

$$y = (\alpha + z) - \frac{(\alpha + z)^3}{3'} + \frac{(\alpha + z)^5}{5'} - \text{etc. etc.}$$

welches eine identische Gleichung seyn soll, und welche daher, wenn rechts nach Potenzen von y geordnet wird, unendlich viele Gleichungen giebt, aus denen sich die Koefficienten, $\alpha$, $\beta$, $\gamma$ etc. etc. vielleicht bestimmen lassen.

3) Den ersten Koefficienten der rechts nach y zu ordnenden Reihe, erhält man aber immer nach (§. 586.) wenn $y = 0$ gesetzt wird; folglich wird hier zur Bestimmung von $\alpha$

$$0 = \alpha - \frac{\alpha^3}{3'} + \frac{\alpha^5}{5'} - \frac{\alpha^7}{7'} + \text{ in. inf.}$$

und demnach $\alpha = \text{arc. Sin.}\, 0 = \pm \mu\pi$, wo $\mu$ sowohl Null als auch jede absolute ganze Zahl vorstellt.

4) Es bleiben daher nur noch die Koefficienten $\beta, \gamma, \delta \ldots$ der Reihe z zu bestimmen übrig. Es soll aber die Reihe $\alpha + z$ der Gleichung

$$y = \text{Sin.}\, x$$

genügen, wenn $\alpha + z$ statt x gesetzt wird; folglich soll die Gleichung

$$y = \text{Sin.}(\alpha + z) = \text{Sin.}(\pm \mu\pi + z) = \pm \text{Sin.}\, z$$

eine identische seyn, wenn nur das + Zeichen genommen wird, im Falle $\alpha = \pm 2m\pi$, und das (—) Zeichen im Falle $\alpha = \pm (2m+1)\pi$ ist.

5) Sey nun erstlich $\alpha = \pm 2m\pi$, so hat man zur Bestimmung von $\beta, \gamma, \delta, \ldots$ die Gleichung

$$y = \text{Sin.}\, z \quad \text{oder}$$

$$y = z - \frac{z^3}{3'} + \frac{z^5}{5'} - \frac{z^7}{7'} + \ldots$$

wo $z = \beta y + \gamma y^2 + \delta y^3 + \varepsilon y^4 + \ldots$ (A)

Weil aber $y = \text{Sin.}\, z$, so ist nach (§. 659. n. 12.)

$$-y = \text{Sin.}(-z)$$

folglich $-z = -\beta y + \gamma y^2 - \delta y^3 + \varepsilon y^4 - \text{etc.}$ (B)

mithin, wenn man A und B addirt,

$$0 = 2\gamma y^2 + 2\varepsilon y^4 + 2\eta y^6 + \ldots$$

für jeden Werth von y, also auch $\gamma = 0$, $\varepsilon = 0$, $\eta = 0$, u. s. w. fort, so daß man bloß hat

$$z = \beta y + \delta y^3 + \zeta y^5 + \ldots$$

welche Reihe bloß noch die ungeraden Potenzen von y enthält, in so ferne alle Koefficienten der geraden Potenzen $= 0$ seyn müssen.

Zur Bestimmung der übrigen Koefficienten $\beta$, $\delta$, $\zeta$, etc. etc. hat man nun

$$z = \beta y + \delta y^3 + \zeta y^5 + \varkappa y^7 + \ldots$$

also

$$z^3 = \beta^3 y^3 + 3\beta^2 \delta . y^5 + \left[\begin{matrix} 3\beta^2 \zeta \\ +3\beta\delta^2 \end{matrix}\right] y^7 + \ldots$$

$$z^5 = \beta^5 y^5 + 5\beta^4 \delta y^7 + \ldots$$

$$z^7 = \beta^7 y^7 + \ldots$$

u. s. w. f.; und diese Werthe in

$$y = z - \frac{z^3}{3'} + \frac{z^5}{5'} - \frac{z^7}{7'} + \ldots$$

statt z gesetzt, geben

$$y = \beta y + \left|\begin{matrix} \delta \\ -\frac{\beta^3}{3'} \end{matrix}\right| y^3 + \left|\begin{matrix} \zeta \\ -\frac{\beta^2 \delta}{2'} \\ +\frac{\beta^5}{5'} \end{matrix}\right| y^5 + \left|\begin{matrix} \varkappa \\ -\frac{\beta^2 \zeta}{2'} \\ -\frac{\beta \delta^2}{2'} \\ +\frac{\beta^4 \delta}{4'} \\ -\frac{\beta^7}{7'} \end{matrix}\right| y^7 + \ldots$$

folglich

$\beta = 1;$ oder $\beta = 1;$

$\delta - \frac{\beta^2}{3'} = 0;$ ... $\delta = \frac{1}{2 \cdot 3};$

$$\zeta - \frac{\beta^2 \delta}{2} + \frac{\beta^5}{5'} = 0; \qquad \text{oder } \zeta = \frac{1.3}{2.4.5};$$

$$\varkappa - \frac{\beta^2 \zeta}{2} - \frac{\beta \delta^2}{2} + \frac{\beta^4 \delta}{4'} - \frac{\beta^7}{7'} = 0; \ \ldots \ \varkappa = \frac{1.3.5}{2.4.6.7}$$

u. s. w. f.; folglich:

$$\text{I. } x = \pm 2m\pi + y + \frac{1}{2.3} y^3 + \frac{1.3}{2.4.5} y^5 + \frac{1.3.5}{2.4.6.7} y^7 + \ldots$$

und für $m = 0$

$$\text{II. } x = y + \frac{1}{2.3} y^3 + \frac{1.3}{2.4.5} y^5 + \frac{1.3.5}{2.4.6.7} y^7 + \ldots$$

wo die Reihe (I.) unendlich viele Reihen vorstellt, welche den Bogen $x$ ausdrücken, während in (II.) nur eine einzige Reihe enthalten ist, welche den Bogen $x$ darstellt, und wo statt $y$ auch $\text{Sin.}\, x$ gesetzt werden kann.

6) Ist aber $\alpha = \pm (2m + 1)\pi$ genommen, so muß die Reihe für $z$ der Gleichung

$$y = -\text{Sin.}\, z \text{ oder } -y = \text{Sin}\, z$$

oder

$$-y = z - \frac{z^3}{3'} + \frac{z^5}{5'} - \frac{z^7}{7'} + \ldots$$

entsprechen. Weil aber diese Gleichung in die des vorigen Falles übergeht, wenn man $-z$ statt $z$ setzt, so wird diese Gleichung identisch, wenn man

$$z = -y - \frac{1}{2.3} y^3 - \frac{1.3}{2.4.5} y^5 - \frac{1.3.5}{2.4.6.7} y^7 - \text{etc. etc.}$$

nimmt, so daß dann wird

$$\text{III. } x = \pm (2m + 1)\pi - y - \frac{1}{2.3} y^3 - \frac{1.3}{2.4.5} y^5 - \frac{1.3.5}{2.4.6.7} y^7 - \text{etc.}$$

wo wiederum $\text{Sin.}\, x$ statt $y$ gesetzt werden kann.

7) Die Formeln (I.) und (III.) in Vereinigung enthalten nun aber alle möglichen, nach $y$ oder $\text{Sin.}\, x$

**fortlaufenden unendlichen Reihen, welche statt des Bogens x genommen werden können, d. h. welche statt x gesetzt, der Gleichung**

$$y = \text{Sin.}\, x$$

**ein Genüge leisten.**

Anmerkung 1. Soll eine dieser Reihen nach y für bestimmte Ziffernwerthe von y angewandt werden, so muß sie convergent seyn. Ob aber eine Reihe convergent ist, kann nur dann erst untersucht werden, wenn man das Gesetz kennt, nach welchem ihre Glieder bis in's unendliche fortgehen. Dieses Gesetz ist aber von zweierlei Art, entweder wiederkehrend, wenn jedes folgende Glied durch die vorhergehenden bestimmt wird, oder independent, wenn jedes Glied unabhängig von den vorhergehenden hingeschrieben werden kann. Zur Beurtheilung der Convergenz ist in der Regel die independente Form nöthig.

Die Art wie hier der Bogen durch den Sinus ausgedrückt ist, ist daher deshalb nicht genügend, weil bey jedem Aufsuchen einer unendlichen Reihe, zugleich das Gesetz ihrer Koefficienten gefunden werden muß, wenn man die Reihe mit Sicherheit und Nothwendigkeit soll anwenden können.

Wir müssen daher später noch einmal hierauf zurückkommen.

Anmerkung 2. Die Gleichung zwischen x und y nehmlich

$$x = y + \frac{1}{2.3} y^3 + \frac{1.3}{2.4.5} y^5 + \frac{1.3.5}{2.4.6.7} y^7 + \ldots$$

wurde unter der Voraussetzung gefunden, daß $y = \text{Sin.}\, x$ sey, d. h. daß y den bestimmten Werth Sin. x repräsentire. Ihr leistet also der Werth von Sin. x, statt y gesetzt, nothwendig ein Genüge. Daraus folgt aber gar nicht umgekehrt, daß auch jeder Werth von y, welcher vorstehender Gleichung genügt, zugleich ein Werth von Sin. x seyn müsse. Im Gegentheil hat y in dieser Gleichung für jedes gegebene x, unendlich viele Werthe, und nur ein einziger darunter kann und muß zugleich Sin. x seyn, weil Sin. x, für jedes gegebene x, nur einen einzigen Werth hat. (§. 658. n. 2.).

# Zahlenlehre.

Sechs und zwanzigstes Kapitel.

## Von den künstlichen Potenzen, den künstlichen Logarithmen und den künstlichen trigonometrischen Funktionen.

### §. 693. Lehrsatz.

Ist x einer Differenz ganzer Zahlen gleich, a aber ganz willkührlich, so ist allemal:

$$a^x = 1 + \frac{x \,.\, \mathrm{Log.}\, a}{1} + \frac{x^2 \,.\, (\mathrm{Log.}\, a)^2}{2'} + \frac{x^3 \,.\, (\mathrm{Log.}\, a)^3}{3'} + \ldots$$

wo statt Log. a jeder beliebige seiner unendlich vielen Werthe gesetzt werden kann.

Beweis ergiebt sich unmittelbar aus (§. 644. und §. 680.).

### §. 694. Zusatz.

Ist daher a eine absolute Zahl, so ist auch

$$a^x = 1 + \frac{x \,.\, La}{1} + \frac{x^2 \,.\, (La)^2}{2'} + \frac{x^3 \,.\, (La)^3}{3'} + \ldots, \text{*)}$$

wenn nur x einer Differenz ganzer Zahlen gleich ist.

*) Wo nach (§. 683.) La hier, wie immer, den einzigen reelen Werth des Log. a vorstellt.

### §. 695. Erklärung.

Ist a eine beliebige absolute Zahl, x aber ein ganz beliebiger (reeler oder imaginärer) Ausdruck, so nenne man das Zeichen

$$a^x$$

eine künstliche Potenz, und bezeichne damit die unendliche Reihe

$$1 + \frac{x.La}{1} + \frac{x^2.(La)^2}{2'} + \frac{x^3.(La)^3}{3'} + \ldots \text{ in inf.}$$

Dabey heiße x der Exponent und a der Dignand.

Anmerkung. Die natürliche Potenz ist ein besonderer Fall der künstlichen. Eben so ist die Differenz-Potenz (nach §. 694.), deren Dignand eine absolute Zahl ist, ein besonderer Fall der künstlichen Potenz.

### §. 696. Zusatz.

Es folgt sogleich:

1) $1^x = 1$, was auch x seyn mag (§. 684.);

2) $a^x = e^{xLa}$, für jeden Ausdruck x (§. 652.);

3) $a^{p+qi} = e^{pLa}.[\text{Cos.}(qLa) + i.\text{Sin.}(qLa)]$ nach (§. 656. §. 659. n. 24.).

### §. 697. Zusatz.

Daraus ergiebt sich weiter:

1) Für jeden reelen Werth von x, ist $a^x$ reel und positiv.

2) Für $x = p \pm \frac{2m\pi}{La}.i$, wo p beliebig reel ist, ist $a^x$ noch immer reel und positiv. (§. 696. n. 3.).

3) Für $x = p \pm \frac{(2m+1)\pi}{La} i$ ist $a^x$ noch reel aber negativ, wenn nur in (n. 2.) und hier a nicht $= 1$ ist.

4) Für jeden andern imaginären Werth von x von

der Form $p+qi$, ist $a^x$ selbst imaginär und von derselben Form.

5) Was auch $x$ seyn mag, so hat die Potenz $a^x$ immer nur einen einzigen Werth*).

## §. 698. Lehrsätze.

Sind $a$ und $b$ absolute Zahlen, dagegen $x$ und $y$ ganz beliebige (reele oder imaginäre) Ausdrücke, so ist:

1) $a^x . a^y = a^{x+y}$; 2) $a^x : a^y = a^{x-y}$;

3) $a^x . b^x = (ab)^x$; 4) $a^x : b^x = (a:b)^x$;

5) $(a^x)^y = a^{xy}$, wenn $x$ reel ist;

6) $(a^x)^y = (a^y)^x$, wenn sowohl $x$ als auch $y$ reele Zahlen sind.**)

Beweise. Es ist $a^x = e^{xLa}$ und $a^y = e^{yLa}$; $b^x = e^{xLb}$; $a^{x+y} = e^{(x+y)La}$ und $(ab)^x = e^{xL(ab)}$, nach (§. 696. n. 2.); folglich (n. n. 1—4) mit Anwendung von (§. 686.) sogleich erwiesen. Ferner ist

$(a^x)^y = e^{yL(a^x)}$; da nun aber, in so ferne $x$ reel ist, auch $a^x$ eine absolute Zahl seyn muß, so ist nach (§. 696. n. 2.) auch $L.(a^x) = x . L . a$; daher auch $(a^x)^y = e^{yxLa} = a^{yx}$; woraus dann auch (n. 6.) hervorgeht.

Anmerkung 1. Die (§. 46.) aufgestellten Formeln der wirklichen Potenzen, die (§. 122.) für ganze Potenzen, und (§. 126.) für Differenz-Potenzen erweitert sind,

*) In diesem ganzen Kapitel, also auch in allen bis hieher aufgestellten Sätzen, bedeutet $a$ allemal eine zwar beliebige, aber doch absolute Zahl.

**) Diese Bedingungen, unter denen (n. 5.) und (n. 6.) statt finden, sind wohl zu beachten, damit man die Formeln nicht auf Fälle anwende, für welche sie nicht gelten.

gelten daher auch als allgemeine Gleichungen für diese künstlichen Potenzen. —

Anmerkung 2. Die Formel (n. 5) kann auch für den Fall erwiesen werden, daß x nicht reel, dagegen y eine Differenz ganzer Zahlen ist, in welchem Falle $(a^x)^y$ eine Differenz-Potenz ist.

## §. 699. Zusatz.

Ist m eine absolute ganze Zahl, und setzt man in (§. 698. n. 5.) $\frac{1}{m}$ statt x und m statt y, so erhält man

$$\left(a^{\frac{1}{m}}\right)^m = a^1 = a,$$

folglich auch $a^{\frac{1}{m}} = \sqrt[m]{a}$, *)

wo $\sqrt[m]{a}$ ihren absoluten Werth vorstellt. — Daher auch, unter dieser letztern Voraussetzung:

$$\sqrt[m]{a} = 1 + \frac{La}{1 \cdot m} + \frac{(La)^2}{2' \cdot m^2} + \frac{(La)^3}{3' \cdot m^3} + \ldots$$

## §. 700. Erklärung.

Ist a eine beliebige absolute, aber von 1 verschiedene Zahl, b dagegen ein ganz beliebiger (reeler oder imaginärer) Ausdruck, so nenne man das Zeichen

$$b ? a \text{ oder } \overset{a}{\log}. b$$

den künstlichen Logarithmen von b für die Basis a; und bezeichne damit jeden Ausdruck, der statt x gesetzt, die Gleichung

$$a^x = b$$

zur identischen macht. — Was (§. 56.) Logarithme

---

*) Man übersehe nicht daß $a^{\frac{1}{m}}$ nur einen einzigen Werth hat (§ 697 n. 5.).

genannt wurde, mag jetzt **wirklicher** Logarithme heißen. — Die dortige Benennung des **Logarithmanden** mag auch hier beybehalten bleiben.

Anmerkung. Der **wirkliche** Logarithme ist ein besonderer Fall des **künstlichen**. — Eben so ist aber auch der **natürliche** Logarithme ein besonderer Fall dieses **künstlichen** Logarithmen.

## §. 701. Lehrsatz.

Der künstliche Logarithme $b ? a$ oder $\overset{a}{\log}. b$ hat alle in der Formel $\frac{\text{Log}. b}{\text{L} a}$ enthaltenen unendlich vielen Werthe, nicht mehr und nicht weniger.

**Beweis.** Ist nehmlich $\alpha$ ein beliebiger Werth von $\frac{\text{Log}. b}{\text{L} a}$, so ist $\alpha . \text{La}$ ein Werth von $\text{Log}. b$; folglich $e^{\alpha \text{La}} = b$, d. h. $a^{\alpha} = b$, also auch $\alpha$ ein Werth von $b ? a$ oder von $\overset{a}{\log}. b$.

Ist aber $\beta$ ein beliebiger Werth von $b ? a$ oder von $\overset{a}{\log}. b$, so ist auch $a^{\beta} = b$, oder $e^{\beta \text{La}} = b$; folglich auch $\beta \text{L} a$ ein Werth von $\text{Log}. b$; d. h. $\beta$ ein Werth von $\frac{\text{Log}. b}{\text{L} a}$.

## §. 702. Zusatz.

Der künstliche Logarithme $b ? a$ oder $\log. b$ ist also immer ein unendlichvieldeutiges Zeichen, und es muß daher, wenn man mit solchem operirt, dieselbe Vorsicht angewandt werden, welche bey jedem mehrdeutigen Zeichen nöthig ist, und welche (§. 681. **Anmerk.**) für $\text{Log}\ b$, noch insbesondere angegeben ist.

Welchen seiner unendlich vielen Werthe dieser

künstliche Logarithme $b?a$ oder $\overset{a}{\log}.b$ aber auch vorstellen mag, so ist doch immer

$$a^{b?a} = b \text{ oder } a^{\overset{a}{\log}.b} = b.$$

§. 703. Zusatz.

Ausserdem ist also, wenn b eine absolute Zahl,

$$1)\ \overset{a}{\log}.b = \frac{Lb}{La} \pm \frac{2m\pi}{La}.i;$$

$$2)\ \overset{a}{\log}.(-b) = \frac{Lb}{La} \pm \frac{(2m+1)\pi}{La}.i$$

und

$$3)\ \overset{a}{\log}.(p+qi) = \frac{\frac{1}{2}L(p^2+q^2)}{La} + \frac{\pm 2m\pi + \varphi}{La}.i$$

wo p und q beliebig reel, aber nicht beyde zugleich o sind, und wo $\varphi$ der absolut kleinste Bogen ist, dessen Sinus $= \frac{q}{\sqrt{p^2+q^2}}$ und dessen Cosinus $= \frac{p}{\sqrt{p^2+q^2}}$, während $\sqrt{p^2+q^2}$ immer ihren absoluten Werth vorstellt.

§. 704. Erklärung.

Nur wenn b eine absolute Zahl ist, hat $b?a$ oder $\overset{a}{\log}.b$ einen reelen Werth, und dann aber auch nur einen einzigen. Diesen reelen Werth des künstlichen Logarithmen $b?a$ oder $\overset{a}{\log}.b$, bezeichne man in der Folge immer durch

$$\overset{a}{l}.b$$

so daß dieses Zeichen nur eindeutig ist.

§. 705. Zusatz.

Dann ist

$$1)\ \overset{a}{l}.b = \frac{Lb}{La}$$

$$2)\ \overset{a}{\log}.b = \overset{a}{l}.b \pm \frac{2m\pi}{La}i;$$

$$3)\ \overset{a}{\log}.(-b) = \overset{a}{l}.b \pm \frac{(2m+1)\pi}{La}.i$$

$$4)\ \overset{a}{\log}.(p+qi) = \tfrac{1}{2}\overset{a}{l}.(p^2+q^2) + \frac{\pm 2m\pi + \varphi}{La}.i.$$

§. 706. Zusatz.

Geben zwey reele Zahlen x und y, wenn eine absolute Zahl a, die nicht 1 ist, mit ihnen potenzirt wird einerley Resultat, so muß

$$x = y$$

seyn. — Denn es ist $a^x = a^y$ also auch

$\overset{a}{l}.(a^x) = \overset{a}{l}.(a^y)$ also auch $x = y$; weil $\overset{a}{l}.(a^x) = x$ und $\overset{a}{l}.(a^y) = y$ ist.

Anmerkung. Sind x und y nicht reel, so gilt der Satz nicht nothwendig.

§. 707. Zusatz.

Daher gelten aber auch alle Formeln (§. §. 58. 62. und 63.) die dort für wirkliche Logarithmen erwiesen sind, auch für diese reelen künstlichen Logarithmen, wenn nur alle vorkommenden Wurzel-Exponenten absolute ganze Zahlen, und alle Potenzen künstliche sind, jede Wurzel selbst aber ihren absoluten Werth vorstellt; — weil sie hier aus (§. 706.) eben so erwiesen werden können, wie die dortigen aus (§. 61.) erwiesen sind.

§. 708. Zusatz.

Es gelten aber dann dieselben Formeln unter denselben Voraussetzungen noch, wenn man die Logarithmen auch als unendlichvieldeutige Zeichen ansieht, wenn man nur da, wo statt dieser Logarithmen bestimmte ihrer unendlich vielen Werthe gesetzt werden, erst noch jedesmal sich überzeugt hat, daß gerade dieser Werth hier durch das vieldeutige Zeichen vorgestellt sey.

Auch können die in diesen Formeln vorkommenden Wurzeln als vieldeutige Zeichen angesehen werden, wenn man nur da, wo dafür ein bestimmter dieser Werthe gesetzt wird, jedesmal nachweißt, daß gerade dieser Werth durch die Wurzel selbst repräsentirt sey.

## Von den briggischen oder vulgarischen Logarithmen.

### §. 709. Erklärung.

Ist b eine beliebige absolute Zahl, so nennt man den reelen Werth von b ? 10, d. h. $\overset{10}{l}.b$, den briggischen oder den gemeinen (vulgarischen) Logarithmen der Zahl b, den wir hier bloß durch l . b bezeichnen wollen.

### §. 710. Zusatz.

Was (nach §. 707.) von den reelen Werthen der künstlichen Logarithmen im allgemeinen gilt, das gilt auch von den briggischen Logarithmen.

Namentlich ist:

1) $l.a + l.b = l(ab)$; 2) $l.a - l\,b = l.(a:b)$

3) $m.la = l.(a^m)$; 4) $\frac{l.a}{m} = l.(\sqrt[m]{a})$,

wo $\sqrt[m]{a}$ ihren absoluten Werth vorstellt. — Ferner

5) $l.b = \frac{L\,b}{L.10} = \frac{1}{L.10} \cdot L\,b$

wobey zu bemerken ist, daß L . 10 der reele Werth des Modul ist, für die Basis 10 (§. §. 680. u. 683.).

Endlich:

$$6)\ l.\,(10^m) = m.$$

Anmerkung. Man hat aber leicht gefunden

$$L.10 = 2,302585092994 \ldots\ldots \text{ in inf.}$$

und $\frac{1}{L.10} = 0,4342944819 \ldots\ldots$ in inf.

und wenn man den natürlichen reelen (Hyperbolischen, Neperschen) Logarithmen irgend einer Zahl b, mit dieser letztern Zahl für $\frac{1}{L.10}$, multiplizirt, so erhält man sogleich den briggischen Logarithmen derselben Zahl b. Und multiplizirt man diesen letztern, mit der für L.10 gefundenen Zahl, so erhält man wiederum den erstern.

Es ist auch aus (§. 709. n. 6.):

$l.1 = 0$, $l.10 = 1$; $l.100 = 2$; $l.1000 = 3$; $l.10000 = 4$; $l.100000 = 5$; $l.1000000 = 6$; u. s. w. f.

## §. 710. Zusatz.

Es folgt aber weiter:

1) Während die Logarithmanden von 1 an, bis in's unendliche, stetig wachsend gedacht werden, wachsen ihre briggischen Logarithmen von 0 ab stetig bis in's unendliche (d. h. ohne Aufhören), und sind also alle positiv.

2) Während die Logarithmanden von 1 bis zu Null stetig abnehmend gedacht werden, nehmen auch ihre briggischen Logarithmen von 0 an stetig ab, bis in's unendliche, und sind daher alle negativ.

3) Alle briggischen Logarithmen der Zahlen, die größer als 1 sind, lassen sich daher als Decimalbrüche mit unendlich vielen Decimalen ausdrücken.

## §. 711. Erklärung.

Ist ein briggischer Logarithme als Decimalbruch ausgedrückt, so nennt man die ganzen Stellen seine Kennziffer oder Karakteristik, die gebrochenen Stellen aber schlechthin die Decimalen.

Denkt man sich aber den (negativen) briggischen Logarithmen einer absoluten Zahl, die kleiner als 1 ist, als eine Summe aus einem absoluten ächten Decimalbruch, und einer negativen ganzen Zahl, so mag auch dann noch die Benennung der Kennziffer und Decimalen beybehalten bleiben.

## §. 712. Zusatz.

1) Ist der Logarithmand eine ganze n ziffrige Zahl, so ist die Kennziffer seines briggischen Logarithmen $= n - 1$.

2) Sind $\alpha$ und $\beta$ beliebige ganze oder gebrochene aber absolute Zahlen, und ist dabey

$$\alpha = \frac{\beta}{10^m},$$

so ist auch

$$l.\alpha = l.\beta - m \quad \text{und}$$
$$l.\beta = l.\alpha + m.$$

3) Sind daher gegeben die briggischen Logarithmen aller ganzen Zahlen, so findet man sogleich daraus die briggischen Logarithmen aller Decimalbrüche, wenn man von dem Logarithmen der durch Weglassen des Komma entstehenden ganzen Zahl, die Zahl m abzieht, während m die Zahl der Decimalstellen des gegebenen Decimalbruchs ausdrückt.

4) Diese ganze Zahl m kann aber bloß von der

**Kennziffer subtrahirt werden, so daß die Decimalen dann immer unverändert bleiben, sowohl in (n. 2.) als auch in (n. 3.).**

Anmerkung. Man kann sich dieser reelen Logarithmen bedienen, um mittelst der Formeln (1—5. §. 710.) die numerischen Operationen der Multiplikation, Division, des Potenzirens und des Wurzel-Ausziehens leichter verrichten zu können. — Man sehe hierüber die Einleitung zu den gewöhnlichen Tafeln.*)

## Von den künstlichen trigonometrischen Funktionen.

### §. 713. Erklärung.

**Ist a eine beliebige, aber von 1 verschiedene absolute Zahl, so bezeichne man die Quotienten**

$$\frac{a^{ix} - a^{-ix}}{2i} \text{ und } \frac{a^{ix} + a^{-ix}}{2}$$

**beziehlich durch die Zeichen**

$$\overset{a}{\sin} x. \text{ und } \overset{a}{\cos}. x$$

**so wie die Quotienten**

$$\frac{\overset{a}{\sin}. x}{\overset{a}{\cos} x}, \quad \frac{\overset{a}{\cos}. x}{\overset{a}{\sin}. x}, \quad \frac{1}{\overset{a}{\cos}. x}, \quad \frac{1}{\overset{a}{\sin}. x}$$

**durch die Zeichen**

$$\overset{a}{tg}. x, \quad \overset{a}{cotg}. x, \quad \overset{a}{sec}. x, \quad \overset{a}{cosec}. x$$

**und nenne solche den künstlichen Sinus, Cosinus, Tangente, Cotangente, Sekante und Cosekante, für die Basis a. Der Ausdruck x**

*) Ueber das Praktische in Bezug auf diese Anwendung der Logarithmen, sehe man meine Elementarzahlenlehre. 1816.

dagegen heiße der künstliche Bogen für diese Basis a.

Alle diese Funktionen $\overset{a}{\sin}.x$, $\overset{a}{\cos}.x$, $\overset{a}{tg}.x$, $\overset{a}{cotg}.x$ $\overset{a}{sec}.x$, $\overset{a}{cosec}.x$, nenne man künstliche trigonometrische Funktionen für die Basis a. — Die im vorigen Kapitel definirten, mögen dann von diesen trigonometrischen Funktionen durch das Beywort der natürlichen unterschieden werden.

Anmerkung. Die natürlichen trigonometrischen Funktionen bilden einen besondern Fall der künstlichen.

## §. 714. Zusatz.

Weil $a^x = e^{xLa}$, so folgt sogleich:

1) $\overset{a}{\sin}.x = \text{Sin.}(xLa)$, 2) $\overset{a}{\cos}.x = \text{Cos.}(xLa)$

3) $\overset{a}{tg}.x = \text{Tg.}(xLa)$; 4) $\overset{a}{cotg}.x = \text{Cotg.}(xLa)$

5) $\overset{a}{sec}.x = \text{Sec}(xLa)$; 6) $\overset{a}{cosec}.x = \text{Cosec.}(xLa)$.

## §. 715. Zusatz.

Denkt man sich, daß die trigonometrischen Funktionen alle, eine und dieselbe Basis a haben, so erhellet aus der Definition (§. 713.):

1) Das (§. 658.) Gesagte, die Sätze (§. 659.), mit Ausnahme der (n. n. 7. 8. 24. 25. 26.), die Sätze (§. 660.); die Hauptsätze des (§. 661.); alle Zusätze des (§. 662.); dann (§. 663.) u. (§. 664.) gelten unverändert für diese künstlichen trigonometrischen Funktionen, wie dort für die natürlichen.

2) Die Nummern (§. 658. n. n. 78. 24 — 26.) bekommen folgende Gestalt:

$$\overset{a}{\sin}.x = \frac{a^{ix} - a^{-ix}}{2i}, \quad \overset{a}{\cos}.x = \frac{a^{ix} + a^{-ix}}{2}$$

$$a^{\pm ix} = \overset{a}{\cos}.\,x \pm i\,\overset{a}{\sin}.\,x = \text{Cos}.\,(xLa) \pm i\,\text{Sin}\,(xLa)$$

$$a^{2ix} = \frac{1 + i.\,\overset{a}{\text{tg}}.\,x}{1 - i\,\overset{a}{\text{tg}}.\,x} = \frac{1 + i\,\text{Tg}.\,(xLa)}{1 - i\,\text{Tg}.\,(xLa)}$$

3) Auch die Eintheilung der Bogen in Quadranten und Halbkreise, und dann in Grade, Minuten und Sekunden u. s. w., die (§. 665.) statt fand, in Bezug auf die natürlichen Bogen, kann gerade so in Bezug auf diese künstlichen für die Basis a, statt finden. Nur ist der Quadrante hier, $= \pm \frac{\frac{1}{2}\pi}{La}$, der durch $\frac{1}{2}.'\pi$ bezeichnet seyn mag, übrigens immer eine absolute Zahl ist.

4) Was in (§. §. 666 — 673.) von den natürlichen trigonometrischen Funktionen und deren natürlichen Bogen, von den natürlichen Quadranten $\frac{1}{2}.\,\pi$ u. s. w. f. gesagt ist, das findet auch nun unverändert für diese künstlichen trigonometrischen Funktionen, künstlichen Bogen, künstlichen Quadranten $\frac{1}{2}.'\pi$ u. s. w. unverändert statt; wenn nur alle trigonometrischen Funktionen zu derselben Basis a gehören *).

*) Dabey kann man bemerken, daß La der reele Werth des Moduls der Basis a ist.

# Zahlenlehre.

## Sieben und zwanzigstes Kapitel.

## Von den allgemeinen Potenzen, von den allgemeinen Logarithmen und von den allgemeinen trigonometrischen Funktionen.

### §. 716. Lehrsatz.

Ist $\frac{\mu}{\nu}$ ein bestimmter in seinen kleinsten Zahlen ausgedrückter Bruch, stellt dagegen m jedesmal Null und alle absoluten ganzen Zahlen vor, während $'\nu$ jedesmal nur $\nu$ verschiedene Werthe $0, 1, 2, 3, \ldots, \nu - 1$, repräsentiren soll, so hat die Formel

$$\text{I. } \operatorname{Cos.}\left(\frac{\pm 2 \mu m \pi}{\nu}\right) + i \operatorname{Sin.}\left(\frac{\pm 2 \mu m \pi}{\nu}\right)$$

nur $\nu$ verschiedene Werthe, welche enthalten sind in der Formel

$$\operatorname{Cos.}\left(\frac{2 \mu . '\nu \pi}{\nu}\right) + i \operatorname{Sin.}\left(\frac{2 \mu . '\nu \pi}{\nu}\right)$$

oder auch in

$$\operatorname{Cos.}\left(\frac{2 \mu . '\nu \pi}{\nu}\right) - i . \operatorname{Sin.}\left(\frac{2 \mu . '\nu \pi}{\nu}\right)$$

Unter denselben Voraussetzungen hat auch die Formel

$$\text{II. Cos.} \frac{\pm(2m+1)\mu\pi}{\nu} + i.\text{Sin.} \frac{\pm(2m+1)\mu\pi}{\nu}$$

gerade $\nu$ verschiedene Werthe, enthalten in der Formel

$$\text{Cos.} \frac{(2'\nu+1)\mu\pi}{\nu} + i.\text{Sin.} \frac{(2'\nu+1)\mu\pi}{\nu}$$

oder auch in

$$\text{Cos.} \frac{(2'\nu+1)\mu\pi}{\nu} - i.\text{Sin.} \frac{(2'\nu+1)\mu\pi}{\nu}.$$

Endlich hat dann auch die Formel

$$\text{III. Cos.} \frac{(\pm 2m\pi + \varphi)\mu}{\nu} + i.\text{Sin.} \frac{(\pm 2m\pi + \varphi)\mu}{\nu}$$

gerade $\nu$ verschiedene Werthe, enthalten in der Formel

$$\text{Cos.} \frac{(2.'\nu\pi+\varphi)\mu}{\nu} + i.\text{Sin.} \frac{(2.'\nu\pi+\varphi)\mu}{\nu}$$

oder auch in

$$\text{Cos.} \frac{(2.'\nu\pi-\varphi)\mu}{\nu} - i.\text{Sin.} \frac{(2.'\nu\pi-\varphi)\mu}{\nu}.$$

Beweis. Da m, o und jede absolute ganze Zahl vorstellt, so kann statt m gesetzt werden $n\nu + '\nu$, wenn man sich statt n ebenfalls o und jede ganze Zahl, und statt $'\nu$ die Werthe 0, 1, 2, 3 . . . bis $\nu - 1$ gesetzt denkt. Es ist daher

$$\frac{(\pm 2m\pi + \varphi)\mu}{\nu} = \pm 2n\mu\pi + \frac{(\pm 2'\nu\pi + \varphi)\mu}{\nu}$$

weshalb nach (§. 671.) statt der Formel (III.) sogleich gesetzt werden kann, diese andere

$$\text{Cos.} \frac{(\pm 2'\nu\pi+\varphi)\mu}{\nu} + i.\text{Sin.} \frac{(+2'\nu\pi+\varphi)\mu}{\nu}$$

welche nur $2\nu$ Werthe hat, und zwar $\nu$ Werthe, indem man das (+) Zeichen nimmt, und noch $\nu$ Werthe, indem das (—) Zeichen genommen wird. Die beyden ersten dieser Werthe, für $'\nu = 0$ sind aber nicht von einander verschieden, und die übrigen $\nu - 1$ Werthe der ersten Reihe sind ebenfalls dieselben, wie die $\nu - 1$ Werthe der zweyten Reihe, nur gerade in umgekehrter Ordnung. Ist nehmlich $''\nu$ irgend ein Werth von $'\nu$ und $\nu - ''\nu$ ein anderer Werth von $'\nu$, so ist immer

$$\frac{(-2(\nu - ''\nu)\pi + \varphi)\mu}{\nu} = -2\mu\pi + \frac{(2''\nu\pi + \varphi)\mu}{\nu}$$

weswegen das behauptete aus (§. 671.) erhellet.

Weil aber $\frac{(-2'\nu\pi + \varphi)\mu}{\nu} = -\frac{(2'\nu\pi - \varphi)\mu}{\nu}$,

und $\text{Cos.}(-x) = \text{Cos.}\,x$, aber $\text{Sin.}(-x) = -\text{Sin.}\,x$ ist, so sind die $\nu$ letztern Werthe

$$\text{Cos.}\frac{(-2'\nu\pi + \varphi)\mu}{\nu} + i.\text{Sin.}\frac{(-2'\nu\pi + \varphi)\mu}{\nu}$$

auch ausgedrückt in der Formel

$$\text{Cos.}\frac{(2'\nu\pi - \varphi)\mu}{\nu} - i.\text{Sin.}\frac{(2'\nu\pi - \varphi)\mu}{\nu}.$$

Daß endlich alle $\nu$ Werthe

$$\text{Cos.}\frac{(2'\nu\pi + \varphi)\mu}{\nu} + i.\text{Sin.}\frac{(2'\nu\pi + \varphi)\mu}{\nu} \quad (\text{♅})$$

wirklich von einander verschieden sind, wird indirekt nachgewiesen. Wären nehmlich für 2 Werthe von $'\nu$, etwa für $''\nu$ und $'''\nu$, wo $''\nu - '''\nu$, nothwendig kleiner als $\nu$ ist, die Werthe der Formel (♅) einander gleich, so wären

$$\frac{(2''\nu\pi + \varphi)\mu}{\nu} \text{ und } \frac{(2'''\nu\pi + \varphi)\mu}{\nu}$$

Bogen, die einerlei Sinus und Cosinus haben. Dann wäre aber, die Differenz dieser beyden Bogen

$$= \frac{2(''\nu - '''\nu)\mu\pi}{\nu}$$

und

und ihr Cosinus = 1, ihr Sinus aber = 0 (§. 661.). Folglich wäre dann nach (§. 674.) $\frac{({}''\nu - {}'''\nu)\mu}{\nu}$ eine absolute ganze Zahl, was nie möglich ist, weil $\mu$ und $\nu$, nach der Voraussetzung, relative Primzahlen sind. Folglich sind alle $\nu$ Werthe der Formel (⛢) von einander verschieden.

Nachdem aber die Behauptung (III.) des Lehrsatzes erwiesen ist, folgen die beyden andern (I.) und (II.) als besondere Fälle aus dieser, für $\varphi = 0$ und für $\varphi = \pi$.

## §. 717. Lehrsatz.

Der Ausdruck

$$\text{Cos.}(\pm 2m\pi x) + i \,.\, \text{Sin.}(\pm 2m\pi x) \qquad \ldots (♂)$$

wo m Null und jede absolute ganze Zahl vorstellt, hat

1) einen einzigen Werth, wenn $x = \mu - \nu$ und $\mu$ und $\nu$ beliebige absolute ganze Zahlen sind; und dieser Werth ist dann immer = 1;
2) eine Anzahl $\nu$ von einander verschiedener Werthe, wenn $x = \pm \frac{\mu}{\nu}$ und dabey $\frac{\mu}{\nu}$ ein in seinen kleinsten Zahlen ausgedruckter Bruch ist;
3) unendlich viele von einander verschiedene Werthe, wenn x reel und irrational, oder wenn x imaginär und von der Form $p + q i$ ist.

**Beweis.** 1) Sey $x = \mu - \nu$; so ist $\pm 2m\pi x = \pm 2 \,.\, {}'\mu\pi$; folglich in diesem Falle der Ausdruck (♂) jedesmal = 1.

2) Sey $x = \pm \frac{\mu}{\nu}$ und $\frac{\mu}{\nu}$ in seinen kleinsten Zah-

len ausgedrückt. Dann folgt aber der Satz unmittelbar aus (§. 716. I.).

3) Sey x noch reel aber irrational. Nach der (§. 194.) gegebenen Erklärung einer irrationalen Zahl, muß solche als eine gebrochene Zahl angesehen werden, deren Dividend und Divisor unendlich große Zahlen sind, so daß solche eben deshalb nicht darstellbar ist, sondern nur in der Idee vorhanden. Was daher von dem Falle gilt in (n. 2.), muß auch hier noch gelten; und weil hier $\nu$ unendlich groß ist, so ist auch hier die Anzahl der verschiedenen Werthe des Ausdrucks (♂) unendlich groß, die aber nicht darstellbar sind, (nur in der Idee vorhanden), von denen man aber eine immer größere und größere Anzahl Näherungswerthe erhält, je nachdem man für die Irrationalzahl selbst immer mehr und mehr sich nähernde, daher auch in immer größern Zahlen ausgedrückte Näherungswerthe nimmt.

4) Ist endlich $x = p + qi$ und dabey q nicht Null, x also imaginär, so hat man den Ausdruck (♂) nach (§. 659. n. 24 u. 25.)

$$= e^{\pm 2m\pi xi} = e^{\pm 2mp\pi i} . e^{\mp 2mq\pi} \quad (\text{§. 656.})$$

$$= e^{\mp 2mq\pi} . [\text{Cos.}(\pm 2mp\pi) + i . \text{Sin.}(\pm 2mp\pi)].$$

Weil aber q nicht Null ist, so hat hier der erste Faktor $e^{\mp 2mq\pi}$, je nachdem man nach und nach statt m Null und alle absolute ganze Zahlen gesetzt denkt, unendlich viele Werthe, die alle von einander wirklich verschieden und alle absolute Zahlen sind. Da nun der zweyte Faktor

$$\text{Cos.}(\pm 2mp\pi) + i . \text{Sin.}(\pm 2mp\pi)$$

von dem erstern ganz unabhängig ist, indem solcher nur einen einzigen Werth haben kann, oder $\nu$ verschiedene Werthe, oder unendlich viele verschiedene, je nachdem $p = \mu - \nu$ oder $p = \pm \frac{\mu}{\nu}$ oder p irrational ist, so hat das Produkt selbst und daher der Ausdruck ($\delta$) in diesem Falle unendlich viele von einander wirklich verschiedene Werthe.

### §. 718. Lehrsatz.

Die natürliche Potenz

$$e^{x \cdot \mathrm{Log}\, a};$$

wo a jeder reele oder imaginäre Ausdruck von der Form $P + Qi$, aber nicht Null ist, und wo x ebenfalls ein ganz beliebiger Ausdruck von derselben Form seyn soll, liefert unendlich viele natürliche Potenzen, hat also auch unendlich viele Werthe, wenn statt Log. a nach und nach dessen unendlich vielen Werthe gesetzt werden. Diese unendlich vielen Werthe sind aber nur dann alle wirklich von einander verschieden, wenn x reel und irrational, oder wenn $x = p + qi$ und imaginär ist. Ist aber x reel und dabey der Differenz $\mu - \nu$ ganzer Zahlen gleich, so fallen alle diese unendlich vielen Werthe in einen einzigen zusammen. Ist endlich x reel aber eine gebrochene Zahl und $= \pm \frac{\mu}{\nu}$, wo $\frac{\mu}{\nu}$ ein in seinen kleinsten Zahlen ausgedrückter Bruch ist, so fallen diese unendlich vielen Werthe von $e^{x \,\mathrm{Log}.\, a}$ in eine Anzahl $\nu$ wirklich von einander verschiedener Werthe zusammen.

**Beweis.** Ist $a = P + Qi$, R der absolute Werth von $\sqrt{P^2 + Q^2}$, $\varphi$ der absolut kleinste Bogen, dessen Sinus $= \frac{Q}{R}$, und dessen Cosinus $= \frac{P}{R}$ ist, so sind alle Werthe von Log. a enthalten in der Formel

$$LR + (\pm 2m\pi + \varphi)i.$$

Dann ist aber

$$e^{x.\text{Log.}a} = e^{x.LR} . e^{x\varphi i} . e^{\pm 2mx\pi i}$$

$$= e^{x.LR} . e^{x.\varphi i} . [\text{Cos.}(\pm 2m\pi x) + i . \text{Sin.}(\pm 2m\pi x)].$$

Nun hat $e^{xLR}$, eben so $e^{x\varphi i}$ nur einen einzigen Werth (§. 654. n. 2.). Folglich hat $e^{x\,\text{Log.}a}$ so viele verschiedene Werthe, als $\text{Cos.}(\pm 2m\pi x) + i . \text{Sin.}(\pm 2m\pi x)$ d. h. der in dem vorhergehenden Paragraphen durch ♂ bezeichnete Ausdruck, deren hat; weshalb der Lehrsatz hier, aus (§. 717.) strenge erwiesen.

## §. 719. Lehrsatz.

Der einzige Werth, den $e^{x\,\text{Log.}a}$ in dem Falle hat, in welchem x einer Differenz ganzer Zahlen gleich ist, ist allemal der Differenz-Potenz $a^x$ gleich, was auch a, ausser Null, nur immer seyn mag, und welchen der unendlich vielen Werthe man auch für Log. a setzen möge.

**Beweis.** Denn nach (§. 644. und §. 680.) ist

$$a^x = 1 + \frac{\alpha . x}{1} + \frac{\alpha^2 . x^2}{2'} + \frac{\alpha^3 . x^3}{3'} + \ldots$$

wo $\alpha$ jeden beliebigen Werth von Log. a vorstellt. Folglich etc. etc.

## §. 720. Erklärung.

Ist a nicht Null, sonst aber ein ganz beliebiger (reeler oder imaginärer) Ausdruck von der Form $P + Qi$;

ist x ebenfalls ein ganz beliebiger Ausdruck von derselben Form, so bezeichne von nun an das Zeichen

$$a^x,$$

welches eine allgemeine Potenz genannt werden mag, jeden Werth von $e^{x \operatorname{Log.} a}$, oder jeden Werth der unendlichen Reihe

$$1 + \frac{x \,.\, \operatorname{Log.} a}{1} + \frac{x^2 \,.\, (\operatorname{Log.} a)^2}{2'} + \frac{x^3 \,.\, (\operatorname{Log.} a)^3}{3'} + \ldots$$

der erhalten wird, wenn man statt Log. a nach und nach dessen unendlich viele verschiedene Werthe gesetzt denkt. Dignand, Exponent, Potenziren (§. 43. §. 121. §. 652. und §. 695.)

## §. 721. Zusatz.

Diese allgemeine Potenz $a^x$ ist also nach (§. 718.) ein Zeichen, welches einen, mehrere ($\nu$), oder auch unendlich viele verschiedene Ausdrücke bezeichnet, je nachdem $x = \mu - \nu$, oder $x = \pm \frac{\mu}{\nu}$ [wo $\frac{\mu}{\nu}$ ein in seinen kleinsten Zahlen ausgedrückter (ächter oder unächter) Bruch], oder eine reele irrationale und eine imaginäre Zahl ist.

Es muß daher im allgemeinen $a^x$ als ein unendlich vieldeutiges Zeichen betrachtet und behandelt werden, also namentlich die Vorsicht angewandt werden, welche bey jedem mehr als eindeutigen Ausdruck beobachtet werden muß; d. h. man darf nie dieselbe Potenz $a^x$ als einen und denselben Ausdruck behandeln, bevor man sich nicht überzeugt hat, daß sie wirklich, so oft sie vorkommt, einen und denselben ihrer Werthe vorstelle.

Anmerkung 1. Man darf daher nie unbedingt setzen

$$2 . a^x \text{ statt } a^x + a^x,$$

$$\text{nicht } (a^x)^2 \text{ statt } a^x . a^x,$$

$$\text{nicht } (p \pm q) . a^x \text{ statt } p . a^x \pm q . a^x,$$

nicht aus $a^x = \alpha$ und $a^x = \beta$ schließen, daß auch $\alpha = \beta$ seyn müsse; obgleich alle diese Substitutionen nothwendig statt haben, sobald man sich überzeugt hat, daß die Potenz $a^x$, so oft sie vorkommt, auch jedesmal einen und denselben ihrer Werthe vorstelle.

Anmerkung 2. Da $a^x$ unendlich viele Werthe hat, wo a ganz beliebig ist, so hat, wenn $a = e$ gesetzt wird, auch die allgemeine Potenz $e^x$ unendlich viele Werthe, von denen dann ein einziger der früher durch $e^x$ bezeichneten natürlichen Potenz gleich ist. — So oft aber in der Folge solche Zeichen wie $e^z$ vorkommen, und nicht ausdrücklich das Gegentheil gesagt ist, so ist immer nur die (eindeutige) natürliche Potenz zu verstehen.

## §. 722. Zusatz.

Alle Werthe von $a^x$ sind aber enthalten in der Formel

$$\begin{cases} e^{p\,LR - q(\pm 2m\pi + \varphi)} \\ \times [\mathrm{Cos.}[qLR + p(\pm 2m\pi + \varphi)] + i\,\mathrm{Sin.}[qLR + p(\pm 2m\pi + \varphi)]] \end{cases}$$

wenn $x = p + qi$ und $a = P + Qi$ und R der absolute Werth von $\sqrt{P^2 + Q^2}$, und $\varphi$ der absolut kleinste Bogen ist, dessen Sinus $= \frac{Q}{R}$ und dessen Cosinus $= \frac{P}{R}$. (§. §. 717. 718. 720.).

Dabey hat jeder dieser Werthe, wie man sieht, die Form $'p + 'qi$.

Alle diese unendlich vielen Werthe fallen aber in einen einzigen zusammen, wenn x einer Differenz ganzer Zahlen gleich ist; und in $\nu$ verschiedene Werthe, wenn $x = \pm \frac{\mu}{\nu}$, dabey aber $\frac{\mu}{\nu}$ in seinen kleinsten Zahlen ausgedrückt ist.

Anmerkung 1. Setzt man hier $p = P = 0$, $q = Q = 1$, so wird $a = i$ und $x = i$; ferner $R = 1$ und $\varphi = \frac{1}{2}\pi$, (weil $\text{Sin.}\ \varphi = 1$ und $\text{Cos.}\ \varphi = 0$ ist); und es sind daher alle Werthe von $a^x$ oder von $i^i$ enthalten in der Formel

$$e^{-(\pm 2m\pi + \frac{1}{2}\pi)},$$

so daß solche alle reel und der Reihe nach sind:

$$e^{\frac{3}{2}\pi},\quad e^{\frac{7}{2}\pi},\quad e^{\frac{11}{2}\pi},\quad e^{\frac{15}{2}\pi},\quad e^{\frac{19}{2}\pi},\ \text{etc. etc.} \ldots$$

und $e^{-\frac{1}{2}\pi}$, $e^{-\frac{5}{2}\pi}$, $e^{-\frac{9}{2}\pi}$, $e^{-\frac{13}{2}\pi}$, $e^{-\frac{17}{2}\pi}$, etc. etc. ...

Setzt man dagegen $P = p = 0$, aber $q = -1$ und $Q = 1$, so ist $a = i$ und $x = -1$; ferner $R = 1$ und $\varphi = \frac{1}{2}\pi$; und alle Werthe von $a^x$ oder von $i^{-i}$ enthalten in der Formel

$$e^{\pm 2m\pi + \frac{1}{2}\pi},$$

so daß alle Werthe reel und der Reihe nach folgende sind:

$$e^{\frac{1}{2}\pi},\quad e^{\frac{5}{2}\pi},\quad e^{\frac{9}{2}\pi},\quad e^{\frac{13}{2}\pi},\ \text{etc. etc.} \ldots$$

und $e^{-\frac{3}{2}\pi}$, $e^{-\frac{7}{2}\pi}$, $e^{-\frac{11}{2}\pi}$, $e^{-\frac{15}{2}\pi}$, etc. etc. ...

Setzt man endlich $P = p = 0$, aber $q = Q = -1$, so wird $a = -i$ und $x = -i$; ferner $R = 1$, $\varphi = \frac{3}{2}\pi$ (weil $\text{Sin.}\ \varphi = -1$ und $\text{Cos.}\ \varphi = 0$ ist); folglich alle Werthe von $(-i)^{-i}$ enthalten in der Formel

$$e^{\pm 2m\pi + \frac{3}{2}\pi},$$

so daß die einzelnen Werthe nach der Reihe sind:

$$e^{\frac{3}{2}\pi},\quad e^{\frac{7}{2}\pi},\quad e^{\frac{11}{2}\pi},\quad e^{\frac{15}{2}\pi},\ \text{etc. etc.} \ldots$$

und $e^{-\frac{1}{2}\pi}$, $e^{-\frac{5}{2}\pi}$, $e^{-\frac{9}{2}\pi}$, $e^{-\frac{13}{2}\pi}$, etc. etc. ...

so daß $(-i)^{-i} = i^i$ und $i^{-i} = (-i)^i$ ist.

Anmerkung 2. Zu gleicher Zeit glauben wir aber hier noch bemerken zu müssen, daß i ein bestimmter Ziffern-Ausdruck ist, mit welchem nach bestimmten und untrüglichen Principien operirt werden kann; daß dagegen, nach der hiesigen Ansicht, welche Bedeutung man auch dem Zeichen ∞ geben möge, die hiesige oder die gewöhnliche, mit diesem Zeichen $\infty$ und namentlich auch mit solchen Zeichen wie $\frac{1}{0}$ oder $\frac{p}{0}$ nicht operirt werden darf; daß ferner, auch wenn man mit o operirt, nie durch Null dividirt werden darf, daß daher, wenn durch ein allgemeines Zahlzeichen dividirt wird, solches immer nur unter der Voraussetzung geschehen könne, daß solches den Werth Null nicht habe. — Man kann daher hier nicht, wie zuweilen geschieht, behaupten, daß $1^{\infty} = e$ sey; obgleich nach (§. 720.) $1^{\infty} = e^{\infty L1} = e^{\infty \cdot 0} = e^{\frac{1}{0} \cdot 0} = e^{1} = e$ abgeleitet werden könnte. Aber eben so gut könnte man auch ableiten:

$$1^{\infty} = (a^{0})^{\infty} = a^{0 \cdot \infty} = a^{0 \cdot \frac{1}{0}} = a^{1} = a,$$

was auch a seyn mag. — Nach den hiesigen Principien darf weder die eine noch die andere dieser Herleitungen statt finden.

## §. 723. Zusatz.

I. Ist a reel und positiv, so ist $Q = 0$ und $P = a = R$, und $\varphi = 0$; und dann sind alle Werthe von $a^{x}$ enthalten in der Formel

$$\left\{ \begin{array}{l} e^{pLa \mp 2mq\pi} \\ \times [\text{Cos.}(qLa \pm 2mp\pi) + i. \text{Sin.}(qLa \pm 2mp\pi)]. \end{array} \right.$$

Ist nun hier

1) $x = \mu - \nu$ wo $\mu$ und $\nu$ beliebige absolute ganze Zahlen sind, so ist $q = 0$ und $p = \mu - \nu$; und alle Werthe von $a^{x}$ oder $a^{\mu - \nu}$ sind dann enthalten in der Formel

$$e^{(\mu - \nu) La} \times [\text{Cos.} (\pm 2m(\mu-\nu)\pi) + i\, \text{Sin.} (\pm 2m(\mu-\nu)\pi)]$$

d. h. in der Formel $e^{(\mu - \nu) La}$, deren einziger Werth, der künstlichen Potenz $a^{\mu - \nu}$, oder der Differenz-Potenz $a^{\mu - \nu}$ oder dem Quotienten $\frac{a^{\mu}}{a^{\nu}}$ d. h.

$\frac{a \cdot a \cdot a \ldots (\mu \text{ Faktoren})}{a \cdot a \cdot a \ldots (\nu \text{ Faktoren})}$ gleich ist.

Ist ferner

2) $x = \frac{\mu}{\nu}$ ein in seinen kleinsten Zahlen ausgedrückter (ächter oder unächter Bruch), so ist $q = 0$, $p = \frac{\mu}{\nu}$; und es sind alle Werthe von $a^x$ für diesen Fall enthalten in der Formel

$$e^{\frac{\mu}{\nu} La} \times \left[\text{Cos.}\left(2\frac{\mu.'\nu}{\nu}\pi\right) + i.\text{Sin.}\left(2\frac{\mu.'\nu}{\nu}\pi\right)\right],$$

wo $'\nu$ alle Werthe 0, 1, 2, 3 . . . bis $\nu - 1$ vorstellt, so daß die Anzahl dieser Werthe $= \nu$ ist. (§. 716 §. 717.)

Wäre $x = -\frac{\mu}{\nu}$ so darf man hier nur $-\mu$ statt $\mu$ setzen, um die $\nu$ Werthe von $a^x$ für diesen Fall zu haben.

Einer dieser Werthe (für $'\nu = 0$) fällt mit $e^{\frac{\mu}{\nu} La}$ oder mit der künstlichen Potenz $a^{\frac{\mu}{\nu}}$ zusammen.

II. Denkt man sich $(-a)$ statt a gesetzt, und a noch immer reel und positiv, so ist $Q = 0$, $P = -a$, $R = a$ und $\varphi = \pi$; und dann sind alle Werthe von $(-a)^x$ enthalten in der Formel

$$\left\{\begin{array}{l} e^{pLa \mp q(2m+1)\pi} \\ \times[\text{Cos.}(qLa \pm (2m+1)p\pi) + i.\text{Sin.}(qLa \pm (2m+1)p\pi)]. \end{array}\right.$$

Ist nun hier

1) $x = \mu - \nu$ und sind dabey $\mu$ und $\nu$ beliebige absolute ganze Zahlen, so ist $q = 0$ und $p = \mu - \nu$; und alle Werthe von $(-a)^x$ oder $(-a)^{\mu-\nu}$ sind

dann enthalten in der Formel

$$\begin{cases} e^{(\mu-\nu) L a} \\ \times[\mathrm{Cos.}(\pm(2m\mp1)(\mu-\nu)\pi) \mp i . \mathrm{Sin.}(\pm(2m\mp1)(\mu-\nu)\pi)]. \end{cases}$$

Nun ist aber $\mathrm{Sin.}(\pm(2m\mp1)(\mu-\nu)\pi) = 0$ und $\mathrm{Cos.}(\pm(2m+1)(\mu-\nu)\pi) = \pm 1$, je nachdem $\mu-\nu$ eine (positive oder negative) gerade Zahl, oder eine ungerade Zahl ist. Folglich sind alle Werthe von $(-a)^{\mu-\nu}$ enthalten in der Formel $\pm e^{(\mu-\nu)La}$, wo das (+) Zeichen gilt, wenn $\mu-\nu$ gerade, das (—) Zeichen dagegen, wenn $\mu-\nu$ ungerade ist, so daß in diesem Falle die Potenz $(-a)^{\mu-\nu}$ jedesmal nur einen einzigen Werth hat, der mit der Differenz-Potenz zusammenfällt.

Ist ferner

2) $x = \frac{\mu}{\nu}$ und dabey $\frac{\mu}{\nu}$ ein in seinen kleinsten Zahlen ausgedrückter Bruch, so ist $q = 0$ und $p = \frac{\mu}{\nu}$

und alle Werthe von $(-a)^x$ oder $(-a)^{\frac{\mu}{\nu}}$ sind dann enthalten in der Formel

$$e^{\frac{\mu}{\nu} La} \times \mathrm{Cos.}\left(\frac{\mu(2'\nu+1)}{\nu}\pi\right) + i . \mathrm{Sin.}\left(\frac{\mu . (2'\nu+1)}{\nu}\pi\right)$$

wo $'\nu$ die Werthe 0, 1, 2, . . . bis $\nu-1$ vorstellt. (§. 716. §. 717.)

Dabey kann statt $e^{\frac{\mu}{\nu} La}$ auch die künstliche Potenz $a^{\frac{\mu}{\nu}}$ gesetzt werden, (welche immer nur einen Werth hat, und jedesmal eine absolute Zahl ist.)

Setzt man $-\mu$ statt $\mu$, so erhält man alle $\nu$ Werthe von $(-a)^{-\frac{\mu}{\nu}}$

Anmerkung. Aus (II. §. 723) ergiebt sich noch, daß wenn $a = 1$ ist, weil $L 1 = 0$, alle Werthe von

$$(-1)^x,$$

wenn $x = p + qi$ und dabey reel oder imaginär ist, enthalten sind in der Formel

$$\left\{ \begin{array}{l} e^{\mp q(2m+1)\pi} \\ \times[\text{Cos.}(\pm(2m+1)p\pi) + i\,.\,\text{Sin.}(\pm(2m+1)p\pi)].^{*)} \end{array} \right.$$

Dabey kann x eben so wohl reel (wenn $q = 0$), als auch imaginär seyn, (wenn q nicht $= 0$ ist).

## §. 724. Erklärung.

Die besondern Werthe, welche $a^x$ oder $e^{x\,\text{Log.}\,a}$ dadurch erhält, daß man statt Log. a nach und nach dessen unendlich vielen Werthe $\alpha$, $'\alpha$, $''\alpha$, $'''\alpha$, etc. etc. [welche nichts anders als die Werthe des zur Basis a gehörigen Moduls sind (§. 681.)] setzt, bezeichne man von nun an, um sie von einander zu unterscheiden, durch die Zeichen $(a\|\alpha)^x$, $(a\|'\alpha)^x$, $(a\|''\alpha)^x$, $(a\|'''\alpha)^x$, u. s. w. f., und nenne solche specielle Potenzen, oder die besonderen Werthe der allgemeinen Potenz $a^x$. — Ein solches Zeichen $(a\|\alpha)^x$ spreche man aus: a Modul $\alpha$, hoch x, oder die xte Potenz von a für den Modul $\alpha$ genommen. — Das Zeichen ($\|$) kann man das Zeichen des Moduls nennen.

*) Dadurch ist aber eine Frage beantwortet, welche Kramp in seiner: Analyse des Refractions astronom. et terrestres; Chap. III. Analyse des facultes numeriques. aufwirft, und unbeantwortet läßt.

Anmerkung 1. Der Ausdruck hinter dem Zeichen des Moduls (||), ist daher immer ein Werth des Moduls derjenigen Basis, die vor demselben Zeichen (||) steht; also auch immer ein Werth des natürlichen Logarithmen dieser Basis.

Anmerkung 2. Diese speciellen Potenzen $(a \| \alpha)^x$, $(a \| '\alpha)^x$, etc. etc. sind daher immer eindeutige Zeichen, haben deshalb völlig bestimmte Werthe, und zwar jede derselben nur einen einzigen.

Anmerkung 3. Ist a eine absolute Zahl, so fällt die specielle Potenz $(a \| La)^x$ mit der künstlichen $a^x$ zusammen, weshalb man in der Folge, wenn zu befürchten ist, daß die künstliche Potenz $a^x$ mit der allgemeinen Potenz $a^x$ verwechselt werden dürfte, erstere durch die Bezeichnung $(a \| La)^x$ genau von der letztern $(a^x)$ unterscheiden muß.

## §. 725. Zusatz.

1) Ist der Exponent x einer Differenz ganzer Zahlen gleich, so sind alle speciellen Potenzen für dieselbe Basis und denselben Exponenten einander gleich; daher dann statt $(a \| \alpha)^x$ bloß zu schreiben $a^x$.

2) Ist $\alpha$ ein Werth des Moduls für die Basis a, so ist $\alpha x$ ein Werth des Moduls für die Basis $(a \| \alpha)^x$. — Denn es ist $(a \| \alpha)^x = e^{\alpha x}$ (nach §. 720. u. §. 724.); folglich etc. etc. (§. 680.).

## §. 726. Zusatz.

1) Ist a eine absolute Zahl, so sind die unendlich vielen Werthe der allgemeinen Potenz $a^x$ enthalten in der Formel $[a \| (La \pm 2m\pi i)]^x$ oder in $e^{x(La \pm 2m\pi i)}$, wo statt m Null und alle absolute ganze Zahlen gesetzt werden müssen; und einer darunter, für $m = 0$, also $(a \| La)^x$ ist der künstlichen Potenz $a^x$ gleich.

Es ist daher:

$$a^x = (a\|La)^x . [\text{Cos.}(\pm 2m\pi x) + i . \text{Sin.}(\pm 2m\pi x)],$$

wo der Ausdruck rechts alle Werthe der allgemeinen Potenz $a^x$ enthält, nicht mehr und nicht weniger.

2) Eben so sind dann die unendlich vielen Werthe von $(-a)^x$ enthalten in der Formel

$$[(-a)\|[La \pm (2m+1)\pi i]]^x$$

oder in $e^{x[La \pm (2m+1)\pi i]}$. — Es ist daher

$$(-a)^x = (a\|La)^x . [\text{Cos.}[\pm(2m+1)\pi x] + i.\text{Sin.}[\pm(2m+1)\pi x]]$$

wo der Ausdruck rechts alle Werthe von $(-a)^x$ enthält, nicht mehr und nicht weniger.

3) Die unendlich vielen Werthe der allgemeinen Potenz $e^x$ sind enthalten in der allgemeinen Formel $[e\|(1 \pm 2m\pi i)]^x$ oder in $e^{x(1 \pm 2m\pi i)}$ (S. §. 721. Anmerk. 2.); und einer darunter, für $m=0$, nehmlich $(e\|1)^x$ ist der natürlichen Potenz $e^x$ gleich, weshalb in Fällen, wo eine Verwechslung der allgemeinen Potenz $e^x$ mit der natürlichen Potenz $e^x$ zu befürchten ist, letztere jedesmal durch die Bezeichnung $(e\|1)^x$ von ersterer $e^x$ wohl unterschieden werden muß. *)

4) Die unendlich vielen Werthe der allgemeinen Potenz $(-e)^x$ sind enthalten in der Formel $[(-e)\|[1 \pm (2m+1)\pi i]]^x$ oder in $e^{x[1 \pm (2m+1)\pi i]}$.

---

*) Man bemerke aber wiederholt, daß wenn in der Folge das Zeichen $e^x$ gebraucht werden wird, und nicht ausdrücklich gesagt wird, daß solches eine allgemeine Potenz seyn soll, immer die natürliche Potenz zu verstehen ist.

5) Die unendlich vielen Werthe der allgemeinen Potenz $1^x$ sind enthalten in der Formel $[1 \| (\pm 2 m \pi i)]^x$ oder in $e^{\pm 2 m \pi x i}$; und einer darunter, für $m = 0$, also $(1 \| 0)^x$ ist selbst $= 1$. — Es ist daher:

$$1^x = \text{Cos.}(\pm 2 m \pi x) + i . \text{Sin.}(\pm 2 m \pi x),$$

wo der Ausdruck rechts alle Werthe der allgemeinen Potenz $1^x$ enthält, nicht mehr und nicht weniger.

6) Die unendlich vielen Werthe der allgemeinen Potenz $(-1)^x$ sind enthalten in der Formel

$[(-1) \| \pm (2m+1) \pi i]^x$ oder in $e^{\pm (2m+1) \pi x i}$.

Es ist daher:

$$(-1)^x = \text{Cos.}[\pm (2m+1) \pi x] + i . \text{Sin.}[\pm (2m+1) \pi x].$$

Anmerkung. Der Buchstabe x bedeutet dabey jedesmal einen beliebigen Ausdruck von der Form $p + q i$, der eben so gut reel als auch imaginär seyn kann. — Man vergesse aber nicht, daß nur dann alle diese unendlich vielen Werthe von einander verschieden sind, wenn x reel und irrational, oder wenn x imaginär ist; daß sie aber alle einander gleich sind, folglich in einen einzigen zusammenfallen, wenn x einer Differenz ganzer Zahlen gleich ist; daß sie endlich partienweise einander gleich sind, und in $\nu$ von einander wirklich verschiedener Werthe zusammenfallen, wenn $x = \pm \frac{\mu}{\nu}$ und dabey $\frac{\mu}{\nu}$ ein in seinen kleinsten Zahlen ausgedrückter Bruch ist.

## §. 727. Lehrsätze.

Ist a nicht Null, sind aber übrigens a und x und y ganz beliebige Ausdrücke von der Form $p + q i$, reel oder imaginär, so hat man

I. $(a \| \alpha)^x . (a \| \alpha)^y = (a \| \alpha)^{x+y}$

II. $(a \| \alpha)^x : (a \| \alpha)^y = (a \| \alpha)^{x-y}$

III. $(a \| \alpha)^x . (b \| \beta)^x = [(ab) \| \alpha + \beta]^x$

IV. $(a \| \alpha)^x : (b \| \beta)^x = (a : b \| \alpha - \beta)^x$

V. $[(a \| \alpha)^x \| \alpha x]^y = (a \| \alpha)^{xy}$

VI. $[(a \| \alpha)^x \| \alpha x]^y = [(a \| \alpha)^y \| \alpha y]^x$.

Beweise. Es ist $(a \| \alpha)^x = e^{\alpha x}$;

eben so $(a \| \alpha)^y = e^{\alpha y}$;

folglich $(a \| \alpha)^x . (a \| \alpha)^y = e^{\alpha x} . e^{\alpha y} = e^{\alpha(x+y)} = (a \| \alpha)^{x+y}$.

Ferner ist $(a \| \alpha)^x . (b \| \beta)^x = e^{\alpha x} . e^{\beta x} = e^{(\alpha+\beta) x}$.

Nun ist aber $\alpha + \beta = \text{Log.}\, a + \text{Log.}\, b = \text{Log.}\, (ab)$, folglich $(ab \| \alpha + \beta)^x = e^{(\alpha+\beta)x}$; folglich etc. etc.

Endlich ist

$(a \| \alpha)^x = e^{\alpha x}$ und $[(a \| \alpha)^x \| \alpha x]^y = e^{\alpha xy}$ nach (§. 725.); aber auch $(a \| \alpha)^{xy} = e^{\alpha xy}$; folglich etc. etc.

Aus den Formeln (I. III. und V.) folgen aber die andern (II. IV. und VI.) unmittelbar.

Anmerkung. In allen diesen Beweisen bedeuten die Potenzen, deren Dignand e ist, jedesmal natürliche und nicht allgemeine Potenzen.

## §. 728. Zusatz.

Nimmt man statt der (eindeutigen) speciellen Potenzen, die (vieldeutigen) allgemeinen Potenzen selbst, so bekommen diese 6 Formeln folgende Gestalt:

1) $a^x . a^y = a^{x+y}$; 2) $a^x : a^y = a^{x-y}$;

3) $a^x . b^x = (ab)^x$; 4) $a^x : b^x = (a : b)^x$;

5) $(a^x)^y = a^{xy}$; 6) $(a^x)^y = (a^y)^x$;

bey deren Anwendung man aber sorgfältig darauf zu sehen hat, daß man für eine solche allgemeine Potenz nicht jedesmal geradezu jeden beliebigen ihrer unendlich vielen Werthe, sondern nur gerade diejenigen nimmt, welche durch sie in dem gegebenen Fall (nach §. 727.) repräsentirt sind. — Vergl. hiermit (§. 46. §. 122. §. 126. u. §. 698.).

Anmerkung. Wer vorstehende Prinzipien gehörig aufgefaßt hat, und sie bey dem Operiren befolgt, kann daher nie Herleitungen statt finden lassen, wie folgende:

1) $a^3 = a^{2 \cdot \frac{3}{2}} = (a^2)^{\frac{3}{2}} = [(-a)^2]^{\frac{3}{2}} = (-a)^{2 \cdot \frac{3}{2}} = (-a)^3 = -a^3$;

2) $e^{\frac{2}{3}\pi\sqrt{-1}} = (e^{2\pi\sqrt{-1}})^{\frac{1}{3}} = 1^{\frac{1}{3}} = 1$;

3) $e^{\pm 2mx\pi\sqrt{-1}} = (e^{\pm 2m\pi\sqrt{-1}})^x = 1$

für jeden Werth von x, und wo m eine jede absolute ganze Zahl oder Null bedeutet. Nach den vorstehenden Prinzipien darf nehmlich nicht, wie hier geschehen ist, unbedingt 1 statt $1^x$, und nicht statt $[(-a)^2]^{\frac{3}{2}}$ unbedingt $(-a)^{2 \cdot \frac{3}{2}}$ gesetzt werden.

## §. 729. Zusatz.

Setzt man in (§. 726. V.) $\frac{1}{\nu}$ statt x, und $\nu$ statt y, wo $\nu$ eine beliebige absolute ganze Zahl bedeutet, so erhält man, wegen $(a \| \alpha)^1 = a$, noch

$$\left[(a \| \alpha)^{\frac{1}{\nu}} \| (\alpha : \nu)\right]^{\nu} = a, \text{ oder nach (§. 725. n. 1.)}$$

$$\left[(a \| \alpha)^{\frac{1}{\nu}}\right]^{\nu} = a;$$

oder $$(a \| \alpha)^{\frac{1}{\nu}} = \sqrt[\nu]{a},$$

was auch a seyn mag, wenn nur a nicht Null ist.

Weil man aber statt $\alpha$ jeden Werth von Log. a setzen kann, und dadurch für $(a \| \alpha)^{\frac{1}{\nu}}$ unendlich viele Werthe bekommt, die aber nach (§. 720.) in eine Anzahl $\nu$ von einander wirklich verschiedener zusammenfallen, so liefert $(a \| \alpha)^{\frac{1}{\nu}}$, je nachdem man statt $\alpha$ nach und nach die verschiedenen Werthe von Log. a schreibt, die $\nu$ verschiedenen Werthe von $\sqrt[\nu]{a}$.

## §. 730. Zusatz.

Daher erhält man

$$1)\quad 1^{\frac{1}{\nu}} = \sqrt[\nu]{1} = \mathrm{Cos.}\left(\frac{2'\nu\pi}{\nu}\right) + i.\,\mathrm{Sin.}\left(\frac{2'\nu\pi}{\nu}\right)$$

$$= \mathrm{Cos.}\left(\frac{2'\nu\pi}{\nu}\right) - i.\,\mathrm{Sin.}\left(\frac{2'\nu\pi}{\nu}\right)$$

$$2)\quad (-1)^{\frac{1}{\nu}} = \sqrt[\nu]{-1} = \mathrm{Cos.}\frac{(2'\nu+1)\pi}{\nu} + i.\,\mathrm{Sin.}\frac{(2'\nu+1)\pi}{\nu}$$

$$= \mathrm{Cos.}\frac{(2'\nu+1)\pi}{\nu} - i.\,\mathrm{Sin.}\frac{(2'\nu+1)\pi}{\nu}$$

$$3)\quad a^{\frac{1}{\nu}} = \sqrt[\nu]{a} = \sqrt[\nu]{a}\left[\mathrm{Cos.}\frac{2'\nu\pi}{\nu} + i.\,\mathrm{Sin.}\frac{2'\nu\pi}{\nu}\right]$$

$$= \sqrt[\nu]{a}\left[\mathrm{Cos.}\frac{2'\nu\pi}{\nu} - i.\,\mathrm{Sin.}\frac{2'\nu\pi}{\nu}\right]$$

$$4)\quad (-a)^{\frac{1}{\nu}} = \sqrt[\nu]{(-a)} = \sqrt[\nu]{a}\left[\mathrm{Cos.}\frac{(2'\nu+1)\pi}{\nu} + i.\,\mathrm{Sin.}\frac{(2'\nu+1)\pi}{\nu}\right]$$

$$= \sqrt[\nu]{a}\left[\mathrm{Cos.}\frac{(2'\nu+1)\pi}{\nu} - i.\,\mathrm{Sin.}\frac{(2'\nu+1)\pi}{\nu}\right]$$

$$5)\quad a^{\frac{1}{\nu}} = \sqrt[\nu]{a} = \sqrt[\nu]{R}.\left[\mathrm{Cos.}\frac{2'\nu\pi+\varphi}{\nu} + i.\,\mathrm{Sin.}\frac{2'\nu\pi+\varphi}{\nu}\right]$$

$$= \sqrt[\nu]{R}.\left[\mathrm{Cos.}\frac{2'\nu\pi-\varphi}{\nu} - i.\,\mathrm{Sin.}\frac{2'\nu\pi-\varphi}{\nu}\right]$$

wenn in (n. 3. und n. 4.) a eine absolute Zahl und der Faktor $\sqrt[\nu]{a}$ in dem Produkt rechts jedesmal den einzigen absoluten Werth dieser Wurzel vorstellt; wenn ferner in (n. 5.) $a = P + Qi$ und R den absoluten Werth von $\sqrt{P^2 + Q^2}$, so wie $\varphi$ den absolut kleinsten Bogen vorstellt, dessen Sinus $= \frac{Q}{R}$ und dessen Cosinus $= \frac{p}{R}$ ist, wenn endlich $\sqrt[\nu]{R}$ ihren absoluten Werth ausdrückt; und wenn zuletzt in allen 5 Gleichungen statt $\nu$ nach und nach 0, 1, 2, 3, ... bis $\nu - 1$ gesetzt wird, wo dann die Ausdrücke rechts alle Werthe der links stehenden geben, nicht mehr und nicht weniger.

Anmerkung. Daß man in den Formeln des (§. 729.) auch $-i$ statt $i$ schreiben könne, und daß sie dann doch noch gültig bleiben müssen, erhellet schon daraus, weil $i$ einen beliebigen der beyden Werthe von $\sqrt{-1}$ vorstellt, daher alles was abgeleitet wird für $i$, auch gelten muß, wenn der andere Werth $-i$ gesetzt wird, wenn dies nur überall geschieht, weil $i$ jedesmal einen und denselben Werth vorstellt.

### §. 731. Lehrsatz.

Was auch $z$ seyn mag, so ist doch immer

1) $[(\text{Cos.}\,\varphi + i.\text{Sin.}\,\varphi) \| i\varphi]^z = \text{Cos.}\,z\varphi + i.\text{Sin.}\,z\varphi$

2) $[(\text{Cos.}\,\varphi + i.\text{Sin.}\,\varphi) \| i.(\pm 2m\pi + \varphi)]^z$

$= \text{Cos.}\,z\,(\pm 2m\pi + \varphi) + i.\text{Sin.}\,z\,(\pm 2m\pi + \varphi)$.

Beweis. Es ist $\text{Cos.}\,\varphi + i.\text{Sin.}\,\varphi = e^{i\varphi}$; folglich $[(\text{Cos.}\,\varphi + i.\text{Sin.}\,\varphi) \| i\varphi)^z = \text{Cos.}\,z\varphi + i.\text{Sin.}\,z\varphi$, wodurch (n. 1.) außer Zweifel. — Setzt man aber in (n. 1.) $\pm 2m\pi + \varphi$ statt $\varphi$, so ergiebt sich sogleich (n. 2.).

### §. 732. Zusatz.

Setzt man statt der (eindeutigen) speciellen Potenzen, die (vieldeutigen) allgemeinen Potenzen so folgt hieraus noch:

1) $(\text{Cos.}\,\varphi + i.\text{Sin.}\,\varphi)^z = \text{Cos.}\,z\varphi + i.\text{Sin.}\,z\varphi$

2) $(\text{Cos.}\,\varphi + i.\text{Sin.}\,\varphi)^z$

$= \text{Cos.}\,z\,(\pm 2m\pi + \varphi) + i.\text{Sin.}\,z\,(\pm 2m\pi + \varphi)$.

Allein man darf dann nicht übersehen, daß man bey irgend einer Anwendung dieser Formel, statt der allgemeinen Potenzen links nicht jeden beliebigen ihrer unendlich vielen Werthe setzen darf, sondern nur diejenigen jedesmal, die solche gerade vorstellen; also in (n. 1.) nur denjenigen, der für den Modul $i\varphi$ genommen ist, so wie in (n. 2.) nur den für den Modul $i(\pm 2m\pi + \varphi)$ genommenen.

### §. 733. Zusatz.

Ist $\nu$ eine beliebige absolute ganze Zahl und setzt man $z = \frac{1}{\nu}$, so erhält man nach (§. 731. n. 2.):

$$[(\text{Cos.}\,\varphi + i.\,\text{Sin.}\,\varphi) \| i(\pm 2m\pi + \varphi)]^{\frac{1}{\nu}}$$

$$= \text{Cos.}\frac{\pm 2m\pi + \varphi}{\nu} + i.\,\text{Sin.}\frac{\pm 2m\pi + \varphi}{\nu},$$

wofür man auch schreiben kann

$$(\text{Cos.}\,\varphi + i.\,\text{Sin.}\,\varphi)^{\frac{1}{\nu}} = \text{Cos.}\frac{\pm 2m\pi + \varphi}{\nu} + i.\,\text{Sin.}\frac{\pm 2m\pi + \varphi}{\nu},$$

wenn man nur nicht vergißt, daß die allgemeine Potenz links ein vieldeutiges Zeichen ist, welches für jedes bestimmte m einen bestimmten ihrer Werthe vorstellt.

Anmerkung. Setzt man in den Formeln (§. 731. §. 732.) o und $\pi$ statt $\varphi$, so erhält man wiederum alle Werthe von $1^z$ und $(-1)^z$ für jedes $z$; und alle Werthe von $1^{\frac{1}{\nu}}$ und $(-1)^{\frac{1}{\nu}}$, wenn $\nu$ eine beliebige absolute ganze Zahl ist, wie solche schon früher gefunden worden sind.

## §. 734. Aufgabe.

Man soll die allgemeine Potenz $(1+x)^z$ in eine nach x fortgehende unendliche Reihe verwandeln, unter der Voraussetzung daß z und x ganz beliebige Ausdrücke von der Form $p+qi$ (reele oder imaginäre) sind, daß aber $1+x$ nicht Null ist.

### Auflösung.

Alle Werthe von $(1+x)^z$ sind enthalten in der Formel $e^{z.\text{Log}.(1+x)}$, oder in $e^{z.\text{Log}\,1} \times e^{zX}$ wenn X die Reihe $x - \frac{1}{2}x^2 + \frac{1}{3}x^3 + \frac{1}{4}x^4 + \ldots$ in infinit. bezeichnet. Nun ist aber $e^{z.\text{Log}.1} = 1^z$, wo $1^z$ eine allgemeine Potenz ist und unendlich viele Werthe hat; folglich darf man nur $e^{zX}$ in eine nach x geordnete Reihe verwandeln und diese nachher mit der allgemeinen Potenz $1^z$ multiplizieren, um alle unendliche Reihen nach x zu haben, welche allen Werthen von $(1+x)^z$ entsprechen.

Nun ist aber (§. 652.)

$$e^{zX} = 1 + \frac{zX}{1} + \frac{z^2X^2}{2'} + \frac{z^3X^3}{3'} + \ldots \text{ in inf.}$$

folglich, wenn man hier statt X die Reihe $x - \frac{1}{2}x^2 + \frac{1}{3}x^3$ — etc. etc. setzt, welche durch X bezeichnet worden ist, und nach Potenzen von x ordnet

$$e^{zX} = 1 + z.x + A.x^2 + B.x^3 + \ldots \text{ in inf.}$$

wo A, B, etc. etc. Funktionen von z vorstellen. —

Weil es aber nicht leicht zu seyn scheint, hier unmittelbar das Gesetz zu entdecken, nach welchem diese Koefficienten, A, B, etc. etc., als Funktionen von z darzustellen sind, so schlagen wir zu diesem Zwecke noch folgenden andern Weg ein. — Wir setzen

$$e^{zX} = S.[P_z(a+1).x^a] \quad \ldots (A)$$

wo $P\varkappa 1 = 1$, und $P\varkappa 2 = z$ seyn muß, während im allgemeinen $P\varkappa(n+1)$ noch bestimmt werden soll. — Dann hat man aber, wenn y und Y statt x und X gesetzt werden,

$$e^{zY} = S.[P\varkappa(a+1).y^a] \quad (B)$$

folglich auch, wenn (A) mit (B) multiplizirt wird

$$e^{z(X+Y)} = S.[P\varkappa(a+1).P\varkappa(b+1).x^a.y^b] \quad \ldots (C)$$

Nun ist aber $X = \text{Log.}(1+x)$ und $Y = \text{Log.}(1+y)$, also auch

$$X+Y = \text{Log.}(1+x)(1+y) = \text{Log.}(1+[y+(1+y)x]).$$

Setzt man daher in (A) $y+(1+y)x$ statt x und dann $X+Y$ statt X, so erhält man noch

$$e^{z(X+Y)} = S.[P\varkappa(a+1).[y+(1+y)x]^a] \quad \text{oder (§. 376.)}$$

$$e^{z(X+Y)} = S.\left[\frac{(b+c)'}{b\,.\,c'}.P\varkappa(b+c+1).y^b.(1+y)^c.x^c\right] \quad \ldots (D)$$

Und es müssen daher in (C) und (D) rechts die Koefficienten von $x^m$ und daher auch die von x einander gleich seyn; also

$$S.[P\varkappa 2.P\varkappa(b+1).y^b] = S.[(b+1).P\varkappa(b+2).y^b(1+y)] \quad \ldots (E)$$

Es ist aber die Reihe rechts gleich der Summe

$$S.[(b+1).P\varkappa(b+2).y^b] + S.[(b+1).P(b+2).y^{b+1}] \quad \text{(§. 373. n. 1.)}$$

$$= S.[(b+1).P\varkappa(b+2).y^b] + S.[b.P\varkappa(b+1).y^b]$$

(§. 374. Anmerk. 1.); also aus (E) (§. 373. n. 3.)

$$S.[P\varkappa 2.P\varkappa(b+1)y^b] = S.[((b+1)P\varkappa(b+2)+b.P\varkappa(b+1))y^b] \ldots (F)$$

Daher auch hier die Koefficienten von $x^n$ in beyden Reihen links und rechts einander gleich, d. h.

$$P\varkappa 2.P\varkappa(n+1) = (n+1)P\varkappa(n+2) + n\,P\varkappa(n+1) \quad \ldots (G)$$

oder $(n+1).P\varkappa(n+2) = (z-n).P\varkappa(n+1) \quad \ldots (H)$

Setzt man endlich in (H) statt n nach und nach 0, 1, 2, 3 ... bis $n-1$, so erhält man

$$1 \,.\, P \varkappa 2 = z$$
$$2 \,.\, P \varkappa 3 = (z-1) P \varkappa 2$$
$$3 \,.\, P \varkappa 4 = (z-2) P \varkappa 3$$
$$4 \,.\, P \varkappa 5 = (z-3) P \varkappa 4$$
$$\vdots$$
$$n \,.\, P \varkappa (n+1) = (z-(n-1)) \,.\, P \varkappa n;$$

folglich wenn man diese Gleichungen alle mit einander multiplizirt, und die gemeinschaftlichen Faktoren wegdividirt

$$n^{\prime} \,.\, P \varkappa (n+1) = z^{n|-1} \text{ oder } P \varkappa (n+1) = \frac{z^{n|-1}}{n^{\prime}} = z_n.$$

Folglich hat man gefunden

$$(1+x)^z = 1^z \,.\, (1 + z \,.\, x + z_2 \,.\, x^2 + z_3 \,.\, x^3 + z_4 \,.\, x^4 + \ldots)$$

oder $(1+x)^z = 1^z \,.\, S \,.\, [z_a \,.\, x^a]$

wo man rechts alle gesuchten Reihen hat, welche dem $(1+x)^z$ gleich sind.

§. 735. Zusatz.

Dahero ist auch

$$(a+x)^z = a^z \,.\left(1 + z \,.\, \frac{x}{a} + z_2 \,.\, \frac{x^2}{a^2} + z_3 \,.\, \frac{x^3}{a^3} + \ldots\right)$$

oder auch

$$(a+x)^z = a^z + z \,.\, a^{z-1} \,.\, x + z_2 \,.\, a^{z-2} \,.\, x^2 + z_3 \,.\, a^{z-3} \,.\, x^3 + \ldots \text{ in inf.},$$

wo aber alle Potenzen von a für einen und denselben Modul genommen seyn müssen, weil, wenn n eine ganze Zahl, $a^n = (a \| \alpha)^n$ seyn muß, welchen Werth des Moduls $\alpha$ auch bezeichnen mag, und weil daher nach (§. 727. II.)

$$(a \| \alpha)^z \,.\, \frac{1}{a^n} = (a \| \alpha)^{z-n}$$

seyn muß, für jeden Werth von n, der eine ganze Zahl ist.

Anmerkung. Der (§. 376.) für ganze Potenzen und (§. 638.) für Differenz-Potenzen erwiesene binomische Lehrsatz findet also auch für allgemeine Potenzen statt, jedoch mit der so eben bemerkten Modifikation hinsichtlich der verschiedenen Potenzen von a, die in den einzelnen Gliedern, als Faktoren vorkommen. Dabey kann der Exponent z beliebig reel oder imaginär seyn, in so ferne z allgemein die Form p + qi haben kann.

## §. 736. Zusatz.

Es ist daher, wenn z ein ganz beliebiger Ausdruck von der Form p + qi ist

$$\text{I. } (a+b)^z = S.\left[\frac{z^{\alpha|-1}}{\alpha'} . a^{z-\alpha} . b^{\alpha}\right]$$

$$\text{II. } (a+b+c)^z = S.\left[\frac{z^{\alpha+b|-1}}{\alpha'.b'} a^{z-\alpha-b} . b^{\alpha} . c^{b}\right]$$

$$\text{III. } (a+b+c+d)^z = S.\left[\frac{z^{\alpha+b+c|-1}}{\alpha'.b'.c'} a^{z-\alpha-b-c} . b^{\alpha} . c^{b} . d^{c}\right]$$

u. s. w. f.

## §. 737. Zusatz.

Daraus folgt aber auch noch für jeden Werth von z von der Form p + qi,

$$(a + bx + cx^2 + dx^3 + \dots \text{ in inf.})^z =$$

$$S.\left[\frac{z^{\alpha+b+c+\dots|-1}}{\alpha'.b'.c'\dots} a^{z-\alpha-b-c-\dots} . b^{\alpha} . c^{b} . d^{c} \dots x^{p}\right]$$
$$\alpha + 2b + 3c + \dots = p$$

so daß der Koefficient von $x^n$ folgender ist:

$$S.\left[\frac{z^{\alpha+b+c+\dots+n|-1}}{\alpha'.b'.c'\dots n'} a^{z-\alpha-b-c-\dots-n} . b^{\alpha} . c^{b} \dots p^{n}\right]$$
$$\alpha + 2b + 3c + \dots + n n = n$$

Nur darf in allen diesen Formeln (§. 736. u. §. 737). keiner der Dignanden der Null gleich seyn.

### §. 738. Erklärung.

Sind a und b ganz beliebige (reele oder imaginäre) Ausdrücke von der Form $p + qi$, aber nicht Null, so bezeichne das Zeichen

$$b ? a$$

welches ein allgemeiner Logarithme genannt werden mag, jeden Ausdruck, welcher statt x gesetzt, der Gleichung

$$a^x = b$$

genügt (während $a^x$ nothwendig eine allgemeine Potenz seyn muß, sobald der Modul nicht angegeben ist, der sie zu einer speciellen machen könnte, wegen der Willkührlichkeit von a). — Der Ausdruck b heiße der Logarithmand, a dagegen die Basis.

Ist aber $\alpha$ ein beliebiger bestimmter Werth von Log. a (oder von dem Modul der Basis a), so nenne man das Zeichen

$$b ? (a \| \alpha)$$

einen speciellen Logarithmen, und bezeichne damit jeden Ausdruck, der, für x gesetzt, der Gleichung

$$(a \| \alpha)^x = b$$

ein Genüge leistet. — Diesen speciellen Logarithmen $b ? (a \| \alpha)$ spreche man aus: „der Logarithme „von b für die Basis a und für den Modul $\alpha$."

### §. 739. Zusatz.

1) Sind $\alpha$, $'\alpha$, $''\alpha$, etc. etc. die unendlich vielen Werthe von Log. a (oder des Moduls von a), so hat der allgemeine Logarithme $b ? a$ zunächst unendlich viele Werthe, welche ausgedrückt sind durch die speciellen Logarithmen

$$b ? (a \| \alpha); \quad b ? (a \| '\alpha); \quad b ? (a \| ''\alpha); \text{ etc. etc.}$$

2) Ist a eine absolute Zahl, so ist der specielle Logarithme b?(a || La) mit dem künstlichen Logarithmen $\overset{a}{\text{Log}}$. b völlig gleichbedeutend. Die übrigen speciellen Logarithmen, die alle in der Formel

$$b?[a || (La \pm 2m\pi i)]$$

enthalten sind, sind aber dann von dem künstlichen Logarithmen $\overset{a}{\text{Log}}$. b wesentlich verschieden.

3) Setzt man — a statt a und läßt man a noch immer eine beliebige absolute Zahl seyn, so daß — a eine negative Zahl wird, so hat der allgemeine Logarithme b?(— a) noch immer unendlich viele Werthe, welche ausgedrückt sind durch die unendlich vielen speciellen Logarithmen, die alle enthalten sind in der Formel

$$b?[-a || [La \pm (2m+1)\pi i]],$$

wenn statt m nach und nach 0, 1, 2, 3, 4, ... in inf. gesetzt gedacht wird.

4) Ist endlich a imaginär und $= p + qi$, so hat der allgemeine Logarithme b?a noch unendlich viele Werthe, ausgedrückt durch die unendlich vielen speciellen Logarithmen, die alle enthalten sind in der Formel

$$b?[a || [Lr + (\pm 2m\pi + \varphi) i]];$$

wo $r = \sqrt{p^2 + q^2}$ und $\varphi$ der absolut kleinste Bogen, dessen Sinus $= \frac{q}{r}$ und Cosinus $= \frac{p}{r}$ ist.

## §. 740. Lehrsatz.

Jeder einzelne specielle Logarithme aber, z. B.

b?(a||α), hat wiederum unendlich viele Werthe, die alle enthalten sind in der Formel $\frac{\text{Log. b}}{\alpha}$.

Beweis. Denn der specielle Logarithme b?(a||α) bezeichnet jeden Ausdruck, welcher statt x gesetzt, der Gleichung $(a\,||\,\alpha)^x = b$ oder $e^{\alpha x} = b$ genügt. Nun leisten aber die unendlich vielen Werthe von Log. b statt αx gesetzt, dieser Gleichung ein Genüge, nicht mehr und nicht weniger. Folglich etc. etc.

§. 741. Zusatz.

Da nun alle Werthe des allgemeinen Logarithmen b?a enthalten sind in der Formel

b ? (a || Log. a),

welche alle speciellen Logarithmen liefert, wenn man statt Log. a nach und nach dessen unendlich viele Werthe setzt; da ferner jeder für einen bestimmten Werth von Log. a entstehende dieser unendlich vielen speciellen Logarithmen b?(a||Log. a) wieder unendlich viele in der Formel $\frac{\text{Log. b}}{\text{Log. a}}$ enthaltene Werthe hat, die alle erhalten werden, wenn man, während Log. a diesen bestimmten Werth repräsentirt, statt Log. b nach und nach dessen unendlich vielen Werthe gesetzt denkt; da dem allen so ist, — so hat der allgemeine Logarithme b?a unendlich mal unendlich viele Werthe, die alle enthalten sind in der Formel $\frac{\text{Log. b}}{\text{Log. a}}$, und die alle erhalten werden, wenn man für Log. a dessen unendlich vielen Werthe setzt, und dann für jeden bestimmten Werth von Log. a zugleich statt Log. b ebenfalls dessen unendlich vielen Werthe substituirt.

## §. 742. Zusatz.

Sind a und b absolute ganze Zahlen, so ist demnach:

1) $b?[a\|(La + 2k\pi i)] = \frac{Lb \pm 2m\pi i}{La + 2k\pi i}$

$$= \frac{(La.Lb \pm 4mk\pi^2) - (2kLb \mp 2mLa)\pi i}{(La)^2 + 4k^2\pi^2}$$

2) $(-b)?[a\|(La + 2k\pi i)] = \frac{Lb \pm (2m+1)\pi i}{La + 2k\pi i}$

$$= \frac{[La.Lb \pm 2k(2m+1)\pi^2] - [2kLb \mp (2m+1)La]\pi i}{(La)^2 + 4k^2\pi^2}$$

Und wenn e statt a gesetzt wird:

3) $b?[e\|(1+2k\pi i)] = \frac{(Lb \pm 4mk\pi^2) - (2kLb \mp 2m)\pi i}{1 + 4k^2\pi^2}$

4) $(-b)?[e\|(1+2k\pi i)] = \frac{[Lb \pm 2k(2m+1)\pi^2] - [2kLb \mp (2m+1)]\pi i}{1 + 4k^2\pi^2}$

und wenn 1 statt a gesetzt wird:

5) $b?[1\|2k\pi i] = \frac{\pm 2m\pi - iLb}{2k\pi}$

6) $(-b)?[1\|2k\pi i] = \frac{\pm(2m+1)\pi - i.Lb}{2k\pi}$,

wo in den beyden letzten Formeln k nicht der Null gleich seyn darf. —

In diesen Formeln rechts sind aber nur dann alle Werthe der allgemeinen Logarithmen

$b?a$; $(-b)?a$; $b?e$; $(-b)?e$; $b?1$; $(-b)?1$

enthalten, wenn man auch noch $-k$ statt k schreibt, in so ferne alle Werthe von Log. a enthalten sind in der Formel $La \pm 2k\pi i$, das $(-)$ Zeichen aber absichtlich weggelassen wurde, um die Zweideutigkeit zu vermeiden, welche aus dem Gebrauche der beyden $(\pm)$ Zeichen hervorgegangen seyn würde.

Anmerkung. Daß es auch angebbare Logarithmen giebt, deren Basis 1 ist, ist hier nebenbey zu bemerken.

## §. 743. Zusatz.

Ist $b = {}'p + {}'qi$ und $a = p + qi$, aber weder a noch b der Null gleich, so hat man

$$b ? a = \frac{L'r + (\pm 2m\pi + {}'\varphi)i}{Lr + (\pm 2k\pi + \varphi)i}$$

$$= \frac{[L'r . Lr + (\pm 2m\pi + {}'\varphi)(\pm 2k\pi + \varphi)] + [(\pm 2m\pi + {}'\varphi) Lr - (\pm 2k\pi + \varphi) L'r] i}{(Lr)^2 + (\pm 2k\pi + \varphi)^2}$$

welche Formel alle unendlich mal unendlich vielen Werthe von $b ? a$ enthält, wenn man nach und nach statt k Null und alle absolute ganze Zahlen, und für jeden bestimmten Werth von k auch wieder statt m Null und alle absolute ganze Zahlen gesetzt denkt; wenn ferner $r = \sqrt{'p^2 + 'q^2}$ und $r = \sqrt{p^2 + q^2}$ und $'\varphi$ den absolut kleinsten Bogen ausdrückt, dessen Sinus $= \frac{'q}{'r}$ und dessen Cosinus $\frac{'p}{'r}$ ist, während $\varphi$ den absolut kleinsten Bogen bezeichnet, dessen Sinus $= \frac{q}{r}$ und dessen Cosinus $= \frac{p}{r}$ ist.

Diese allgemeine Formel enthält aber alle diejenigen des (§. 742.), so wie noch viele andere ähnliche (wo a negativ, oder imaginär angenommen ist, während b positiv, negativ, oder imaginär seyn kann) als besondere Fälle in sich.

## §. 744. Zusatz.

Setzt man den Theil, der mit i behaftet ist, in der allgemeinen Formel des (§. 743.) der Null gleich, so erhält man die Gleichung

$$(\pm 2m\pi + {}'\varphi) . Lr = (\pm 2k\pi + \varphi) . L'r,$$

welche Gleichung die Bedingung enthält, für die Werthe von b und a, unter welcher ein Werth des allgemeinen Logarithmen b?a, reel ist.

Geschieht dasselbe in dem besondern Fall des (§. 742. n. 4.) so erhält man die Gleichung

$$2kLb = \pm(2m+1) \quad \text{oder} \quad Lb = \frac{\pm(2m+1)}{2k}$$

$$\text{oder} \quad b = e^{\pm\frac{2m+1}{2k}}$$

wo $e^{\pm\frac{2m+1}{2k}}$ eine natürliche Potenz ist, also nur einen einzigen (absoluten) Werth hat. — So oft daher b diesen Werth hat, so oft hat die negative Zahl —b für die natürliche Basis e, aber für den Modul $1 \pm 2k\pi i$ einen reelen Logarithmen, und dieser findet sich $= \pm \frac{2m+1}{2k}$; also gerade so, wie der reele Werth des natürlichen Logarithmen von der absoluten Zahl b selbst.

## §. 745. Zusatz.

Es folgt aber aus der (§. 738.) gegebenen Definition des allgemeinen Logarithmen, daß die Formeln der Logarithmen, die (§. 62.) für wirkliche Logarithmen aufgestellt sind, und (§. 707. u. 708.) auch für künstliche Logarithmen geltend gefunden wurden, nicht weniger für diese allgemeinen Logarithmen gelten müssen.

Nur muß man, da wo solche Formeln auf besondre Fälle angewandt werden sollen; nicht übersehen, daß die allgemeinen Potenzen und die allgemeinen Logarithmen unendlich vieldeutige Zeichen sind, die jedesmal einen von unendlich vielen Werthen vorstellen; daß daher, wenn ein solcher bestimmter Werth statt der allgemeinen (vieldeutigen) Zeichen gesetzt wird, jedesmal erst besonders nachgewiesen werden muß, wie solcher gerade der hier vorgestellte wirklich ist.

Anmerkung. Unterscheidet man die unendlich vielen speciellen Logarithmen durch die (§. 738.) angegebene Bezeichnung, so kann man noch sehr viele interessante und in besondern Untersuchungen nützliche besondere Formeln, für diese speciellen Logarithmen geltend, aufstellen. — Will man endlich bloß mit eindeutigen Zeichen arbeiten, welches ebenfalls in manchen besondern Untersuchungen wünschenswerth erscheint, so kann man die einzelnen von den unendlich vielen Werthen eines bestimmten (zu einem bestimmten Modul der Basis gehörigen) speciellen Logarithmen auch noch durch die Bezeichnung

$$(b \,\|\, Log.\, b) \,?\, (a \,\|\, Log.\, a)$$

wo Log. b und Log. a bestimmte Werthe dieser natürlichen Logarithmen vorstellen sollen, von einander unterscheiden; so daß, wenn $\alpha$ und $\beta$ diese bestimmten Werthe von Log. a und Log. b bezeichnen, das Zeichen

$$(b \,\|\, \beta) \,?\, (a \,\|\, \alpha)$$

nur ein eindeutiges Zeichen ist, welches den Quotienten $\frac{\beta}{\alpha}$ vorstellt, der dann einer von den unendlich mal unendlich vielen Werthen des allgemeinen Logarithmen b ? a ist; d. h. ein Ausdruck ist, welcher bewirkt, daß

$$(a \,\|\, \alpha)^{\beta : \alpha} = b \qquad \text{wird.}$$

Da es gegen den Zweck dieser Schrift ist, in solche besondere Untersuchungen tiefer einzugehen; da es zugleich jedem, der die drei letzten Kapitel gehörig aufgefaßt hat, leicht seyn muß, dergleichen selbst anzustellen, so versparen wir, näheres darüber mitzutheilen, bis zu dem Zeitpunkt, wo wir Ursache haben werden zu glauben, daß diese Mittheilung noch besondern Nutzen versprechen werde.

## §. 746. Erklärung.

Die Quotienten

$$\frac{(a \| \alpha)^{ix} - (a \| \alpha)^{-ix}}{2i} \text{ und } \frac{(a \| \alpha)^{ix} + (a \| \alpha)^{-ix}}{2}$$

bezeichne man beziehlich durch

$$\overset{a \| \alpha}{\sin.x} \text{ und } \overset{a \| \alpha}{\cos.x};$$

die Quotienten

$$\frac{\overset{a \| \alpha}{\sin.x}}{\overset{a \| \alpha}{\cos.x}}; \quad \frac{\overset{a \| \alpha}{\cos.x}}{\overset{a \| \alpha}{\sin.x}}; \quad \frac{1}{\overset{a \| \alpha}{\cos.x}}, \quad \frac{1}{\overset{a \| \alpha}{\sin.x}}$$

dagegen beziehlich durch

$$\overset{a \| \alpha}{\text{tang}.x}, \quad \overset{a \| \alpha}{\text{cotang}.x}, \quad \overset{a \| a}{\text{sec}.x}, \quad \overset{a \| \alpha}{\text{cosec}.x}$$

und nenne diese Zeichen, specielle trigonometrische Funktionen für die Basis a und für den Modul $\alpha$, aus denen dann die allgemeinen trigonometrischen Funktionen hervorgehen, wenn man in der Bezeichnung a und $\alpha$ wegläßt, so daß sowohl Basis als Modul willkührlich und gänzlich unbestimmt bleiben.

## §. 747. Zusatz.

Es folgt sogleich

$$\overset{a \| \alpha}{\sin.x} = \text{Sin}.\alpha x \text{ und } \overset{a \| \alpha}{\cos.x} = \text{Cos}.\alpha x.$$

## §. 748. Zusatz.

Zugleich ist nicht schwer einzusehen, daß die Sätze (§. 658 – 664.) mit leicht zu findenden Ausnahmen auch für diese speciellen und allgemeinen trigonometrischen Funktionen statt finden müssen, wenn sie alle zu einer und derselben Basis und zu einem und demselben Modul gehören.

Man kann aber auch Relationen aufstellen zwischen solchen speciellen und allgemeinen trigonometrischen Funktionen, die zu derselben Basis aber zu verschiedenen Moduln, oder die auch zu verschiedenen Basen gehören.

Anmerkung. Auch hier begnügen wir uns mit diesen Andeutungen, deren nähere Auseinandersetzung ohne dieß zunächst von keinem bedeutenden Nutzen zu seyn scheint.

# Zahlenlehre.

## Acht und zwanzigstes Kapitel.

## Noch einige merkwürdige Sätze der unendlichen Reihen.

### §. 749. Lehrsätze.

Ist m eine beliebige absolute ganze Zahl so ist allemal*)

$$\text{I. } \mathrm{Cos.}(mx) = S.\left[(-1)^a . \frac{m}{2} . \frac{(m-a-1)^{a-1|-1}}{a'} (2\mathrm{Cos.}x)^{m-2a}\right]_{2a+b=m}$$

$$\text{oder} = (2\mathrm{Cos.}x)^m - m(2\mathrm{Cos.}x)^{m-2} + \frac{m(m-3)}{2}(2\mathrm{Cos.}x)^{m-4}$$

$$- \frac{m(m-4)(m-5)}{2.3}(2\mathrm{Cos.}x)^{m-6} + \frac{m.(m-5)(m-6)(m-7)}{2.3.4}(2\mathrm{Cos.}x)^{m-8} - \text{etc.}$$

$$\text{II. } \mathrm{Sin.}(mx) = S.\left[(-1)^a . \frac{(m-a-1)^{a|-1}}{a'} \mathrm{Sin.}x.(2\mathrm{Cos.}x)^{m-2a-1}\right]_{2a+b=m-1}$$

---

*) Diese Formeln sind hier absichtlich in dieser Form und nur für eine absolute ganze Zahl m aufgestellt, weil wir uns vorbehalten, später auf sie und auf die Art ihrer Entwickelung zurück zu kommen.

oder $\mathrm{Sin.}(mx) =$

$$= \mathrm{Sin.}x\Big[(2\mathrm{Cos.}x)^{m-1} - (m-2)(2\mathrm{Cos.}x)^{m-3} + \frac{(m-3)(m-4)}{2}(2\mathrm{Cos.}x)^{m-5}$$

$$- \frac{(m-4)(m-5)(m-6)}{2.3}(2\mathrm{Cos.}x)^{m-7} + \text{etc.}\Big]$$

III. $\mathrm{Cos.}(mx) = (-1)^{\frac{m-1}{2}}.S.\left[(-1)^a.\frac{m.(m-2a+1)^{2a|2}}{(2a+1)'}(\mathrm{Cos.}x)^{2a+1}\right]$

oder

$$= \pm\left[m.\mathrm{Cos.}x - \frac{m(m^2-1)}{2.3}(\mathrm{Cos.}x)^3 + \frac{m(m^2-1)(m^2-9)}{2.3.4.5}(\mathrm{Cos.}x)^5 - \text{etc.}\right]$$

wenn m eine ungerade Zahl ist;

IV. $\mathrm{Cos.}(mx) = (-1)^{\frac{m}{2}}.S.\left[(-1)^a.\frac{m.(m-2a+2)^{2a-1|2}}{(2a)'}(\mathrm{Cos.}x)^{2a}\right]$

oder

$$= \pm\Big[1 - \frac{m^2}{2}(\mathrm{Cos.}x)^2 + \frac{m^2(m^2-4)}{2.3.4}(\mathrm{Cos.}x)^4$$

$$- \frac{m^2(m^2-4)(m^2-16)}{2.3.4.5.6}(\mathrm{Cos.}x)^6 + \text{etc.}\Big]$$

wenn m eine gerade Zahl;

V. $\mathrm{Sin.}(mx) = (-1)^{\frac{m-1}{2}}S\left[(-1)^a\frac{(m-2a+1)^{2a|2}}{(2a)'}(\mathrm{Cos.}x)^{2a}\right]\times\mathrm{Sin.}x$

oder $= \pm\,\mathrm{Sin.}x\Big[1 - \frac{m^2-1}{2}(\mathrm{Cos.}x)^2 + \frac{(m^2-1)(m^2-9)}{2.3.4}(\mathrm{Cos.}x)^4$

$$- \frac{(m^2-1)(m^2-9)(m^2-25)}{2.3.4.5.6}(\mathrm{Cos.}x)^6 + \text{etc.}\Big]$$

wenn m eine ungerade Zahl;

VI. $\mathrm{Sin.}(mx) = (-1)^{\frac{m}{2}}.S.\left[(-1)^a\frac{(m-2a)^{2a+1|2}}{(2a+1)'}(\mathrm{Cos.}x)^{2a+1}\right]\times\mathrm{Sin.}x$

oder

$$= \pm\,\mathrm{Sin.}x\left[m\mathrm{Cos.}x - \frac{m(m^2-4)}{2.3}(\mathrm{Cos.}x)^3 + \frac{m(m^2-4)(m^2-16)}{2.3.4.5}(\mathrm{Cos.}x)^5 - \text{etc.}\right]$$

wenn m eine gerade Zahl ist;

VII. $\mathrm{Cos.}(mx) = \mathrm{Cos.}x \times S.\left[(-1)^a . \frac{(m-2a+1)^{2a|2}}{(2a)'} (\mathrm{Sin.}x)^{2a}\right]$

oder $= \mathrm{Cos.}x \left[1 - \frac{m^2-1}{2} (\mathrm{Sin.}x)^2 + \frac{(m^2-1)(m^2-9)}{2.3.4} (\mathrm{Sin.}x)^4 - \frac{(m^2-1)(m^2-9)(m^2-25)}{2.3.4.5.6} (\mathrm{Sin.}x)^6 + \text{etc. etc.}\right]$

wenn m eine ungerade Zahl ist;

VIII. $\mathrm{Cos.}(mx) = S.\left[(-1)^a \frac{m\,(m-2a+2)^{2a-1|2}}{(2a)'} (\mathrm{Sin.}x)^{2a}\right]$

oder $= 1 - \frac{m^2}{2} (\mathrm{Sin.}x)^2 + \frac{m^2(m^2-4)}{2.3.4} (\mathrm{Sin.}x)^4 - \frac{m^2(m^2-4)(m^2-16)}{2.3.4.5.6} (\mathrm{Sin.}x)^6 + \text{etc. etc.}$

wenn m gerade;

IX. $\mathrm{Sin.}(mx) = S.\left[(-1)^a . \frac{m.(m-2a+1)^{2a|2}}{(2a+1)'} (\mathrm{Sin.}x)^{2a+1}\right]$

oder $= m.\mathrm{Sin.}x - \frac{m(m^2-1)}{2.3} (\mathrm{Sin.}x)^3 + \frac{m(m^2-1)(m^2-9)}{2.3.4.5} (\mathrm{Sin.}x)^5 - \text{etc.}$

wenn m eine ungerade Zahl; endlich

X. $\mathrm{Sin.}(mx) = \mathrm{Cos.}x\,S.\left[(-1)^a . \frac{m.(m-2a)^{2a|2}}{(2a+1)'} (\mathrm{Sin.}x)^{2a+1}\right]$

oder

$= \mathrm{Cos.}x \left[m.\mathrm{Sin.}x - \frac{m(m^2-4)}{2.3} (\mathrm{Sin.}x)^3 + \frac{m(m^2-4)(m^2-16)}{2.3.4.5} (\mathrm{Sin.}x)^5 - \text{etc.}\right]$

wenn m eine gerade Zahl ist.

In den letzten Formeln (III — X) sind die Bedingungsgleichungen der Aggregate deshalb nicht nöthig, weil der Buchstabe a nach und nach die Werthe 0, 1, 2, 3 . . . u. s. w. f. bekommen soll, bis die Reihe von selbst abbricht.

Beweise. Alle diese Lehrsätze werden dadurch erwiesen, daß man ihre Gültigkeit für $m = h$ und

$m = h - 1$ annimmt, und dann zeigt, wie sie auch für $m = h + 1$ gelten müssen. Zuletzt zeigt man, daß sie für $m = 1$ und für $m = 2$ zutreffen, und die Sätze sind dann für alle absolute ganze Zahlen erwiesen, welche statt m gesetzt werden mögen. Für die Formel (I.) mag der Beweis zunächst näher ausgeführt, hier Platz finden.

Gilt nehmlich diese Formel (I.) für $m = h$ und $m = (h - 1)$ so hat man

$$2\text{Cos.}x.\text{Cos.}(hx) = S.\left[(-1)^a.\frac{h}{2}.\frac{(h-a-1)^{a-1|-1}}{a'}(2\text{Cos.}x)^{h+1-2a}\right]\ldots \quad 2a+b=h$$

$$-\text{Cos.}(h-1)x = -S.\left[(-1)^a\frac{h-1}{2}.\frac{(h-a+2)^{a-1|-1}}{a}(2\text{Cos.}x)^{h-1-2a}\right] \quad 2a+b=h-1$$

nach (§. 374. Anmerk.)

$$= S.\left[(-1)^a.\frac{h-1}{2}.\frac{(h-a-1)^{a\,2|-1}}{(a-1)'}(2\text{Cos.}x)^{h+1-2a}\right] \ldots (B) \quad 2a+b=h+1$$

Nun erhält man nach (§. 662. n. n. 19. 20., welche beyden Formeln hier immer angewandt werden) Cos. $(h+1)x$, wenn man die beyden Aggregate (A) und (B) addirt. Es können aber in diesen beyden Aggregaten die Bedingungsgleichungen $2a + b = h$ und $2a + b = h + 1$ als dieselben angesehen werden; denn, ist h eine gerade Zahl, so liefert die erste und die zweyte für a die Werthe $0, 1, 2, 3 \ldots$ bis $\frac{h}{2}$; ist aber h eine ungerade Zahl, so liefert die zweyte für a den Werth $\frac{h+1}{2}$ noch mehr, als die erste; allein das Glied in (B) welches aus $a = \frac{h+1}{2}$ hervorgeht ist $= 0$, wie man sich sogleich durch Substitution überzeugen kann; folglich kann man statt der Bedingungsgleichung in (B). nehmlich $2a + b = h + 1$ auch bloß schreiben $2a + b = h$; und deßhalb kommen dann die Aggregate (A) und (B) nach (§. 373. n. 3.) addirt werden und man erhält dann

$$\mathrm{Cos.}(h+1)x = S\left[(-1)^a \cdot \frac{h+1}{2} \frac{[(h+1)-a-1]^{a-1|-1}}{a} (2\,\mathrm{Cos.}x)^{h+1-2a}\right]$$

welches dieselbe Formel (I.) für $m = h + 1$ ist.

Da nun die Formel (I.) für $m = 1$ giebt

$$\mathrm{Cos.}(1 . x) = \mathrm{Cos.}\, x$$

und für $m = 2$

$$\mathrm{Cos.}(2x) = 2(\mathrm{Cos.}\, x)^2 - 1$$

beyde Resultate aber richtig sind, so gilt diese Formel (I.) für $m = 1$ und für $m = 2$, daher dann auch für $m = 3$, u. s. w. f.

Der Beweis der Formel (II.) läßt sich danach unmittelbar bilden.

Um (III.) und (IV.) zu erweisen nimmt man erstlich an, daß $h$ eine gerade Zahl sey, so sind $h - 1$ und $h + 1$ ungerade Zahlen. Nun beweißt man, daß wenn die Formel (III.) für $m = h - 1$ und die Formel (IV.) für $m = h$ gilt, dann auch die (III.) für $m = h + 1$ gelten müsse. — Eben so nimmt man dann $h$ als eine ungerade Zahl an, so daß $h - 1$ und $h + 1$ gerade Zahlen sind, und beweißt daß wenn die Formel IV. für $m = h - 1$ und die Formel III. für $m = h$ gilt, dann auch die Formel (IV.) für $m = h + 1$ gelten müsse. Zuletzt zeigt man, daß die Formel (III.) für $m = 1$ und die Formel (IV.) für $m = 2$ gilt, und beyde müssen dann allgemein gelten für jede (passende) ganze Zahl m.

Gerade so werden aber auch die Formeln (V.) und (VI.) in Verbindung erwiesen.

Nicht weniger so finden die Beweise für (VII.) und (VIII.) und eben so die Beweise für (IX.) und (X.) statt.

Diese letztern Beweise für (VII.) und (VIII.) mögen hier noch näher ausgeführt stehen. — Sey h eine ungerade Zahl, also h — 1 und h + 1 gerade Zahlen, so ist nach der Annahme, aus (VIII.):

$$\mathrm{Cos.}(h-1)x = S.\left[(-1)^a . \frac{(h-1).(h-2a+1)^{2a-1|2}}{(2a)'} (\mathrm{Sin.}x)^{2a}\right] \ldots (A)$$

und aus (VII.), nach der Annahme, und weil $(\mathrm{Cos.}x)^2 = 1 - (\mathrm{Sin.}x)^2$ ist,

$$2\mathrm{Cos.}x.\mathrm{Cos.}hx$$

$$= [1-(\mathrm{Sin.}x)^2].S.\left[(-1)^a \frac{2.(h-2a+1)^{2a|2}}{(2a)'} (\mathrm{Sin.}x)^{2a}\right]$$

oder wenn man wirklich multiplizirt (§. 373. n. 1.):

$$= S.\left[(-1)^a . \frac{2.(h-2a+1)^{2a|2}}{(2a)'} (\mathrm{Sin.}x)^{2a}\right] \ldots (B)$$

$$+ S.\left[(-1)^{a+1} \frac{2.(h-2a+1)^{2a|2}}{(2a)'} (\mathrm{Sin.}x)^{2a+2}\right] \ldots (C)$$

Nun ist aber das Aggregat (C), wenn man a — 1 statt a setzt, nach (§. 374. Anmerk.)

$$= S.\left[(-1)^a . \frac{2.(h-2a+3)^{2a-2|2}}{(2a-2)'} (\mathrm{Sin.}x)^{2a}\right].$$

Addirt man nun dieses zu (B) und zieht dann (A) von dieser Summe ab, so erhält man nach (§. 662. n. 20.) $\mathrm{Cos.}(h+1)x$, und zwar dasselbe was auch die Formel (VIII.) für m = h + 1 gegeben hätte; u. s. w. f.

## §. 750. Zusatz.

Es folgt aber aus diesen Formeln, wenn man nach und nach 1, 2, 3, 4, 5, ec. statt m schreibt:

$$\mathrm{Cos.}\ x = \mathrm{Cos.}\ x$$
$$\mathrm{Cos.}(2x) = 2(\mathrm{Cos.}\ x)^2 - 1$$
$$\mathrm{Cos.}(3x) = 4(\mathrm{Cos.}\ x)^3 - 3\,\mathrm{Cos.}\ x$$
$$\mathrm{Cos.}(4x) = 8(\mathrm{Cos.}\ x)^4 - 8(\mathrm{Cos.}\ x)^2 + 1$$
$$\mathrm{Cos.}(5x) = 16(\mathrm{Cos.}\ x)^5 - 20(\mathrm{Cos.}\ x)^3 + 5(\mathrm{Cos.}\ x)$$

u. s. w. f.

$$\mathrm{Sin.}\ x = \mathrm{Sin.}\ x$$
$$\mathrm{Sin.}(2x) = 2\,\mathrm{Sin.}\ x.\ \mathrm{Cos.}\ x$$
$$\mathrm{Sin.}(3x) = [4(\mathrm{Cos.}\ x)^2 - 1]\ \mathrm{Sin.}\ x$$
$$\mathrm{Sin.}(4x) = [8(\mathrm{Cos.}\ x)^3 - 4\,\mathrm{Cos.}\ x]\ \mathrm{Sin.}\ x$$
$$\mathrm{Sin.}(5x) = [16(\mathrm{Cos.}\ x)^4 - 12(\mathrm{Cos.}\ x)^2 + 1]\ \mathrm{Sin.}\ x$$

u. s. w. f.

Ferner:

$$\mathrm{Cos.}\ x = \mathrm{Cos.}\ x$$
$$\mathrm{Cos.}(2x) = 1 - 2(\mathrm{Sin.}\ x)^2$$
$$\mathrm{Cos.}(3x) = \mathrm{Cos.}\ x[1 - 4(\mathrm{Sin.}\ x)^2]$$
$$\mathrm{Cos.}(4x) = 1 - 8(\mathrm{Sin.}\ x)^2 + 8(\mathrm{Sin.}\ x)^4$$
$$\mathrm{Cos.}(5x) = \mathrm{Cos.}\ x[1 - 12(\mathrm{Sin.}\ x)^2 + 16(\mathrm{Sin.}\ x)^4]$$
$$\mathrm{Cos.}(6x) = 1 - 18(\mathrm{Sin.}\ x)^2 + 48(\mathrm{Sin.}\ x)^4 - 32(\mathrm{Sin.}\ x)^6$$

u. s. w. f.

Eben so:

$$\mathrm{Sin.}\ x = \mathrm{Sin.}\ x$$
$$\mathrm{Sin.}(2x) = 2\,\mathrm{Sin.}\ x\,.\ \mathrm{Cos.}\ x$$
$$\mathrm{Sin.}(3x) = 3\,\mathrm{Sin.}\ x - 4(\mathrm{Sin.}\ x)^3$$
$$\mathrm{Sin.}(4x) = \mathrm{Cos.}\ x\,[4\,\mathrm{Sin.}\ x - 8(\mathrm{Sin.}\ x)^3]$$
$$\mathrm{Sin.}(5x) = 5\,\mathrm{Sin.}\ x - 20(\mathrm{Sin.}\ x)^3 + 16(\mathrm{Sin.}\ x)^5$$
$$\mathrm{Sin.}(6x) = \mathrm{Cos.}\ x\,[6\,\mathrm{Sin.}\ x - 32(\mathrm{Sin}\ x)^3 + 32(\mathrm{Sin.}\ x)^5]$$

u. s. w. f.

## §. 751. Lehrsatz.

Ist abermals m eine absolute ganze Zahl, so hat man noch:

I. $(\mathrm{Cos.}\,x)^m = \frac{1}{2^m}\, S.[m_a . \mathrm{Cos.}(m-2a)\,x]$

II. $(\mathrm{Sin.}\,x)^m = (-1)^{\frac{m}{2}} . \frac{1}{2^m} . S.[(-1)^a . m_a . \mathrm{Cos.}(m-2a)\,x]$

wenn m eine gerade Zahl ist;

III. $(\mathrm{Sin.}\,x)^m = (-1)^{\frac{m-1}{2}} . \frac{1}{2^m} . S.[(-1)^a . m_a . \mathrm{Sin.}(m-2a)\,x]$

wenn m eine ungerade Zahl ist.

Beweise. Man nehme an, die Formel (I.) gelte für $m = h$, und beweise, daß sie dann auch gelten müsse für $m = h + 1$. Multiplizirt man daher die Formel (I.) für $m = h$, noch mit $\mathrm{Cos.}\,x$, und bemerkt man dabey, daß (§. 662. n. 9.):

$\mathrm{Cos.}\,x . \mathrm{Cos.}(h-2a)x = \frac{1}{2}[\mathrm{Cos.}(h+1-2a)x + \mathrm{Cos.}(h-1-2a)x]$

so erhält man

$$(\mathrm{Cos.}\,x)^{h+1} = \frac{1}{2^{h+1}}\Big(S.[h_a\, \mathrm{Cos.}(h+1-2a)x] + S.[h_a . \mathrm{Cos.}(h-1-2a)x]\Big)$$

Setzt man in dem letztern Aggregat (rechts) $a - 1$ statt $a$, und bemerkt man, daß das hervorgehende Aggregat für $a = 0$, selbst $= 0$ wird, so folgt aus (§. 374. Anmerkung.), daß:

$$(\mathrm{Cos.}\,x)^{h+1} = \frac{1}{2^{h+1}}\Big(S.[h_a . \mathrm{Cos.}(h+1-2a)x] + S.[h_{a-1} . \mathrm{Cos.}(h+1-2a)x]\Big)$$

$$= \frac{1}{2^{h+1}} . S.[(h+1)_a . \mathrm{Cos.}(h+1-2a)x] \quad (\text{§. 343. n. 2.}).$$

Es gilt also die Formel (I.) für $m = h + 1$, so oft

sie für $m = h$ gilt; und da sie auch für $m = 1$ zutrifft, so etc. etc. etc.

Um die Formeln (II.) und (III.) zu erweisen, nimmt man zuerst h ungerade an, und beweißt, daß wenn die Formel (III.) gilt für $m = h$, dann die Formel (II.) auch gelten müsse für $m = h + 1$. Dann nimmt man h gerade an, und beweißt, daß wenn die Formel (II.) gilt für $m = h$, dann die (III.) auch gelten müsse für $m = h + 1$. Zu beyden braucht man die Sätze (§. 662. n. n. 8. 10.), nehmlich

$$\text{Sin.}x.\text{Cos.}(m-2a)x = \tfrac{1}{2}[\text{Sin.}(m+1-2a)x - \text{Sin.}(m-1-2a)x]$$

und

$$\text{Sin.}x.\text{Sin.}(m-2a)x = \tfrac{1}{2}[\text{Cos.}(m-1-2a)x - \text{Cos.}(m+1-2a)x].$$

Nachher zeigt man, daß die Formel (III.) für $m = 1$, und die Formel (II.) für $m = 2$ zutrifft; folglich etc. etc. etc.

## §. 752. Zusatz.

Bemerkt man, daß in den Formeln (I. II. u. III. §. 751.) das nte Glied vom Anfang genau dasselbe ist, wie das nte Glied vom Ende, welche ganze Zahl auch n seyn mag, so kann man bey der Entwickelung der combinatorischen Aggregate bloß bis zur Hälfte der Glieder gehen, dabey aber jedes Glied doppelt nehmen.

Ist aber m eine gerade Zahl, so giebt es nur ein mittleres Glied, welches dann noch zu nehmen, aber natürlich nicht, wie die vorhergehenden Glieder, mit 2 zu multipliziren ist.

## §. 753. Lehrsätze.

Es ist allemal:

$$\text{I. } \operatorname{Sin}.x = x\left(1-\frac{x}{\pi}\right)\left(1+\frac{x}{\pi}\right)\left(1-\frac{x}{2\pi}\right)\left(1+\frac{x}{2\pi}\right)\left(1-\frac{x}{3\pi}\right)\left(1+\frac{x}{3\pi}\right)\ldots$$

$$\ldots \times \left(1-\frac{x}{\mu\pi}\right)\left(1+\frac{x}{\mu\pi}\right) \times \ldots \text{ in inf.}$$

$$\text{II. } \operatorname{Cos}.x = \left(1-\frac{2x}{\pi}\right)\left(1+\frac{2x}{\pi}\right)\left(1-\frac{2x}{3\pi}\right)\left(1+\frac{2x}{3\pi}\right)\left(1-\frac{2x}{5\pi}\right)\left(1+\frac{2x}{5\pi}\right)\ldots$$

$$\ldots \times \left(1-\frac{2x}{(2\mu+1)\pi}\right)\left(1+\frac{2x}{(2\mu+1)\pi}\right) \times \ldots \text{ in inf.}$$

Beweise. Denn es sind $0$, $\pm\pi$, $\pm 2\pi$, $\pm 3\pi$, etc. etc. alle Werthe von $x$, für welche die unendliche Reihe $\operatorname{Sin}.x$ oder $x - \frac{x^3}{3'} + \frac{x^5}{5'}$ — etc. etc. der Null gleich wird. Folglich nach (§. 584. n. 7.) etc. etc.

Eben so sind aber $\pm \frac{1}{2}\pi$, $\pm \frac{3}{2}\pi$, $\pm \frac{5}{2}\pi$, etc. etc. alle Werthe von $x$, welche die unendliche Reihe $\operatorname{Cos}.x$ oder $1 - \frac{x^2}{2'} + \frac{x^4}{4'} + \ldots$ zu Null machen; folglich etc. etc. etc.

## §. 754. Zusatz.

Daher ist auch:

$$1)\ \operatorname{Sin}.x = x\left(1-\frac{x^2}{\pi^2}\right)\left(1-\frac{x^2}{4\pi^2}\right)\left(1-\frac{x^2}{9\pi^2}\right)\ldots \text{ in inf.}$$

$$2)\ \operatorname{Cos}.x = \left(1-\frac{4x^2}{\pi^2}\right)\left(1-\frac{4x^2}{9\pi^2}\right)\left(1-\frac{4x^2}{25\pi^2}\right)\ldots \text{ in inf.}$$

Setzt man aber hier in (1), $\pi^2 z$ statt $x^2$, so erhält man:

$$3)\ 1-\frac{\pi^2}{3'}z+\frac{\pi^4}{5'}z^2-\frac{\pi^6}{7'}z^3+\ldots = (1-z)\left(1-\tfrac{1}{4}z\right)\left(1-\tfrac{1}{9}z\right)\left(1-\tfrac{1}{16}z\right)\ldots$$

Aber eben so, wenn in (2) $\frac{\pi^2}{4}z$ statt $x^2$ gesetzt wird,

$$4)\ 1-\frac{\pi^2}{4\,2'}z+\frac{\pi^4}{4\,4'}z^2-\frac{\pi^6}{4\,6'}z^3+\ldots = (1-z)\left(1-\tfrac{1}{9}z\right)\left(1-\tfrac{1}{25}z\right)\ldots$$

**Weil aber auf diese Gleichungen der Newton'sche Lehrsatz (§. 495.) angewandt werden kann (§. 583.), so kann man mittelst derselben Gleichungen verschiedene numerische unendliche Reihen durch $\pi$ ausdrücken.**

Anmerkung. Weil man von mehreren allgemeinen unendlichen Reihen, und nicht bloß von denen, die durch Sin. und Cos. bezeichnet sind, alle Werthe angeben kann, welche solche zu Null machen; weil ferner die entstehenden Resultate noch sehr viele verschiedene Umformungen erleiden können, so kann man mittelst desselben Weges sehr viele verschiedene mehr oder minder Allgemeinheit mit sich führende Reihen, durch $\pi$ oder andere ähnliche Zahlen ausdrücken. — Es genügt hier, den Weg gezeigt zu haben. Hinsichtlich der weitern Ausführung sind vorzüglich die Euler'schen Schriften zu Rathe zu ziehen.

## §. 755. Zusatz.

**Setzt man in (§. 753. I. u. II.) $\frac{m\pi}{2n}$ statt x, so erhält man**

$$1)\ \text{Sin.}\ \frac{m\pi}{2n} = \frac{m\pi}{2n}\left(1-\frac{m^2}{4n^2}\right)\left(1-\frac{m^2}{16n^2}\right)\left(1-\frac{m^2}{36n^2}\right)\ldots$$

$$= \frac{m\pi}{2n}\cdot\frac{2n-m}{2n}\cdot\frac{2n+m}{2n}\cdot\frac{4n-m}{4n}\cdot\frac{4n+m}{4n}\cdot\frac{6m-n}{6n}\ldots$$

$$2)\ \text{Cos.}\ \frac{m\pi}{2n} = \left(1-\frac{m^2}{n^2}\right)\left(1-\frac{m^2}{9n^2}\right)\left(1-\frac{m^2}{25n^2}\right)\ldots$$

$$= \frac{n-m}{n}\cdot\frac{n+m}{m}\cdot\frac{3n-m}{3n}\cdot\frac{3n+m}{3n}\cdot\frac{5n-m}{5n}\cdot\frac{5'n+m}{5n}\ldots$$

**Und wenn man hier n − m statt m setzt; wegen**

$$\text{Sin.}\ \frac{(n-m)\pi}{2n} = \text{Sin.}\left(\tfrac{1}{2}\pi-\frac{m\pi}{2n}\right) = \text{Cos.}\ \frac{m\pi}{2n} \quad \textbf{und}$$

$$\text{Cos.}\ \frac{(n-m)\pi}{2n} = \text{Cos.}\left(\tfrac{1}{2}\pi-\frac{m\pi}{2n}\right) = \text{Sin.}\ \frac{m\pi}{2n}$$

$$3)\ \text{Cos.}\ \frac{m\pi}{2n} = \frac{(n-m)\pi}{2n}\cdot\frac{n+m}{2n}\cdot\frac{3n-m}{2n}\cdot\frac{3n+m}{4n}\cdot\frac{5n-m}{4n}\cdot\frac{5n+m}{6n}\ldots$$

$$4)\ \text{Sin.}\ \frac{m\pi}{2n} = \frac{m}{n}\cdot\frac{2n-m}{n}\cdot\frac{2n+m}{3n}\cdot\frac{4n-m}{3n}\cdot\frac{4n+m}{5n}\cdot\frac{6n-m}{5n}\ldots.$$

Setzt man ferner in (§. 753. I.) $m\pi$ und $n\pi$ statt $x$, so erhält man noch

$$5)\quad \frac{\text{Sin.}\, m\pi}{\text{Sin.}\, n\pi} = \frac{m(1-m)(1+m)(2-m)(2+m)(3-m)(3+m)\ldots}{n.(1-n)(1+n)(2-n)(2+n)(3-n)(3+n)\ldots}$$

Dividirt man auch noch (1) durch (4), so erhält man

$$1 = \frac{\pi}{2} \cdot \frac{1}{2} \cdot \frac{3}{2} \cdot \frac{3}{4} \cdot \frac{5}{4} \cdot \frac{5}{6} \cdot \frac{7}{6} \cdot \frac{7}{8} \cdot \frac{9}{8} \cdot \ldots$$

oder *)

$$6)\quad \frac{\pi}{2} = \frac{2 \cdot 2 \cdot 4 \cdot 4 \cdot 6 \cdot 6 \cdot 8 \cdot 8 \cdot 10 \cdot 10 \ldots}{1 \cdot 3 \cdot 3 \cdot 5 \cdot 5 \cdot 7 \cdot 7 \cdot 9 \cdot 9 \cdot 11 \ldots}$$
$$= 2 \cdot (1-\tfrac{1}{3})(1+\tfrac{1}{3})(1-\tfrac{1}{5})(1+\tfrac{1}{5})(1-\tfrac{1}{7})(1+\tfrac{1}{7})(1-\tfrac{1}{9})(1+\tfrac{1}{9})\ldots$$
$$= 2 \cdot (1-\tfrac{1}{9})(1-\tfrac{1}{25})(1-\tfrac{1}{49})(1-\tfrac{1}{81}) \ldots$$

## §. 756. Zusatz.

Man kann sich aber dieser und vieler ähnlicher, auf dieselbe Weise und nach denselben Prinzipien abgeleiteter Formeln, bedienen, um Logarithmen durch unendlich viele andere Logarithmen auszudrücken.

So z. B. ergiebt sich aus (§. 755. n. 1.):

$$1)\quad \text{Log.}\left(\text{Sin.}\frac{m\pi}{2n}\right) = \text{Log.}\,\pi + \text{Log.}\frac{m}{2n} + \text{Log.}\left(1-\frac{m^2}{4n^2}\right)$$
$$+ \text{Log.}\left(1-\frac{m^2}{16n^2}\right) \ldots$$

oder für $m = n = 1$, weil dann $\text{Sin.}\frac{m\pi}{2n} = 1$,

$$2)\quad L.\pi = L\,2 - [L(1-\tfrac{1}{4}) + L(1-\tfrac{1}{16}) + L(1-\tfrac{1}{36}) + \ldots]$$

Eben so aus (n. 6.)

$$3)\quad L\pi = L4 + L(1-\tfrac{1}{9}) + L(1-\tfrac{1}{25}) + L(1-\tfrac{1}{49}) + L(1-\tfrac{1}{81}) + \ldots$$

*) Dieser Ausdruck von $\pi$ wurde zuerst von Wallis gegeben.

### §. 757. Aufgabe.

Es ist m eine absolute ganze Zahl, a dagegen eine beliebige absolute Zahl, man soll

$$a^m - x^m \quad \text{und} \quad a^m + x^m$$

in lauter reele Faktoren vom ersten oder zweyten Grade zerlegen.

### Auflösung.

Man erhält aus $\alpha - x$ alle einfachen Faktoren, wenn man statt $\alpha$ nach und nach alle Wurzelwerthe der Gleichungen

$$a^m - x^m = 0 \quad \text{und} \quad a^m + x^m = 0$$

setzt. Nun sind alle Wurzelwerthe dieser Gleichungen enthalten in den Formeln

$$a.\sqrt[m]{1} \quad \text{und} \quad a.\sqrt[m]{-1}$$

oder in den Formeln

$$(A) \ldots \quad a.\left(\text{Cos.}\frac{2.{}'m\pi}{m} + i.\text{Sin.}\frac{2.{}'m\pi}{m}\right) \text{ und}$$

$$a.\left(\text{Cos.}\frac{(2.{}'m+1)\pi}{m} + i.\text{Sin.}\frac{(2.{}'m+1)\pi}{m}\right)$$

oder in den Formeln

$$(B) \ldots \quad a.\left(\text{Cos.}\frac{2.{}'m\pi}{m} - i.\text{Sin.}\frac{2.{}'m\pi}{m}\right) \text{ und}$$

$$a.\left(\text{Cos.}\frac{(2.{}'m+1)\pi}{m} - i.\text{Sin.}\frac{(2.{}'m+1)\pi}{m}\right)$$

wo statt $'m$ nach und nach 0, 1, 2, 3, . . . bis $m - 1$ gesetzt wird, und wo die Formeln (B) dieselben Werthe geben, wie die (A).

Es sind daher die einfachen Faktoren von $a^m - x^m$, enthalten in der Formel

$$a.\left(\text{Cos.}\frac{2.'m\pi}{m}+i.\text{Sin.}\frac{2.'m\pi}{m}\right)-x$$ und auch in

$$a.\left(\text{Cos.}\frac{2.'m\pi}{m}-i.\text{Sin.}\frac{2.'m\pi}{m}\right)-x$$

wenn 'm die Werthe 1, 2, 3, ... bis m — 1 bekommt; und zwar giebt die zweyte Formel genau dieselben Faktoren wie die erste, nur in umgekehrter Ordnung. Multiplizirt man nun den $\nu$ten dieser Faktoren vom Anfang $a.\left(\text{Cos.}\frac{2\nu\pi}{m}+i.\text{Sin.}\frac{2\nu\pi}{m}\right)-x$ mit dem $\nu$ten Faktor vom Ende, in derselben Reihe der Faktoren, d. h. mit $a.\left(\text{Cos.}\frac{2\nu\pi}{m}-i.\text{Sin.}\frac{2\nu\pi}{m}\right)-x$, so erhält man zum Produkt

$$a^2-2a\,\text{Cos.}\frac{2\nu\pi}{m}+x^2,$$

welches jedesmal für jeden Werth von $\nu$, der 1, 2, 3, ... bis m — 1 ist, und für welchen nicht $\text{Sin.}\frac{2\nu\pi}{m}$ der Null gleich ist, einen doppelten und reelen Faktor von $a^m-x^m$ giebt. — Um daraus alle diese doppelten Faktoren zu erhalten, darf man nur statt $\nu$ nach und nach 1, 2, 3 ... bis $\frac{m}{2}$ oder bis $\frac{m-1}{2}$ setzen, je nachdem m eine ungerade oder eine gerade Zahl ist. Ist m gerade, so ist für $\nu=\frac{1}{2}m$, $\text{Sin.}\frac{2\nu\pi}{m}=\text{Sin.}\pi=0$ und $\text{Cos.}\frac{2\nu\pi}{m}=-1$ und daher $-a-x$ oder $a+x$ noch ein einfacher reeler Faktor von $a^m-x^m$; außer dem einfachen Faktor $a-x$, der sich für $\nu=0$ ergiebt.

Aus demselben Grunde findet man aber die reelen doppelten Faktoren von $a^m + x^m$ enthalten in der Formel $a^2 - 2a\,\text{Cos.}\frac{(2\nu+1)\pi}{m} + x^2$, wo statt $\nu$, 0, 1, 2, 3 ... bis $m - 1$ gesetzt werden kann, wo man aber, um alle diese doppelten Faktoren zu haben, für $\nu$ nur bis zu $\frac{m-1}{2}$ oder bis zu $\frac{m-2}{2}$ zu gehen hat, je nachdem m eine ungerade oder eine gerade Zahl ist. Nur muß man bemerken daß diese Formel für denjenigen Werth von $\nu$ keinen doppelten Faktor giebt, für welchen $\text{Sin.}\frac{(2\nu+1)\pi}{m} = 0$ ist, weil dann ein reeler einfacher Faktor existirt, nehmlich $a + x$, und außer ihm kein zweyter mehr, mit dem die Multiplikation statt finden könnte.

## §. 758. Zusatz.

Sollen die reelen doppelten Faktoren von

$$a^{2m} - 2a^m x^m . \text{Cos.}\,\varphi + x^{2m}$$

gefunden werden, so liefert die Gleichung

$$x^{2m} - 2a^m . \text{Cos.}\,\varphi . x^m + a^{2m} = 0$$

nach (§. 561.) die 2m Wurzelwerthe

$$x = a\sqrt[m]{\text{Cos.}\,\varphi \pm i . \text{Sin.}\,\varphi}, \quad \text{oder nach (§. 733.)}$$

$$x = a . \left(\text{Cos.}\frac{2'm\pi + \varphi}{m} \pm i . \text{Sin.}\frac{2'm\pi + \varphi}{m}\right)$$

wenn statt 'm nach und nach 0, 1, 2, 3, ... bis m − 1 gesetzt wird. Multiplizirt man aber den einfachen Faktor

$$a . \left(\text{Cos.}\frac{2\nu\pi + \varphi}{m} + i . \text{Sin.}\frac{2\nu\pi + \varphi}{m}\right) - x$$

mit dem andern einfachen Faktor

$$a.\left(\text{Cos}.\frac{2\nu\pi+\varphi}{m} - i.\text{Sin}.\frac{2\nu\pi+\varphi}{m}\right) - x,$$

so erhält man

$$a^2 - 2ax.\text{Cos}.\frac{2\nu\pi+\varphi}{m} + x^2$$

und diese Formel giebt alle gesuchten doppelten Faktoren von

$$a^{2m} - 2a^m x^m.\text{Cos}.\varphi + x^{2m},$$

wenn man statt $\nu$ nach und nach 0, 1, 2, 3, ... bis $m-1$ setzt.

Anmerkung. Man pflegt die Auflösung der Aufgabe (§. 757.) das Theorem des Cotes zu nennen. Die Erweiterung des (§. 758.) ist von Moivre. —

§. 759. Lehrsatz.

Sind a und x ganz beliebige Ausdrücke*), so erhält man alle Werthe der Potenz $a^x$, wenn man einen bestimmten Werth dieser Potenz $(a\|\alpha)^x$ mit allen Werthen von $1^x$ multiplizirt.

Beweis. Denn alle Werthe von $a^x$ sind enthalten in der Formel $e^{x\text{Log}.a}$. Nun erhält man aber alle Werthe von Log. a, wenn man einen bestimmten dieser Werthe $\alpha$ zu allen Werthen von Log. 1 addirt. Folglich sind alle Werthe von $a^x$ oder $e^{x\text{Log}.a}$ enthalten in der Formel $e^{x\alpha + x\text{Log}.1}$ oder in der Formel $e^{x\alpha}.1^x$ oder in $(a\|\alpha)^x.1^x$.

§. 760.

*) Wir werden in der Folge, wenn von Potenzen $a^x$, $a^y$, u. s. w. die Rede ist, die Bedingung, daß a nicht Null seyn darf, als ein für allemal vorausgesetzt annehmen.

### §. 760. Zusatz.

Also erhält man auch alle Werthe von $(ab)^x$ wenn man einen bestimmten Werth von $a^x$ mit allen Werthen von $b^x$, oder wenn man einen bestimmten Werth von $b^x$ mit allen Werthen von $a^x$ multiplizirt.

### §. 761. Aufgabe.

Man soll die allgemeine Potenz $(a+bi)^x$ in einen Ausdruck verwandeln, der die Form $p+qi$ hat und zugleich alle Werthe von $(a+bi)^x$ enthält; vorausgesetzt, daß a und b beliebig reel sind, während x reel oder imaginär seyn kann.

### Auflösung.

Man setze $\sqrt{a^2+b^2} = r$, wo r eine absolute Zahl, und bezeichne durch $\varphi$ den kleinsten absoluten Bogen, dessen Sinus $= \frac{b}{r}$ und Cosinus $= \frac{a}{r}$ ist; so hat man

$$a + bi = r.(\text{Cos}\,\varphi + i.\text{Sin}.\varphi);$$

dahero alle Werthe von $(a+bi)^x$ enthalten in der Formel $r^x.(\text{Cos}.\varphi + i.\text{Sin}.\varphi)^x$, wenn einer der beyden Faktoren einen bestimmten seiner Werthe, der andern dagegen alle seine Werthe vorstellt. Nun ist einer der Werthe von $r^x$, die künstliche Potenz $(r\|Lr)^x$ oder $e^{xLr}$; und alle Werthe von $(\text{Cos}.\varphi + i.\text{Sin}.\varphi)^x$ enthalten in der Formel

$$\text{Cos}.(\pm 2m\pi + \varphi)x + i.\text{Sin}.(\pm 2m\pi + \varphi)x$$

Folglich sind alle Werthe von $(a+bi)^x$ enthalten in der Formel

$$\text{I. } e^{xLr}.[\text{Cos}.(\pm 2m\pi + \varphi)x + i.\text{Sin}.(\pm 2m\pi + \varphi)x]$$

oder in der Formel

$$\text{II. } r^x . [\text{Cos.}\, \varphi x + i . \text{Sin.}\, \varphi x]$$

wo $r^x$ alle ihre Werthe vorstellt.

## §. 762. Zusatz.

Daher sind auch alle Werthe von $(a - bi)^x$ enthalten in der Formel

$$\text{I. } e^{xLr} . [\text{Cos.}\, (\pm 2m\pi + \varphi)x - i . \text{Sin.}\, (\pm 2m\pi + \varphi)]$$

oder in

$$\text{II. } r^x . [\text{Cos.}\, \varphi x - i . \text{Sin.}\, \varphi x]$$

Anmerkung. Man kann sich aber dieser Ausdrücke bedienen, um die m Werthe von $\sqrt[m]{a+bi}$ oder von $(a + bi)^{\frac{1}{m}}$ in Ausdrücke von derselben Form $p + qi$ zu verwandeln; also auch dazu, um die 2m Werthe von x aus der Gleichung (§. 561.) unter dieselbe Form zu bringen, im Falle der Radikand dort imaginär seyn sollte. —

## §. 763. Zusatz.

Folglich sind auch alle Werthe der Summe

$$(a + bi)^x + (a - bi)^x$$

enthalten in der Formel

$$\text{I. } e^{xLr} . [(\text{Cos.} (\pm 2m\pi + \varphi) x + \text{Cos.} (\pm 2'm\pi + \varphi) x)$$
$$+ i . [\text{Sin.} (\pm 2m\pi + \varphi) x - \text{Sin.} (\pm 2'm\pi + \varphi) x)]$$

oder in der andern

$$\text{II. } (r^x + r^x) . \text{Cos.}\, \varphi x + i . (r^x - r^x) . \text{Sin.}\, \varphi x \text{ *)}$$

---

*) Man darf hier gar nicht $2r^x$ oder o statt $r^x + r^x$ oder statt $r^x - r^x$ setzen, weil dies nur in den besondern Fällen geschehen darf, wo man für das erste $r^x$ und für das zweyte einen und denselben ihrer unendlich vielen Werthe setzt. (§. 721. Anmerk.) — Wäre x einer Differenz ganzer Zahlen gleich, so hätte $r^x$ nur einen einzigen Werth, und dann müßte man sogleich $2r^x$ statt $r^x + r^x$ und o statt $r^x - r^x$ substituiren.

Diese Werthe von

$$(a+bi)^x + (a-bi)^x$$

erhält man aber alle aus (I.) wenn man nach und nach 0, 1, 2, 3, 4 ... in inf. statt m setzt, und dabey für jeden Werth von 'm ebenfalls 0, 1, 2, 3 ... in inf. gesetzt denkt. — Aus (II.) erhält man sie dagegen, wenn man statt der ersten Potenz $r^x$ in $r^x + r^x$ und in $r^x - r^x$ alle ihre Werthe setzt, und dabey für jeden bestimmten dieser Werthe, auch für die zweyte $r^x$ nach und nach alle ihr Werthe gesetzt denkt.

Diese Werthe von

$$(a+bi)^x + (a-bi)^x$$

sind theils reel, theils imaginär. Will man bloß alle reelen Werthe dieser Summe haben, so darf man nur in (I.), während m jeden beliebigen der Werthe 0, 1, 2, 3, etc. vorstellt, 'm so nehmen, daß

$$\text{Sin.}(\pm 2m\pi + \varphi)x - \text{Sin.}(\pm 2'm\pi + \varphi)x = 0$$

oder nach (§. 662. n. 12.), daß

$$\text{Cos.}[(\pm m \pm 'm)\pi + \varphi]x \times \text{Sin.}(\pm m \mp 'm)\pi x = 0$$

wird.

Anmerkung. Wollte man aus der Formel (II.) diejenigen unter allen Werthen des Ausdrucks

$$(a+bi)^x + (a-bi)^x$$

ableiten, welche reel sind, so würde man nicht (wie es Anfängern scheinen könnte) dadurch seinen Zweck erreichen, daß man $r^x - r^x = 0$, also statt $r^x + r^x$ dann $2.r^x$ setzte; denn das Resultat

$$2 . r^x . \text{Cos}\,\varphi x$$

enthält zwar unendlich viele Werthe, unter denen aber nur ein einziger reeler Werth ist, während die übrigen der Werthe nur dann reel seyn können, wenn sie von diesem selbst nicht mehr verschieden sind. Um daher aus der Formel (II.) alle reelen Werthe von

$$(a + bi)^x + (a - bi)^x$$

zu erhalten, muß man statt einer jeden der allgemeinen Potenzen $r^x$, setzen $e^{xLr} \cdot 1^x$ oder

$$e^{xLr} \cdot [\mathrm{Cos.}(\pm 2m\pi x) + i \cdot \mathrm{Sin.}(\pm 2m\pi x)];$$

dann den Ausdruck

$$(r^x + r^x) \cdot \mathrm{Cos.}\,\varphi x + i \cdot (1^x - r^x) \cdot \mathrm{Sin.}\,\varphi x$$

auf die Form $p + qi$ bringen, und zuletzt erst $m$ und $'m$ so nehmen, daß $q = 0$ wird. Man würde aber dann die Formel (I.) wieder erhalten, folglich auch dasselbe Resultat, wie vorher.

## §. 764. Zusatz.

Setzt man $x = \frac{1}{\nu}$ und ist dabey $\nu$ eine absolute ganze Zahl, so ist die Summe

$$(a + bi)^{\frac{1}{\nu}} + (a - bi)^{\frac{1}{\nu}}$$

gleich bedeutend mit der andern Summe

$$\sqrt[\nu]{a + bi} + \sqrt[\nu]{a - bi}.$$

Nun sind aber, weil $e^{\frac{1}{\nu}Lr} = \sqrt[\nu]{r}$ ist, die Werthe von $(a + bi)^{\frac{1}{\nu}}$ enthalten in der Formel

$$\sqrt[\nu]{r} \cdot \left[\mathrm{Cos.}\,\frac{2'\nu\pi + \varphi}{\nu} + i \cdot \mathrm{Sin.}\,\frac{2'\nu\pi + \varphi}{\nu}\right]$$

und die $\nu$ Werthe von $(a - bi)^{\frac{1}{\nu}}$ ausgedrückt durch

$$\sqrt[\nu]{r} \cdot \left[\mathrm{Cos.}\,\frac{2''\nu\pi + \varphi}{\nu} - i \cdot \mathrm{Sin.}\,\frac{2''\nu\pi + \varphi}{\nu}\right],$$

wo $\sqrt[\nu]{r}$ ihren absoluten Werth vorstellt, und wo $'\nu$ und $''\nu$ die Werthe $0, 1, 2, 3, \ldots \nu - 1$ vorstellen.

Folglich sind alle Werthe der Summe

$$\sqrt[\nu]{a+bi} + \sqrt[\nu]{a-bi}$$

enthalten in der Formel

$$\sqrt[\nu]{r} \times \left\{ \left[ \left( \text{Cos.} \frac{2\,'\nu\pi + \varphi}{\nu} + \text{Cos.} \frac{2\,''\nu\pi + \varphi}{\nu} \right) + i \left( \text{Sin.} \frac{2\,'\nu\pi + \varphi}{\nu} - \text{Sin.} \frac{2\,''\nu\pi + \varphi}{\nu} \right) \right] \right.,$$

oder nach (§. 662. n. 13. n. 12.) in der Formel

$$2\sqrt[\nu]{r} \times \left\{ \left[ \text{Cos.} \frac{('\nu + ''\nu)\pi + \varphi}{\nu} . \text{Cos.} \frac{('\nu - ''\nu)\pi}{\nu} + i\ \text{Cos.} \frac{('\nu + ''\nu)\pi + \varphi}{\nu} . \text{Sin.} \frac{('\nu - ''\nu)\pi}{\nu} \right] \right.,$$

oder in

$$2 . \sqrt[\nu]{r} . \text{Cos.} \frac{('\nu + ''\nu)\pi + \varphi}{\nu} \left[ \text{Cos.} \frac{('\nu - ''\nu)\pi}{\nu} + i\,\text{Sin.} \frac{('\nu - ''\nu)\pi}{\nu} \right]$$

Und will man also alle reelen Werthe der Summe

$$\sqrt[\nu]{a+bi} + \sqrt[\nu]{a-bi}$$

entwickeln, so muß man für $'\nu$ alle Werthe $0, 1, 2, 3 \ldots \nu - 1$ setzen, zu jedem Werth von $'\nu$ aber denjenigen Werth von $''\nu$ nehmen, der

$$\text{Sin.} \frac{('\nu - ''\nu)\pi}{\nu} \quad \text{zu Null macht,}$$

welches, da $'\nu$ und $''\nu$ immer kleiner als $\nu$ sind, nicht anders möglich wird, als wenn man $''\nu = '\nu$ nimmt. Dann ist aber $\text{Cos.} \frac{('\nu - ''\nu)\pi}{\nu} = \text{Cos. } 0 = 1$; also alle reele Werthe der Summe

$$\sqrt[\nu]{(a+bi)} + \sqrt[\nu]{(a-bi)}$$

enthalten in der Formel

$$2\sqrt[\nu]{r}\,.\,\mathrm{Cos.}\,\frac{2'\nu\pi+\varphi}{\nu},$$

die mit $2\sqrt[\nu]{r}\,.\,\mathrm{Cos.}\,\frac{2'\nu\pi-\varphi}{\nu}$

gleichbedeutend ist. Diese letztere giebt für $'\nu = 0$ genau denselben Werth, wie die vorige für $'\nu = 0$; während wegen $\frac{2(\nu-'\nu)\pi+\varphi}{\nu} = 2\pi - \frac{2'\nu\pi-\varphi}{\nu}$,

auch $\mathrm{Cos.}\,\frac{2(\nu-'\nu)\pi+\varphi}{\nu} = \mathrm{Cos.}\,\frac{2'\nu\pi-\varphi}{\nu}$ ist,

folglich für alle andern Werthe von $'\nu$, die nicht 0 sind, die letztere Formel $2\sqrt[\nu]{r}\,.\,\mathrm{Cos.}\,\frac{2'\nu\pi-\varphi}{\nu}$ dieselben Werthe genau in umgekehrter Ordnung liefert als die erstere $2\sqrt[\nu]{r}\,.\,\mathrm{Cos.}\,\frac{2'\nu\pi+\varphi}{\nu}$.

Dabey kann man bemerken, daß, so oft die Summe zweyer Werthe von $\sqrt[\nu]{a+bi}$ und $\sqrt[\nu]{a-bi}$ reel ist, weil dann $'\nu = ''\nu$ ist, auch ihr Produkt reel, und daß, während ihre Summe $= 2\sqrt[\nu]{r}\,.\,\mathrm{Cos.}\,\frac{2'\nu\pi+\varphi}{\nu}$ ist,

ihr Produkt $= (\sqrt[\nu]{r})^2 = \sqrt[\nu]{(r^2)} = \sqrt[\nu]{(a^2+b^2)}$ seyn muß; so daß also dieses Produkt immer dasselbe bleibt, reel und absolut ist, während die Faktoren verschieden sind, und auch die Summe dieser Faktoren $\nu$ verschiedene (reele) Werthe hat.

Multiplizirt man endlich zwey beliebige Werthe, den einen von $\sqrt[\nu]{a+bi}$, und den andern von $\sqrt[\nu]{a-bi}$, deren Summe aber nicht reel ist, wo also nicht $'\nu = ''\nu$ ist, mit einander, so erhält man, nach (§. 662. n. n. 40. 41.)

$$(\sqrt[\nu]{r})^2 \cdot \left[\text{Cos.}\frac{2('\nu - ''\nu)\pi}{\nu} + i.\text{Sin.}\frac{2('\nu - ''\nu)\pi}{\nu}\right];$$

und weil dieser Ausdruck nie reel werden kann, so folgt auch umgekehrt, daß, so oft das Produkt zweyer Werthe von $\sqrt[\nu]{a+bi}$ und $\sqrt[\nu]{a-bi}$ reel wird, 1) solches nothwendig $= \sqrt[\nu]{a^2+b^2}$ und absolut werden müsse, 2) die Summe derselben beyden Werthe nothwendig reel seyn muß.

## §. 765. Zusatz.

Dies kann aber unmittelbar auf den sogenannten irreduktiblen Fall der Cardanischen Formel angewandt werden (§. 563. Anmerk.). Dieser Fall tritt nehmlich ein, wenn $\frac{1}{4}q^2 + \frac{1}{27}p^3$ negativ wird, wenn also p negativ, und dabey, absolut genommen, $\frac{1}{27}p^3 > \frac{1}{4}q^2$ ist. Dann ist $a = -\frac{1}{2}q$ und $b = \sqrt{-(\frac{1}{4}q^2 + \frac{1}{27}p^3)}$ und die Werthe von x, welche der cubischen Gleichung

$$x^3 + px + q = 0$$

genügen, sind dann enthalten in der Formel

$$\sqrt[3]{a+bi} + \sqrt[3]{a-bi},$$

jedoch unter der Bedingung, daß man nur diejenigen der 9 Werthe dieser Summe nimmt, für welche das Produkt der beyden Summanden $= -\frac{1}{3}p$ (also positiv, weil p negativ) wird. Weil nun dieses Produkt reel seyn soll, so müssen die 3 Werthe von x nothwendig auch reel und in der Formel

$$2\sqrt[3]{r}\,.\,\mathrm{Cos.}\frac{2'\nu\pi+\varphi}{3} \text{ oder in } 2\sqrt[3]{r}\,.\,\mathrm{Cos.}\frac{2'\nu\pi-\varphi}{3}$$

enthalten seyn, indem 0, 1 und 2 statt $'\nu$ gesetzt wird. Die drei Werthe von x sind daher in diesem Falle

$$2\sqrt[3]{r}\,.\,\mathrm{Cos.}\frac{\varphi}{3},\quad 2\sqrt[3]{r}\,.\,\mathrm{Cos.}\frac{2\pi+\varphi}{3},\quad 2\sqrt[3]{r}\,.\,\mathrm{Cos.}\frac{4\pi+\varphi}{3}$$

oder auch

$$2\sqrt[3]{r}\,.\,\mathrm{Cos.}\frac{\varphi}{3},\quad 2\sqrt[3]{r}\,.\,\mathrm{Cos.}\frac{2\pi+\varphi}{3},\quad 2\sqrt[3]{r}\,.\,\mathrm{Cos.}\frac{2\pi-\varphi}{3}$$

wo $\sqrt[3]{r}$ ihren absoluten Werth vorstellt, während r der absolute Werth von $\sqrt{a^2+b^2}$ oder von $\sqrt{-\frac{1}{27}p^3}$ ist, während endlich $\varphi$ den absolut kleinsten Bogen bedeutet, dessen Sinus $=\frac{b}{r}$ und Cosinus $=\frac{a}{r}$ ist.

## §. 766. Zusatz.

Man konnte die Aufgabe des (§. 761.) blos mittelst des binomischen Lehrsatzes lösen, ohne trigonometrische Funktionen zu Hülfe zu nehmen. Es ist nehmlich (§. 376.):

$$(a+bi)^x = a^x.\left(1+\frac{b}{a}i\right)^x = a^x.\,S.\left[x_{\mathfrak{a}}\cdot\frac{b^{\mathfrak{a}}}{a^{\mathfrak{a}}}i^{\mathfrak{a}}\right]$$

und nach (§. 374.)

$$= a^x.\left(S.\left[(-1)^{\mathfrak{a}}.x_{2\mathfrak{a}}\frac{b^{2\mathfrak{a}}}{a^{2\mathfrak{a}}}\right]+i.\,S.\left[(-1)^{\mathfrak{a}}.x_{2\mathfrak{a}+1}\frac{b^{2\mathfrak{a}+1}}{a^{2\mathfrak{a}+1}}\right]\right)$$

$$(a-bi)^x = a^x.\left(S.\left[(-1)^{\mathfrak{a}}.x_{2\mathfrak{a}}\frac{b^{2\mathfrak{a}}}{a^{2\mathfrak{a}}}\right]-i.\,S.\left[(-1)^{\mathfrak{a}}.x_{2\mathfrak{a}+1}\frac{b^{2\mathfrak{a}+1}}{a^{2\mathfrak{a}+1}}\right]\right)$$

wo die Ausdrücke rechts alle Werthe der allgemeinen Potenzen links geben, wenn man statt $a^x$ nach und nach alle ihre Werthe gesetzt denkt.

Es sind aber dann alle Werthe von

$$(a+bi)^x + (a-bi)^x$$

enthalten in der Formel

$$(C) \begin{cases} (a^x + a^x)\,S.\left[(-1)^a . x_{2a} \cdot \frac{b^{2a}}{a^{2a}}\right] \\ \qquad + i\,(a^x - a^x)\,.\,S.\left[(-1)^a . x_{2a+1} \cdot \frac{b^{2a+1}}{a^{2a+1}}\right], \end{cases}$$

wo statt $a^x + a^x$ nicht $2 . a^x$, und statt $a^x - a^x$ nicht o geschrieben werden darf, sondern wo statt des ersteren $a^x$ (in $a^x + a^x$ und in $a^x - a^x$) nach und nach alle dessen Werthe gesetzt werden müssen, während dann, bey jedem bestimmten dieser Werthe, zugleich statt des zweyten $a^x$ wiederum alle dessen Werthe zu setzen sind.

Anmerkung 1. Man erhält aber hier nicht alle reelen Werthe der Summe $(a+bi)^x + (a-bi)^x$, dadurch, daß man in der Formel (C) das erste $a^x$ jedesmal denselben Werth vorstellen läßt, als das zweyte. — Ist aber x einer Differenz ganzer Zahlen gleich, so sind die unendlich vielen Werthe von $a^x$ alle einander gleich; und die Summe $(a+bi)^x + (a-bi)^x$ hat dann nur einen einzigen Werth, ausgedrückt durch

$$2 . a^x . S.\left[(-1)^a . x_{2a} \left(\frac{b}{a}\right)^{2a}\right].$$

Anmerkung 2. Der früher durch trigonometrische Funktionen dargestellte Ausdruck des Werths von $(a+bi)^x + (a-bi)^x$ ist deshalb bequemer, nicht weil dieser letzte nur durch unendliche Reihen dargestellt ist (denn diesen Nachtheil oder diesen Vortheil hat jener auch, weil Sinus und Cosinus, ihrer Definition zu Folge, nichts anders sind, als unendliche Reihen), sondern weil man für jene durch Sinus und Cosinus bezeichneten Reihen eine große Anzahl einfacher Formeln hat, nach denen sie einem einfachen Kalkul unterworfen werden können, was bey andern Reihen nicht so leicht wird. — Für die numerische Bestimmung eines solchen Werthes von $(a + bi)^x + (a - bi)^x$ endlich ist jener Ausdruck (§. 765.) um so bequemer, weil die numerischen Näherungswerthe jener durch Sinus und Cosinus bezeichneten unendlichen Reihen ein für allemal schon bestimmt und in eine Tabelle niedergelegt sind, so daß man sich in vorkommenden Fällen jedesmal der Tabelle bedienen kann, und deshalb dieselbe (sehr mühevolle) Arbeit nicht immer wieder auf's neue vorzunehmen braucht; weil endlich auch andere Reihen nicht nothwendig für jeden Werth des Fortschreitungs-Buchstaben convergent seyn müssen, und dann erst einer Umformung bedürfen, um sie in andere convergente und schnell convergente Reihen zu verwandeln, für einen gegebenen Fall.

## §. 767. Erklärung.

Diejenige unendliche Reihe, die nach ganzen Potenzen eines Ausdrucks fortgeht, der eine gebrochene Potenz von x ist, z. B.

$$a + bx^{\frac{1}{3}} + c(x^{\frac{1}{3}})^2 + d(x^{\frac{1}{3}})^3 + f(x^{\frac{1}{3}})^4 + \ldots$$

oder $a + bx^{\frac{1}{3}} + cx^{\frac{2}{3}} + dx^1 + fx^{\frac{4}{3}} + \ldots$

heißt eine nach gebrochenen Potenzen von x fortgehende unendliche Reihe.

Diejenige unendliche Reihe dagegen, welche nach ganzen Potenzen eines Ausdrucks fortgeht, der selbst eine negative (ganze oder gebrochene) Potenz von x ist, z. B.

$$a + bx^{-m} + c(x^{-m})^2 + d(x^{-m})^3 + f(x^{-m})^4 + \ldots$$

oder

$$a + bx^{-m} + cx^{-2m} + dx^{-3m} + fx^{-4m} + \ldots$$

heißt eine nach negativen (ganzen oder gebrochenen) Potenzen von x fortschreitende unendliche Reihe.

## §. 768. Zusatz.

Jede nach gebrochenen oder negativen Potenzen von x fortgehende unendliche Reihe kann daher sogleich in eine nach ganzen Potenzen von z fortschreitende unendliche Reihe verwandelt werden, wo z eine gebrochene oder negative Potenz von x ist.

Anmerkung. Die Reihe

$$\ldots + cx^{-3} + bx^{-2} + ax^{-1} + A + Bx^{1} + Cx^{2} + \ldots$$

ist eine Summe von zwey unendlichen Reihen

$$A + Bx + Cx^{2} + Dx^{3} + \ldots$$

und

$$ax^{-1} + bx^{-2} + cx^{-3} + \ldots$$

wovon die eine nach ganzen Potenzen von x, die andere dagegen nach negativen Potenzen von x fortgeht. — Eine solche Reihe und auch diese andere

$$\ldots + cx^{-\frac{3}{2}} + bx^{-1} + ax^{-\frac{1}{2}} + A + Bx^{\frac{1}{2}} + Cx^{1} + Dx^{\frac{3}{2}} + \ldots$$

kann man auch eine gemischte unendliche Reihe nennen.

# Zahlenlehre.

Neun und zwanzigstes Kapitel.

## Von den Progressionen oder Reihen überhaupt.

### §. 769 Erklärung.

Jede nach einem bestimmten Gesetz gebildete Folge von Ausdrücken

A, B, C, D, E, F, etc. etc.

heißt eine Progression oder Zahlen-Reihe. Jeder einzelne Ausdruck selbst ist ein Glied der Reihe. Diejenige Funktion von $n$, welche beziehlich alle Glieder der Reihe giebt, wenn statt $n$ nach und nach 1, 2, 3, 4, etc. etc. gesetzt wird, heißt das allgemeine Glied (das $n^{te}$ Glied) der Reihe. Diejenige Funktion von n dagegen, welche die Summe der ersten $n$ Glieder ausdrückt das summatorische Glied, oder auch bloß die Summe der Progression.

Anmerkung. Die im 15ten Kapitel behandelten arithmetischen und geometrischen Progressionen, sind besondere Arten der Progressionen im allgemeinen.

Eben so die im XVI. Kap. untersuchten figurirten Reihen.

## §. 770. Erklärung.

Hat man die beliebige allgemeine Progression

$$A, \quad B, \quad C, \quad D, \quad E, \quad F, \quad G, \ldots$$

und bildet man daraus eine neue Reihe, dadurch daß man immer jedes Glied von dem folgenden subtrahirt, bildet man also die Reihe

$$B - A, \quad C - B, \quad D - C, \quad E - D, \quad F - E, \text{ etc. etc.}$$

so heiße solche die erste Differenz-Reihe der gegebenen Progression. Bildet man aus dieser Differenz-Reihe, wiederum die Differenz-Reihe

$$C - 2B + A, \quad D - 2C + B, \quad E - 2D + C, \text{ etc. etc.}$$

so heißt solche die zweyte Differenz-Reihe der gegebenen; eben so heißt im allgemeinen die $p^{te}$ Differenzreihe der gegebenen

$$A, \quad B, \quad C, \quad D, \quad E, \quad F, \quad G, \text{ etc. etc.}$$

diejenige Reihe, welche entsteht, wenn man von jeder neuen Reihe wieder die Differenz-Reihe bildet, so lange fort, bis man zur $p^{ten}$ Reihe gelangt.

## §. 771. Lehrsatz.

Sind

$$\overset{0}{A}, \quad \overset{1}{A}, \quad \overset{2}{A}, \quad \overset{3}{A}, \quad \overset{4}{A} \ldots \overset{p}{A},$$

$p + 1$ auf einander folgende Glieder einer beliebigen Progression, und $\overset{0}{A}$ das $q^{te}$ Glied dieser Progression, so ist das $q^{te}$ Glied der $p^{ten}$ Differenz-Reihe derselben Progression

$$= \overset{p}{A} - p \cdot \overset{p-1}{A} + p_2 \cdot \overset{p-2}{A} - p_3 \cdot \overset{p-3}{A} + p_4 \cdot \overset{p-4}{A} \ldots \pm p_1 \cdot \overset{2}{A} \mp \overset{0}{A}$$

wo die obern Zeichen gelten, wenn p ungerade, die untern dagegen, wenn p gerade ist.

Beweis. Denn gesetzt, der Satz gelte für $p = h$, so ist das $q^{te}$ Glied der $h^{ten}$ Differenz-Reihe

$$= \overset{h}{A} - h\overset{h-1}{A} + h_2\overset{h-2}{A} - h_3\overset{h-3}{A} + \ldots \pm h_2\overset{2}{A} \mp h_1\overset{1}{A} \pm \overset{0}{A}.$$

Dann ist aber auch das $q + 1^{te}$ Glied derselben Differenz-Reihe aus derselben Annahme

$$= \overset{h+1}{A} - h\overset{h}{A} + h_2\overset{h-1}{A} - h_3\overset{h-2}{A} + \ldots \pm h_2\overset{3}{A} \mp h_1\overset{2}{A} \pm \overset{1}{A}.$$

Nun erhält man aber das $q^{te}$ Glied der nächstfolgenden $h + 1^{ten}$ Differenz-Reihe, wenn man das vorstehende $q^{te}$ Glied, von dem folgenden $q + 1^{ten}$ Gliede der $h^{ten}$ Differenz-Reihe subtrahirt. Subtrahirt man aber und nimmt den Satz (§. 343. n. 2.) zu Hülfe, nach welchem ist $h_{s+1} + h_s = (h+1)_{s+1}$, so ergiebt sich für das $q^{te}$ Glied der $h + 1^{ten}$ Differenz-Reihe dasselbe, was die Formel des Lehrsatzes für $p = h + 1$ giebt. Es gilt also der Lehrsatz, so oft er für $p = h$ statt findet, auch immer für $p = h + 1$. Da er nun ferner zutrifft für $p = 1$ und für $p = 2$, so muß er auch für jede absolute ganze Zahl gelten, die statt $p$ gesetzt werden mag.

### §. 772. Zusatz.

Ist daher

A, B, C, D, E, F, G, etc. etc.

eine beliebige Progression, so sind die Differenz-Reihen in der Ordnung

1) B-A, C-B, D-C, E-D, F-E, etc. etc.
2) C-2B+A, D-2C+B, E-2D+C, F-2E+D, etc. etc.
3) D-3C+3B-A, E-3D+3C-B, F-3E+3D-C, etc. etc.
4) E-4D+6C-4B+A, F-4E+6D-4C+B, etc. etc.

u. s. w. f.

## §. 773. Erklärung.

Zwischen je zwey Glieder einer gegebenen Progression

$$A, \quad B, \quad C, \quad D, \quad E, \quad F, \quad G, \ldots$$

eine Anzahl $q - 1$ von Gliedern einschalten oder interpoliren, heißt: man soll das

$$1^{te}, \quad 2^{te}, \quad 3^{te}, \quad 4^{te}, \ldots p^{te}$$

Glied der gegebenen Reihe, als das

$$1^{ste}, \quad 1 + q^{te}, \quad 1 + 2q^{te}, \quad 1 + 3q^{te}, \ldots 1 + (p-1)q^{te},$$

Glied einer neuen Reihe ansehen, deren allgemeines $n^{tes}$ Glied aus dem allgemeinen $p^{ten}$ Gliede der gegebenen Reihe hervorgeht, wenn man in diesem letztern

$$1 + (p - 1) q = n \quad \text{oder} \quad p = \frac{n + q - 1}{q} \text{ setzt.}$$

Die Glieder, welche sich aus diesem $n^{ten}$ Glied der neuen Reihe für $n = 2$ bis $n = q$ ergeben, sind dann die zwischen dem $1^{sten}$ und $2^{ten}$ Gliede der gegebenen Reihe eingeschalteten oder interpolirten $q - 1$ Glieder. Diejenigen Glieder, welche sich für $n = q + 2$ bis $n = 2q$ ergeben, sind dann die zwischen dem $2^{ten}$ und $3^{ten}$ Gliede der gegebenen Reihe eingeschalteten $q - 1$ Glieder, u. s. w. f.

Anmerkung 1. Sollen also zwischen je zwey Glieder der geometrischen Progression

$$a, \quad da, \quad d^2 a, \quad d^3 a, \ldots d^{p-1} a$$

$q - 1$ Glieder eingeschaltet werden, so ist das $n$te Glied der neuen Reihe $= d^{\frac{n-1}{q}} . a = \left(\sqrt[q]{d}\right)^{n-1} . a$ und die z. B. zwischen $d^2 a$ und $d^3 a$ eingeschalteten $q - 1$ Glieder erhält man aus diesem $n$ten Gliede $\left(\sqrt[q]{d}\right)^{n-1} . a$, wenn man statt n nach und nach $2q+2$, $2q+3$, ... $3q$ setzt.

Anmerkung. 2. Bey Reihen deren allgemeines Glied bekannt ist, hat daher das Einschalten einer beliebigen Anzahl von Gliedern nie Schwierigkeit. — Um noch ein Beyspiel zu geben, nehmen wir die Reihe

$$L\,1,\ L\,2,\ L\,3,\ L\,4,\ L\,5, \ldots, L\,p.$$

Sollen hier zwischen je zweyen Gliedern noch $q-1$ andere eingeschaltet werden, so ist das allgemeine Glied der neuen Reihe $= L\left(1+\frac{n-1}{q}\right)$, welches zwischen dem 1sten und 2ten Gliede der gegebenen Reihe noch giebt die $q-1$ Glieder

$$L\left(1+\frac{1}{q}\right),\ L\left(1+\frac{2}{q}\right),\ L\left(1+\frac{3}{q}\right), \text{ etc. } L\left(1+\frac{q-1}{q}\right)$$

## §. 774. Lehrsatz.

Aus dem $p^{ten}$ Gliede $\varphi(p)$ der gegebenen Reihe

$$A, B, C, D, \ldots$$

erhält man die zwischen dem $\mu^{ten}$ und $\mu+1^{ten}$ Gliede eingeschalteten $q-1$ Glieder, wenn man statt p nach und nach

$$\mu+\frac{1}{q},\ \mu+\frac{2}{q},\ \mu+\frac{3}{q}, \ldots \mu+\frac{q-1}{q}$$

setzt, so daß diese eingeschalteten Glieder selbst sind

$$\varphi\left(\mu+\frac{1}{q}\right),\ \varphi\left(\mu+\frac{2}{q}\right),\ \varphi\left(\mu+\frac{3}{q}\right), \ldots \varphi\left(\mu+\frac{q-1}{q}\right)$$

Beweis. Denn das $n^{te}$ Glied der neuen Reihe von welcher A das erste, B das $1+q^{te}$, C das $1+2q^{te}$ u. s. w. Glied seyn sollen, ist $\varphi\left(1+\frac{n-1}{q}\right)$; und die zwischen dem $\mu^{ten}$ und $\mu+1^{ten}$ Glied der gegebenen Reihe, oder zwischen dem $1+(\mu-1)q^{ten}$ und $1+\mu q^{ten}$ Glied der neuen Reihe liegenden $q-1$ Glieder sind daher die im Lehrsatz bemerkten.

## §. 775. Erklärung.

Hat man das Schema

0 . . . . . . $a$, $a$, $a$, $a$, etc.

I. . . . . . $\overset{1}{a}$, $\overset{1}{a}+a$, $\overset{1}{a}+2a$, $\overset{1}{a}+3a$, $\overset{1}{a}+4a$, etc.

II. $\overset{2}{a}$, $\overset{2}{a}+\overset{1}{a}$, $\overset{2}{a}+2\overset{1}{a}+a$, $\overset{2}{a}+3\overset{1}{a}+3a$, $\overset{2}{a}+4\overset{1}{a}+6a$, etc.

III. $\overset{3}{a}$, $\overset{3}{a}+\overset{2}{a}$, $\overset{3}{a}+2\overset{2}{a}+\overset{1}{a}$, $\overset{3}{a}+3\overset{2}{a}+3\overset{1}{a}+a$, $\overset{3}{a}+4\overset{2}{a}+6\overset{1}{a}+4a$, etc.

u. s. w.

in welchem die Reihe (0) lauter constante Glieder hat, wo ferner die Reihe (I.) eine arithmetische Reihe ist (§. 317.), und wo jedes nte Glied einer jeden folgenden Reihe dadurch gebildet wurde, daß man zu einem beliebig genommenen ersten Gliede $\overset{1}{a}$, oder $\overset{2}{a}$, oder $\overset{3}{a}$, etc. etc. die Summe von $n-1$ ersten Gliedern der vorhergehenden Reihe addirt; so nennt man diese Reihen I, II, III, etc. beziehlich: arithmetische Progressionen (oder Reihen) der ersten, zweyten, dritten, u. s. w. Ordnung.

## §. 776. Zusätze.

1) In jeder arithmetischen Reihe der mten Ordnung ist jedes nte Glied derselben gleich der Summe aus ihrem $(n-1)$ten Gliede und dem $(n-1)$ten Gliede der Reihe der nächstvorhergehenden $(m-1)$ten Ordnung.

2) Hat man daher eine arithmetische Progression der mten Ordnung gebildet, so sind alle vorhergehenden Reihen der $m-1$, $m-2$, $m-3$, . . . 3, 2, 1ten Ordnung nichts weiter als beziehlich die 1ste, 2te, 3te, . . . $m-3$, $m-2$, $m-1$te Differenzreihe der

gegebenen arithmetischen Progression der mten Ordnung.

3) Will man daher untersuchen, ob eine gegebene Progression, eine solche arithmetische Reihe der mten Ordnung ist, so darf man nur nachsehen, ob ihre mte Differenzreihe aus lauter gleichen (constanten) Gliedern besteht.

4) Jede arithmetische Reihe irgend einer mten Ordnung ist zugleich auch eine arithmetische Reihe jeder höhern Ordnung, in so ferne man zuerst eine beliebige Anzahl Reihen von Nullen schreiben kann, die dann demselben Gesetze folgen, bis man endlich irgend bey einer Reihe a zum ersten Gliede nimmt, und dadurch die Reihe

$$a, \quad a, \quad a, \quad a, \quad \text{etc.}$$

bereits als eine arithmetische Reihe jeder beliebigen Ordnung erhält.

## §. 777. Lehrsatz.

Sind $a, \overset{1}{a}, \overset{2}{a}, \overset{3}{a}, \overset{4}{a}, \dots \overset{m-1}{a}$, die ersten Glieder der m, m-1, m-2, m-3, m-4 ... 1ten Differenzreihe einer arithmetischen Progression der mten Ordnung, von welcher $\overset{m}{a}$ das erste Glied ist, so ist das nte Glied (das allgemeine Glied) derselben Progression der mten Ordnung

$$= \overset{m}{a} + (n-1)\overset{m-1}{a} + (n-1)_2 . \overset{m-2}{a} + (n-1)_3 . \overset{m-3}{a} + \dots + (n-1)_{m-1} . \overset{1}{a} + (n-1)_m . a$$

Beweis. Gesetzt der Satz gelte für jedes hte Glied einer jeden arithmetischen Progression einer jeden Ordnung, so erhält man das hte Glied der Reihe der mten Ordnung, wenn man in der Formel h statt n setzt; eben so das hte Glied der Reihe der nächstvorhergehenden $m-1$ten Ordnung, wenn man $h$ statt $n$, aber auch $m-1$ statt $m$ setzt. Die Summe dieser beyden $h$ten Glieder giebt aber nach (§. 776. n. 1.), das $(h+1)$te Glied der $m$ten Ordnung. Addirt man aber, und wendet dabey den Satz an (§. 343. n. 2.), nach welchem $(n-1)_{s+1} + (n-1)_s = n_{s+1}$ ist, so erhält man für das $h+1$te Glied der $m$ten Ordnung dasselbe, was die Formel des Lehrsatzes auch für $n = h+1$ giebt. Es gilt daher die Formel des Lehrsatzes, so oft sie in jeder Ordnung für $n = h$ gilt, auch noch in jeder Ordnung für $n = h+1$. Da sie nun in jeder Ordnung für $n = 1$ und $n = 2$ zutrifft, so etc;

Anmerkung. Man konnte diese Formel des Lehrsatzes auch leicht direkt erhalten, indem man das Schema (§. 775.) zu Hülfe nahm, und von jeder folgenden Reihe, mittelst der Formeln der figurirten Reihen (§. 347) sogleich das $n$te Glied entwickelte.

## §. 778. Zusatz.

Nach (§. 775.) erhält man nothwendig die Summe von $n$ ersten Gliedern einer arithmetischen Reihe der $m$ten Ordnung, wenn man von dem $(n+1)$ten Gliede der folgenden Reihe der $m+1$ten Ordnung, ihr erstes Glied $\overset{m+1}{a}$ subtrahirt; folglich ist die Summe der $n$ ersten Glieder der (§. 773.) gegebenen arithmetischen Progression der $m$ten Ordnung (das summatorische Glied), nach (§. 777.):

$$= n.\overset{m}{a} + n_2.\overset{m-1}{a} + n_3.\overset{m-2}{a} + n_4.\overset{m-3}{a} + \dots n_{m-1}.\overset{2}{a} + n_m.\overset{1}{a} + n_{m+1}.a$$

Anmerkung. Dabey kann man bemerken, daß wenn $m+1$ erste Glieder der Progression der $m$ten Ordnung gegeben sind, daraus nach (§. 771.) unmittelbar die ersten Glieder aller $m$ Differenz-Reihen gefunden werden können.

§. 779. Zusatz.

Setzt man in der Formel des (§. 777.) statt der einzelnen Binomial-Koefficienten, die Quotienten, welche durch sie bezeichnet sind, und verwandelt man diese Quotienten nachher durch algebraische Multiplikation in ganze Funktionen von n, so kann das allgemeine Glied der dortigen arithmetischen Reihe der mten Ordnung, auch als eine ganze Funktion von n vom mten Grade geschrieben werden, wie folgt:

$$A + Bn + Cn^2 + Dn^3 + \ldots Mn^m$$

wo A, B, C, ... M, Funktionen von $\overset{m}{a}$, $\overset{m-1}{a}$, ... $\overset{1}{a}$, a seyn müssen.

§. 780. Zusatz.

Umgekehrt gilt aber auch folgender Satz: Ist das allgemeine Glied einer gegebenen Progression eine ganze Funktion von n, vom mten Grade, und von der Form

$$\alpha + \beta . n + \gamma . n^2 + \delta . n^3 + \ldots + \mu . n^m,$$

so ist die Progression selbst nothwendig eine arithmetische Reihe der mten Ordnung. — Denn es lassen sich immer Werthe von $\overset{m}{a}$, $\overset{m-1}{a}$, ... $\overset{1}{a}$, a finden, welche den m + 1 Gleichungen

$$A = \alpha, \quad B = \beta, \quad C = \gamma, \quad D = \delta, \ldots M = \mu,$$

wo A, B, C ... M die Bedeutungen des (§. 779.) haben, ein Genüge leisten.

§. 781. Zusatz.

Hieraus ergeben sich aber noch folgende wichtige Sätze:

1) Schreibt man eine beliebige Anzahl arithmetischer Reihen beliebiger Ordnungen unter einander, so

bilden die Summen der beziehlich unter einander stehenden Glieder nothwendig wieder eine arithmetische Reihe von der Ordnung derjenigen unter den gegebenen Reihen, welche von der höchsten Ordnung war.

2) Schaltet man zwischen je zwey Glieder einer arithmetischen Reihe irgend einer Ordnung eine Anzahl $q-1$ Glieder ein, so ist die neue Reihe nothwendig wieder eine arithmetische Reihe derselben Ordnung. — Denn ist das allgemeine $p$te Glied der gegebenen Reihe eine ganze Funktion von $p$ vom Grade $m$, so wird auch, wenn $\frac{n+q-1}{q}$ statt $p$ gesetzt wird, das $n$te Glied der neuen Reihe eine ganze Funktion von $n$ von demselben Grade $m$.

3) Eine geometrische Progression ist nie zugleich eine arithmetische Progression irgend einer Ordnung.

4) Die Reihen der figurirten Zahlen der verschiedenen Ordnungen sind nothwendig auch arithmetische Reihen derselben Ordnungen.

5) Eine Progression, deren allgemeines $n$tes Glied eine nach $n$ fortgehende unendliche Reihe ist, kann als eine arithmetische Reihe von einer unendlich großen Ordnung angesehen werden, so daß keine ihrer Differenzreihen constante Glieder haben kann, während doch eine solche Differenzreihe mit constanten Gliedern in der Idee vorhanden, aber nie wirklich angebbar ist.

Anmerkung. Dahin gehört z. B. die Reihe, deren allgemeines Glied $L.(1+n)$ ist. Man kann diesen Satz (n. 5.) zuweilen beym Interpoliren anwenden, indem man die gegebene

Reihe, wenn sie auch nicht eine arithmetische Reihe einer bestimmten Ordnung ist, doch unter gewissen Bedingungen näherungsweise als eine solche betrachten kann.

§. 782. Zusatz.

Daher ist auch die Reihe

$$a^m, \quad (a+\delta)^m, \quad (a+2\delta)^m, \ldots [a+(n-1)\delta]^m$$

eine arithmetische Reihe der mten Ordnung, weil ihr allgemeines Glied $[a+(n-1)\delta]^m$ ebenfalls in eine ganze Funktion von $n$ vom mten Grade verwandelt werden kann.

Ein besonderer Fall dieser Reihe ist es aber, wenn $a = 1$ und $\delta = 1$; so daß sie in

$$1^m, \quad 2^m, \quad 3^m, \quad 4^m, \quad \ldots \quad n^m$$

d. h. in die mten Potenzen der natürlichen Zahlen übergeht.

§. 783. Zusatz.

Findet man ein für allemal das summatorische Glied dieser Reihe

$$1^m, \quad 2^m, \quad 3^m, \quad 4^m, \ldots$$

deren allgemeines Glied $n^m$ ist, so kann man nachgehends aus ihm die summatorischen Glieder aller derjenigen Reihen zusammensetzen, deren allgemeinen Glieder ganze Funktionen von $n$ sind. — Bezeichnet nehmlich $S(A)$ das summatorische Glied der Reihe, deren allgemeines Glied $A$ ist, so hat man z. B.

$$S.(a.n^p + b.n^q - c.n^r) = a.S.(n^p) + b.S.(n^q) + c.S.(n^r).$$

§. 784. Zusatz.

Um das summatorische Glied $S.(n^m)$ direkt aufzufinden, kann man auch auf folgende Weise verfahren.

Es ist, nach dem binomischen Lehrsatz

$$2^m = (1+1)^m = 1^m + m \,.\, 1^{m-1} + m_2 \,.\, 1^{m-2} + m_3 \,.\, 1^{m-3} + \ldots$$

$$3^m = (2+1)^m = 2^m + m \,.\, 2^{m-1} + m_2 \,.\, 2^{m-2} + m_3 \,.\, 2^{m-3} + \ldots$$

$$4^m = (3+1)^m = 3^m + m \,.\, 3^{m-1} + m_2 \,.\, 3^{m-2} + m_3 \,.\, 3^{m-3} + \ldots$$

$$\vdots$$

$$n^m = [(n-1)+1]^m = (n-1)^m + m.(n-1)^{m-1} + m_2.(n-1)^{m-2} + m_3.(n-1)^{m-3} + \ldots$$

$$(n+1)^m = \quad = n^m + m.n^{m-1} + m_2 \,.\, n^{m-2} + m_3 \,.\, n^{m-3} + \ldots$$

folglich, wenn man alle diese Gleichungen addirt, und links und rechts wegläßt, was weggeht:

$$(n+1)^m - 1^m = m.S.(n^{m-1}) + m_2 S.(n^{m-2}) + m_3 S.(n^{m-3}) + \ldots$$

oder, wenn man $m+1$ statt $m$ schreibt

$$(n+1)^{m+1} - 1 = (m+1)S.(n^m) + (m+1)_2 S.(n^{m-1}) + (m+1)_3 S.(n^{m-2}) + \ldots$$

$$+ (m+1)_m \,.\, S.(n^1) + (m+1)_{m+1} \,.\, S.(n^0).$$

woraus sich nach und nach $S.(n^1)$, $S.(n^2)$, $S.(n^3)$, u. s. w. finden lassen.

## §. 785. Zusatz.

Man findet aber daraus:

$$S.(n^0) = n$$

$$S.(n^1) = \frac{n(n+1)}{2}$$

$$S.(n^2) = \frac{n(n+1)(2n+1)}{1 \,.\, 2 \,.\, 3}$$

$$S.(n^3) = \frac{n^2 \,.\, (n+1)^2}{4}$$

u. s. w. f.

Anmerkung. Die Formeln, welche für die figurirten Zahlen im (XVI. Kap.) entwickelt sind, können daher hieraus ebenfalls gefunden werden, wenn man das gegebene allgemeine Glied einer dieser figurirten Reihen, in eine ganze Funktion verwandelt, und dann die (§. §. 779. und 780.) in Anwendung bringt.

Auch kann zugleich bemerkt werden, daß das dort in (XVI. Kap.) durch $T^n_m$ bezeichnete Glied der figurirten Reihe der mten Ordnung mit dem $(n + m - 1)$ten Gliede der (§. 775) gebildeten Reihe für den Fall übereinstimmt, wo $a = 1$, $\overset{1}{a} = 1$, aber $\overset{2}{a}$, $\overset{3}{a}$, $\overset{4}{a}$, ... $\overset{m}{a}$ Null sind. Nach dieser Bemerkung kann dann das summatorische Glied einer jeden figurirten Reihe einer gegebenen Ordnung auch unmittelbar aus (§ 778.) gefunden werden.

## §. 786. Zusatz.

Weil man weiß, daß das summatorische Glied der Reihe

$$a^m, (a + \delta)^m, (a + 2\delta)^m, (a + 3\delta)^m, \ldots (a + (n-1)\delta)^m$$

eine ganze Funktion von n vom Grade $m + 1$ und von der Form

$$A \cdot n^{m+1} + B \cdot n^m + C \cdot n^{m-1} + D \cdot n^{m-2} \ldots + M \cdot n$$

seyn muß (§. 778.), so kann man für diese besondere Reihe, die Koefficienten A, B, C, D ... M, folglich dann auch das summatorische Glied der Reihe auf nachstehende Art finden. Man hat

$$1)\ S.(a + (n-1)\delta)^m = A.n^{m+1} + B.n^m + C.n^{m-1} + \ldots + M.n$$

folglich auch, wenn man das folgende Glied $(a + n\delta)^m$ noch hinzunimmt:

$$2)\ S.(a + n\delta)^m = A.(n+1)^{m+1} + B.(n+1)^m + C.(n+1)^{m-1} + \ldots + M(n+1).$$

Subtrahirt man nun (1) von (2), so erhält man

$$\begin{cases} (a + n\delta)^m = A.[(n+1)^{m+1} - n^{m+1}] \\ \qquad + B.[(n+1)^m - n^m] + \ldots + M.[n + 1 - n]. \end{cases}$$

Wendet man aber hier den binomischen Lehrsatz an, indem man $n\delta + a$ statt $a + n\delta$ schreibt, und links und rechts nach fallenden Potenzen von n ordnet, so erhält man n Gleichungen zwischen den Koefficienten der verschiedenen Potenzen von n, aus denen sich dann A, B, C, ... M, finden lassen.

### §. 787. Aufgabe.

Von einer arithmetischen Reihe der $m^{ten}$ Ordnung sind gegeben (m+1) Glieder, beliebige, so wohl in als auch außer der Ordnung, aber zugleich mit der Stellenzahl der Glieder; man soll das allgemeine $n^{te}$ Glied dieser arithmetischen Reihe der $m^{ten}$ Ordnung angeben.

### Auflösung.

Man bezeichne das erste Glied der gegebenen Reihe und die ersten Glieder ihrer Differenz-Reihen durch $\overset{m}{a}$, $\overset{m-1}{a}$, ... $\overset{1}{a}$, und a; bestimme daraus nach (§. 777.) das $n^{te}$ Glied dieser Reihe; setze hier statt n nach und nach die Stellenzahlen der gegebenen Glieder, und setze die erhaltenen Resultate den gegebenen Gliedern selbst gleich, so erhält man m + 1 Gleichungen, in denen die Unbekannten $\overset{m}{a}$, $\overset{m-1}{a}$, ... $\overset{1}{a}$, und a, da solche nur im ersten Grade vorkommen, ohne weiters gefunden werden können. Setzt man nachher diese Werthe von $\overset{m}{a}$, $\overset{m-1}{a}$, ... $\overset{1}{a}$ und a in die Formel (§. 777.) so hat man das gesuchte allgemeine $n^{te}$ Glied der vorgelegten Reihe.

### §. 788. Zusatz.

Setzt man nachgehends dieselben Werthe von $\overset{m}{a}$, $\overset{m-1}{a}$, ... $\overset{1}{a}$ und a in die Formel des (§. 778.), so hat man auch das summatorische Glied der Reihe.

## Von den rekurrirenden oder wiederkehrenden Reihen.

### §. 789. Erklärung.

Jede Reihe von Ausdrücken

$$A, B, C, D, \ldots G, H, I, K, L, M, N \text{ etc.}$$

in welcher jedes folgende Glied z. B. M aus einer beliebigen Anzahl unmittelbar vorhergehender Glieder, mittelst einer Gleichung von der Form

$$M = -\frac{\beta}{\alpha} L - \frac{\gamma}{\alpha} K - \frac{\delta}{\alpha} J - \frac{\varepsilon}{\alpha} H \text{ etc. etc.}$$

oder

$$\alpha M + \beta L + \gamma K + \delta I + \varepsilon H + \text{ etc. etc.} = 0$$

gebildet wird, heißt eine wiederkehrende oder rekurrirende Reihe; und die Ausdrücke

$$-\frac{\beta}{\alpha}, \; -\frac{\gamma}{\alpha}, \; -\frac{\delta}{\alpha}, \; -\frac{\varepsilon}{\alpha}, - \text{ etc. etc.}$$

bilden die Beziehungs-Scale derselben.

Anmerkung. Dieser Begriff der rekurrirenden Reihen enthält den (§. 593.) gegebenen, als einen besondern Fall in sich.

### §. 790. Aufgabe.

Es ist gegeben die wiederkehrende Reihe

$$A, B, C, D, \ldots K, L, M, N, \text{ etc. etc.}$$

deren Beziehungs-Scale nur 3 gliedrig, nehmlich $-\frac{\beta}{\alpha}$, $-\frac{\gamma}{\alpha}$, $-\frac{\delta}{\alpha}$ ist, man soll die Summe von beliebig viel ihrer Glieder von A z. B. bis N angeben.

### Auflösung.

Man hat nach der Bedingung

$$\begin{aligned}
\delta A + \gamma B + \beta C + \alpha D &= 0 \\
\delta B + \gamma C + \beta D + \alpha E &= 0 \\
\delta C + \gamma D + \beta E + \alpha F &= 0 \\
\delta D + \gamma E + \beta F + \alpha G &= 0 \\
&\vdots \\
\delta K + \gamma L + \beta M + \alpha N &= 0.
\end{aligned}$$

Bezeichnet man nun die Summe aller Glieder von A bis N durch S und addirt man alle diese Gleichungen so erhält man:

$$\delta[S-(L+M+N)] + \gamma[S-(A+M+N)] + \beta[S-(A+B+N)] + \alpha[S-(A+B+C)] = 0$$

woraus sich S unmittelbar finden läßt, wenn die 3 ersten und die 3 letzten Glieder der Reihe selbst gegeben sind.

§. 791. Zusatz.

Wäre gegeben die unendliche Reihe

$$A + Bx + Cx^2 + Dx^3 + Ex^4 + Fx^5 + \ldots \text{ in inf.}$$

deren Koefficienten bis in's unendliche fort die wiederkehrende Reihe des (§. 790.) sind, so ist diese unendliche Reihe selbst eine wiederkehrende Reihe deren Beziehungs-Scale

$$-\frac{\beta}{\alpha}x, \quad -\frac{\gamma}{\alpha}x^2, \quad -\frac{\delta}{\alpha}x^3$$

ist, und es läßt sich dann auf demselben Wege wie (§. 790.) die Funktion von x finden, die dieser unendlichen Reihe gleich ist. Bezeichnet man nehmlich solche Funktion von x durch S, so hat man

$$\begin{array}{l}
\delta x^3.A + \gamma x^2.Bx + \beta x.Cx^2 + \alpha.Dx^3 = 0 \\
\delta x^3.Bx + \gamma x^2.Cx^2 + \beta x.Dx^3 + \alpha.Ex^4 = 0 \\
\delta x^3.Cx^2 + \gamma x^2.Dx^3 + \beta x.Ex^4 + \alpha.Fx^5 = 0 \\
\delta x^3.Dx^3 + \gamma x^2.Ex^4 + \beta x.Fx^5 + \alpha.Gx^6 = 0 \\
\vdots \qquad\qquad \vdots \qquad\qquad \vdots \qquad\qquad \vdots \\
\text{in inf.} + \text{in inf.} + \text{in inf.} + \text{in inf.}
\end{array}$$

folglich, wenn man sich alle diese Glieder bis in's unendliche fort addirt denkt:

$$\delta x^3.S + \gamma x^2.(S-A) + \beta x.[S-(A+Bx)] + \alpha.[S-(A+Bx+Cx^2)] = 0$$

woraus sich findet:

$$S = \frac{\alpha A + (\alpha B + \beta A)x + (\alpha C + \beta B + \gamma A)x^2}{\alpha + \beta x + \gamma x^2 + \delta x^3}.$$

## §. 792. Zusatz.

Es ist aber sehr leicht einzusehen, wie die (§. 790.) aufgestellte Aufgabe, so wie der (§. 791.) hinzugefügte Zusatz, in denen eine 3 gliedrige Beziehungs-Scale angenommen wurde, dergestalt erweitert werden können, daß sie für eine jede beliebige Beziehungs-Scale gelten, es mag solche aus beliebig mehr oder weniger Glieder bestehen.

Zugleich erhellet, wie eine wiederkehrende unendliche Reihe allemal einer ächt gebrochenen Funktion gleich ist, in welcher der Grad des Nenners der Zahl der Glieder der Beziehungs-Scale gleich kommt.

## §. 793. Aufgabe.

Es ist gegeben die wiederkehrende Reihe

A, B, C, D, E, F, G, H, etc. etc.

von welcher man die Beziehungs-Scale kennt, man soll ihr allgemeines $n^{tes}$ Glied angeben.

## Auflösung.

Man denke sich die unendliche Reihe

$$A + Bx + Cx^2 + Dx^3 + Ex^4 + \ldots \text{ in inf.}$$

und finde mittelst der gegebenen Beziehungs-Scale nach (§. 791.) die ächt gebrochene Funktion von x, die ihr gleich ist. Den Nenner derselben zerlege man dann in seine (gleichen oder ungleichen, reelen oder imaginären) einfachen Faktoren, und die ganze gebrochene Funktion nachgehends nach (§. 460.) in ihre Partialbrüche welche die Form haben werden

$$\mathfrak{A}.(\alpha - x)^{-p},$$

wo p irgend eine absolute ganze Zahl seyn kann. Verwandelt man nun alle diese so umgeformten Partialbrüche mittelst des binomischen Lehrsatzes in unendliche Reihen, so ist die Summe aller dieser unendlichen Reihen, die aus diesen Partialbrüchen hervorgehen, nothwendig gleich der gegebenen wiederkehrenden unendlichen Reihe

$$A + Bx + Cx^2 + Dx^3 + \ldots$$

und daher die Summe aller allgemeinen $n^{ten}$ Glieder der Reihen, die aus den Partial-Bruchen hervorgehen, nothwendig gleich dem allgemeinen $n^{ten}$ Gliede der gegebenen wiederkehrenden unendlichen Reihe. — Nun ist aber das $n^{te}$ Glied der dem Partial-Bruch $\mathfrak{A}.(\alpha + x)^{-p}$ gleichen Reihe, nachstehendes $\mathfrak{A}.(-p)_{n-1}^{\mathfrak{B}} \alpha^{-p-n+1} x^{n-1}$, woraus sich alle einzelnen besondern $n^{ten}$ Glieder ableiten lassen.

Hat man aber das $n^{te}$ Glied der unendlichen Reihe

$$A + Bx + Cx^2 + Dx^3 + \ldots$$

gefunden, so darf man nur den Faktor $x^{n-1}$ weglassen um das $n^{te}$ Glied der wiederkehrenden Reihe

A, B, C, D, E, F, etc. etc.

zu haben.

Anmerkung. Da diese Auflösung das Zerlegen der gebrochenen Funktionen in Partialbrüche und dieses wieder das Zerlegen des Nenners in seine einfachen Faktoren erfordert, so hängt die wirkliche Ausführung dieser Auflösung von der Auflösung höherer Gleichungen ab.

### §. 794. Lehrsatz.

Eine Reihe

A, B, C, D, E, etc. etc.

oder $A + Bx + Cx^2 + Dx^3 +$ etc. etc. oder R ist allemal eine rekurrirende oder wiederkehrende, wenn man 1 durch R nach (§. 415.) dividirt, bis man zu einem Quotienten $p + qx$ kommt, dabey den Rest durch ${}_1R\,x^2$ bezeichnet; wenn man dann $R : {}_1R$ wiederum in einen Ausdruck von der Form ${}_1p + {}_1qx + \frac{{}_2R\,x^2}{{}_1R}$; wenn man ferner ${}_1R : {}_2R$ abermals verwandelt in ${}_2p + {}_2qx + \frac{{}_3R\,x^2}{{}_2R}$; wenn man endlich, immer so fortfahrend, zu einem endlichen Quotienten kommt von der Form ${}_np + {}_nq \cdot x$, und keinen Rest mehr erhält.

Beweis. Denn es ist dann

$$R = \frac{1}{p + qx + \frac{{}_1R \cdot x}{R}}$$

$$\frac{{}_1R}{R} = \frac{1}{{}_1p + {}_1q \cdot x + \frac{{}_2R \cdot x^2}{{}_1R}}$$

$$\frac{{}_2R}{{}_1R} = \frac{1}{{}_2p + {}_2q \cdot x + \frac{{}_3R \cdot x^2}{{}_2R}}$$

u. s. w.

und es verwandelt sich daher dann R nothwendig in eine gebrochene Funktion von x.

### §. 795. Zusatz.

Auch ist leicht einzusehen, wie derselbe Satz auch umgekehrt gilt.

## Von den periodischen Decimalbrüchen.

### §. 796. Erklärung.

Ein Decimalbruch in welchem die n ersten Decimalstellen, was auch n für eine ganze Zahl seyn mag, in's unendliche fort in derselben Folge wiederkehren

z. B. 0, 41732 41732 41732 41732 41 ....

heißt ein periodischer Decimalbruch, und n die Zahl der Periode. Er heiße rein periodisch wenn alle ersten Decimalstellen zur Periode selbst gehören; er heiße unrein periodisch wie z. B.

0, 21341732 41732 41732 41 ꝛc. ꝛc.

wenn einige erste Decimalstellen noch nicht zu der Periode gehören.

### §. 797. Aufgabe.

Den gemeinen Bruch zu finden, der einem gegebenen rein periodischen Decimalbruch gleich ist.

### Auflösung.

Man setze den gegebenen Decimalbruch

0, 41732 41732 41732 41 ꝛc. ꝛc. $= x$

und multiplizire mit $10^n$ (hier mit 100000), wenn n die Zahl der Periode ist; und erhält

41732, 41732 41732 41732 ꝛc. ꝛc. $= 100000. x.$

Dann ziehe man die erste Gleichung von der letztern ab, und erhält $41732 = 99999. x$

und hieraus $x = \frac{41732}{99999}$.

### §. 798. Zusatz.

Man darf also nur die Periode durch $10^n - 1$ dividiren, um den gemeinen Bruch zu haben, der einem rein periodischen Decimalbruch gleich ist.

Anmerkung. Man unterlasse aber nicht zu bemerken, daß der periodische Decimalbruch in's unendliche fortgehe, also immer eine unendliche Reihe ist.

## §. 799. Zusatz.

Um den unrein periodischen Decimalbruch

z. B. 0, 213 41732 41732 41732 ꝛc. ꝛc.

der durch z bezeichnet seyn mag in einen gemeinen Bruch zu verwandeln hat man

1) 1000 . z = 213, 41712 41712 ꝛc. ꝛc.

und 2) 100000000 . z = 21341712, 41712 41712 ꝛc.

folglich wenn man (1) und (2) subtrahirt,

$$99999000 . z = 21341499$$

$$\text{und } z = \frac{21341499}{99999000} = \frac{7113833}{33333000}$$

Anmerkung. Zu gleicher Zeit kann man bemerken, daß jeder Decimalbruch von unendlich vielen Stellen, der einem gemeinen Bruch gleich ist, nothwendig ein periodischer Decimalbruch seyn müsse. Da man nehmlich, um den Decimalbruch zu erhalten, der einem gemeinen Bruch gleich ist, an den Zähler des gemeinen Bruches Nullen anhängt und dann durch den Nenner dividirt, dies aber in dem angenommenen Fall in's unendliche fort wiederholt wird, so muß, da jeder Rest kleiner seyn muß als der Divisor, nothwendig einer der Reste wiederholt vorkommen; und dann kommen nothwendig auch von da ab, dieselben Stellen des Decimalbruchs wiederholt vor.

# Zahlenlehre.

## Dreißigstes Kapitel.

## Von den Kettenbrüchen und andern unendlichen Ausdrücken.

### §. 800. Erklärung.

Jeder Quotient von der Form

$$a + \cfrac{{}'a}{b + \cfrac{{}''a}{c + \cfrac{{}'''a}{d + \cfrac{{}^{IV}a}{e + \cfrac{{}^{V}a}{f + \text{etc. etc.}}}}}}$$

der gewöhnlich auch bloß so geschrieben wird

$$a + \frac{{}'a}{b} + \frac{{}''a}{c} + \frac{{}'''a}{d} + \frac{{}^{IV}a}{e} + \text{etc. etc.}$$

es mag solcher in's unendliche fortgehen oder nicht, heißt ein Kettenbruch oder ein stetiger (continuirlicher) Bruch.

Der Kettenbruch

$$a + \frac{1}{b} + \frac{1}{c} + \frac{1}{d} + \frac{1}{e} + \frac{1}{f} + \frac{1}{g} + \text{etc. etc.}$$

u. s. w. in welchem alle Dividenden gleich 1 sind, heiße ein einfacher Kettenbruch; außerdem ein zusammengesetzter *). — Sondert man von einem endlichen oder unendlichen Kettenbruch wie der vorstehende, die endlichen Kettenbrüche

$$a + \frac{1}{b},\ a + \frac{1}{b} + \frac{1}{c},\ a + \frac{1}{b} + \frac{1}{c} + \frac{1}{d},\ \text{u. s. w.}$$

ab, so nennt man diese die Partial-Kettenbrüche (und zwar den ersten, zweyten, dritten u. s. w. Partialbruch) des gegebenen. Die gemeinen Brüche welche diesen Partial-Kettenbrüchen gleich sind, heißen dann die Partialbrüche schlechthin.

## §. 801. Aufgabe.

Eine gegebene unächt gebrochene Zahl $\frac{a}{b}$ in einen ihr gleichen Kettenbruch zu verwandeln.

### Auflösung.

Man verfahre nach (§. X. Kap. n. 12.) genau so, wie wenn zwischen a und b das größte gemeinschaftliche Gemäß gesucht würde; und sind die einzelnen Quotienten $q$, $'q$, $''q$, $'''q$, $^{IV}q$, etc. so ist

*) Wenn in der Folge nicht ausdrücklich das Gegentheil bemerkt wird, so sind immer einfache Kettenbrüche zu verstehen.

$$\frac{a}{b} = q + \frac{1}{{}'q} + \frac{1}{{}''q} + \frac{1}{{}'''q} + \frac{1}{{}^{IV}q} + \text{etc. etc.}$$

welcher Kettenbruch nie unendlich seyn kann.

Beweis. Denn es ist

$$\frac{a}{b} = q + \frac{r}{b} = q + \frac{1}{b:r} = q + \cfrac{1}{{}'q + \cfrac{{}'r}{r}} = q + \cfrac{1}{{}'q + \cfrac{1}{r:{}'r}}$$

$$= q + \cfrac{1}{{}'q + \cfrac{1}{{}''q + \cfrac{{}''r}{r}}} = q + \cfrac{1}{{}'q + \cfrac{1}{{}''q + \cfrac{1}{{}'r:{}''r}}}$$

u. s. w. f.

## §. 802. Zusatz.

Es folgt aber daraus:

1) Jede gegebene ächt oder unächt gebrochene Zahl läßt sich jedesmal in einen Kettenbruch verwandeln.

2) Jeder endliche Kettenbruch ist auch immer einer ächt oder unächt gebrochenen Zahl gleich; dagegen ist

3) Jeder unendliche Kettenbruch nothwendig eine Irrationalzahl, also nach (§. 194.) einer gebrochenen Zahl gleich, deren Zähler und Nenner aus unendlich vielen Ziffern bestehen, die daher nie wirklich darstellbar, sondern nur in der Idee vorhanden ist; für die also höchstens Näherungswerthe gefunden werden können.

Anmerkung. Um für jeden Partial-Kettenbruch die ihm gleiche gebrochene Zahl zu finden, und um die Näherungswerthe eines gegebenen unendlichen Kettenbruchs finden zu können, stellen wir nun folgende allgemeine Betrachtungen an.

## §. 803. Erklärung.

Ist gegeben eine Reihe ganz beliebiger Ausdrücke

$$\overset{1}{a},\ \overset{2}{a},\ \overset{3}{a},\ \overset{4}{a},\ \ldots\ \overset{m}{a},\ \overset{m+1}{a},\ \ldots\ \overset{m+n}{a},\ \ldots$$

welche die Reihe der Grundzahlen genannt werden mag, und bildet man daraus eine neue Reihe, indem man eine beliebige der Grundzahlen z. B. $\overset{m}{a}$ als erstes Glied nimmt, die Summe $\overset{m}{a}.\overset{m+1}{a} + 1$ zum zweyten Gliede, und indem man jedes folgende Glied dadurch bildet, daß man das nächstvorhergehende mit der nächstfolgenden Grundzahl multiplizirt und das zweytvorhergehende dazu addirt, so nenne man diese neue Reihe die Reihe der Vermittler, und bezeichne sie durch

$$(m, m), (m, m+1), (m, m+2), (m, m+3) \ldots (m, m+n), \ldots$$

so daß ist:

$$(m, m) = \overset{m}{a}$$

$$(m, m+1) = \overset{m}{a}.\overset{m+1}{a} + 1 = (m, m).\overset{m+1}{a} + 1$$

$$(m, m+2) = (m, m+1).\overset{m+2}{a} + (m, m)$$

$$(m, m+3) = (m, m+2).\overset{m+3}{a} + (m, m+1)$$

$$(m, m+4) = (m, m+3).\overset{m+4}{a} + (m, m+2)$$

und allgemein

$$(m, m+n) = (m, m+n-1).\overset{m+n}{a} + (m, m+n-2)$$

Denkt man sich diese Reihe der Grundzahlen

$$\overset{m+n}{a},\ \overset{m+n-1}{a},\ \overset{m+n-2}{a},\ \overset{m+n-3}{a},\ \ldots\ \overset{m+1}{a},\ \overset{m}{a},\ \overset{m-1}{a},\ \ldots$$

so ist die Reihe der Vermittler

$(m+n, m+n), (m+n, m+n-1), (m+n, m+n-2) \ldots (m+n, m), \ldots$
und dabey

$$(m+n,\ m+n) = \overset{m+n}{a}$$

$$(m+n, m+n-1) = \overset{m+n}{a} \,.\, \overset{m+n-1}{a} + 1 = (m+n, m+n) \overset{m+n-1}{a} + 1$$

$$(m+n, m+n-2) = (m+n, m+n-1) \,.\, \overset{m+n-2}{a} + (m+n, m+n)$$

$$(m+n, m+n-3) = (m+n, m+n-2) \,.\, \overset{m+n-3}{a} + (m+n, m+n-1)$$

u. s. w. f.
und allgemein

$$(m+n, m) = (m+n, m+1) \,.\, \overset{m}{a} + (m+n, m+2)$$

## §. 804. Lehrsatz.

Es ist allemal der Kettenbruch

$$\text{A)}\quad \overset{1}{a} + \cfrac{1}{\overset{2}{a} + \cfrac{1}{\overset{3}{a} + \cfrac{1}{\overset{4}{a} + \cfrac{1}{\overset{5}{a} + \ldots + \cfrac{1}{\overset{m}{a}}}}}} = \frac{(1, m)}{(2, m)}$$

Beweis. Nehmen wir an, daß der Satz gilt für den Kettenbruch (B) der die Grundzahlen $\overset{1}{a}$ bis $\overset{m-1}{a}$ hat, so daß also ist $A = \frac{(1, m-1)}{(2, m-1)}$. Nun entsteht aber offenbar (A) aus (B), wenn man in (B) $\overset{m-1}{a} + (1 : \overset{m}{a})$ statt $\overset{m-1}{a}$ substituirt.

Da ferner nach (§. 803.)

1) $(1, m-1) = (1, m-2) \,.\, \overset{m-1}{a} + (1, m-3)$

2) $(2, m-1) = (2, m-2) \,.\, \overset{m-1}{a} + (2, m-3)$

so ist

$$B = \frac{(1, m-2)\,.\,\overset{m-1}{a} + (1, m-3)}{(2, m-2)\,.\,\overset{m-1}{a} + (2, m-3)}$$

folglich

$$A = \frac{(1, m-2)\,.\left[\overset{m-1}{a} + (1 : \overset{m}{a})\right] + (1, m-3)}{(2, m-2)\,.\left[\overset{m-1}{a} + (1 : \overset{m}{a})\right] + (2, m-3)}$$

oder nach den Hülfsformeln (1. u. 2.),

$$A = \frac{(1, m-2)\,.\,(1 : \overset{m}{a}) + (1, m-1)}{(2, m-2)\,.\,(1 : \overset{m}{a}) + (2, m-1)}$$

also wenn man mit $\overset{m}{a}$ Zähler und Nenner multiplizirt und dieselben Hülfsformeln (1. u. 2.) anwendet

$$A = \frac{(1, m)}{(2, m)}.$$

Da nun der Satz gilt für m = 1 und für m = 2, so gilt er nothwendig für jede absolute ganze Zahl, die statt m gesetzt werden mag.

## §. 805. Zusatz.

Von dem Kettenbruche (§. 804.) der auch in's unendliche fortgehen kann, weil m unbestimmt ist, sind daher die Partialbrüche in ihrer Reihe gleich den Quotienten

$$\frac{(1, 2)}{(2, 2)},\quad \frac{(1, 3)}{(2, 3)},\quad \frac{(1, 4)}{(2, 4)},\quad \frac{(1, 5)}{(2, 5)},\quad \frac{(1, 6)}{(2, 6)}\quad \text{u. s. w. f.}$$

und da die Werthe der **Vermittler** nach (§. 803.) sehr leicht praktisch entwickelt werden können, so ist hienach jeder Partial-Kettenbruch sogleich in einen ihm gleichen Quotienten zu verwandeln.

## §. 806. Lehrsatz.

Es ist immer, wenn $n > 2$ ist,

$$\frac{(1,n)}{(2,n)} - \frac{(1,n-1)}{(2,n-1)} = \frac{\pm 1}{(2,n).(2,n-1)}$$

oder $(1,n).(2,n-1) - (2,n)(1,n-1) = \pm 1$, wo das $(+)$ Zeichen gilt, wenn $n$ eine gerade Zahl, das $(-)$ Zeichen dagegen, wenn $n$ ungerade ist.

Beweis. Man zeige, daß wenn der Satz für $n = p$ gilt, er dann auch immer für $n = p + 1$ gelten müsse. Ist aber, nach der Annahme

$$(1,p).(2,p-1) - (2,p)(1,p-1) = \pm 1,$$

so ist, wegen $(1,p+1) = (1,p).\overset{p+1}{a} + (1,p-1)$

und $(2,p+1) = (2,p).\overset{p+1}{a} + (2,p-1)$ (§. 803.)

auch $(1,p+1).(2,p) - (1,p).(2,p+1)$

$$= -[(1,p).(2,p-1) - (1,p-1).(2,p)] = \mp 1.$$

Da nun, wegen $(1,1) = \overset{1}{a}$, $(1,2) = \overset{1}{a}.\overset{2}{a} + 1$,

$$(1,3) = (\overset{1}{a}.\overset{2}{a} + 1).\overset{3}{a} + \overset{1}{a},$$

$(2,2) = \overset{2}{a}$ und $(2,3) = \overset{2}{a}.\overset{3}{a} + 1$ (§. 803.), die Differenz $(1,n).(2,n-1) - (1,n-1).(2,n)$ für $n = 3$, in $-1$ übergeht, so ist solche $= +1$ für $n = 4$, und $= -1$ für $n = 5$, u. s. w. f.

## §. 807. Zusatz.

Die Differenz zweyer auf einander folgenden Partialbrüche $\frac{(1,n)}{(2,n)}$ und $\frac{(1,n-1)}{(2,n-1)}$ des Kettenbruches (§. 804.), der auch unendlich seyn kann, ist daher jedesmal

$$= \pm \frac{1}{(2, n-1) \cdot (2, n)}.$$

Sind daher die Grundzahlen alle absolute Zahlen, so daß die Vermittler alle in ihrer Reihe größer und größer werden, so wird die Differenz zweyer auf einander folgenden Partialbrüche immer kleiner und kleiner, je weiter solche von dem ersten abstehen.

Anmerkung. Verwandelt man daher eine gegebene gebrochene Zahl $\frac{A}{B}$ in einen Kettenbruch, so geben die einzelnen Partialbrüche desselben, Näherungswerthe von $\frac{A}{B}$ in kleinern Zahlen ausgedrückt.

## §. 808. Lehrsatz.

Bezeichnet man den Kettenbruch (§. 804.) durch x, und sind die Grundzahlen lauter absolute Zahlen, ist endlich n eine gerade Zahl, so ist allemal

$$\frac{(1, n)}{(2, n)} > x \quad \text{und} \quad \frac{(1, n+1)}{(2, n+1)} < x.$$

Beweis. Denkt man sich in dem Partial-Bruch $\frac{(1, n+2)}{(2, n+2)}$ oder $\frac{(1, n+1) \cdot \overset{n+2}{a} + (1, n)}{(2, n+1) \cdot \overset{n+2}{a} + (2, n)}$, statt $\overset{n+2}{a}$ den Kettenbruch $\overset{n+2}{a} + \cfrac{1}{\overset{n+3}{a} + \cdots + \cfrac{1}{\overset{m}{a}}}$ oder y gesetzt, so erhält man nothwendig den ganzen Kettenbruch x, so daß man also hat

$$x = \frac{(1, n+1)\, y + (1, n)}{(2, n+1)\, y + (2, n)}.$$

Dann erhält man aber sogleich

$$x - \frac{(1,n)}{(2,n)} = \frac{[(1,n+1)(2,n) - (2,n+1)(1,n)]\,y}{[(2,n+1)y + (2,n)](2,n)}$$ und

$$x - \frac{(1,n+1)}{(2,n+1)} = \frac{(1,n)(2,n+1) - (2,n)(1,n+1)}{[(2,n+1)y + (2,n)].(2,n+1)};$$

folglich nach (§. 806.) weil n gerade, also n + 1 eine ungerade Zahl ist

$$x - \frac{(1,n)}{(2,n)} = \frac{-y}{[(2,n+1)y + (2,n)](2,n)},$$ also negativ

und $$x - \frac{(1,n+1)}{(2,n+1)} = \frac{1}{[(2,n+1)y+(2,n)].(2,n+1)}$$ also positiv; daher der Lehrsatz erwiesen. — Dabey kann der Kettenbruch auch ein unendlicher seyn.

### §. 809. Zusatz.

Die in der Reihe folgenden Partialbrüche nähern sich daher nicht nur beständig mehr und mehr dem gegebenen Kettenbruch selbst, sondern sie sind auch abwechselnd größer und kleiner als letzterer, je nachdem die Stelle des Partialbruchs eine gerade oder eine ungerade Zahl ist.

Nach dem vorstehenden Lehrsatz läßt sich auch leicht eine Grenze der Annäherung angeben.

### §. 810. Lehrsatz.

Ist gegeben der zusammengesetzte Kettenbruch

$$a + \frac{p}{b} + \frac{q}{c} + \frac{r}{d} + \frac{s}{e} + \frac{t}{f} + \frac{u}{g} + \text{etc. etc.}$$

und bildet man die Reihe der Zahlen

$$\frac{h}{p},\ \frac{cp}{q},\ \frac{dq}{pr},\ \frac{epr}{qs},\ \frac{fqs}{prt},\ \frac{gprt}{qsu},\ \frac{hqsu}{prtv},\ \text{etc.}$$

welche beziehlich durch

$$B, C, D, E, F, G, H, \text{etc. etc.}$$

bezeichnet seyn mögen, so ist der gegebene Kettenbruch

$$= a + \frac{1}{B} + \frac{1}{C} + \frac{1}{D} + \frac{1}{E} + \frac{1}{F} + \text{etc. etc.}$$

**Beweis fällt in die Augen.**

Anmerkung 1. Danach kann jeder zusammengesetzte Kettenbruch in einen einfachen verwandelt werden.

Anmerkung 2. Ohnerachtet hiermit für unsern Zweck die Theorie der Kettenbrüche beendigt ist, so scheint uns doch eine weiter ausgeführte Theorie der Vermittler (§. 803.) für die Wissenschaft als solcher, nicht unwichtig zu seyn, weshalb wir noch einige Lehrsätze darüber hinzufügen. Es ist nehmlich:

1) $(m,n) = (n,m)$

2) $(1,m) = (1,m-1).\overset{m}{a} + (1,m-2) = (2,m).\overset{1}{a} + (3,m)$

3) $(1,n) = (1,m).(m+1,n) + (1,m-1).(m+2,n)$
wenn nur $m+2 \leqq n$ und $m-1 \geqq 1$ ist;

4) $(1,p).(m,n) - (1,n).(m,p) = \pm(1,m-2).(n+2,p)$
wenn $m < n$ und $n < p$ ist;

5) Ist ein Kettenbruch $\frac{A}{B}$ genau gleich $\frac{(1,m)}{(2,m)}$ so ist solcher auch

$$= \overset{1}{a} + \frac{(3,m)}{(2,m)} = \frac{(1,2)}{(2,2)} - \frac{(4,m)}{(2,2)(2,m)} = \frac{(1,3)}{(2,3)} + \frac{(5,m)}{(2,3).(2,m)}$$

$$= \frac{(1,4)}{(2,4)} - \frac{(6,m)}{(2,4).(2,m)} = \ldots = \frac{(1,m-1)}{(2,m-1)} \pm \frac{1}{(2,m-1).(2,m)},$$

wo das (+) Zeichen gilt, wenn m eine gerade Zahl; das (—) Zeichen dagegen, wenn m ungerade ist. Der Satz (n. 1.) wird dadurch bewiesen, daß man zeigt, wie solcher gilt, wenn die Differenz $n - m$, 1, 2, 3 oder 4 ist; daß man dann nachweißt, daß solcher allemal für $n - m = p$ gelten müsse wenn er für $n-m = p-1$, $p-2$, $p-3$, etc. gilt. — Der Satz (n. 2.) folgt unmittelbar aus (n. 1.). — Der Satz (n. 3.) ergiebt sich, indem man nachweißt, wie solcher für $m = 2$, $m = 3$, gilt und dann zeigt, daß so oft er für $m = h$ statt hat, seine Gültigkeit für $m = h + 1$ ebenfalls außer Zweifel gesetzt werden könne. — Der Satz (n. 4.) ist eine Erweiterung von (§. 806) die aus der vorhergehenden (n. 3.) leicht folgt. Aus dieser (n. 4.) folgt dann aber wieder sogleich (n. 5.). M. s. Arithmétique universelle p. Kramp. Chap. VIII.

## §. 811. Lehrsatz.

**Es ist gegeben ein periodischer unendlicher Kettenbruch z. B.**

$$a + \frac{1}{b} + \frac{1}{c} + \frac{1}{1} + \frac{1}{b} + \frac{1}{c} + \text{etc.}$$

**so daß dieselben Grundzahlen b, c, d, in's unendliche fort wiederkehren. Wird solcher durch x bezeichnet, so läßt sich dieses x aus a, b, c und d mittelst einer quadratischen Gleichung bestimmen.**

**Beweis.** Denn es ist offenbar

$$x - a = \frac{1}{b} + \frac{1}{c} + \frac{1}{d + x - a} \text{ oder } \frac{1}{x-a} = b + \frac{1}{c} + \frac{1}{d + x - a}$$

oder $\frac{1}{x-a} = \frac{(1,3)}{(2,3)}$ für die Grundzahlen b, c und $d + x - a$.

Nun ist aber (§. 803.):

$(1,1) = b$; $(1,2) = bc + 1$; $(1,3) = (bc + 1)(d - a + x) + b$ eben so $(2,2) = c$ und $(2,3) = c(d - a + x) + 1$;

dahero $\frac{1}{x-a} = \frac{(bc+1)(d-a+x)+b}{c(d-a+x)+1}$;

wodurch der Lehrsatz erwiesen ist.

Anmerkung. Es läßt sich aber dieser Beweis sehr leicht dergestalt erweitern, daß er gültig wird, für eine beliebige Menge von Grundzahlen, aus denen die Periode bestehen mag.

## Von andern Umformungen der Brüche.

Wir glauben hier noch von einigen andern Umformungen sprechen zu müssen, welche zu convergenten Reihen führen.

### §. 812. Lehrsatz.

Sind A und B absolute ganze Zahlen und $A > B$, und sind

$$m, \quad q, \quad {}'q, \quad {}''q, \quad {}'''q, \quad \text{etc.}$$

die nächst kleinsten Quotienten, von

$$\frac{A}{B}, \quad \frac{A}{r}, \quad \frac{A}{{}'r}, \quad \frac{A}{{}''r}, \quad \frac{A}{{}'''r}, \text{ etc.}$$

und

$$r, \quad {}'r, \quad {}''r, \quad {}'''r, \quad {}^{IV}r, \text{ etc.}$$

die zugehörigen Reste, so ist nothwendig

$$q > m, \; {}'q > q, \; {}''q > {}'q, \; {}'''q > {}''q, \text{ etc. etc.}$$

und auch:

$$\frac{A}{B} = m + \frac{r}{B} = m + \frac{A}{Bq} - \frac{{}'r}{Bq}$$

$$= m + \frac{A}{Bq} - \frac{A}{Bq'q} + \frac{{}''r}{Bq'q}$$

$$= m + \frac{A}{Bq} - \frac{A}{Bq'q} + \frac{A}{Bq'q''q} - \frac{{}'''r}{Bq'q''q}$$

u. s. w. f.

Beweis fällt in die Augen.

Anmerkung. Diese Umformung gab Lambert zuerst an.

### §. 813. Lehrsatz.

Ist $a < B$ und sind wiederum

$$q, \quad {}'q, \quad {}''q, \quad {}'''q, \quad \text{etc.}$$

die nächst kleinsten Quotienten von

$$\frac{B}{a}, \quad \frac{B}{r}, \quad \frac{B}{'r}, \quad \frac{B}{''r}, \text{ etc.}$$

und die dazugehörigen Reste

$$r, \quad 'r, \quad ''r, \quad '''r, \text{ etc.}$$

so ist wiederum

$$q < 'q < ''q < '''q < \text{ etc. etc.}$$

und dabey

$$\frac{a}{B} = \frac{1}{q} - \frac{r}{Bq} = \frac{1}{q} - \frac{1}{q'q} + \frac{'r}{Bq'q}$$
$$= \frac{1}{q} - \frac{1}{q'q} + \frac{1}{q'q''q} - \frac{''r}{Bq'q''q}$$

u. s. w. f.

**Beweis** folgt unmittelbar.

### §. 814. Zusatz.

Weil man im (§. 812.), wo $A > B$ ist, $\frac{A}{B} = m + \frac{r}{B}$ hat, so kann man $\frac{r}{B}$ nach (§. 813.) in solche convergente Reihen verwandeln, in denen die Zähler der Glieder $= 1$ sind, und dann erhält man für $\frac{A}{B}$ eine dergleichen convergente Reihe.

### §. 815. Zusatz.

Man kann auch in den Lehrsätzen (§. §. 812. und 813.) abwechselnd nächstkleinste und nächstgrößte Quotienten durch $q$, $'q$, $''q$, $'''q$, etc. vorgestellt seyn lassen, im letztern Fall aber bemerken, daß die Reste dann negativ seyn müssen.

Anmerkung 1. Je kleiner die Reste, sie mögen positiv oder negativ seyn, absolut genommen werden, desto schneller convergiren die Reihen, durch welche die Brüche $\frac{A}{B}$ und $\frac{a}{B}$ ausgedrückt sind.

Anmerkung 2. Wir beschließen dieses Kapitel, indem wir noch auf folgende Werke verweisen:

Introductio in Analys. infin. XIII. Cap. (Euler.).

Opuscula analytica. S. 138. (Euler.).

Mehrere Memoiren der Petersburger Akademie (alte Commentare IX. XI. Bd.; neue IX. XI. XVIII. Bd.). Memoiren der Akademie der Wissenschaften zu Berlin (1767. 68. 69. 76.)

Memoiren der Akademie zu Paris (1772. ister Theil).

Journal de l'école polytechnique. V. Cahier. (Lagrange).

# Zahlenlehre.

## Ein und dreißigstes Kapitel.

## Einiges über die numerische Auflösung der höhern Gleichungen mit einem Unbekannten, und der einfachen Gleichungen mit mehreren Unbekannten.

In diesem Kapitel werden wir uns mit zwey verschiedenen Aufgaben beschäftigen:

A) Die numerischen Wurzelwerthe (oder ihre Näherungswerthe) einer gegebenen numerischen höhern Gleichung zu finden.

B) Wenn in einfachen Bestimmungsgleichungen mehr Unbekannte vorkommen, als Gleichungen gegeben sind, alle Werthe der Unbekannten zu finden, die zugleich ganze (positive oder auch negative) Zahlen sind.

### I.

### Ueber die Auflösung der numerischen höhern Gleichungen mit reelen Koefficienten.

#### 1.

Die imaginären Wurzelwerthe einer gegebenen höhern Gleichung

$$x^m + Ax^{m-1} + Bx^{m-2} + Cx^{m-3} + \ldots + Sx^2 + Tx + U = 0$$

findet man dadurch, daß man in diese Gleichung $p + qi$ statt $x$ und dann den reelen und den imaginären Theil jeden für sich der Null gleich setzt. Dadurch erhält man zwey höhere Gleichungen $f(p,q) = 0$ u. $\varphi(p,q) = 0$ mit zwey Unbekannten $p$ und $q$, aus denen dann nur noch die reelen Werthe von $p$ und $q$ zu finden sind, die diesen Gleichungen genügen. — Hat man aber einen dieser Werthe z. B. $q$ gefunden, so ergiebt sich dann auch $p$ daraus, daß man für $q$ diesen Werth setzt, und dann zwischen $f(p,q)$ und $\varphi(p,q)$ den größten gemeinschaftlichen Theiler nach $p$ sucht und diesen $= 0$ setzt.

Es kommt also vorzüglich darauf an, die reelen Wurzelwerthe der höhern Gleichungen angeben zu können.

## Aufsuchung der Grenzen der Wurzelwerthe.

2.

Obere Grenze aller positiven Wurzelwerthe heiße jede positive Zahl, die größer ist, als der größeste positive Wurzelwerth der gegebenen höhern Gleichung; untere Grenze aller positiven Wurzelwerthe dagegen ist diejenige positive Zahl, welche kleiner ist, als der kleinste positive Wurzelwerth. Obere Grenze aller negativen Wurzelwerthe; untere Grenze aller negativen Wurzelwerthe.

Von diesen Grenzen aller Wurzelwerthe sind zu unterscheiden die Grenzen eines oder einiger der Wurzelwerthe; worunter positive oder negative Zahlen ver-

verstanden werden, zwischen denen ein oder einige der Wurzelwerthe liegen; so wie man dann unter Grenzen aller reelen Wurzelwerthe ebenfalls zwey positive oder negative Zahlen verstehen kann, zwischen denen alle reelen (positiven und negativen) Wurzelwerthe der gegebenen Gleichung liegen müssen.

3.

Zwey Zahlen $\alpha$ und $\beta$ sind Grenzen einer oder mehrerer Wurzelwerthe einer gegebenen Gleichung $F(x) = 0$, wenn $F(\alpha)$ positiv, $F(\beta)$ aber negativ ist (§. 473.).

Eine absolute Zahl $\gamma$ dagegen ist nothwendig eine obere Grenze aller positiven Wurzelwerthe, wenn $Fx$, sowohl für $x = \gamma$, als auch für jeden größern Werth von $x$ nothwendig positiv werden muß.

Wenn eine Gleichung $Fx = 0$ nur imaginäre Werthe hat, so bleibt $Fx$ für jeden Werth von $x$ nothwendig immer positiv.

4.

Ist in einer geordneten höhern Gleichung $Fx = 0$ vom $m^{ten}$ Grade, der Koefficient von $x^{m-n}$ der erste und $S$ der größeste, unter den negativen Koefficienten, so ist $\sqrt[n]{S} + 1$ und dann auch jede größere Zahl, namentlich auch $S + 1$, eine obere Grenze aller positiven Wurzelwerthe; weil für diese Zahl $\sqrt[n]{S} + 1$ und auch für jede größere, $Fx$ nothwendig positiv werden muß (aus 3.).

5.

Durch Umformung der gegebenen Gleichung kann

man oft sehr leicht eine nahe obere Grenze aller positiven Wurzeln finden; dadurch nehmlich, daß man der gegebenen Gleichung, z. B.

$$x^5 + 17x^4 - 12x^3 - 49x^2 + 52x - 18 = 0$$

nachstehende Form giebt

$$x^2(x^3 - 49) + 17x^3(x - \tfrac{12}{17}) + 52(x - \tfrac{18}{52}) = 0,$$

welche Form sogleich erkennen läßt, daß $\sqrt[3]{49}$ und jede größere Zahl, also auch 4 u. s. w. eine obere Grenze aller positiven Wurzelwerthe ist.

6.

Die Newton'sche Methode, die einfachste Grenze in ganzen Zahlen zu finden, besteht darin, daß man $'x + u$ statt $x$ setzt, so daß $Fx = 0$ übergeht in

$$\left\{\begin{aligned} &F('x) + \partial F('x)\frac{u}{1} + \partial^2 F('x)\frac{u^2}{2'} \\ &\quad + \partial^3 F('x).\frac{u^3}{3'} + \ldots + \partial^m F('x).\frac{u^m}{m'} = 0 \end{aligned}\right.$$

und nun (weil $\partial^m F('x) = m'$, in so ferne die höhere Gleichung das Glied $x^m$ ohne Koefficienten hat) diejenige ganze Zahl für $'x$ versuchweise bestimmt, welche nach und nach rückwärts alle Ableitungen

$\partial^{m-1} F('x)$, $\partial^{m-2} F('x)$, ... $\partial^2 F('x)$, $\partial F('x)$ und auch $F('x)$ positiv macht. Da nehmlich jede dieser Ableitungen nach der Reihe vom 1sten, 2ten, 3ten etc. etc. Grade nach $'x$ ist, so kann man sogleich sehr leicht den Werth von $'x$ finden, der $\partial^{m-1} Fx$ positiv machen muß; dieser wird dann in die folgenden Ableitungen $\partial^{m-2} Fx$ etc. gesetzt. Sobald aber eine darunter negativ wird, so setzt man sogleich die folgende größere Zahl, sowohl in diese, als auch in die folgenden Ableitungen statt $'x$, bis wiederum eine darunter negativ wird, und man dadurch gezwungen ist, in diese und in die nach ihr folgenden eine noch größere ganze Zahl zu setzen, so lange fort, bis man endlich diejenige ganze Zahl gefunden hat, (welche die kleinste ihrer Art ist, und) welche alle diese Funktionen

$$\partial^{m-1} Fx, \ \partial^{m-2} Fx, \ \ldots \ \partial^3 Fx, \ \partial^2 Fx, \ \partial Fx \text{ und } Fx$$

positiv macht.

7.

Sucht man die obere Grenze aller positiven Wurzelwerthe von $F(-x) = 0$, und ist solche $L$, so ist $-'L$ die obere Grenze aller negativen Wurzelwerthe von $Fx = 0$.

Ist $''L$ die obere Grenze aller positiven Wurzelwerthe von $F\left(\frac{1}{y}\right) = 0$, so ist solche Zahl $''L$ zugleich die untere Grenze aller positiven Wurzelwerthe von $Fx = 0$.

Ist endlich $'''L$ die obere Grenze aller positiven Wurzelwerthe von $F\left(-\frac{1}{y}\right) = 0$, so ist die Zahl $-'''L$ auch die untere Grenze aller negativen Wurzelwerthe der gegebenen Gleichung $Fx = 0$.

Die Methoden, welche lehren die obere Grenze aller positiven Wurzeln zu finden, lehren also zugleich jede obere und auch jede untere Grenze der Wurzelwerthe anzugeben.

## Aufsuchung der rationalen (commensurablen) Wurzelwerthe.

### 8.

Die rationalen Wurzelwerthe einer gegebenen höhern Gleichung sind entweder ganze oder gebrochene Zahlen. Sind die Koefficienten der Gleichung aber lauter ganze Zahlen, so sind auch ihre rationalen Wurzelwerthe nur ganze Zahlen (und nicht gebrochene §. 547.). Sind aber die Koefficienten der Gleichung zum Theil oder alle, gebrochene Zahlen, so kann sie leicht in eine andere verwandelt werden (nach §. 503.), deren Koefficienten lauter ganze Zahlen sind; weßhalb sich die Aufsuchung der rationalen Wurzelwerthe bloß auf die Aufsuchung der ganzen Wurzelwerthe (aus Gleichungen mit lauter ganzen Koefficienten) reducirt.

### 9.

Um aber diese ganzen Wurzelwerthe zu finden, zerlege man das letzte Glied u der gegebenen Gleichung in alle seine einfachen und zusammengesetzten Faktoren (die 1 nicht ausgeschlossen), und versuche jeden dieser Faktoren sowohl positiv als negativ genommen, ob solcher nicht der Gleichung ein Genüge leiste. Dabey übergeht man diejenigen positiven Faktoren, welche $\geqq$ L, und diejenigen negativen, die, absolut genommen, $\geqq$ L sind. *)

*) Hier und in der Folge haben die Ausdrücke —'L, "L, und —'''L, jedesmal die Bedeutung, die sie in der (n. 7.) erhalten haben, während L die obere Grenze aller positiven Wurzelwerthe vorstellt.

10.

Um aber zu erfahren, ob ein Faktor a der Gleichung

$$Px^5 + Qx^4 + Rx^3 + Sx^2 + Tx + U = 0$$

ein Genüge leiste, dividire man U durch a, addire dazu T, dividire diese Summe nochmals durch a, addire dazu S; dividire diese Summe abermals durch a, addire dazu R; dividire, was herauskommt, nochmals durch a, addire dazu Q; dividire endlich nochmals durch a und addire dazu P. Kommt dann o (Null) heraus, so ist a ein Wurzelwerth der Gleichung; — weil in diesem Falle

$$Pa^5 + Qa^4 + Ra^3 + Sa^2 + Ta + U = 0 \text{ ist.}$$

Ist einer dieser Quotienten keine ganze Zahl, so kann die Operation sogleich eingestellt werden, indem dann a auf keinen Fall ein Wurzelwerth der gegebenen Gleichung seyn kann.

Dies gilt für eine Gleichung von jedem Grade.

11.

Hat man einen Wurzelwerth a gefunden, so dividire man die Gleichung durch $x - a$, um eine neue Gleichung $\frac{Fx}{x - a} = 0$ zu erhalten, welche die übrigen Wurzelwerthe giebt. — Hat man aber nicht vorher mittelst der Sätze (§. 524. und §. 525.) sich überzeugt, daß die gegebene Gleichung nicht gleiche Wurzelwerthe habe, so muß man in dieser neuen Gleichung, diesen Werth a sogleich auf's neue versuchen.

12.

Für die Fälle, wo die Zahl der Faktoren zwischen den Grenzen L und —'L sehr groß ist, kann auch durch folgende Regeln die Zahl der Versuche sehr beschränkt werden.

Man berechne F(1) und F(—1). 1) Jeder Faktor des letzten Gliedes, der positiv genommen und um 1 vermindert, oder 1 vermehrt, im ersten Fall kein Theiler von F(1) und im andern Fall kein Theiler von F(—1) ist, kann nicht Wurzelwerth der gegebenen Gleichung seyn. 2) Jeder Faktor des letzten Gliedes, der negativ genommen, und um 1 vermehrt nicht Theiler von F(1), oder um 1 vermindert nicht Theiler von F(—1) ist, kann nicht Wurzelwerth der gegebenen Gleichung seyn.

Der Grund liegt darin, weil, im Falle a ein Wurzelwerth von $F(x) = 0$ ist, dann $\frac{Fx}{x-a} = 0$, eine Gleichung mit ganzen Koefficienten (§. 427.), daher sowohl $\frac{F(1)}{1-a}$ als auch $\frac{F(-1)}{-(1+a)}$ eine ganze Zahl seyn muß.

## Aufsuchung der Näherungswerthe der reelen aber irrationalen (incommensurablen) Wurzelwerthe.

13.

Jeder irrationale Wurzelwerth ist eine Summe aus einer ganzen Zahl (oder Null) und einem ächten Bruche. — Es mag daher zuerst gezeigt werden, wie man den ganzen Theil finden könne, unter der Voraussetzung, daß die engsten Grenzen aller Wurzelwerthe L und —'L bekannt sind.

14.

Man kann zuerst F(1), F(2), F(3), etc. etc. und F(—1), F(—2), F(—3) etc. etc., numerisch bestimmen, und dabey diese Bestimmung für die Praxis dadurch erleichtern, daß man bemerkt, daß F(1), F(2), F(3) etc. etc., und eben so auch F(—1), F(—2), F(—3) etc. etc. Glieder von arithmetischen Reihen der $m$ten Ordnung seyn werden; wo Fx das allgemeine Glied der ersten, und F(—x) das allgemeine Glied der zweyten seyn muß. So oft nun zwey auf einander folgende der Werthe F(1), F(2), F(3), etc. etc. oder F(—1), F(—2), F(—3), etc. etc. verschiedene (+) oder (—) Zeichen haben, so oft liegt zwischen den zugehörigen ganzen Zahlen wenigstens ein Wurzelwerth der gegebenen Gleichung F(x) = 0 (§. 473).

15.

Wollte man Grenzen haben, zwischen denen jedesmal nur ein einziger Wurzelwerth der Gleichung liegen kann, so müßte man eine Zahl $\delta$ aufsuchen, welche kleiner wäre (absolut), als die kleinste Differenz zwischen je zwey der Wurzelwerthe, und dann die Werthe F($\delta$), F(2$\delta$), F(3$\delta$) etc. etc. eben so F(—$\delta$), F(—2$\delta$), F(—3$\delta$) etc. etc. numerisch bestimmen.

16.

Diese Zahl $\delta$ findet man aber auf folgende Art. Man bildet aus der gegebenen Gleichung Fx = 0, die Gleichung $\varphi z = 0$, welche zu Wurzelwerthen hat, die Quadrate der Differenzen je zweyer Wurzelwerthe der gegebenen Gleichung $Fx = 0$ (§. 498.); sucht von dieser die unterste Grenze $\frac{1}{l}$ aller positiven Wurzelwerthe, und nimmt $\delta \overline{\overline{<}} \frac{1}{\sqrt{l}}$. — Ist $\frac{1}{\sqrt{l}} > 1$, so nimmt man ohne weiters $\delta = 1$. — Ist ferner die ganze Zahl k die nächstgrößte Wurzel $\sqrt{l}$, so nimmt man $\delta = \frac{1}{k}$.

17.

Um aber nachher die Brüche zu vermeiden, setze man in der gegebenen Gleichung $Fx = 0$, $x = \frac{y}{k}$ so daß $y = kx$ wird, suche dann die Wurzelwerthe der neuen Gleichung in y auf, und setze dabey $\delta = 1$.

Anmerkung. Bevor man aber diese Methode anwendet, muß man erst mittelst (§. 525.) sicher seyn, daß die gegebene Gleichung nicht gleiche Wurzelwerthe habe.

18.

Weil aber die Bildung der Gleichung $\varphi z = 0$ äußerst mühsame Rechnungen erfordert, daher auf jede mögliche Weise vermieden werden muß, so kann man noch folgende Bemerkungen berücksichtigen:

1) Wenn man in (n. 14.) so viele Wurzelwerthe angezeigt findet, als der Grad der Gleichung beträgt, so ist man überzeugt, daß zwischen je zwey auf einander folgenden ganzen Zahlen nur ein einziger Wurzelwerth liegen könne.

2) Kennt man die Anzahl der reelen Wurzelwerthe, welche die Gleichung haben kann, und findet man durch das Verfahren (n. 14.) eben so viele Wur-

zelwerthe angezeigt als sie reele Wurzelwerthe hat, so ist ebenfalls nichts weiter mehr nöthig.

19.

Hat man aber den ganzen Theil eines Wurzelwerths gefunden, so bleibt nun noch übrig den gebrochenen Theil, der kleiner als 1 ist, näherungsweise dazu zu finden. — Dabey werde immer vorausgesetzt, daß entweder in Fx schon $\partial = 1$ gesetzt werden konnte oder daß man die Gleichung in y gebildet habe (n. 17.), wo dann $\partial = 1$ ist, so daß die ganzen Theile aller reelen Wurzelwerthe, immer alle von einander verschieden sind.

20.

Die Näherungs-Methode des La Grange besteht nun darin, in die gegebene Gleichung $Fx = 0$

$x = a + \frac{1}{y}$ zu setzen, und daraus

$$F(a) y^m + \partial F(a) . y^{m-1} + \frac{\partial^2 F(a)}{2'} y^{m-2} + \ldots + \frac{\partial^m Fa}{m'} = 0$$

herzuleiten, welche Gleichung durch $\varphi y = 0$ bezeichnet seyn mag. — Ist nun a der ganze Theil, und (nach der Annahme) zwischen a und $a + 1$ nur einer der reelen Wurzelwerthe von $Fx = 0$, so hat die Gleichung $\varphi y = 0$ nur einen reelen Wurzelwerth, der $> 1$ ist. Von diesem Wurzelwerth von $\varphi y = 0$, kann man wiederum den ganzen Theil b suchen, auf die vorher beschriebene Art, und dann $y = b + \frac{1}{'y}$ setzen, um aus $\varphi y = 0$, eine neue Gleichung $'\varphi(y) = 0$, abzuleiten die abermals nur einen reelen Wurzelwerth hat, der $> 1$ ist; so daß von ihm wieder der ganze

Theil c gefunden, und $'y = c + \frac{1}{''y}$ gesetzt werden kann u. s. w. f. — So beliebig lang fortfahrend, hat man zuletzt

$$x = a + \cfrac{1}{b + \cfrac{1}{c + \cfrac{1}{d + \ldots}}}$$

welcher Kettenbruch dann nach (§. 804.) in einen gewöhnlichen Bruch verwandelt werden kann.

Anmerkung. Diese Methode liefert offenbar auch Näherungs-Werthe für die rationalen gebrochenen Wurzelwerthe der gegebenen Gleichung.

21.

Die Methode des Newton, diesen ergänzenden Theil des Wurzelwerthes zu finden, besteht darin, daß man die Grenzen immer enger und enger zieht, und nachher, wenn man einen Werth von x schon nahe hat, z. B. a, $x = a + y$ setzt, von der aus $Fx = o$ dadurch entstehenden Gleichung $F(a + y) = o$ bloß die ersten Glieder $Fa + \partial Fa \,.\, y = o$ nimmt, und daraus $y = -\frac{Fa}{\partial Fa}$ findet; in so ferne die höhern Potenzen von y, wenn $y < \frac{1}{10}$, bedeutend kleiner werden, und deshalb hier ausgelassen sind. Ist dann $a + y = 'a$, so setzt man aufs neue $'a + 'y$ statt x, und findet $'y = -\frac{F('a)}{\partial (F'a)}$, u. s. w. f.

Anmerkung. Diese Methode führt aber nicht in jedem Fall zu genauen Resultaten, wie La Grange gezeigt hat.

22.

Um aber die Grenzen eines Wurzelwerthes so nahe zu ziehen, daß der Unterschied einer Grenze vom Wurzelwerth selbst kleiner als $\frac{1}{10}$ wird, verfährt man auf folgende Art: Man sucht zuerst überhaupt zwey Zahlen $\alpha$ und $\beta$, so daß $F(\alpha)$ positiv, $F(\beta)$ dagegen negativ wird. Dann nimmt man eine Zahl $\gamma$ zwischen $\alpha$ und $\beta$; und ist nun $F(\gamma)$ positiv, so sind $\gamma$ und $\beta$ nähere Grenzen. Nachher nimmt man eine Zahl $\varepsilon$ zwischen $\gamma$ und $\beta$, und wird dann $F(\varepsilon)$ negativ, so sind $\gamma$ und $\varepsilon$ noch nähere Grenzen. Würde aber $F\varepsilon$ noch positiv, so wären $\varepsilon$ und $\beta$ die näheren Grenzen; u. s. w. f. Es ist leicht, dies Verfahren zu verallgemeinern; auch durch Uebung sehr schnell zu ziemlich nahen Grenzen zu gelangen. (§. 473.).

23.

Es giebt auch noch eine Methode, die numerischen höhern Gleichungen aufzulösen, welche die Bauersche*) genannt wird, obgleich sie schon von Jost Byrgius**) gekannt war und mit einer von Vieta beschriebenen wesentlich zusammenfällt. — Sie besteht aber darin, daß man in $F(x) = o$ das letzte Glied absondert, also $\varphi x = U$ daraus macht, dann $p + q$ statt $x$ setzt, und nun die Gleichung so schreibt:

$$\varphi p + \partial\varphi p \cdot q + \frac{\partial^2 \varphi p}{2'} \cdot q^2 + \ldots \frac{\partial^m \varphi p}{m'} q^m = U;$$

zuletzt aber nach dieser Formel zu einer zweckmäßig angenommenen Zahl p den Theil q ganz nach Art des gewöhnlichen Quadrat- und Kubikwurzel-Ausziehens

*) Ueber die allgem. Entwickl. aller möglichen Wurzeln ꝛc. ꝛc. von Heinrich Bauer, Konrektor am Lyceum zu Potsdam. 1810.

**) S. Pitisci Trigonometria p. 44. seqq. der dritten Ausgabe.

auffindet. Man theilt zu dem Ende U in Klassen, berechnet $\varphi p$, zieht solches von der Klasse zur linken ab, dividirt den Rest durch $\partial\varphi p$, um so ungefähr q zu erhalten; berechnet dann für dieses q die Theile $\partial\varphi p \cdot q$, $\frac{\partial^2 \varphi p}{2'} q^2$ und $\frac{\partial^m \varphi p}{m'} q^m$, und zieht die Summe dieser Theile, mit gehöriger Rücksicht auf die Ordnungen der entstehenden Zahlen, ebenfalls von U ab; u. s. w. f.

Anmerkung. Wir müssen uns hier mit dieser kurzen Abfertigung dieser Lehre begnügen und verweisen daher auf folgende Schriften

1) Nouvelle Méthode pour résoudre les Equations numeriques. p. Budan.
2) Supplément à l'Essai sur la théorie des nombres p. Le Gendre.
3) Traité sur la résolution des Equations numériques p. La Grange.

welches letztere Werk den Gegenstand beynahe erschöpft.

## Beyspiele.

Seyen zu finden die Wurzelwerthe der Gleichungen

1) $x^4 - 5x^3 - 6x^2 - 19x + 7 = 0$
2) $x^5 - 3x^4 + 8x^3 - 25x^2 + 4x - 39 = 0$
3) $x^4 - x^3 - 13x^2 + 16x - 48 = 0$
4) $x^5 - 13x^4 + 67x^3 - 171x^2 + 216x - 108 = 0$
5) $x^4 - 5x^3 - 37x^2 + 257x - 360 = 0$
6) $x^4 - 5x^3 + 25x + 21 = 0$
7) $15x^5 - 19x^4 + 6x^3 + 15x^2 - 19x + 6 = 0$
8) $9x^6 + 30x^5 + 22x^4 + 10x^3 + 17x^2 - 20x + 4 = 0$
9) $3x^4 + 2x^3 + 4x - 2145 = 0$
10) $x^3 - 6x - 7 = 0$
11) $x^2 - 5x - 3 = 0$
12) $3x^6 + 16x^5 - 24x^4 - 238x^3 - 259x^2 + 174x + 72 = 0.$

## II.

### Wenn weniger numerische einfache Gleichungen gegeben sind als Unbekannte, alle Werthe dieser Unbekannten in ganzen Zahlen zu finden.*)

#### 1.

Sey gegeben die Gleichung

$$3x - 8y = 19.$$

Man findet

$x = \frac{19 + 8y}{3} = 6 + 2y + \frac{1 + 2y}{3}$, und es ist daher x offenbar eine ganze Zahl, wenn y und $\frac{1 + 2y}{3}$ ganze Zahlen sind. Man setze

$$\frac{1 + 2y}{3} = h, \text{ also } y = \frac{3h - 1}{2} = h + \frac{h - 1}{2};$$

und dann ist y offenbar eine ganze Zahl, wenn h und $\frac{h - 1}{2}$ ganze Zahlen sind. Man setze

$$\frac{h - 1}{2} = {}'h \text{ also } h = 2'h + 1$$

und es ist daher h nothwendig eine ganze Zahl und dann auch $\frac{h - 1}{2}$, folglich auch y und dann auch x, wenn nur statt 'h eine ganze Zahl gesetzt wird, welche man nur immer will; auch kann 'h = 0 seyn. Drückt man nun alles in 'h aus, so erhält man

$$y = 3'h + 1 \quad \text{und} \quad x = 9 + 8'h,$$

und daher die Werthe von y und x

y = 1, 4, 7, 10, 13, 16, 19, etc. etc. in inf.
x = 9, 17, 25, 33, 41, 49, 57, etc. etc. in inf.

*) Aufgaben, die zu weniger Gleichungen zwischen einer größern Anzahl von Unbekannten führen, nennt man unbestimmte oder Diophant'sche Aufgaben.

2.

Ist gegeben die Gleichung

$$\frac{x}{5} + \frac{y}{17} = \frac{113}{85} \text{ oder } 17x + 5y = 113;$$

so erhält man auf demselben Wege

$$y = \frac{113 - 17x}{5} = 22 - 3x - \frac{2x - 3}{5};$$

$$\frac{2x - 3}{5} = h, \quad x = \frac{3 + 5h}{2} = 1 + 2h + \frac{1 + h}{2},$$

$$\frac{1 + h}{2} = {}'h, \quad h = 2\,'h - 1;$$

folglich

$$x = 5\,'h - 1 \text{ und } y = 26 - 17\,'h.$$

Will man daher bloß absolute ganze Zahlen, so erhält man nur eine einzige Auflösung, nehmlich $x = 4$ und $y = 9$.

3.

Die Gleichung sey $79x + 61y = 5467$;

so hat man $y = \frac{5457 - 79x}{61} = 89 - x - 2 \cdot \frac{9x - 14}{61}$

$$\frac{9x - 14}{61} = h, \quad x = \frac{61 \cdot h + 14}{9} = 6h + 1 + \frac{7h + 5}{9},$$

$$\frac{7h + 5}{9} = {}'h, \quad h = \frac{9\,'h - 5}{7} = {}'h + \frac{2\,'h - 5}{7},$$

$$\frac{2\,'h - 5}{7} = {}''h, \quad 'h = \frac{7\,''h + 5}{2} = 3\,''h + 2 + \frac{''h + 1}{2},$$

$$\frac{''h + 1}{2} = {}'''h, \quad ''h = 2\,'''h - 1;$$

folglich, wenn man rückwärts gehend, alles in $'''h$ ausdrückt:

$$'h = 7\,'''h - 1, \quad h = 9\,'''h - 2,$$

$$x = 61 \cdot {}'''h - 12, \quad y = 105 - 79\,'''h.$$

Will man daher bloß **absolute** ganze Zahlen so erhält man nur eine einzige Auflösung, nehmlich $x = 49$ und $y = 26$.

4.

Es sind 2 Gleichungen mit 3 Unbekannten gegeben, z. B. $3x + 2 = 7y + 3$ und $3x + 2 = 10z + 9$. Nachdem einer der Unbekannten eliminirt ist, so daß noch **eine** Gleichung bleibt zwischen **zwey** Unbekannten, z. B.

$$3x + 2 = 7y + 3$$

sucht man, nach dem vorhergehenden die Ausdrücke, welche für x und y gesetzt, nothwendig ganze Zahlen geben und dieser Gleichung genügen. Man findet

$$x = 7h - 2 \text{ und } y = 3h - 1.$$

Nun setzt man diese Werthe von x und y in eine der gegebenen Gleichungen, die auch noch z enthält, also hier in $3x + 2 = 10z + 9$, und erhält

$$21h - 4 = 10z + 9.$$

Nun sucht man wieder alle ganzen Zahlen für h und z, welche auch dieser Gleichung genügen. Man erhält

$$z = \frac{21h - 13}{10} = 2h - 1 + \frac{h - 3}{10},$$

$$\frac{h - 3}{10} = {}'h \text{ und } h = 10'h + 3; \text{ und}$$

$z = 21.'h + 5$, $y = 30'h + 8$, u. $x = 70.'h + 19$; und daher die Werthe von x, y und z

| | | | | | | |
|---|---|---|---|---|---|---|
| $x =$ | 19, | 229, | 439, | 649, | 859, | etc. etc. |
| $y =$ | 8, | 218, | 428, | 638, | 848, | etc. etc. |
| $z =$ | 5, | 215, | 425, | 635, | 845, | etc. etc. |

5.

Sey zuletzt noch **eine** Gleichung gegeben mit 3 Unbekannten, z. B.

$$7x + 5y - 3z = 209.$$

Man verfährt wie vorher, und findet

$$z = \frac{7x + 5y - 209}{3} = 2x + y - 69 + \frac{x + 2y - 2}{3}$$

$$\frac{x + 2y - 2}{3} = h, \quad x = 3h + 2 - 2y.$$

Setzt man nun statt h und statt y beliebige ganze Zahlen, so werden auch nothwendig x und z ganze Zahlen. Zugleich findet man noch

$$z = 7h - 3y - 65.$$

Man konnte auch so verfahren;

$$z = \frac{7x + 5y - 209}{3} = 2x + 2y - 69 - \frac{y - x + 2}{3}$$

$$\frac{y - x + 2}{3} = h, \quad y = 3h + x - 2 \text{ und}$$

$$z = 5h + 4x - 73.$$

Anmerkung. Wir glauben aber nochmals darauf aufmerksam machen zu müssen, daß es unsre Absicht gar nicht war, auch nicht seyn konnte, die in diesem letzten Kapitel vorgetragenen Lehren gründlich zu behandeln. — Das in den letzten Nummern über die unbestimmten Aufgaben angedeutete hängt auf's innigste mit denen im (Kap. V.) vorgetragenen Lehren zusammen. Wer sich gründlicher darüber belehrt wissen will, findet das Gewünschte in den Werken von Le Gendre und Gauſs.

Essai sur la théorie des nombres (Le Gendre)
Disquisitiones arithmeticae (Gauſs.).

FSC
www.fsc.org
MIX
Papier | Fördert gute Waldnutzung
FSC® C083411

Kolibri 360 GmbH
Ferdinand-Jühlke-Straße 7
99095 Erfurt, Deutschland
produktsicherheit@kolibri360.de